“十二五”国家重点图书出版规划项目

化学化工精品系列图书

化学电源工艺学

史鹏飞　主编

哈爾濱工業大學出版社

内容简介

本书是为解决本科专业调整后之教学急需编的《化学电源工艺学》教材。全书共10章，包括：化学电源概论、锌-二氧化锰电池、铅-酸蓄电池、镉-镍蓄电池、氢-镍电池、锌-氧化银电池、锂电池、锂离子电池、燃料电池、其他化学电源。

本书可作为高等学校"化学工程与工艺"专业的专业课教材，也可作为大专院校其他相关专业学生的教材，还可供科研人员和工程技术人员参考。

图书在版编目(CIP)数据

化学电源工艺学/史鹏飞主编. —哈尔滨：哈尔滨工业大学出版社，2006.3(2020.6重印)

ISBN 978-7-5603-2326-8

Ⅰ.化… Ⅱ.史… Ⅲ.化学电源-工艺学 Ⅳ.TM911.05

中国版本图书馆CIP数据核字(2006)第008119号

责任编辑 王桂芝 黄菊英

出版发行 哈尔滨工业大学出版社

社 址 哈尔滨市南岗区复华四道街10号 邮编150006

传 真 0451-86414749

网 址 http://hitpress.hit.edu.cn

印 刷 肇东市一兴印刷有限公司

开 本 787mm×1092mm 1/16 印张20.25 字数490千字

版 次 2006年3月第1版 2020年6月第9次印刷

书 号 978-7-5603-2326-8

定 价 42.00元

前　　言

电化学工程是化学工程的重要分支之一，而我国的高等工科院校过去正是按这种分支设置专业的，故电化学工程一直是高等工科院校重要的化工类专业。天津大学、哈尔滨工业大学等重点高校很早就设有该专业，并为我国电化学工程领域的研究、开发和生产部门输送了大批人才。1998年本科专业调整后，我国实行宽口径教育，将原电化学工程合并于化学工程与工艺专业。但电化学工程所涉及的研究方向依然是化学工程与工艺专业中的重要研究方向。不仅如此，随着国民经济的发展，对化学电源的需求越来越多，对质量与水平的要求越来越高，对电化学专业人才的需求也在增长。考虑到教材是教学的依据，为了进一步提高教学质量，哈尔滨工业大学联合哈尔滨工程大学、燕山大学和郑州轻工业学院共同编写了这本《化学电源工艺学》。

需要说明的是，近年来化学电源的新品种、新技术不断涌现，相应的教学内容也不断更新。本书的编写力争以教学需要组织全书内容，同时根据化学电源的发展，适当扩充一些新内容，以便于学生课外阅读或供工程技术人员参考。本书总体上继承了我们原有教材中编排的主要章节，虽然这些章节中有一些化学电源品种与工艺比较陈旧，但作为教材，我们认为介绍这些基础性的内容，对于学生了解化学电源的发展过程还是很有必要的。我们的目的是通过介绍本领域的技术进步，激发和培养学生的创造性思维。考虑到化学电源的新发展，本书用较大篇幅介绍了新型化学电源(金属氢化物镍蓄电池、锂离子电池及未来有发展前景的燃料电池)，并突出阐述了生产规模大的新型和传统化学电源的制造工艺原理、有重要用途和特点的化学电源。书中既考虑了技术及理论的成熟性，也兼顾了技术的发展与展望。

参加本书编写的有：哈尔滨工业大学的史鹏飞(绪论、第3章)、程新群(第4、5、6章)、杜春雨(第9章)，哈尔滨工程大学的陈猛(第7、8章及第10章的10.2节)，燕山大学的邵光杰(第1章及第10章的10.1节)，郑州轻工业学院的夏同弛(第2章)、项民(第10章的10.3、10.4节)。全书由史鹏飞主编。

这里还要指出，虽然我们有良好的愿望，并努力去做，但是由于水平有限，书中一定有诸多不足和疏漏，敬请广大读者批评指正。

编　者
2006年2月

目　　录

绪　论

现代人类的生活、生产活动离不开电能，特别是工业和科学技术高度发展的今天，人类和电更是不可分割。为了获得电能，人们将各种形式的能源（例如，化石燃料、水力、风力、太阳能、化学物质及核燃料等）释放的能量转换成电能。将化学反应产生的能量直接转换为电能的装置是化学电源。而化学电源工艺学则是研究这种特殊装置工作原理和制造技术的一门课程。

1791 年意大利生物学家伽尔瓦尼（Galvani）首先发现了生物电。1800 年，也是意大利科学家伏打（Volta）根据伽尔瓦尼的实验，提出蛙腿的抽动是由于两种金属接触时产生的电流造成的，并根据这个假设，用锌片和银片相间地叠起来，中间隔以吸有盐水的皮革或呢子，制成世界上第一个真正的化学电源，又称为伏打电堆。

相隔近 60 年后，1859 年普兰特（Plante）发明的铅酸蓄电池。1868 年勒克朗谢发明了 $Zn-MnO_2$ 电池，1899 年雍格纳（Jüngner）、1901 年爱迪生（Edison）分别发明碱性 Cd – Ni 和 Fe – Ni蓄电池，这四项发明对电池的发展具有非常深远的意义，虽然它们已有近百年的历史，由于不断地创新、改进，至今在化学电源的产值及产量中仍占有很大的份额。

1941 年亨利·安德烈（H. Andre）将 Zn – Ag 电池技术实用化，开创了高比能量电池的先例。

1969 年 Philips 实验室发现了性能很好的储氢合金，1985 年该公司研制成功金属氢化物镍蓄电池。1990 年日本和欧洲实现了镍 – 氢电池的产业化。

1970 年出现了锂电池。20 世纪 80 年代开始研究锂离子蓄电池，1991 年锂离子电池研制成功，目前已经广泛应用于各个领域。

20 世纪 80 年代，新型的质子交换膜燃料电池得到了快速发展。可以预言，质子交换膜燃料电池、固体氧化物燃料电池在不久的将来会在某些领域实用化。尤其是从 20 世纪末到现在的几年中，化学电源得到了迅猛发展。

众多的化学电源有不同的分类方法。按使用电解液的类型，可将电池分为以下五类。

（1）酸性电池

电解液为酸性水溶液的电池称为酸性电池。

（2）碱性电池

电解液为碱性水溶液的电池称为碱性电池。

（3）中性电池

电解液为中性水溶液的电池称为中性电池。

（4）有机电解质溶液电池

电解液为有机电解质溶液的电池称为有机电解质溶液电池。

（5）固体电解质电池

采用固体电解质的电池称为固体电解质电池。

按其工作性质及储存方式，一般可将电池分为以下四类。

(1) 一次电池

一次电池,又称“原电池”,即电池放电后不能用充电方法使它再次荷电的一类电池。换言之,这类电池只能使用一次,不能再充电的原因是电池反应本身不可逆,或是条件限制使可逆反应很难进行。

(2) 二次电池

二次电池,又称“蓄电池”,即电池放电后可用充电方法使活性物质复原以后能够再放电,且充放电过程能反复进行。这类电池实际上是一个电化学能量储存装置,电池充电时,电能以化学能的形式储存在电池中,放电时化学能再转换为电能。

(3) 储备电池

储备电池,又称“激活电池”,其正、负极活性物质和电解质在储存期间,彼此不直接接触,使用前及时注入电解液或用其他方法使电池立即工作。这类电池的正负极活性物质储存期间与电解液不直接接触,自放电反应是不能发生的,只要活性物质稳定,电池就能长时间储存。

(4) 燃料电池

燃料电池又称“连续电池”,其特点是电池中活性物质进行电化学反应的场所是惰性电极材料。正负极活性物质分别储存在电池体外,当活性物质连续不断地注入电池时,即能不断地输出电能。

上述两种分类方法经常使用,还有其他的分类方法,这里不再介绍。

化学电源是十分重要的电源,与其他电源相比,具有能量转换效率高、使用方便、安全、容易小型化与环境友好等优点。科学技术发展得越迅速,对化学电源的要求就越高。基于化石燃料渐渐缺少及保护人类生存环境的需要,人们对化学电源的需求既要高性能又要与环境友好。

化学电源的发展是与社会的进步、科学技术的发展分不开的,同时化学电源的发展反过来又推动了科学技术和生产的发展。

第 1 章　化学电源概论

1.1　化学电源的组成及工作原理

1.1.1　化学电源的组成

化学电源是通过化学反应把化学能直接转变成低压直流电能的装置。一般将化学电源称为化学电池或电池,例如,锌-锰电池、镉-镍电池、氢-镍电池等。作为一个能量转换的装置,在实现化学能直接转换成直流电能的过程中,必须具备两个必要条件:

(1) 化学反应中失去电子的过程(即氧化过程)和得到电子的过程(即还原过程)必须分隔在两个区域中进行。

(2) 物质在进行转变的过程中电子必须通过外电路。

不难看出,前者表明了电池中进行的氧化还原反应与化学中通常讲的氧化还原反应是不同的,后者则指出了化学电源与电化学腐蚀过程的微电池不同。没有这两个条件,就不可能实现化学能向电能的转化,就不能制成化学电源。

为了说明电池是如何放出电流提供电能的,我们以铅蓄电池为例,讨论为什么当电池两端闭合时才有电流产生,同时讨论各组成的作用。

铅蓄电池的表达式为

$$(-)\ Pb\ |H_2SO_4|\ PbO_2(+)$$

即铅蓄电池的负极(在充电状态)为 Pb,正极(在充电状态)为 PbO_2,放入同一浓度的 H_2SO_4 溶液中,中间放一隔板,以防止电极短路。当电池两极连接负载组成闭合回路时(图 1.1),这时电流将通过负载。

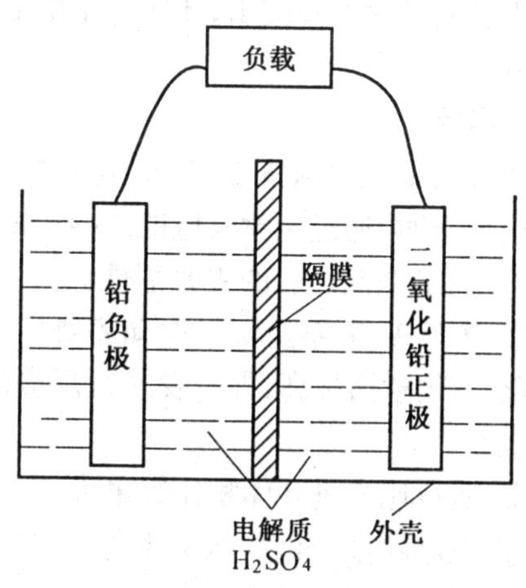

图 1.1　电池工作过程示意图

从电化学理论可知,由于 Pb 与 PbO_2 放在同一浓度的 H_2SO_4 溶液中有不同的电极电势值,因而两电极间具有一定的电势差。当两极连通后,电势低的负极将发生氧化反应,而电势高的正极将发生还原反应,即负极的 Pb 被氧化成 Pb^{2+} 离子进入溶液生成 $PbSO_4$,在负极留下的电子则通过负载流向正极,而正极的 PbO_2 得到负极来的电子被还原成 Pb^{2+},同时与电极附近的溶液形成 $PbSO_4$,电极反应方程式为

负极反应　　$Pb + HSO_4^- \longrightarrow PbSO_4 + H^+ + 2e^-$

正极反应　　$PbO_2 + 3H^+ + HSO_4^- + 2e^- \longrightarrow PbSO_4 + 2H_2O$

电池反应　　$Pb + 2H_2SO_4 + PbO_2 \longrightarrow 2PbSO_4 + 2H_2O$

正负极进行上述反应的同时,电子在外线路由负极流向正极、溶液中阴离子向负极移动,阳离子向正极移动。电池和负载通过外线路组成一个闭合回路。

从上述分析可见,负极与正极电化学反应的发生和 $PbSO_4$ 的生成都是在电极固－液界面上进行的。电流流动的情况是:在外线路是靠电子传递电荷,在电解液内是靠离子的移动传递电荷,在两个电极上则是靠固－液界面进行电化学反应来传递电荷,当两极界面的氧化还原反应不断发生时,则电路中将有电流不断供出,电极上进行的这些反应总称为成流反应,参加反应的物质叫活性物质。

根据上面例子我们可以看出,电池在工作时有下列几个特点:

① 电化学反应是在电极－溶液界面上进行的,不仅有物质的转移,而且有电子的转移。

② 氧化反应与还原反应总是"共轭"产生的,且这两个过程是分隔在两个区域进行的。

③ 电池的负极放电时,总是发生氧化反应,即此时称为阳极,反应物被氧化而使氧化数升高;电池的正极放电时,总是发生还原反应,即此时称为阴极,反应物被还原而使氧化数降低。充电时进行的反应正好与此相反,负极进行还原反应,正极进行氧化反应。为便于记忆,现将电池在充、放电时正负极上电极反应的类型归纳于表 1.1 中。

表 1.1　电池在充、放电时正负极上电极反应的类型

电极	电池放电	蓄电池充电(或电解、电镀)
负极	发生氧化反应,称为阳极	发生还原反应,称为阴极
正极	发生还原反应,称为阴极	发生氧化反应,称为阳极

凡是发生氧化反应的电极称为阳极,凡是发生还原反应的电极称为阴极。

④ 离子在进行电极反应的过程中,电子必须通过外电路。

由以上讨论可归纳出,任何一个电池都应包括电极、电解液、隔离物和外壳四个基本组成部分。

1.电极

正负极是电池的核心部分。电池的电极是由活性物质和导电骨架组成的。活性物质是指电池放电时,通过化学反应能产生电能的电极材料。活性物质多为固体,但也有液体和气体,它是决定电池性能的主要部件。对活性物质的要求是:

① 正负极组成电池后,电动势要尽可能高。

② 电化学活性高,即自发进行反应的能力强。电化学活性与活性物质的结构、组成有很大关系。

③ 质量比容量和体积比容量大。

⑤ 在电解液中化学稳定性高,其自溶速度应尽可能小。

⑥ 具有高的电子导电性。

⑦ 资源丰富,价格便宜。

导电骨架的作用是能把活性物质与外线路接通并使电流分布均匀,另外还起到支撑活性物质的作用。

目前,广泛使用的正极活性物质大多是金属的氧化物(例如,二氧化铅、二氧化锰、氧化镍等),还可以用空气中的氧气;而负极活性物质多数是一些活泼或较活泼的金属(例如,锌、铅、镉、锂、钠等)。

2.电解质

电解质能起到正负极间的离子导电作用。有的电解质还参与成流反应,所以是一些具有高离子导电性的物质。电池中的电解质应该满足:

① 化学稳定性好。因为电解质要长期保存在电池内部,所以它必须具有稳定的化学性质,使储存期间电解质与活性物质界面不发生快速或少发生电化学反应,从而减小电池的自放电。

② 比电导高。电池工作时,溶液的欧姆电压下降,使电池的放电特性得以改善。无论液态电解质还是固体电解质,都要求它只具有离子导电性,而不具有电子导电性。

电解质的种类和形态很多,从种类看,水溶液居多,在新型电源和特种电源中,还有有机溶剂电解质和熔融盐电解质等。电解质的形态多为液体,也有固体。

3.隔离物

隔离物又称隔膜、隔板。它置于电池两极之间,主要作用是防止正负极间形成电子导电通路。电池对隔离物的要求是十分严格的,它的好坏直接影响电池的性能和寿命。具体要求是:

① 隔膜对电解质离子迁移的阻力越小越好。这样,电池内阻就相应减小,电池在大电流放电时的能量损耗也就减小。

② 在电解液中应具有良好的化学稳定性及一定的机械强度和抗弯曲能力,并能耐受电极活性物质的氧化和还原作用。

③ 应是电子的良好绝缘体,并能阻挡枝晶的生长和防止活性物质微粒从电极上脱落。

④ 材料来源丰富,价格低廉,便于大批使用。

常用的隔离物有棉纸、浆层纸、微孔塑料、微孔橡胶、水化纤维素、尼龙布、玻璃纤维等。具体采用哪种材料因电池不同而异。

4.外壳(电池容器)

现有化学电源中,除锌－锰干电池是锌电极兼作外壳外,其他各类化学电源均不用活性物质兼作容器,而是根据情况选择合适的材料作外壳。电池的外壳应该具有良好的机械强度、耐震动和耐冲击,并能耐高低温环境的变化和电解液的腐蚀。常见的外壳材料有金属、塑料和硬橡胶等。

化学电源除这四个基本组成部分外,还有一些部件,这里不再一一介绍。

1.1.2　化学电源的工作原理

化学电源又称电池,是将物质的化学能通过电化学氧化还原反应直接转变为电能的装置或系统。放电时,电池是将化学能直接转变为电能;充电时,则是将电能直接转化成化学能储存起来。在这个过程中,热效应伴随着能量的转换。化学电源中进行的反应可以是不可逆的(如一次电池),也可以是可逆的(如二次电池或蓄电池)。电池对外所做的电功是通过消耗体系的化学能来完成的。

电池中的正负极是由不同材料制成的,插入同一电解液的正负极均将建立自己的电极电势。此时,电池中的电势分布如图 1.2 中折线 A、B、C、D 所示(点划线和电极之间的空间表示双电层区)。

由正负极平衡电极电势之差构成了电池的电动势,用 E 表示。当正负极与负载接通时,如下几个现象同时出现:A 外线路有电子流动,电流方向由正极流向负极;B 正极上进行还原反应,同时产生阴极极化,使正极电势下降;C 负极上进行氧化反应,同时产生阳极极化,使负极电势上升;D 电解液中的电流方向是由负极流向正极(阳离子向正极流动,阴离子向负极流动),因此溶液中存在电压降。电池工作时,电势的分布如 $A'B'C'D'$ 折线所示。

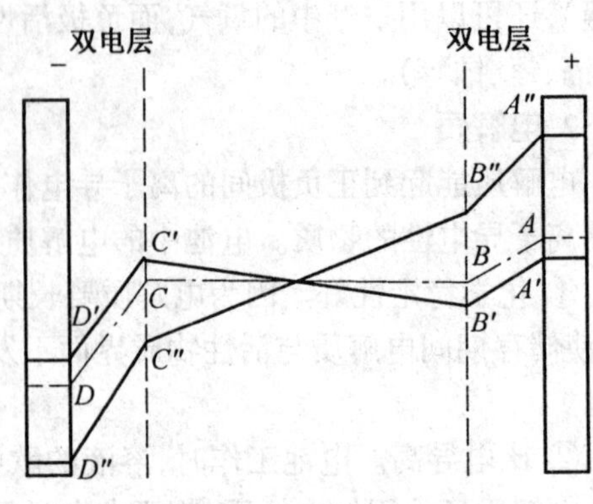

图 1.2　电池中的电势分布

上述的一系列过程构成了一个闭合通路。只有两个电极上的氧化还原反应不断进行,闭合通路中的电流才能源源不断地流过。这就是化学电源的工作原理,即将化学能直接转换成电能。电池工作时电极上进行的能够产生电能的电化学反应称为成流反应。

电池充电时,情况与放电时相反,正极上进行氧化反应,负极上进行还原反应,溶液中离子的迁移方向与放电时相反,电势分布如 $A''B''C''D''$ 折线所示,此时的充电电压高于电动势。

1.2　化学电源的电性能

1.2.1　原电池的电动势与开路电压

1.电池的电动势

电池的电动势是在外电路开路时,即没有电流流过电池时,正负电极之间的平衡电极电势之差。电动势的大小是标志电池体系可能输出电能多少的指标之一。化学电源是一种将化学能直接转换为电能的装置。这里所说的化学能是指化学反应进行时体系自由能的减少,即 $-\Delta G$。根据热力学原理,应有

$$-\Delta G = nFE \tag{1.1}$$

$$E = -\frac{\Delta G}{nF} \tag{1.2}$$

式(1.1)成立的条件是反应必须按一定的方式进行,自由能的减少才能以电能的形式输出,反应的速度必须无限小。

设电池内部进行的化学反应为

$$a\mathrm{A} + b\mathrm{B} = e\mathrm{E} + f\mathrm{F}$$

式中　A、B——反应物;

E、F——生成物;

a、b、e、f——反应系数。

用 α_i 表示某个组分的活度,K 表示反应的平衡常数。根据热力学等温方程式

$$\Delta G = -RT\ln K + RT\ln\frac{\alpha_{\mathrm{E}}^{e}\cdot\alpha_{\mathrm{F}}^{f}}{\alpha_{\mathrm{A}}^{a}\cdot\alpha_{\mathrm{B}}^{b}} \tag{1.3}$$

令 $-RT\ln K = \Delta G^{\ominus}$，并将式(1.1)代入式(1.3)，得

$$E = -\frac{\Delta G^{\ominus}}{nF} - \frac{RT}{nF}\ln\frac{\alpha_E^e \cdot \alpha_F^f}{\alpha_A^a \cdot \alpha_B^b} \tag{1.4}$$

令 $E^{\ominus} = \frac{-\Delta G^{\ominus}}{nF}$，得

$$E = E^{\ominus} - \frac{RT}{nF}\ln\frac{\alpha_E^e \cdot \alpha_F^f}{\alpha_A^a \cdot \alpha_B^b} \tag{1.5}$$

由式(1.5)可知，电池的电动势只和参与化学反应的物质本性、电池的反应条件(即温度)及反应物与产物的活度有关，而与电池的几何结构、尺寸大小无关。

此外还可以根据式

$$E = \varphi^+ - \varphi^- \tag{1.6}$$

及能斯特方程式求得电池电动势。

设电池正极反应为

$$aA + ne^- \longrightarrow eE$$

电池负极反应为

$$bB \longrightarrow fF + ne^-$$

根据能斯特方程式，可以分别列出正负极的平衡电极电势，从而求得电池的电动势。

$$\varphi^+ = \varphi_+^{\ominus} + \frac{RT}{nF}\ln\frac{\alpha_A^a}{\alpha_E^e} \tag{1.7}$$

$$\varphi^- = \varphi_-^{\ominus} + \frac{RT}{nF}\ln\frac{\alpha_F^f}{\alpha_B^b} \tag{1.8}$$

当用还原电势计算电极电势时，电动势永远是正极的平衡电极电势减去负极的平衡电极电势，即

$$E = (\varphi_+^{\ominus} - \varphi_-^{\ominus}) + \frac{RT}{nF}\ln\frac{\alpha_A^a \cdot \alpha_B^b}{\alpha_E^e \cdot \alpha_F^f} \tag{1.9}$$

式(1.9)所得电池的电动势与式(1.5)相同。

将电池电动势的计算值和实测值进行比较，可以判断电池中所进行的反应。例如，碱性 $Zn-MnO_2$ 电池的正、负极反应如果是

正极反应 $2MnO_2 + H_2O + 2e^- \longrightarrow Mn_2O_3 + 2OH^-$

负极反应 $Zn + 2OH \longrightarrow ZnO + H_2O + 2e^-$

电池反应 $Zn + 2MnO_2 \longrightarrow ZnO + Mn_2O_3$

已知总反应 $Zn + 2MnO_2 \longrightarrow ZnO + Mn_2O_3$ 的标准摩尔自由能变化 $\Delta G^{\ominus} = -278.4$ kJ/mol，$F = 96.5$ kJ/(V · mol)，则可算出电池的标准电动势为

$$E^{\ominus} = -\frac{\Delta G^{\ominus}}{nF} = -\frac{-278.4}{2\times 96.5} = 1.44\ \text{V}$$

如果反应的最终产物不是 ZnO 与 Mn_2O_3，而是 $ZnMn_2O_4$(黑锌锰矿)，则电池反应为

正极反应 $2MnO_2 + H_2O + ZnO + 2e^- \longrightarrow ZnMn_2O_4 + 2OH^-$

负极反应 $Zn + 2OH^- \longrightarrow ZnO + H_2O + 2e^-$

电池反应 $Zn + 2MnO_2 \longrightarrow ZnMn_2O_4$

反应 $Zn + 2MnO_2 \longrightarrow ZnMn_2O_4$ 的标准摩尔自由能变化 $\Delta G^{\ominus} = -304.7$ kJ/mol,则

$$E^{\ominus} = -\frac{\Delta G^{\ominus}}{nF} = -\frac{304.7}{2 \times 96.5} = 1.58 \text{ V}$$

上述计算所取的 $\Delta G^{\ominus}$ 值是采用 $\beta-MnO_2$ 的数值。为了确定以 $\beta-MnO_2$ 作正极的碱性 $Zn-MnO_2$ 电池的反应,需要将实际测定的电池的电动势与上述计算值相比较。所测定的以 $\gamma-MnO_2$ 为正极的碱性 $Zn-MnO_2$ 电池的电动势是 1.59 V,又测得 $\gamma-MnO_2$ 在 9 mol/L 的 KOH 溶液中的电极电势是 +0.232 V,$\beta-MnO_2$ 在 KOH 溶液中的电极电势是 +0.115 V(均相对于同溶液 Hg + HgO 参比电极)。

由以上数据推算,采用 $\beta-MnO_2$ 的碱性 $Zn-MnO_2$ 电池的电动势是

$$1.59-(0.232-0.115)=1.47 \text{ V}$$

该数值与前面计算的 1.44 V 和 1.58 V 两个数值中的 1.44 V 接近。所以可认为采用 $\beta-MnO_2$ 的碱性 $Zn-MnO_2$ 电池反应是按 $Zn + 2MnO_2 \longrightarrow ZnO + Mn_2O_3$ 反应进行的。

2.电池的开路电压

电池的开路电压是两极间所连接的外线路处于断路时,两极间的电势差。由于正负两个电极在电解液中不一定处于热力学平衡状态,因此电池的开路电压不一定等于电动势。由电极的工作原理和腐蚀微电池机理可知,当电极不处于热力学平衡状态时,电池的开路电压总小于其电动势。

应该指出,电池的电动势应从热力学函数计算得出,而开路电压是实际测量出来的,测开路电压时,测量仪表内不应有电流通过,一般使用高阻电压表测量。

标称电压是用来鉴别电池类型的电压近似值。例如,铅酸蓄电池开路电压接近 2.1 V,标称电压定为 2.0 V。$Zn-MnO_2$ 干电池标称电压定为 1.5 V,Cd – Ni 电池、$H_2-NiOOH$ 电池标称电压定为 1.2 V。

1.2.2 电池的内阻

电池的内阻($R_{内}$)又称全内阻,是指电流流过电池时所受到的阻力,它包括欧姆内阻和电化学反应中电极极化引起的电阻。由于内阻的存在,电池的工作电压总是小于开路电压。当 $E = U_{开}$ 时

$$U = E - IR_{内} = E - I(R_{\Omega} + R_{f}) \tag{1.10}$$

式中 U—— 放电电压(V);

E—— 电动势(V);

I—— 放电电流(A);

R_{Ω}—— 欧姆内阻(Ω);

R_{f}—— 极化内阻(Ω)。

由式(1.10)可以看出,电池的内阻越大,电池的工作电压就越低,实际输出的能量就越小。损失的能量均以热量形式留在电池内部。如果电池升温激烈,可能使电池无法继续工作,因此电池内阻是评价电池质量的主要标准,显然内阻越小越好。

下面就组成电池全内阻($R_{内}$)的各因素分别讨论。

欧姆内阻(R_{Ω})的大小与电解液、电极材料、隔膜的性质有关。电解液的欧姆内阻与电解液的组成、浓度和温度有关。一般说来,电池用的电解液浓度值大多选在比电导最大的区间。

但是还必须考虑电解液浓度对电池其他性能的影响,如对极化电阻、自放电、电池容量和使用寿命的影响。例如,碱性电池中使用的 KOH 溶液,其质量分数在 30% 左右时比电导最高,但是为了使自放电减小到最小程度,常采用稍高一些的浓度。

隔膜电阻是表征隔膜特征的重要参数,也是影响电池低温性能和高倍率放电性能的主要参数之一。“隔膜电阻”这一名词的含义并不确切,因为化学电源中所采用的有机膜或无机膜是不允许有电子导电,本身应是绝缘材料。例如,石棉膜的电阻率是 $10^8\ \Omega\cdot cm$。当隔膜浸入电解液中后,它的孔隙逐渐被电解液充满,有的膜因在电解液中溶胀而产生更多的微孔,电解液中的离子在孔隙中迁移即产生导电作用。因而所谓的“隔膜电阻”实际上表征着隔膜的曲折孔路对离子迁移所造成的阻力,也就是电流通过隔膜时微孔中电解液的电阻。因此,隔膜的欧姆电阻与电解质的种类、隔膜的材料、孔率和孔的曲折程度等因素有关。表 1.2 列出了用直流电方法测得的在质量分数为 40% 的 KOH 溶液中几种隔膜材料的电阻率。

表 1.2 碱性化学电源中几种常用膜的电阻率(质量分数为 40 % 的 KOH 溶液)

隔 膜 种 类	膜厚 /cm	电阻率 /(Ω · cm)
银 - 镁盐处理的水化纤维素	0.004 2	9.35
夹桑皮石棉膜	0.001	3.92
纯石棉膜	0.006 7	1.17
电话纸	0.007 9	7.95
Li - $(CF)_2$ 电池用聚丙烯膜	0.008 1	0.98
Zn - HgO 电池用石棉膜	0.008	4.91

电极上的固相电阻包括:活性物质粉粒本身的电阻,粉粒之间的接触电阻,活性物质与导电骨架间的接触电阻以及骨架、导电排、端子的电阻总和。这部分固相电阻变化很复杂,特别是在充放电过程中,例如放电时,活性物质的成分及形态均可能变化,造成电阻阻值发生较大的变化。为了降低固相电阻,有的电池系列常常在活性物质中掺和导电组分(例如,乙炔黑及粉状石墨),以增加活性物质粉粒间的导电能力。此外,电池的欧姆电阻还与电池的尺寸、装配、结构等因素有关。装配越紧凑,电极间距就越小,欧姆内阻就越小。1 只中等容量的启动型铅酸蓄电池的欧姆内阻只有 $10^{-4} \sim 10^{-2}\ \Omega$,而 1 只 R_{20} 型糊式锌锰干电池的欧姆内阻可达到 $0.2 \sim 0.3\ \Omega$。

极化内阻(R_f)是指化学电源的正极与负极在进行电化学反应时因极化所引起的内阻。它包括两部分:电化学极化和浓差极化所引起的电阻。当然,在不同的条件下两种极化值的比例可能不同,这主要与电极材料的本性、电极的结构、制备工艺及使用条件等有关。极化电阻与活性物质的本性、电极的结构、电池的制造工艺有关,特别是与电池的工作条件密切相关。放电电流不同,所产生的电化学极化与浓差极化的值也不同。所以,极化内阻并不是个常数,即随放电时间的改变而变化,也随放电制度的改变而变化。如果用 η_+ 和 η_- 分别表示正负极的过电势值,则总极化值为

$$\Delta\varphi = \eta_+ + \eta_- \tag{1.11}$$

因为极化电阻为 R_f,则

$$\Delta\varphi = IR_f \tag{1.12}$$

R_f 与 R_Ω 的不同之处在于 R_f 不是恒定值,而是 I 和放电时间的函数。

总之,内阻是决定化学电源性能的一个重要指标,它直接影响电池的工作电压、工作电

流、输出的能量与功率，对于一个实用的化学电源，其内阻越小越好。

1.2.3 电池的工作电压

电池的工作电压又称负载电压、放电电压或端电压，是指有电流流过外电路时，电池两极之间的电势差。当电池内部有电流流过时，由于必须克服电极极化和欧姆内阻所造成的阻力，因此，工作电压总是低于开路电压，当然也必定低于电动势。

由于负载特性不同，电池放电时基本上有两种方式：一种是恒电流放电；另一种是恒定电阻放电。对于纯电阻性负载，电池工作时为恒电阻放电。电池的工作方式是恒电阻放电时，电池的工作电压和放电电流均随着放电时间的延长而下降；电池的工作方式是恒电流放电时，其工作电压也随着放电时间的延长而下降。

无论以何种方式放电，电池的工作电压总是随着放电时间的延长而逐渐下降。下降的原因主要是由于两个电极的极化造成的。在放电过程中由于传质条件变差，浓差极化逐渐加大；此外随着活性物质的转化，电极反应的真实表面积越来越小，造成电化学极化的增加。特别是在放电后期，电化学极化的影响更为突出。电池的欧姆内阻也是工作电压逐渐下降的原因之一。在电池放电时，通常欧姆内阻是不断增加的。

在大电流放电时，特别是在低温下负极极易钝化，这也是某些电池的工作电压迅速下降的主要原因之一。

通常将放电开始的瞬时内(约几秒) 测得的电压，称为初始工作电压。电压下降到不宜再继续放电的最低工作电压，称为终止电压。这是人为规定的。根据不同放电条件和对容量、寿命的要求，规定的终止电压数值略有不同。一般原则是，低温或大电流放电的情况下，规定的终止电压可低些，小电流放电则规定值较高。例如，对于 Cd – NiOOH 蓄电池，1 小时率放电终止电压为 1.0 V，10 小时率放电终止电压为 1.1 V。因为当 1 小时率放电时，放电电流较大，电压下降也较快，活性物质的利用不充分，所以把放电终止电压规定得适当低一些，有利于输出较多的能量。而 10 小时率或更小的电流放电时，活性物质的利用比较充分，放电终止电压可适当提高一些，这样可以减轻深度放电引起的电池寿命下降。表 1.3 列出几种电池放电时的终止电压。

表 1.3 几种电池放电时的终止电压

	10 小时率($\frac{C_s}{10}$)	5 小时率($\frac{C_s}{5}$)	3 小时率($\frac{C_s}{3}$)	1 小时率($1C_s$)
Cd – NiOOH	1.10	1.10	1.00	1.00
铅酸	1.75	1.75	1.80	1.80
碱性 Zn – MnO_2	1.20	—	—	—
Zn – AgO	1.2 ~ 1.30	1.2 ~ 1.30	0.9 ~ 1.0	0.9 ~ 1.0

由图 1.3 的放电曲线可以看出电池的工作电压特性和容量情况，所以放电曲线表征了电池的重要电特性。一般总是希望放电曲线越平坦越好。有时为了分析和研究电池电压下降的原因，还需要测量单个电极的放电曲线，借以判断电池容量、寿命下降发生在哪一个电极上。

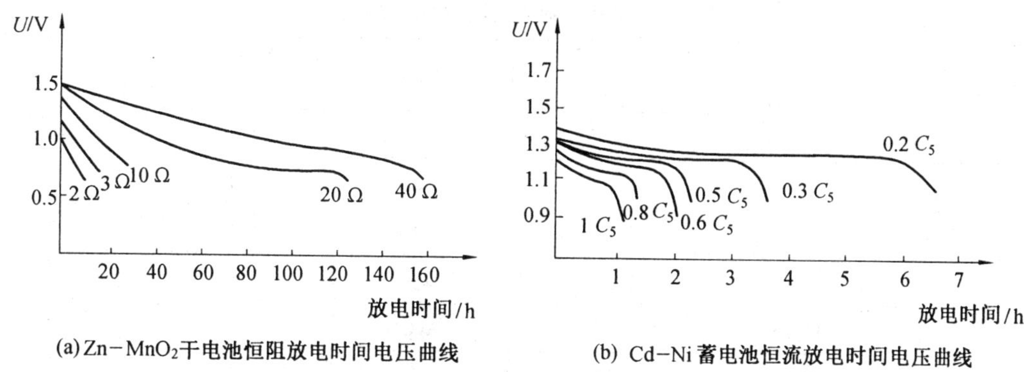

(a) Zn－MnO_2干电池恒阻放电时间电压曲线　(b) Cd－Ni蓄电池恒流放电时间电压曲线

图1.3　电池的放电曲线

1.2.4　电池的容量与比容量

1.电池的容量

电池的容量(C)是指在一定的放电条件下可以从电池中获得的电量，单位常用A·h(安·时)表示。容量是电池电性能的重要指标，有理论容量、实际容量和额定容量之分。

(1) 理论容量

理论容量(C_t)是假设活性物质全部参加电池的成流反应时所给出的电量。它是根据活性物质的质量按照法拉第定律计算求得的。

法拉第定律指出，电极上参加反应的物质的质量与通过的电量成正比，即1 mol的活性物质参加电池的成流反应所释放出的电量为nF(96 500 nC或26.8 nA·h)。因此，电极的理论容量计算公式为

$$C_t = 26.8n\frac{m}{M} = \frac{1}{K}m \tag{1.13}$$

$$K = \frac{M}{26.8n} \tag{1.14}$$

式中　m—— 活性物质完全反应时的质量(g)；

n—— 成流反应的得失电子数；

M—— 活性物质的摩尔质量(kg/mol)；

K—— 活性物质的电化当量(g/(A·h))。

由式(1.13)可以看出，电极的理论容量与活性物质质量和电化当量有关。在活性物质摩尔质量相同的情况下，电化当量越小的物质，理论容量就越大。这是设计电池时选择活性物质的原则之一。从表1.4的数据可知，同是输出1 A·h的电量，消耗锂为0.259 g，而铅则是3.87 g，后者是前者的约15倍。

表 1.4 常用电池中活性物质的电化当量

活性物质	密度/ $(g \cdot cm^{-3})$	电化当量/ $[g \cdot (A \cdot h)^{-1}]$	活性物质	密度/ $(g \cdot cm^{-3})$	电化当量/ $[g \cdot (g \cdot h)^{-1}]$
Al	2.699	0.335	PbO_2	9.3	4.45
Cd	8.65	2.10	MnO_2	5.0	3.22
H		0.037 6	NiOOH	7.4	3.42
Fe	7.85	1.04	Ag_2O	7.1	4.33
Pb	11.34	3.87	AgO	7.4	2.31
Zn	7.1	1.22	S_2O	1.37	2.39
Li	0.534	0.259	$SOCl_2$	1.63	2.22

电池的容量由电极的容量决定,若电极的容量不等,电池的容量取决于容量小的那个电极。

(2) 实际容量

电池实际放出的电量除受理论容量的制约外,还与电池的放电条件有很大关系。因此电池的实际容量(C_p)是指在一定放电条件下(温度、放电制度),电池所能输出的电量,一般以 A·h 为单位。蓄电池的实际容量则是对充足电的电池而言的。

实际容量的计算方法为

恒电流放电时

$$C_p = I\,t \tag{1.15}$$

恒电阻放电时

$$C_p = \int_0^t I\mathrm{d}t = \frac{1}{R}\int_0^t U\mathrm{d}t \tag{1.16}$$

式(1.16) 的近似计算是

$$C_p = \frac{1}{R}U_a t \tag{1.17}$$

式中 I—— 放电电流(A);

U_a—— 平均放电电压(V);

R—— 放电电阻(Ω);

t—— 放电到终止电压所需的时间(h)。

(3) 额定容量

额定容量(C_s)是指设计和制造电池时,规定或保证电池在一定的放电条件下(温度、放电制度)应该放出的最低容量。

由于活性物质不能 100% 的被利用,也就是说利用率总是小于 1,因而电池的实际容量总是低于理论容量。化学电源的实际容量决定于活性物质的数量和利用率(K)。

利用率的计算方法

$$K = \frac{m_t}{m_p} \times 100\% \tag{1.18}$$

式中 m_p—— 活性物质的实际质量(g);

m_t—— 按电池的实际容量根据法拉第定律计算出的物质的质量(g)。

活性物质的利用率(K)是电池性能优劣的重要标志之一。提高正、负极活性物质的利用率是提高电池容量、降低电池成本的重要途径。利用率是与电池的放电制度、电池的结构及制造工艺密切相关的。相同结构和类型的电池，如果放电制度不同，它们给出的容量就不相同，活性物质的利用率也就不一样。显然，在相同的放电制度下，活性物质的利用率越高，就说明电池结构设计的越合理。影响容量的因素都将影响活性物质的利用率。当电池的结构、活性物质的数量、质量及制造工艺被确定下来之后，电池的容量就与放电制度有关。其中放电电流的大小对电池容量的影响较大，因此在谈到电池容量时，必须指明其放电电流强度，一般习惯以"放电率"来表示，即

$$放电率 = \frac{额定容量}{放电时间}$$

放电率系指电池在规定时间内放出其额定容量时所输出的电流值。电流的单位用 A 表示。如额定容量(C_s)为1 A时的电池，10小时率放电时，则放电率为$\frac{C_s}{10} = \frac{1\ A \cdot h}{10\ h} = 0.1\ A$。按国际上规定：放电率在$\frac{C_s}{5}$以下称为低倍率；$\frac{C_s}{5} \sim 1C_s$称为中倍率；$1C_s \sim 22C_s$则称为高倍率。另外，放电率也用$I_t$来表示，$t$表示放出额定容量所用的时间，单位为h。例如$I_1$、$I_2$、$I_3$等，$I_1$指1小时率放电的电流强度，$I_5$指5小时率放电的电流强度。显然，$I_s = \frac{1}{t}C_s$。

目前生产的电池的容量与放电流(放电电流)的关系如图1.4所示。

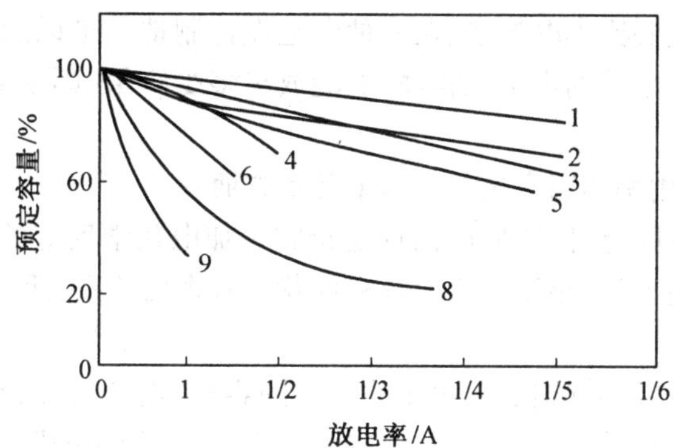

图1.4　目前生产的电池的容量与放电率(放电电流)的关系

1— 烧结式 Cd – NiOOH 蓄电池；2— 密封烧结式 Cd – NiOOH 蓄电池；3— Zn – AgO 电池；4—Cd – AgO 电池；5— 有极板盒式 Cd – NiOOH 电池；6— 密封有极板盒式 Cd – NiOOH 电池；7—Fe – NiOOH 电池；8— 涂膏式铅酸蓄电池；9— 管式铅酸蓄电池

2. 比容量

为了对同一系列的不同种电池进行比较，常常用比容量这个概念。单位质量或单位体积电池所给出的容量，称为质量比容量或体积比容量。

$$C'_m = \frac{C_s}{G} \tag{1.19}$$

$$C'_V = \frac{C_s}{V} \tag{1.20}$$

式中　G—— 电池的质量(kg)；

V—— 电池的体积(L)。

一个电池的容量就是其中正极或负极的容量，而不是正负极容量之和。因为电池充放电时通过正负极的电量总是一样的，即正极放出的容量等于负极放出的容量，也等于电池的容量。实际电池的容量决定于容量较小的那个电极，另一个电极的容量稍有余或多很多。正负极活性物质有各自的利用率和比容量，可以分别测定和计算。实际电池的比容量是用电池的容量除以电池的质量或体积计算出来的。实际生产中一般多用正极容量控制整个电池的容量，而负极容量过剩。

电池容量是电池电性能的重要指标，影响它的因素很多，归纳起来主要有两大方面，一是活性物质的质量，二是活性物质的利用率，而活性物质的利用率又受多种因素的影响，其影响关系如下所示。

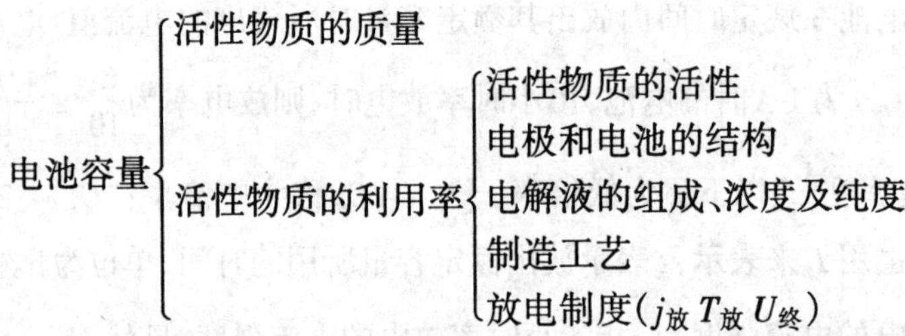

通常，电池中活性物质的数量越多，电池放出的容量越大，但它们并不是严格地成正比关系。电池中的活性物质数量越大，电池的总质量和体积也就越大，所以，就同一类电池而言，大电池放出的容量要比小电池多。在一种电池设计制造出来以后，电池中活性物质的质量就确定了，理论容量也就确定了，而实际上能放出多少容量，则主要取决于活性物质的利用率。

影响活性物质利用率的因素主要有以下几个方面：

① 活性物质的活性。活性物质的活性是指它参加电化学反应的能力。活性物质的活性大小与晶型结构、制造方法、杂质含量以及表面状态有密切关系，活性高的利用率也高，放出容量也大。

活性物质在电池中所处的状态，也影响电池的容量。例如，铅酸蓄电池长期在放电状态下存放，极板会发生不可逆硫酸化，使活性物质失去活性，利用率降低，容量下降。有时活性物质吸附一些有害杂质也会使活性降低，造成电池容量下降。

② 电极和电池的结构对活性物质的利用率有明显的影响，也直接影响到电池的容量。电极的结构包括：电极的成型方法，极板的孔径、孔率、厚度，极板的真实表面积的大小等。

在各种已应用的电池中，大多数电池的电极是粉状电极。无论是哪种方法制成的电极，电解液在微孔中扩散和迁移都要受到阻力，容易产生浓差极化，影响活性物质的利用率。有时电池的反应产物在电极表面生成并覆盖电极表面的微孔，很难使内部的活性物质充分反应，影响活性物质的利用率，从而影响电池的容量。

在活性物质相同的情况下，极板越薄，活性物质的利用率越高。电极的孔径、孔率大小都影响电池的容量。电极的孔径大、孔率高，有利于电解液的扩散。同时电极的真实表面积增大，对于同样的放电电流，则它的电流密度大大减小，可以减轻电化学极化，有利于活性物质利用率的提高。但孔径过大、孔率过高，极板的强度就要降低，同时电子导电的电阻增大，对活性物质利用率的提高不利，因此极板的孔径和孔率要适当，才能有较高的利用率。正负极之间在不会引起短路的条件下，极板间距要小，离子运动的路程越短，越有利于电解液的扩散。

电池的结构(如圆筒形、方形、纽扣形)不同，其活性物质的利用率也不同。

总之，设计电池时必须考虑这些因素，而且它与制造工艺有密切关系。

③ 电解液的数量、浓度和纯度对容量也有明显的影响，这种影响是通过活性物质的利用率来体现的。如前所述，如果电池反应时消耗电解质，则可视其为活性物质。若电解质数量不足，正负极活性物质就不可能充分利用，故电池放出容量低。对于不参加反应的电解质溶液，只要它的数量能保证离子导电就行了。任何一种电解质溶液，都存在一个最佳浓度，在此浓度下导电能力最高。电极在此浓度下的腐蚀和钝化也要考虑，若腐蚀严重，造成活性物质浪费，利用率下降，另外电解液中的杂质，特别是有害杂质，同样使活性物质利用率降低，影响电池的容量。

④ 电池的制造工艺对电池的容量有很大影响，这将在以后讨论。

上面讨论的这些影响因素都是电池本身的，属内在因素，当电池制造出来以后，这些因素的影响就确定了。影响活性物质利用率的外在因素是放电制度，即放电时的电流密度、放电温度和放电终止电压等。

放电电流密度 $j_{放}$ 对电池的容量影响很大。$j_{放}$ 越大，电池放出的容量越小，因为 $j_{放}$ 大，表示电极反应速度快，那么，电化学极化和浓差极化也就越严重，阻碍了反应的深度，使活性物质不能充分利用。同时 $j_{放}$ 大，欧姆电压降也增大，特别是放电的反应产物是固态时，可能将电极表面覆盖，阻碍了离子的扩散，影响到电极内部活性物质的反应，使利用率下降，容量降低。

放电温度对容量的影响也很大。放电温度升高时，一方面电极的反应速度加快，另一方面溶液的黏度降低，离子运动的速度加快，使电解质溶液的导电能力提高，有利于活性物质的反应。放电温度升高，放电产物的过饱和度降低，可以防止生成致密的放电产物层，这就降低了颗粒内部活性物质的覆盖，有利于活性物质的充分反应，提高了活性物质的利用率。放电温度升高还可能防止或推迟某些电极的钝化(特别是片状负极)，这些都对电池的容量有利。所以放电温度升高，电池放出的容量增大；反之，放电温度降低，电池放出的容量减小。

一般情况下，放电终止电压对容量的影响是：终止电压越高，放出的容量越小；反之，选择终止电压越低，放出的容量越大。

为了比较电池容量的大小，各种电池都规定了相应的放电条件，可查阅有关标准。

1.2.5 电池的能量与比能量

1. 电池的能量

电池的能量是指电池在一定放电条件下对外做功所能输出的电能。通常用W·h(瓦·小时)表示。

电池的能量有理论能量与实际能量之分。

(1) 理论能量

假设电池在放电过程中始终处于平衡状态，其放电电压始终保持其电动势的数值。电池活性物质的利用率为100%，则此时电池应该给出的能量为理论能量 W_t，可表示为

$$W_t = CE \tag{1.21}$$

实际上电池的理论能量就是可逆电池在恒温恒压下所做的最大非体积功，即为

$$W_t = -\Delta G = nFE \tag{1.22}$$

(2) 实际能量

实际能量(W_p)是电池放电时实际输出的能量。在数值上等于实际容量和平均工作电压的乘积。因为活性物质不可能 100% 的被利用，电池工作电压也不可能等于电动势，所以实际能量总是低于理论能量，其值可用下式表示，即

$$W_p = C_p U_a \tag{1.23}$$

2.比能量

比能量是指单位质量或单位体积的电池所放出的能量。电池放出的能量多少和放电制度有关，因此同一只电池的比能量大小与放电制度有关。比能量是衡量电池质量和大小的标准，是设计电池时必须考虑的重要指标之一。单位质量的电池输出的能量称为质量比能量，常用W·h/kg表示。单位体积的电池输出的能量称为体积比能量，常用W·h/L表示。比能量也分为质量理论比能量(W_t')和质量实际比能量(W_p')。

电池的理论质量比能量可以根据正、负极两种活性物质的电化当量(有时需要加上电解质的电化当量)和电池的电动势来计算。

$$W_t' = \frac{1\,000}{K_+ + K_-}E \tag{1.24}$$

式中 K_+ —— 正极活性物质的电化当量(g/(A·h))；

K_- —— 负极活性物质的电化当量(g/(A·h))；

E—— 电池的电动势(V)。

例如，铅酸蓄电池的理论质量比能量可依下面的反应式计算

$$Pb + PbO_2 + 2H_2SO_4 \longrightarrow 2PbSO_4 + 2H_2O$$

已知 $K(Pb) = 3.866$ g/(A·h)，$K(PbO_2) = 4.463$ g/(A·h)，$K(H_2SO_4) = 3.656$ g/(A·h)，$E = 2.041$ V。

$$W_t' = \frac{1\,000 \times 2.041}{3.866 + 4.463 + 3.656} = 170.3$$

实际比能量(W_p')可根据电池的实际质量(或体积)和实际输出的能量求出，即

$$W_p' = \frac{C_p U_a}{G} \quad 或 \quad W_p' = \frac{C_p \cdot U_a}{V} \tag{1.25}$$

由于各种因素的影响，电池的实际比能量远小于理论比能量。实际比能量与理论比能量的关系可表示为

$$W_p' = W_t' K_E K_C K_G \tag{1.26}$$

式中 K_E—— 电压效率，即

$$K_E = \frac{U_a}{E}$$

其中 U_a—— 电池放电过程中的平均电压；

E—— 电池的电动势，如前所述电池放电时，工作电压总是低于电动势，因此 K_E 总是小于 1；

K_C—— 活性物质利用率,因为活性物质不可能 100% 的被利用,K_C 也是小于 1 的值即

$$K_C = \frac{C_p}{C_t}$$

其中　C_p—— 电池放电的实际容量;

C_t—— 按照法拉第定律计算得出的电池的理论容量;

而式(1.26) 中

K_G—— 质量效率,即

$$K_G = \frac{m_0}{m_0 + m_s} = \frac{m}{G} \tag{1.27}$$

其中　m_0—— 假设按电池反应式完全反应的活性物质的质量;

m_s—— 不参加电池反应的物质质量;

G—— 电池的总质量。

同样,电池的质量效率也是小于 1 的值,因为电池中必然要包含一些不参加电池反应的物质,因而使实际比能量减小。这些物质有:

(1) 过剩的活性物质

设计电池时,不可能使两个电极的活性物质恰好等量,总有一个电极的活性物质过剩;这种过剩的活性物质和活性物质利用率中所涉及的未利用的活性物质是两个概念。后者是受利用率所限制,而有可能被利用的物质;前者是指电池中一极的活性物质添加量在理论上超过另一电极,因而是不可能被利用的物质。有时,这种过剩的活性物质又是必须的。例如,在密封的 Cd - NiOOH 电池、Zn - AgO 电池中,负极活性物质在电池设计时要考虑有 25% ~ 75% 的过剩量,用以防止充电时在负极上产生氢气。

(2) 电解质溶液

有些电池的电解质溶液不参加电池反应,有些电池的电解质溶液虽然参加电池反应,但仍需要一定的过剩量。

(3) 电极的添加剂

例如,膨胀剂、导电物质、吸收电解质溶液的纤维素等,其中有些添加剂可占电极质量的相当比例。

(4) 电池的外壳、电极的板栅、骨架

电池的比能量是电池性能的一个重要指标,是比较各种电池优劣的重要技术参数。提高电池的比能量,始终是化学电源工作者的努力目标。尽管有许多体系的理论比能量很高,但电池的实际比能量却小于理论比能量。较好的电池的实际比能量可以达到理论值的 1/3 ~ 1/5,因此,这个数值可以作为设计高能电源的依据。例如,在探索新的高能电池时,如果要求比能量为 100 W · h/kg,则电池的理论比能量应大于 300 ~ 500 W · h/kg。表 1.5 和表 1.6 分别列出常见的化学电源和一些高能化学电源的实际比能量、理论比能量及其比值。

表 1.5　实际比能量、理论比能量及其比值

电池体系	实际比能量 W'_p/(W·h·kg^{-1})	理论比能量(W'_t)(W·h·kg^{-1})	W'_t/W'_p
铅酸	10 ~ 50	167	17.0 ~ 3.3
Cd - NiOOH	15 ~ 40	214.3	14.3 ~ 5.4
Fe - NiOOH	10 ~ 25	272.5	27.3 ~ 10.9
Zn - AgO	60 ~ 100	487.5	8.1 ~ 4.9
Cd - AgO	40 ~ 100	270.2	6.8 ~ 2.7
Zn - HgO	30 ~ 100	255.4	8.5 ~ 2.6
Zn - MnO_2(干电池)	10 ~ 15	251.3	25.1 ~ 16.8
Zn - MnO_2(碱性)	30 ~ 100	274	9.1 ~ 2.7
锌 - 空气	100 ~ 250	1 350	13.5 ~ 5.4
Mg - AgCl(储备电池)	40 ~ 100	446	11.2 ~ 4.5

表 1.6　一些高能电池的比能量

电池体系	电　池　反　应	$E^\ominus$/V	W'_t/(W·h·kg^{-1})
H_2 | H_2SO4 | 空气	$H_2 + 1/2O_2 \longrightarrow H_2O$	1.229	32 700
H_2 | H_2SO_4 | O_2	$H_2 + 1/2O_2 \longrightarrow H_2O$	1.229	3 660
锂 - 空气①	$2Li + 1/2O_2 + H_2O \longrightarrow 2LiOH$	3.43②	5 770
铍 - 空气①	$Be + 1/2O_2 + H_2O \longrightarrow Be(OH)_2$	2.248②	4 460
钠 - 空气①	$2Na + 1/2O_2 + H_2O \longrightarrow 2NaOH$	3.115②	2 610
锌 - 空气①	$Zn + 1/2O_2 \longrightarrow ZnO$	1.646	1 350
H_2 - F_2	$H_2 + F_2 \longrightarrow 2HF$	2.866	3 840
Li - F_2	$2Li + F_2 \longrightarrow 2LiF$	5.896	6 090
Li - Cl_2	$2Li + Cl_2 \rightarrow 2LiCl$	4.189	2 650
Li - Br_2	$2Li + Br_2 \longrightarrow 2LiBr$	4.096	1 260

注:① 用空气,所以 O_2 质量不计算在内;② 采用碱性溶液电池的标准电动势。

从表 1.5 可以看出,现在使用的电池,其理论比能量(W'_t)与实际比能量(W'_p)的比值 W'_t/W'_p 多数在 10% ~ 30%。要想得到高比能量的电池,根据理论比能量(W'_t) = 理论比容量(C'_t) × 电动势(E)的关系,首先,构成电池两极的活性物质的理论比容量(C'_t)要高,要使 C'_t 高,要求活性物质的电化当量要小。其次,欲提高电池的电动势,要求选择电极电势较小和电极电势较大的材料作电池的负极和正极,这样有可能得到较大的电池电动势。

对于负极材料,可从周期表的左上方的元素中去找,如氢、锂、钠、镁等,这些物质不仅电化当量小,而且电极电势较小。但对于锂、钠、镁等,要制成电池就相当困难,因为它们在水溶液中相当活泼,要制成电池,必须采用非水溶剂或采用固体电解质。

对于正极材料,从周期表看,右上方的物质氟、氯、氧、硫等,其电极电势较大,且电化当量也较小,但除氧外,这些物质要做成电极也相当困难。氟、氯是气体且有毒,不仅污染环境,操作起来难度也较大,因此一般采用氯和氟的化合物。硫作正极,在常温下其活性低,高温时虽然活性高,但挥发性大,且腐蚀性强,所以,常采用硫化物作正极。只有氧气既无毒、无腐蚀性,又易于处理,特别是用空气中的氧,取之不尽,用之不竭,故广泛被用来制备各种金属为负极的空气电池。虽然采用氟化物、氯化物、硫化物代替氟、氯、硫作正极活性物质在制造上方便较多,但理论比能量却降低了。

1.2.6　电池的功率与比功率

电池的功率是指在一定放电制度下,单位时间内电池所输出的能量,单位 W 或 kW。单位质量或单位体积电池输出的功率称为比功率,质量比功率的单位为 W/kg,体积比功率的单位为 W/L。

功率、比功率是化学电源的重要性能之一。它表示电池放电倍率的大小,电池的功率越大,意味着电池可以在大电流或高倍率下放电。一般将电池分为大功率、中功率和小功率的电池。例如,Zn - Ag 电池在中等电流密度下放电时,比功率可达到 100 W/kg 以上,说明这种电池的内阻小,高倍率放电的性能好;而 Zn - MnO_2 干电池在小电流密度下工作时,比功率只能达到 10 W/kg,说明电池的内阻大,高倍率放电的性能差。与电池的能量相类似,功率有理论功率和实际功率之分。

电池的理论功率可表示为

$$P_t = \frac{W_t}{T} = \frac{C_t E}{T} = \frac{ITE}{T} = IE \tag{1.28}$$

式中　T—— 时间(h);

C_t—— 电池的理论容量;

I—— 恒定的电流(A)。

而电池的实际功率应该是

$$P_p = IV = I(E - IR_{内}) = IE - I^2 R_{内} \tag{1.29}$$

式中　$I^2 R_{内}$ —— 消耗于电池全内阻上的功率,这部分功率对负载是无用的,它转变成热能损失掉了。

放电制度对电池输出功率有显著影响,当以高放电率放电时,电池的比功率增大。但由于极化增大,电池的电压降低很快,因此比能量降低;相反,当电池以低放电率放电时,电池的比功率降低,而比能量却增大。这种特性随电池系列的不同而不同。图 1.5 给出了各种电池系列的比功率(P')和比能量(W')。

从曲线可以证实,Zn - AgO 电池、Na - S 电池、Li - Cl_2 电池,当比功率增大时,比能量下降很小,说明这些电池适合于大电流工作。从图中还可看出,在所有干电池中,碱性 Zn - MnO_2 电池是重负荷下性能最好的一种电池。而在低放电电流时,Zn - HgO 电池的性能较好。

Zn - HgO 电池和 Zn - MnO_2 干电池随比功率的增加,比能量下降较快,说明这些电池只适用于低倍率工作。

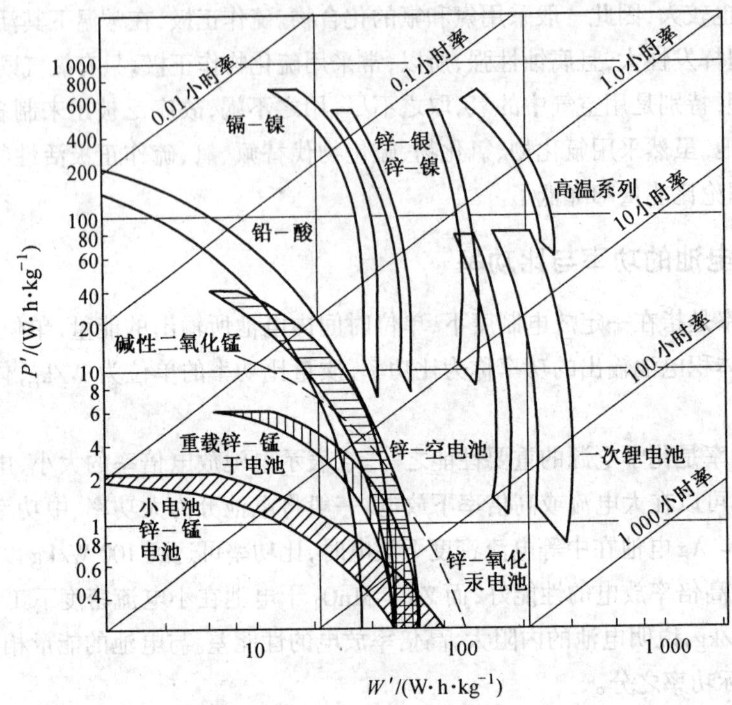

图 1.5 各种电池系列的比功率和比能量

图 1.6 表示电流强度对电池功率和电压的影响，随着放电电流强度的增大，电池的功率逐渐升高，达到最大功率后，如再继续增大电流，消耗于电池内阻上的功率显著增加，电池电压迅速下降，电池的功率也随着下降。原则上，当外电路的负载电阻等于电池的内阻时，电池的输出功率最大，这可以由下面的推导来证明。

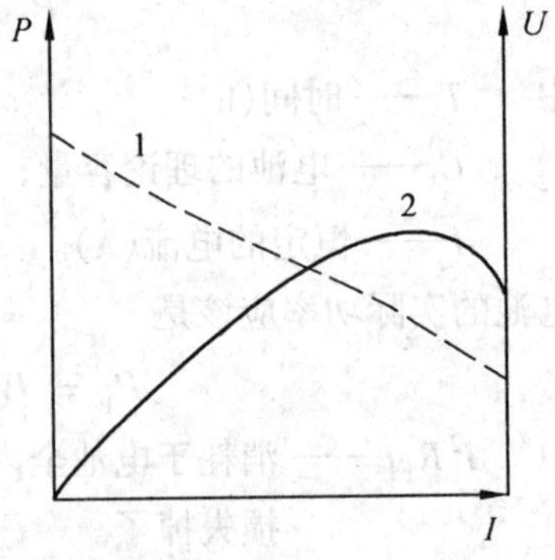

图 1.6 电流强度对电池功率和电压的影响示意图

1— 电压电流关系曲线；2— 功率电流关系曲线

假设 $R_{内}$ 为常数，把式(1.29) 对电流微分，即

$$\frac{\mathrm{d}P}{\mathrm{d}I} = E - 2IR_{内} \tag{1.30}$$

又因为 $E = I(R_{外} + R_{内})$，代入式(1.30)，并令其等于零，得

$$\begin{gathered} IR_{外} + IR_{内} - 2IR_{内} = 0 \\ R_{内} = R_{外} \end{gathered} \tag{1.31}$$

而且$\dfrac{\mathrm{d}^2 P}{\mathrm{d}I^2} < 0$，所以 $R_{内} = R_{外}$ 是电池功率达到极大值的条件。

1.2.7 电池的储存性能和循环性能

化学电源的特点之一是在使用时能够输出电能，不用时能够储存电能。所谓储存性能是指电池开路时，在一定条件下(如温度、湿度等) 储存时容量自行降低的性能，也称自放电。下降率小，即储存性能好。

电池发生自放电，将直接降低电池可供输出的能量，使容量降低。自放电的产生主要是由于电极在电解液中处于热力学的不稳定性，电池的两个电极各自发生了氧化还原反应的结果。在两个电极中，负极的自放电是主要的，自放电的发生，使活性物质白白地被消耗，转变成不能利用的热能。

自放电速率用单位时间内容量降低的百分数表示，即

$$x = \frac{C_{前} - C_{后}}{C_{前} \times T} \times 100\% \tag{1.32}$$

式中　$C_{前}$、$C_{后}$ —— 储存前后电池的容量；

T—— 储存时间，常用天、月、年表示。

自放电的大小，亦可用电池搁置至规定容量时的天数表示，称为搁置寿命。搁置寿命有干搁置寿命和湿搁置寿命之分。如储备电池，在使用时才加入电解液，激活前可以保存很长时间。这种电池搁置寿命可以很长。电池带电解液储存时称湿储存，湿储存时自放电较大，但搁置寿命相对较短。

化学电源中，通常负极的自放电比正极严重，因为负极活性物质多为活泼的金属，在水溶液中它们的标准电极电势比氢电极还小，从热力学的观点来看就是不稳定的，特别是当有正电性的金属杂质存在时，这些杂质和负极活性物质形成腐蚀微电池，发生负极金属的溶解和氢气的析出。如果电解液中含有杂质，这些杂质又能够被负极金属置换出来沉积在负极表面上，而且氢气在这些杂质上的过电势又较低的话，会加速负极的腐蚀。在正极上，可能会有各种副反应发生(如逆歧化反应、杂质的氧化、正极活性物质的溶解等)，消耗了正极活性物质，而使电池的容量下降。

电池即使是干储存，也会由于密封不严，进入水分、空气等物质造成自放电。

影响自放电的因素有储存温度、环境的相对湿度及活性物质、电解液、隔板和外壳等带入的有害杂质。

克服电池自放电的措施一般是：采用纯度较高的原材料或将原材料予以处理，除去有害杂质，但成本要增加；或者在负极材料中加入氢过电势较高的金属，如镉、汞、铅等。必须指出，加入汞、镉对环境有较大的污染，目前，电池中已加的汞、镉、铅已逐步被其他缓蚀剂所代替；也有在电极或电解液中加入缓蚀剂，抑制氢的析出，减少自放电反应的发生。但是，这些物质的加入，一般会使活性物质的活性有所降低，影响电池的放电性能。

电池的储存性能是电池的重要质量指标之一。储存期除了要求自放电小和容降率达到一定要求外，还要求不出现漏液或爬液现象，对干电池还要求不能有气胀等现象。不同系列的电池或同一系列不同规格的电池，有不同的考核办法和规定。

对蓄电池而言，循环寿命或使用周期也是衡量电池性能的一个重要参数。蓄电池经历一次充电和放电，称为一次循环，或叫一个周期。

在一定的充放电制度下，电池容量降至某一规定值之前，电池所能耐受的循环次数称为蓄电池的使用周期。各种蓄电池的使用周期都有差异，以长寿命著称的电池是镉－镍蓄电池，可达上千次；而锌－银蓄电池的使用寿命则较短，有的不到100次。就是同一系列、同一规格的产品，使用周期也有差异。

影响蓄电池循环寿命的因素很多，除正确使用和维护外，主要有以下几点：

① 活性表面积在充放电循环过程中不断减小，使工作电流密度上升，极化增大；

② 电极上活性物质脱落或转移；

③ 在电池工作过程中，某些电极材料发生腐蚀；

④ 在循环过程中电极上产生枝晶，造成电池内部短路；

⑤ 隔离物的损坏；

⑥ 活性物质晶形在充放电过程中发生改变，因而使活性降低。

最后指出，目前启动型铅酸蓄电池已不采用循环次数表示其寿命，而是采用过充电耐久能力和循环耐久能力的单元数来表示。

过充电耐久能力是指将充足电的蓄电池放在温度为(40 ± 2)℃ 的恒温水浴槽中，用 $0.1C_s$(C_s 为额定容量)的定电流充电 100 h，然后开路放置 68 h，并在(40 ± 2)℃ 的条件下用启动电流快速放电到平均每单格电池的 $U_{终} = 1.33$ V，放电的持续时间应等于或大于240 s。快速放电结束后，蓄电池就完成一个过充电单元。按我国国家标准，启动蓄电池的过充电单元数应至少为 4。

循环耐久能力是指将充足电的蓄电池放在温度为(40 ± 2)℃ 的恒温水浴槽中，用 $0.1C_s$ 电流放电 1 h，然后立即用 $0.1C_s$ 电流充电 5 h。如果连续反复充电 36 次，之后开路放置 96 h 后，立即用启动电流快速放电到平均每单格电池电压降到 1.33 V，然后再进行完全充电。

以上整个过程组成一个循环耐久能力单元，按我国国家标准，需达到 3 个单元。最后一个单元是在开路 96 h 后，在(− 18 ± 1)℃ 条件下以启动电流放电，放电时间应等于或大于 60 s。

在讨论了化学电源的主要性能之后，列出表 1.7。表 1.7 概括比较了目前生产的各种化学电池的性能指标。

表 1.7　主要电池概况

电池名称			电池构成			电压/V	自放电率/%	放电特性①				寿命②
			正极活性物质	电解质	负极活性物质			高倍率放电	电压稳定性	温度特性		
										低温	高温	
蓄电池	铅酸	敞口式	二氧化铅	硫酸	铅	2.0	20(月)	B	A ~ B	C	A	166 ~ 400
蓄电池	铅酸	密封式	二氧化铜	硫酸	铅	2.0	25(4个月)	B	A ~ B	A	A	60 ~ 200
蓄电池	碱性	铁 − 镍	氧化镍	氢氧化钾	铁	1.2	20(月)	B	A	C	A	100 ~ 2 000
蓄电池	碱性	镉 − 镍	氧化镍	氢氧化钾	镉	1.2	30(年)	B	A	A	A	500 ~ 5 000
蓄电池	碱性	镉 − 镍烧结式	氧化镍	氢氧化钾	镉	1.2	30(年)	AA	A	A	A	
蓄电池	碱性	镉 − 镍密封式	氧化镍	氢氧化钾	镉	1.2	25(月)	A ~ B	A	A	A	100 ~ 1 000
蓄电池	碱性	锌 − 镍	氧化镍	氢氧化钾	锌	1.5	20(月)	AA	A 二阶段	A	A	10 ~ 400
蓄电池	碱性	镉 − 镍	氧化镍	氢氧化钾	镉	1.1	25(年)	B	A	A	A	20 ~ 20 000
蓄电池	碱性	锌 − 锰	二氧化锰	氢氧化钾	锌	1.2	7(年)	B	B ~ C	A	A	10 ~ 60
一次电池		锰干电池	二氧化锰	氯化铵、氯化锌	锌	1.5	10(年)	C	C	C	C	—
一次电池		碱性锰干电池	二氧化锰	氢氧化钾	锌	1.2	7(年)	B	R ~ C	A	A	—
一次电池		氧化汞电池	氧化汞	氢氧化钾	锌	1.2	5(年)	B ~ C	AA	C	AA	—
一次电池		氧化银电池	氧化汞	氢氧化钾	锌	1.3	10(年)	B	AA	A	A	—
一次电池		氧化镍电池	氧化镍	海水	镁	1.4	③	AA	AA	AA	A	—
一次电池		空气电池	氧气(空气)	氢氧化钾	锌	1.3	微	C	A	B	C	—

① 特性最好的用 AA 表示，以下以 A、B、C 序表示；

② 寿命因蓄电池构造、放电深度不同而异，铅酸蓄电池取薄形板电池的数值；

③ 未注入电解液保存 3 ~ 5 年。

1.3　化学电源中的多孔电极

1.3.1　多孔电极的意义

目前,大部分化学电源都采用多孔电极。采用多孔电极的结构是化学电源发展过程中的一个重要革新,这是因为多孔电极结构为研制高比能量和高比功率的电池提供了可行性和现实性。

多孔电极是用高比表面积的粉状活性物质与具有导电性的惰性固体微粒混合,然后通过压制、烧结等方法制成。采用多孔电极的结构能使进行电化学反应的活性比表面积有很大的提高。由于提高了参加放电过程的活性物质的量,同时也由于电极孔率和比表面的提高,使得电极的真实电流密度大大降低,使电池的能量损失(包括电压和容量的损失)大幅度减小。因此电池的性能就会得到显著的改善,特别是对于像锌这样一类的具有钝化倾向的电极,多孔电极具有更重要的意义。

按照电极反应的特点,将多孔电极分为两大类:一类是液 - 固两相多孔电极;另一类是气 - 液 - 固三相多孔电极。在两相多孔电极中,电极的内部孔隙中充满了电解液,电化学反应是在液 - 固两相的界面上进行的,例如,像锌 - 银电池中的锌电极,铅酸蓄电池中的铅电极等。而对于三相多孔电极,电极的孔隙中既有充满电解液的液孔,又有充满气体的气孔,在气 - 液界面上进行气体的溶解,而在固 - 液界面上进行电化学反应。例如,金属 - 空气电池中的空气电极及燃料电池中的氢电极和氧电极都属于三相多孔电极。

在电池中采用多孔电极主要是为了减小电极的真实电流密度,提高活性物质的利用率,降低电池的能量损失。但这一目的并不是在所有条件下都能达到。因为在多孔电极中,电极反应是在三维空间结构内进行的,与电极表面距离不同处的极化差别必然存在。因此,存在着一系列的在平面电极上不存在的特殊问题,例如,整个电极厚度内反应速度(电流密度)的分布、极化性质的改变等等。就是说,在多孔电极内部存在着浓度梯度和由于欧姆内阻而引起的电势梯度,它们使多孔电极的内表面不能充分的被利用,因此使多孔电极的有效性受到限制。这些都是化学电源工作者要研究的课题。

1.3.2　两相多孔电极

在两相多孔电极内部,实际上是由充满电解液的大小不等的"液孔"和"固相"两种网络交织组成的,结构很复杂。为了简单,我们以一个圆柱形的小孔来讨论,以锌电极作为电池的负极进行阳极溶解为例进行讲述。

1.没有浓差极化的情况——欧姆极化 - 电化学极化控制

图1.7是锌多孔电极的一个小孔及孔内电流的分布。

当锌电极作为阳极工作时,电流方向由孔内流向孔外(取为电流的正方向),而孔内各点的位置 x 是由孔口处向内计算,孔口处 $x=0$,因此 x 与电流方向相反。假设孔内表面上有 a、b 两点,相距 dx;c、d 为表面溶液中相应的两点。

当电流通过固相时，要经过 ab 之间的固相电阻；如果电流通过液相，则要经受 cd 之液相电阻 dR。由于金属锌的比电导很大，大约是 1.7×10^5 S/cm，而电解液的比电导却很小，如质量分数为 35% 的 KOH 溶液，在 20℃ 时比电导为 0.45 S/cm。因此，金属的电阻可以忽略不计，这样 a、b 两点可认为是等电势的。但由于溶液中有电阻，在电流 I 流过时，c、d 两点之间会产生欧姆电压降 IdR。因此，若点 a 的电极电势为 φ(即点 a 相对于点 c 之间的电势差)，则点 b 的电极电势应为 $\varphi-d\varphi$，其中 $d\varphi=IdR$。因为孔内溶液中电流由点 d 流向点 c，所以点 d 的电极电势高于点 c，也就是说点 b 的电极电势小于点 a 的电极电势(因为 a、b 两点是等电势的)，其差值为 $d\varphi$。说明在有电流流过液孔时，每向孔口移动 dx 的距离，则锌电极的电极电势向正移动 $d\varphi$，即孔口处的极化比其内部要大，因为

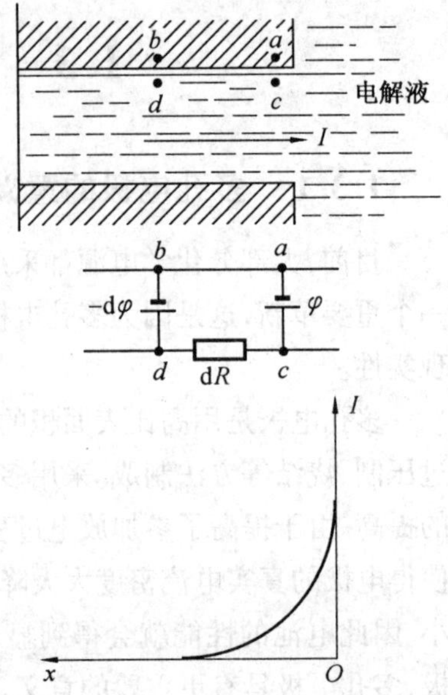

图 1.7　两相多孔电极及孔内电流

$$dR=\frac{1}{x}\frac{dx}{\sigma}\tag{1.32}$$

式中　x—— 电解液的比电导；

σ——1 cm² 电极上孔的截面积；

dR——1 cm² 电极上孔面积在 dx 距离内的电阻，所以

$$d\varphi=I\frac{1}{x}\frac{dx}{\sigma}\tag{1.33}$$

$$\frac{d\varphi}{dx}=I\frac{1}{x\sigma}\tag{1.34}$$

电流 I 是流过孔截面的总的电流随距离 x 而变化，即 $I=f(x)$；在孔口处，电流 I 为孔内表面各点流出的电流的总和，所以此处 I 值最大。越向孔内延伸，流过孔截面的电流 I 就越小。所以，对于距离 dx，流过孔截面的电流的变化可表示为

$$\frac{dI}{dx}=-SI_S\tag{1.35}$$

式中　S——dx 距离内孔壁的内表面；

I_S—— 在 dx 距离内通过孔壁的电流密度。

因为 x 的方向与电流方向相反，增加距离 dx，电流减小 dI，所以式(1.35) 中有一负号。将式(1.34) 对 x 微分，得

$$\frac{d^2\varphi}{dx^2}=\frac{1}{x\sigma}\frac{dI}{dx}\tag{1.36}$$

将式(1.35) 代入，得

$$\frac{d^2\varphi}{dx^2}=-\frac{S}{x\sigma}I_S\tag{1.37}$$

如果以几何表面积 1 cm^2、厚度 1 cm 的单位体积的多孔电极为例来讨论,那么 σ 即为单位体积电极中孔体积所占的分数,即电极的孔率;而 S 则是单位体积电极的内表面积。

若把电极电势 φ 写成平衡电极电势 φ_e 和电极反应的过电势 η 之间的和的形式

$$\varphi = \varphi_e + \eta \tag{1.38}$$

同时利用电化学动力学方程式,将电化学反应的速度和过电势联系起来,即

$$I = j_0\left(e^{\frac{\alpha zF\eta}{RT}} - e^{\frac{\beta zF\eta}{RT}}\right) \tag{1.39}$$

式中 j_0—— 交换电流密度;

α、β—— 传递系数;

F—— 法拉第常数;

z—— 参加电极反应的电子数。

这样将式(1.39)代入式(1.37),同时联系式(1.38),得

$$\frac{d^2\eta}{dx^2} = -\frac{j_0 S}{x\sigma}\left(e^{\frac{\alpha zF\eta}{RT}} - e^{\frac{\beta zF\eta}{RT}}\right) \tag{1.40}$$

在这里假设 φ_e 值与 x 无关。如果溶液中决定电极电势的组分在多孔电极的厚度方向上,当有固定的浓度时,这个假设是正确的。

取边界条件

$$\left(\frac{d\eta}{dx}\right)_{x=L} = 0 \quad 或 \quad \left(\frac{d\eta}{dx}\right)_{x=0} = -\frac{j}{x\sigma} \tag{1.41}$$

式中 j—— 电极外表面的表观电流密度;

L—— 孔深。对于有对称电流引线的电极,它等于电极厚度的一半。

利用边界条件,对式(1.40)一次积分,得到以下形式

$$\frac{\left(e^{\frac{\alpha zF\eta_0}{RT}} - e^{\frac{\alpha zF\eta_L}{RT}}\right)}{\alpha} + \frac{\left(e^{-\frac{\beta zF\eta_0}{RT}} - e^{-\frac{\beta zF\eta_L}{RT}}\right)}{\beta} = -\frac{j^2 zF}{2jRTx\sigma S} \tag{1.42}$$

式中 η_0、η_L—— 外表面($x = 0$)和多孔电极深处($x = L$)的过电势值。

方程式(1.42)左边指数项之差,表征多孔电极极化的均匀性。从方程式看出,极化电流密度越小,电解液电导、电极孔率、电极真实表面积和电极过程的交换电流密度越大,那么电极极化越均匀,也就是说 η_0 和 η_L 越接近,多孔电极中电流分布越均匀。提高温度,因 x 和 j_0 的数值增大,所以可以改善多孔电极的极化均匀度。

2. 有浓差极化的情况 —— 扩散极化控制

有时电解液的电导高,欧姆极化可以忽略,如电极的电化学极化又小,则当有电流流过时,沿电极孔的纵深方向存在着电解液的浓度梯度。物质传递对电极极化的均匀性有显著的影响。在孔内物质传递的惟一方式是扩散。

为了简化,我们只讨论一种离子的浓度变化对电极极化均匀性的影响,即对多孔电极内电流分布的影响。还是以碱性介质中的锌电极为例。

$$Zn + 4OH^- \longrightarrow Zn(OH)_4^{2-} + 2e^-$$

下面讨论锌阳极溶解时 OH^- 的浓度变化。

由扩散定律

$$\frac{m}{S\Delta t} = D\left(\frac{\partial c}{\partial x}\right)_{x=0} \tag{1.43}$$

式中 m—— 扩散物的质量；

S—— 扩散截面积；

Δt—— 时间间隔；

D—— 扩散系数；

$\frac{\partial c}{\partial x}$—— 浓度梯度。

通过法拉第定律将上面的扩散物质的量转变为电流密度，即

$$j = nFD\left(\frac{\partial c}{\partial x}\right)_{x=0} \tag{1.44}$$

在稳定扩散条件下，浓度梯度存在线性关系，式(1.44)可表示为

$$j = nFD\frac{c^0 - c^s}{L} \tag{1.45}$$

式中 c^0—— 孔外溶液中 OH^- 的浓度；

c^s—— 孔内工作电极表面附近 OH^- 离子的浓度；

L—— 孔内表面上工作点与孔口表面处的距离，当工作点处于孔的底部时，L 即为孔的长度。

当孔内工作表面附近 OH^- 离子的浓度 $c^s = 0$，达到极限扩散电流时

$$j_d = \frac{nFDc^0}{L} \tag{1.46}$$

所以

$$c^0 = \frac{j_d L}{nFD} \tag{1.47}$$

将式(1.47)代入式(1.45)，整理后得

$$j = j_d\left(1 - \frac{c^s}{c^0}\right) \tag{1.48}$$

故

$$c^s = c^0\left(1 - \frac{j}{j_d}\right) \tag{1.49}$$

当电化学极化可以忽略时，电极可认为处于热力学平衡状态，因此电极电势可以用能斯特方程表示，即

$$\varphi = \varphi^\ominus + \frac{RT}{nF}\ln c^s \tag{1.50}$$

将式(1.49)代入式(1.50)，得

$$\varphi = \varphi^\ominus + \frac{RT}{nF}\ln c^0 + \frac{RT}{nF}\ln\left(1 - \frac{j}{j_d}\right) = \varphi_e + \frac{RT}{nF}\ln\left(1 - \frac{j}{j_d}\right) \tag{1.51}$$

即通电后，由于浓差极化，使得电极电势偏移了，即

$$\Delta\varphi = \varphi - \varphi_e = \frac{RT}{nF}\ln\left(1 - \frac{j}{j_d}\right) \qquad (1.52)$$

在多孔电极中，如果只考虑浓差极化，而假设孔内溶液中的欧姆电阻为零，那么孔内表面上各点的电极电势应该相等，电极是一个等电势体。由式(1.51)可以看出，如果要求孔内表面上各点的电极电势相等，则必须要求$\frac{j}{j_d}$是一个常数。但孔壁各点的电流是不相等的，因为各处的 j_d 不同。

根据极限电流表达式

$$j_d = \frac{nFDc^0}{L}$$

虽然 n、F、c^0 是常数，但对于孔内表面上各点而言，D 与 L 的值是不同的。物质在孔内扩散受多孔电极的结构影响（如孔率、孔径和孔的曲折系数等），一般要用有效扩散系数 $D_{有效}$ 来代替整体溶液中的扩散系数 D。显然，越往孔的深处，L 越大，$D_{有效}$ 越小，即越往孔的深处，j_d 越小。为满足$\frac{j}{j_d}$是个常数，孔内表面上各点的工作电流密度 j 必定不等，越是孔的深处，工作电流密度 j 就越小，即由于物质传递的影响，同样使孔内表面上电流分布不均匀。

如果多孔电极的孔率和孔径比较大时，可以改善孔内外物质的传递，使孔内电流分布比较均匀，电极内表面得到较好的利用。

如果工作电流密度较大时，孔内的浓度梯度也变大，物质传递的影响更严重，孔内表面上电流分布会更不均匀。

1.3.3　三相多孔电极

以气体为活性物质的电极与固体或液体为活性物质的电极不同，它的反应是在气、液、固三相的界面处发生，如果缺少任何一相则都不能实现电化学过程。气体反应的消耗以及产物的疏散都需要扩散来实现，所以，扩散是气体电极的重要问题。

对于燃料电池中的氧电极和氢电极以及金属 - 空气电池中的空气电极，它们的活性物质都是气体，而气体在水溶液中的溶解度在常温常压下是很小的。例如，氧的溶解度为 10^{-4} mol/L，而且氧在溶液中的扩散速度也不大；在电解液静止的条件下，如果扩散层厚度 $\delta = 10^{-4}$ m，扩散系数 $D = 10^{-9} m^2/s$，其极限电流密度 $j_d = 0.1$ mA/cm^2，极限电流密度这么小，在化学电源中是没有实际意义的。也就是说，对于完全浸没的电极，由于传质速度的限制，不可能获得显著的电流密度。所以，如何制备高效的气体电极，成为化学电源研究的一个重要课题。气体扩散电极就是在这样的背景下提出的。

1. 气体扩散电极的特点

气体扩散电极的理论基础是"薄液膜理论"。威尔曾对 4 mol/L H_2SO_4 中的铂黑氢电极进行了下列试验。

当氢电极的过电势维持在 0.4 V 时，在用氢饱和的静止溶液中，流过全浸入的铂黑电极的阳极电流仅 0.1 mA。但若小心地将铂黑电极从溶液中慢慢提升时，开始流过电极的电流几乎不变，当电极提升到某一位置后，发现电极上流过的电流迅速增长，并且很快上升到一个极大值。继续将电极向外提升，电极上流过的电流开始慢慢下降。如图 1.8 所示。

用显微镜观察电极表面，发现电流突然上升时，铂黑电极表面存在薄的液膜。

上述实验现象可以用图 1.9 来解释。氢可以通过几种不同的途径在半浸没电极表面上氧化，其中每一种途径都包括氢迁移到电极表面与反应产物 H^+ 离子迁移到整体溶液中去这样的液相传质过程。

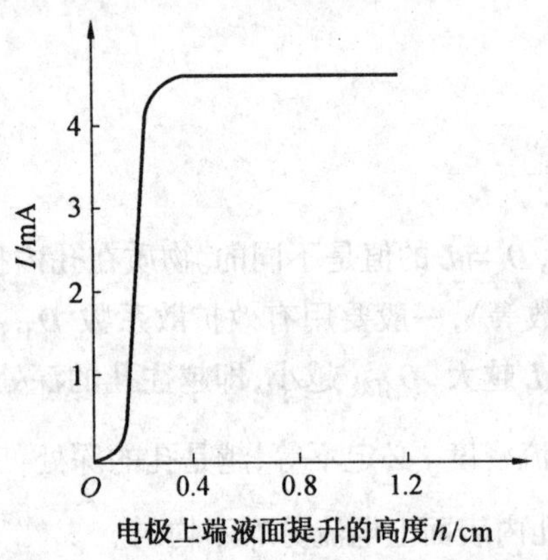

图 1.8　铂电极从 4 mol/L H_2SO_4 溶液中提出时电流的变化

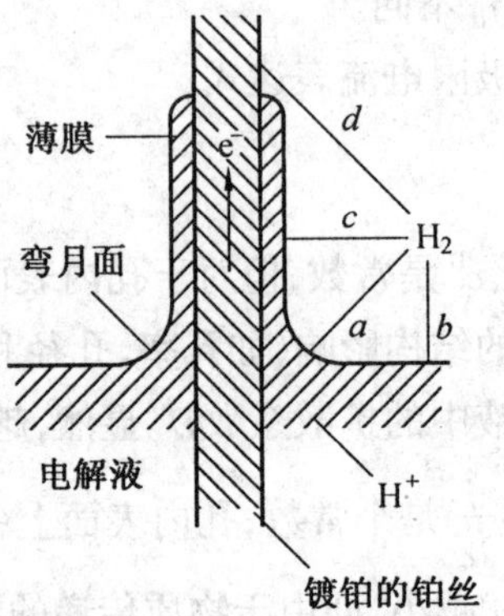

薄膜　弯月面　电解液　镀铂的铂丝　e^-　H_2　H^+　a　b　c　d

图 1.9　电极上的薄膜

如果有一项液相传质过程的扩散途径太长，如 b 途径中的 H_2 扩散与 c 途径中的 H^+ 扩散，就不可能获得大的电流密度。按 d 途径反应时，吸附氢还要通过固体表面上的扩散才能到达薄液膜上端的电极 - 溶液界面，所以反应更困难。但是，如果按 a 途径进行反应，则氢与 H^+ 的液相迁移途径都较短，因此这一部分电极表面就成为半浸没电极上最有效的反应区。电极的工作电流因而迅速上升。

由上述结果看出，制备高效气体电极时，必须满足的条件是电极中有大量气体容易到达而又与整体溶液较好连通的薄液膜。这种电极必然是较薄的三相多孔电极，其中既有足够的“气孔”使反应气体容易传递到电极内部各处，又有大量覆盖在电极表面上的薄液膜；这些薄液膜还必须通过“液孔”与电极外侧的溶液通畅地连通，以利于液相反应粒子和反应产物的迁移。因此，理想的气体电极是在电极表面具有大量高效的反应区域 —— 薄液膜层，这时扩散层厚度大大降低。根据扩散动力学

$$j_d = \frac{nFDc^0}{\delta}$$

极限电流密度比全浸没式电极大为增加，这是气体扩散电极的基本特点。为了达到此目的，常用的气体扩散电极主要采用了三种不同形式的结构。

(1) 双层电极

电极由金属粉末和适当的发孔性填料分层压制及烧结制成。靠近气体的一侧是较大孔径的“粗孔层”(30 ~ 60 μm)，靠近电解液的一侧是较小孔径的“细孔层”(10 ~ 20 μm)，反应气体有一定的压力，以便与细孔中的毛细力相平衡，若将气体压力调节到适当数值，使细孔中充满电解液，粗孔中充满气体，在粗细孔交界处建立起弯月面薄膜液层，这就是燃料电池中的培根型双层结构的气体扩散电极，如图 1.10 所示。通常双层电极中的粗孔半径为几十

微米，而细孔半径不超过 2 ~ 3 μm，气体的工作压力约为 0.05 ~ 0.3 MPa。

(2) 微孔隔膜电极

电池由两片用催化剂微粒制成的电极与微孔隔膜层结合而成(如石棉纸膜)。使隔膜的孔径比催化层的孔径更小，于是加入电解液首先被隔膜吸收，然后湿润催化层。控制加入电解液的量，使电极处于部分湿润状态，即其中既有大面积的薄液膜，又有一定的气孔。这种结构控制较困难，电解液过多或过少或两极气室压力不平衡，均会造成电极“淹死”或“干涸”。这种电池结构如图 1.11 所示。

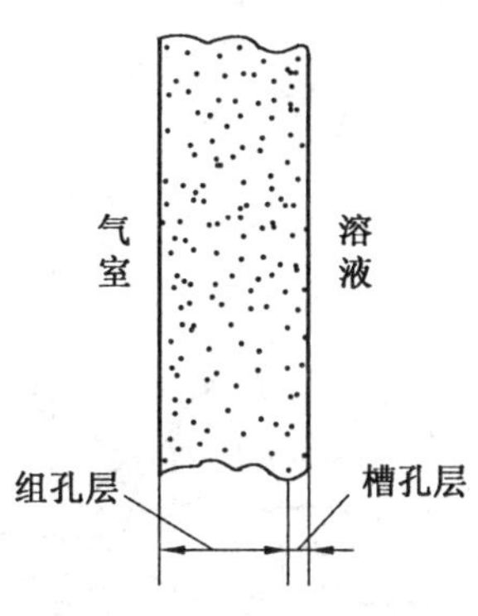

图 1.10　双层电极示意图

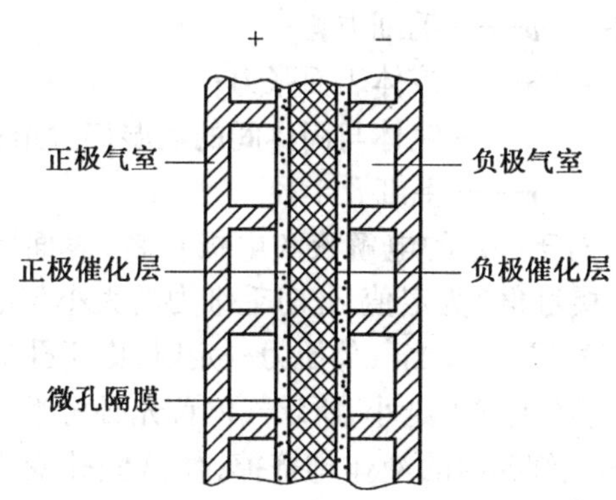

图 1.11　微孔隔膜电极

(3) 憎水电极

通常用催化剂粉末与憎水性材料混合后辗压、喷涂及经过适当的热处理后制成。常用的憎水材料是聚乙烯、聚四氟乙烯等。由于电极中含有润湿接触角 $\theta > 90°$ 的憎水成分，即使气室中不加压力，电极内部也有一部分不被溶液充满的“气孔”。另一方面，由于催化剂表面是亲水的，在大部分催化剂团粒的外表面上均形成了可用于进行气体电极反应的薄液膜(图 1.12)。实际憎水气体扩散电极在面向气室的表面上还覆盖一层憎水透气膜，以防电解液透过电极的亲液孔进入气室。这种电极特别适用于金属 - 空气电池。

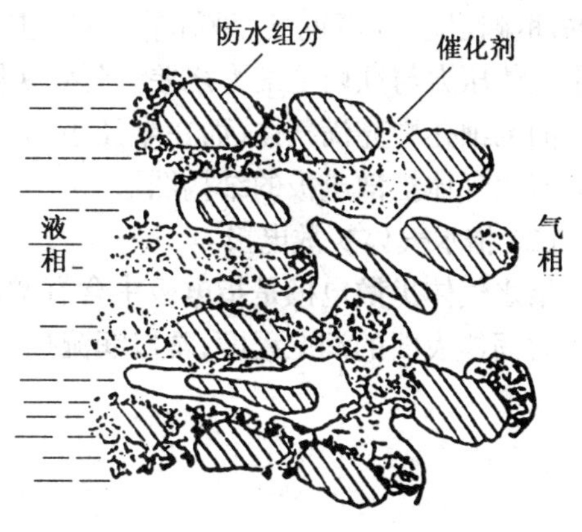

图 1.12　憎水电极示意图

2. 气体扩散电极模型

气体扩散电极牵涉到液、固、气三相。可以看成是由“气孔”、“液孔”和“固相”三种网络交织组成，分别担任着气相传质、液相传质和电子传递的作用。所以它的电极结构和作用原理都要比全浸没式的两相多孔电极复杂。对于气体扩散电极的研究只有一二十年的历史，很多问题目前还不清楚。为便于研究，通常需要把三相多孔电极简化为比较接近实际的模型。过去常用“平行毛细管”模型来加以描述，这显然与实际情况相差太远。下面我们以化学电源中常见的两种三相多孔电极结构的模型来讨论。

(1) 亲水气体扩散电极

在亲水的气体扩散电极中，电解液可以借助毛细力的作用而充满多孔电极内部各种直径的小孔中。此时，气体只有在外加压力的作用下才能进入电极的小孔中，而且只有当外加压力等于或大于毛细力时，气体才能进入孔中。由物理学可知，这种毛细力的大小实质上就是附加压强，即

$$p = \frac{2\sigma\cos\theta}{r} \tag{1.53}$$

式中 p—— 毛细力；
σ—— 液体表面张力；
θ—— 液体与固体间的润湿接触角；
r—— 毛细孔半径。

对于一定的电解液和电极材料，表面张力 σ 与接触角 θ 为定值，此时毛细力的大小与毛细孔半径成反比。当气体压力一定时，由于孔的半径越大，毛细力越小，所以气体首先必将半径较大的毛细孔内的液体排挤掉，使这些孔变成气孔。而孔径较小的毛细孔，则由于它的毛细力大于气体的压力，使气体不可能进入，仍然保持为液孔。因此在亲水的三相多孔电极中，液体对电极的润湿程度，或者说气、液孔的分布，主要取决于气体压力与孔内毛细力之差。当然，实际气、液孔的分布是比较复杂的。一般来说，在半径大的毛细孔中充满气体，而在半径小的细孔和微孔中充满液体。图 1.13 给出一个接近真实的亲水气体扩散电极的结构图形。

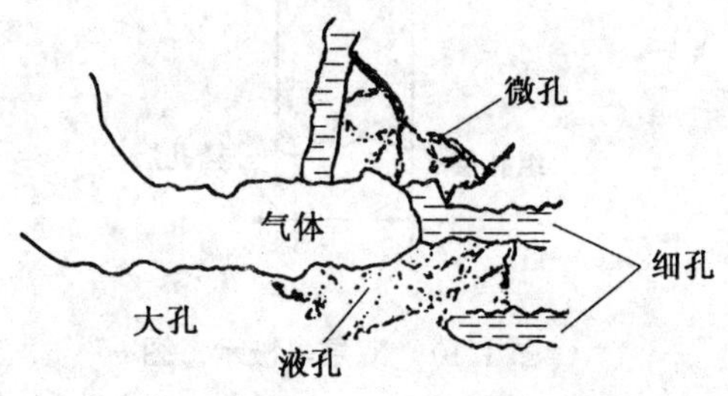

图 1.13 三相亲水多孔电极

(2) 憎水气体扩散电极

憎水气体扩散电极是指电极中含有憎水剂，因而使电解液不能完全润湿电极。为了表示液体对固体表面的润湿程度，常以润湿接触角 θ 来表示，如图 1.14 所示。

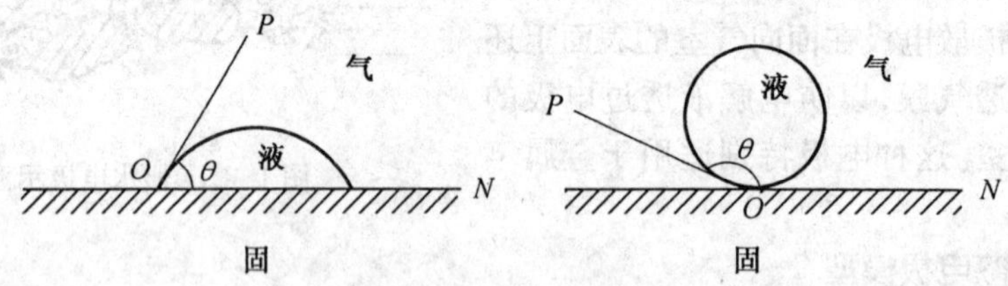

图 1.14 液体与固体间的润湿接触角

润湿接触角是过固体表面气、液、固三相分界点所作液滴切线 OP 与液体和固体界面 ON 之间(包括液体在内)的那个夹角。若润湿接触角 $\theta = 0°$，则表示该固体完全被液体所润湿；若 $\theta = 180°$，则表示该固体绝对不被液体所润湿。实际上这两种极端情况都是极少存在的。通常我们将 $\theta < 90°$ 的材料称为亲水材料，如玻璃、金属、石棉等，而将 $\theta > 90°$ 的材料称为憎水材料，如石蜡、聚乙烯、聚四氟乙烯等。必须指出，润湿接触角是由固体和液体的性质

共同决定的，所以当我们提到润湿接触角时，必须说明是某种固体与某种液体相互接触时的接触角。润湿接触角与固体和液体的表面特性密切有关。对于同一种固体材料，液体的表面张力越大，则润湿接触角越大。图1.15为几种典型有机材料与不同表面张力的液体接触时，润湿接触角与表面张力 σ 的关系。

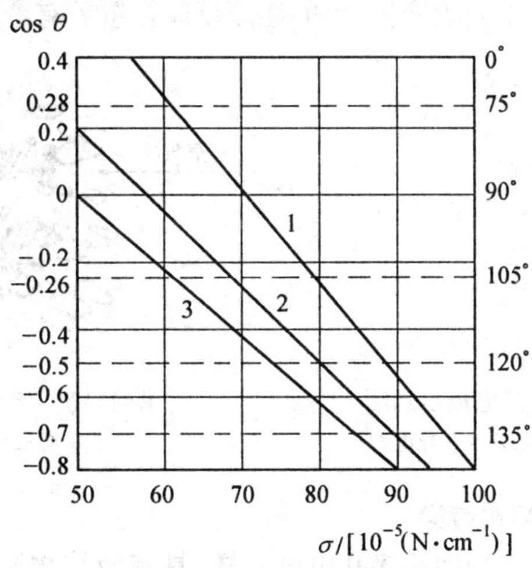

图1.15　润湿接触角与表面张力的关系

1—聚乙烯；2—石蜡；3—聚四氟乙烯

表1.8和表1.9列出了水和氢氧化钾溶液的表面张力。

表1.8　水的表面张力

温度/℃	0	10	20	30	40	50	60
$\sigma(H_2O)/[10^{-5}(N\cdot cm^{-1})]$	75.64	74.22	72.75	71.18	69.56	67.91	66.18

表1.9　25℃氢氧化钾溶液的表面张力

$c(KOH)/(mol\cdot L^{-1})$	1.0	4.5	7.1	8.5	10.0
$\sigma(KOH)/[10^{-5}(N\cdot cm^{-1})]$	75	86	93	98	~100

由表1.8和表1.9可见，水的表面张力随温度升高而下降。而对于碱液，浓度增加，其表面张力增大。锌－空气电池中常用的7～8 mol/L KOH溶液在25℃时表面张力为 90×10^{-5} N/cm，它与聚乙烯接触时，接触角约为130°，而与聚四氟乙烯接触时，接触角为145°以上，说明聚四氟乙烯的憎水性比聚乙烯强。因此，聚乙烯、聚四氟乙烯（尤其是后者）被广泛用于憎水气体扩散电极中，作为憎水剂。

在憎水气体扩散电极内，气孔与液孔的分布随润湿接触角而改变。而接触角的大小在不同的孔内可以有不同的数值，即使是同一个孔内，在孔的不同部位上，接触角的值也可能不同。所以气孔和液孔在憎水气体扩散电极内的分布是一个比较复杂的问题，而这种分布又对电极的性能有着显著的影响。以锌－空气电池中空气电极为例，如图1.16所示。靠近空气一侧是具有很强憎水性的多孔聚四氟乙烯防水透气膜，使空气源源不断地输入电极内部，而电解液却不能从透气膜渗漏出来。在靠近电极液一侧，是由活性炭载体、催化剂和聚四氟乙烯憎水剂均匀混合组成的多孔催化层。由于聚四氟乙烯的憎水作用，在催化层中形成了大量的高效反应界面——电解液薄膜。

大量实验表明,在憎水电极的催化层中,主要包括两种结构区域:一种是"干区",包括憎水组分及其周围气孔;另一种是"湿区",包括电解液及其润湿的催化剂团粒。这两种区域相互犬牙交错,形成连续网络。图 1.17 是这种结构示意图。可以看到,在靠近电解液一侧的催化层中,当孔壁主要或完全为聚四氟乙烯憎水剂时,则孔中充满气体。当孔壁主要是亲水剂时(催化剂或活性炭),则孔中充满液体。氧的还原反应在覆盖有液膜的催化剂表面上进行。

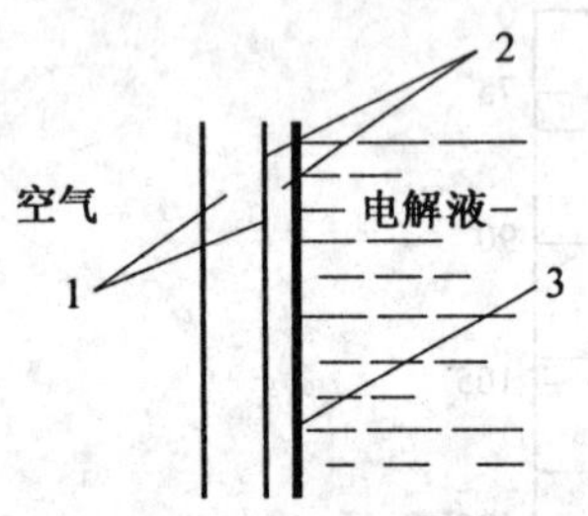

图 1.16　憎水气体扩散电极示意图
1— 防水透气膜;2— 催化层;3— 导电网

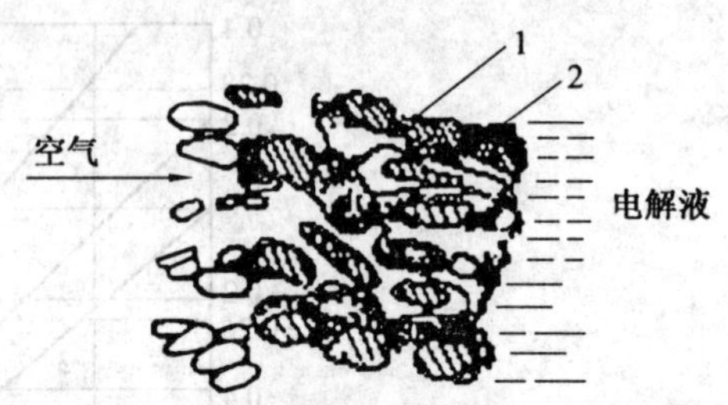

图 1.17　憎水空气电极示意图
1— 憎水组分;2— 催化剂

3. 气体扩散电极中的物质传递

在气体扩散电极中,除了与两相多孔电极一样,具有液相物质传递外,还有气相中的物质传递。在此我们着重讨论气相物质传递的问题。

处理多孔体内某一相(i) 中的传质过程时,一方面要考虑该项的比体积(V_i),也就是单位体积多孔体中该相所占有的体积,即孔率;另一方面还要考虑该相的曲折系数(β_i)。所谓某一相的曲折系数,是指多孔体中通过该相传质时实际传质途径的平均长度与多孔层厚度之比。例如,图 1.18 中"直通孔" 的 $\beta = 1$,而"曲折孔" 的 $\beta = 3$。显然如果多孔体结构是各向异性的,则曲折系数与传质方向有关。

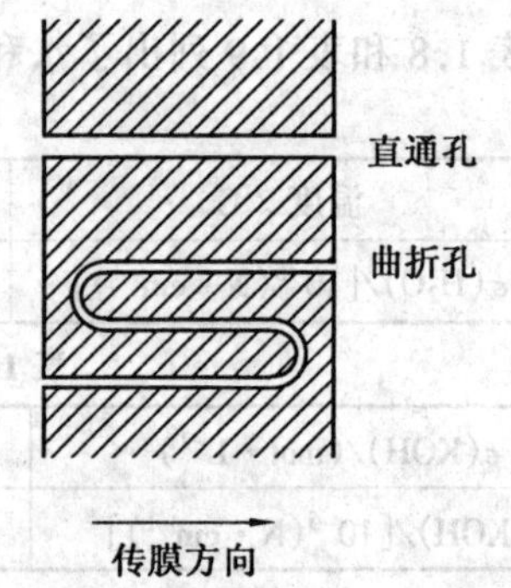

图 1.18　多孔体中气体扩散的不同途径

从图 1.18 还能看到,曲折孔的比体积比直通孔大 β 倍,而同样条件下的传质速度只有直通孔的 $1/\beta$。因此,多孔体内某一相(i) 中的传质速度应与$\dfrac{V_i}{\beta_i^2}$成正比。

考虑多孔电极中气体扩散的特点,对扩散系数 D 应该进行必要的修正。如果孔的结构是与气体扩散方向相同的直通孔,则气体扩散透过多孔体时的"有效扩散系数" 应为

$$D_{有效} = VD_{气} \tag{1.54}$$

如果孔的结构不是直通孔而是曲折孔,则气体的"有效扩散系数" 应为

$$D_{有效} = \frac{V}{\beta_{氧}^2} D_{气} \tag{1.55}$$

式中　$D_{气}$ —— 在整体气相中的扩散系数;

V—— 单位体积多孔体中气相所占的体积,即气孔率。

$D_{有效}$ 值可以从实验求得,也可通过 V、$D_{气}$、$\beta_{气}$ 等参数计算。

从浓差极化方程式

$$\eta = -\frac{RT}{nF}\ln(1 - \frac{j}{j_d})$$

可以看到，在相同的过电势下，极限扩散电流密度 j_d 越大，则相应的工作电流密度也越大，即电极性能越优越。因此，像其他类型电极一样，极限扩散电流密度对于气体扩散电极是一个重要的电化学参数。对于气体扩散电极，可以引用我们讨论过的极限电流密度公式来估计气相物质传递在整个极化中所占的密度，即

$$j_d = \frac{nFDc^0}{\delta}$$

但是，上式是在最简条件下推出的。实际气体扩散电极的情况要复杂得多，此时除了气体的错综复杂之外，还应考虑气相中的各种组分在物质传递中的影响。假如气相中含有两种组分，其中组分 1 为参加电极反应的组分(如空气中的氧)，组分 2 为不能参加电极反应的惰性组分(如空气中的氮和惰性气体)。电极反应的结果促使组分 1 向孔内反应界面流动的原因，除了扩散作用以外，还因为气体的整体流动而引起，因此组分 1 经过透气层的流量可写成

$$J_1 = -D_{12}(\frac{\partial c_1}{\partial x}) + (\frac{c_1}{N})J_{总} \tag{1.56}$$

式中　D_{12}—— 组分 1 在组分 2 中的扩散系数；

c_1—— 组分 1 的浓度；

N—— 气体总浓度，$N = c_1 + c_2$；

$J_{总}$ —— 整体气体的流量。

式(1.56) 右方第一项表示浓度梯度引起的扩散流量，第二项表示由于气体整体流动而引起的组分 1 的流量。若气孔内压差可以忽略，则 N 为常数。当气孔内物质传递达到稳态，即气相中只有组分 1 流动时，$J_2 = 0, J_{总} = J_1$，故式(1.56) 可写成

$$J_1 = -D_{12}\left(\frac{1}{1 - \frac{c_1}{N}}\right)\frac{\mathrm{d}c_1}{\mathrm{d}x} \tag{1.57}$$

设透气层厚度为 δ，取该层面向气室的表面为 $x = 0$，即反应区在 $x \geqslant \delta$ 处，也就是在 $x = 0 - \delta$ 的范围内，J_1 为定值，因此式(1.57) 有如下积分

$$J_1\int_{x=0}^{x=\delta}\mathrm{d}x = -D_{12}\int_{c_1=c_1^0}^{c_1=c_1^\delta}\frac{\mathrm{d}c_1}{1 - \frac{c_1}{N}} \tag{1.58}$$

得到

$$J_1 = \frac{D_{12}N}{\delta}\ln\frac{1 - \frac{c_1^\delta}{N}}{1 - \frac{c_1^0}{N}} = \frac{D_{12}N}{\delta}\ln\frac{N - c_1^\delta}{c_2^0} \tag{1.59}$$

其中，c_1^δ 为 $x = \delta$ 处组分 1 的浓度。以 $c_1^\delta = 0$ 代入，就得到相应的极限电流密度

$$j_d = \frac{nfD_{12}N}{\delta}\ln\frac{N}{c_2^0} = \frac{nfD_{12}}{\delta}c_1^0\left[\frac{N}{c_1^0}\ln\frac{N}{c_2^0}\right] \tag{1.60}$$

令

$$f = \left[\frac{N}{c_1^0}\ln\frac{N}{c_2^0}\right] \tag{1.61}$$

则

$$j_d = \frac{nFD_{12}}{\delta}c_1^0 f \tag{1.62}$$

与式(1.60)相比较,式(1.62)多了一项校正项 f。

我们用式(1.62)分别计算采用空气和体积分数为99%的氧时,氧阴极还原的极限电流密度。

① 反应气体为空气时,氧的体积分数约为20%,101.325 kPa、25℃下,空气的物质的量浓度为 $4\times10^{-5}\ \mathrm{mol/cm^3}$,$\frac{N}{c_1^0}\approx\frac{100}{20}\approx5$,$\frac{N}{c_2^0}=\frac{100}{80}\approx1.25$,故 $f=1.12$;若聚四氟乙烯透气膜厚0.02 cm,该膜经辗压制成,孔的曲折系数较大,取 $\beta_{气}=4$,气孔率 $V_{气}=0.35$,氧在氮中的扩散系数 $D_{12}=0.2\ \mathrm{cm^2/s}$,则由式(1.55)得到 D_{12} 的有效值约为 $4\times10^{-3}\ \mathrm{cm^2/s}$;又 $n=4$,$c_1=N\times0.2=8\times10^{-6}\ \mathrm{mol/cm^3}$,则由式(1.62)得极限电流密度为

$$j_d=\frac{4\times96\,500\times4\times10^{-3}\times8\times10^{-6}\times1.12}{0.02}=0.7\ \mathrm{A/cm^2}$$

② 当采用体积分数为99%的氧时,$c_1^0=N\times0.99=3.96\times10^{-5}\ \mathrm{mol/cm^3}$,校正系数 $f=4.6$,则氧电极的极限电流密度为

$$j_d=\frac{4\times96\,500\times4\times10^{-3}\times3.96\times10^{-5}\times4.6}{0.02}=14\ \mathrm{A/cm^2}$$

从上面计算可见,多孔气体电极中气相传质速度往往是比较大的。只要透气层不太厚、气孔率不太小及反应气体浓度不太低,在一般工作电流密度下不应出现严重的气相浓度极化。通过以上讨论可以看到,当反应气体组成一定时,为提高极限电流密度、降低浓差极化,应该从改进电极的结构着手,如减薄透气层厚度、加大孔率、减小孔的曲折系数等。其中特别是孔的结构很值得注意,因为有效扩散系数与曲折系数的平方成反比。当然,电极的结构还应该结合其他方面的要求综合考虑,如储存性能、寿命等。在气体扩散电极中,究竟是气相还是液相中的物质传递起控制作用,要根据它们的极限电流密度的大小来确定。

4. 气体扩散电极内的电流分布

采用气体扩散电极的目的在于,提高电极的工作电流,降低极化;但是,如同两相多孔电极一样,气体扩散电极的反应界面同样不能充分利用。由于气体扩散电极中的电极过程涉及气、液、固三相,它的极化特性和有影响因素等动力学问题非常复杂,数学处理也比较困难,有些问题至今还不能清楚、简明地加以描述。下面我们仅在简化了的特定条件下,定性地讨论气体扩散电极在各种极化控制下的电流分布和改进气体扩散电极的可能性。

(1) 电化学极化 - 欧姆极化控制

电化学极化 - 欧姆极化控制相当于小电流密度下工作的情况(如通信用的锌 - 空气电池),假设多孔电极中气相和液相极限传质速度很大,因而可以忽略气、液相中反应粒子的浓差极化,也就是说全部反应层中各相具有均匀的组成;并且设反应层的全部厚度中各项的比体积均为定值。在满足这些假设时,电极的极化主要由界面上的电化学反应和固、液相电阻所引起。这时电极过程受电化学极化和欧姆极化控制。

在这种情况下,气体扩散电极和两相多孔电极的情况非常相似。由于孔内电解液中的欧姆电压降使孔壁表面各点相对于溶液的电极电势不相等,如图1.19所示,孔壁附近溶液中点 a' 电势比 c' 大,假设忽略固相电阻,则孔壁上点 a 相对于溶液的电极电势要比点 c 小,因

为讨论的氧电极为阴极过程，所以流过点 a 电极表面的电流要大于流过点 c 的电流，即在毛细孔内，电流比较集中于靠近电解液的一端；越往孔的深处，电流分布越小，甚至趋于零，如图 1.19(b) 所示。当工作电流密度越大时，这种电流分布的不均匀性就越为严重。为了降低欧姆极化，除合理选择电解液外，常从改变催化层的结构着手（如增大催化层的孔率和孔径，减小毛细孔的弯曲程度等）；当为了降低电化学极化而采用高效催化剂时，电极表面电流分布更不均匀，所以气体扩散电极的催化层常常做得很薄。因为电化学反应主要集中在催化层面向电解液一侧很薄的区域内，厚的催化层对电极性能的改善并没有贡献。

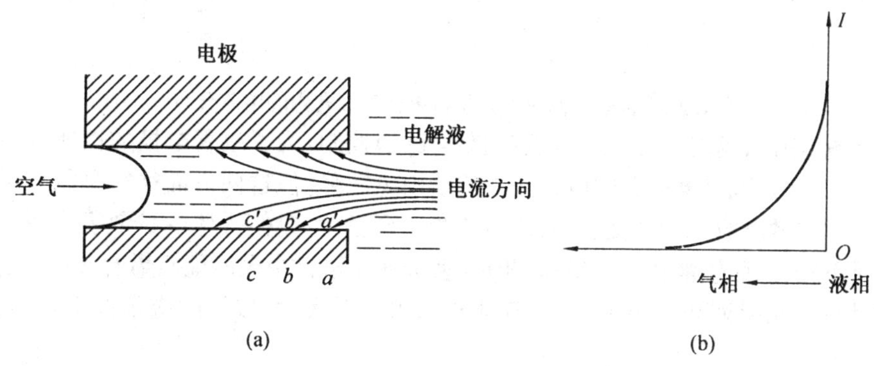

图 1.19　电化学极化 – 欧姆极化控制时，多孔电极孔内电流分布

(2) 扩散控制

当电极在高电流密度下工作时，电极表面活性物质消耗的速度很快，气相和液相中的物质传递起控制作用，称电极为扩散控制。

为简化起见，假设电极的电化学极化很小，与浓差极化相比，可以忽略，同时假设电解液的电导率很高，多孔体内不发生欧姆电压降（这在实际情况下当然是不可能的，只是为使问题简化）；对于氧的还原反应，物质传递包括毛细孔中氧气向电解液弯月面的扩散，溶液在电解液中的氧向电极反应表面的扩散以及生成物 OH^- 离子从液膜中向孔外整体溶液中的扩散等；假设溶解在电解液中的 O_2 向电极反应表面的扩散起控制作用，则根据简化条件下的扩散电流方程式

$$j = nfD\left(\frac{c^0 - c^\delta}{\delta}\right)$$

可知，溶液中氧的初始浓度 c^0、电极表面氧的浓度 c^δ 以及液膜层中扩散层厚度 δ 都影响扩散电流的大小。溶液中氧的初始浓度 c^0 为定值，当电解液中欧姆电压降为零时，电极表面上各点相对于溶液的电极电势均相等，即处于等电势。若电化学极化可以忽略，则由能斯特方程可知，电极表面各点反应物的浓度必定相等，即在稳定扩散条件下，c^δ 为一定值。因此，扩散电流的大小只取决于扩散层的厚度 δ，如图 1.20 所示。

由于憎水剂的存在，使电极处于不完全润湿状态，在某些毛细孔的壁上，电解液形成了一个弯月面和弯月面以上的一部分很薄的液膜，氧从气相通过液膜向电极表面扩散的途径很短，也就是 δ 很小，所以扩散电流很大，越往电解液深处延伸，氧的扩散层越厚，扩散电流也就越小，最后降至零。即在电极处于扩散控制下，电流分布是集中在毛细孔面向气体的一面，而在毛细孔面向电解液的一面的孔壁上几乎没有氧的还原反应发生。

实际上气体扩散电极内欧姆电压降不可能为零，特别是在大电流密度下工作时，欧姆电

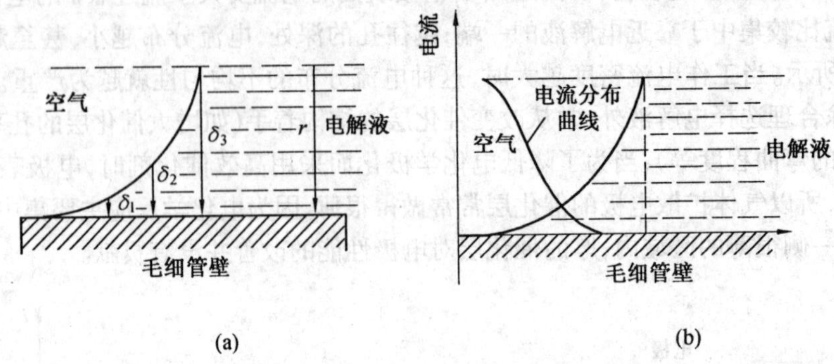

图 1.20　扩散控制时气体扩散电极毛细孔内的电流分布

压降更为严重。因此，这时实际上往往为扩散 - 欧姆控制。为了改善电极的性能，既要改善气体的扩散，又要能减小电极孔内电解液中的欧姆电压降。但这两方面往往是相矛盾的，如对于憎水气体扩散电极，增加电极中聚四氟乙烯的含量，可以使气体的扩散阻力减小，但却使液孔数量下降，从而使液相电阻增高；相反，假如减小电极中聚四氟乙烯的含量，则使气孔减小，液孔增加，结果液相电阻下降，但气体扩散阻力增大。所以此时应掌握主要的控制因素。

从以上讨论可以看出，电化学极化 - 欧姆极化控制和扩散控制的电流分布情况恰好相反。在电化学极化 - 欧姆极化控制时，电流多分布于靠近电解液的一侧，而扩散控制时，电流多分布于靠近气体的一侧，这是两种极端情况。因此，可以推论，实际电化学反应最强烈进行的地带必然在二者之间。

由于气体扩散电极内部结构十分复杂，而且对它研究的历史也比较短，因此对它的动力学规律认识还不很充分，特别是因为在气体扩散电极内部，各种极化的控制程度在不断变化着，因此，要说清楚某种条件下，究竟属于哪一种或哪两种控制是很困难的。尽管目前提出了各种模型和理论分析，但是这些模型和理论与实际气体扩散电极的结合还需要做大量的工作。

第2章 锌-二氧化锰电池

2.1 概 述

锌-二氧化锰($Zn-MnO_2$)电池是以Zn为负极、MnO_2为正极的一个电池系列。电解液可采用中性(实际是微酸性)的NH_4Cl、$ZnCl_2$水溶液或碱性的KOH水溶液,简称锌-锰电池。由于世界上第一只$Zn-MnO_2$电池是由法国的乔治·勒克朗谢发明的,也称为勒克朗谢电池。

在1868年,勒克朗谢采用MnO_2和碳粉作正极,锌棒作负极,电解液是质量分数为20%的NH_4Cl,玻璃瓶作电池的容器制成了第一只$Zn-MnO_2$电池。经过1888年卡尔·盖斯纳的改进,采用NH_4Cl、$ZnCl_2$水溶液作电解液,面粉及淀粉作电解液的凝胶剂,锌筒作负极兼作电池的容器,成为今天的糊式NH_4Cl型$Zn-MnO_2$电池的雏形。1890年开始工业化生产,100多年来,随着科学技术的发展,$Zn-MnO_2$电池也在不断的改进,性能有很大的提高。$Zn-MnO_2$电池系列虽然是老产品,但至今仍是人类最常见、最常用、最被广泛推广的一种数目很大的化学电源。尽管近年来有许多新的电池系列问世,但是完全取代$Zn-MnO_2$电池仍然是很遥远的事情。人们一方面从生产技术上对它进行不断的提高和改进,在传统的糊式电池的基础上,在20世纪的五六十年代出现了高容量、高功率的纸板电池、碱性$Zn-MnO_2$电池,使得$Zn-MnO_2$电池的性能有了很大的提高,80~90年代无汞和低汞的绿色$Zn-MnO_2$电池的问世给它带来了更强的生命力;另一方面,从理论上人们也进行了大量的研究工作,这些研究成果也为$Zn-MnO_2$电池带来了新的发展。

近几十年来,$Zn-MnO_2$电池的发展是飞速的,品种规格越来越多,其应用范围也越来越广。目前所说的$Zn-MnO_2$电池包括了所有以Zn为负极、MnO_2为正极的电池系列。按照不同的分类方法,可以分成不同的类型。

2.1.1 $Zn-MnO_2$电池的分类

如果按照电解液的性质进行分类,$Zn-MnO_2$电池可以分为中性$Zn-MnO_2$电池和碱性$Zn-MnO_2$电池;若按照其性能、结构及形状,$Zn-MnO_2$电池又可以分成很多类型,其类别如下所示。

$Zn-MnO_2$电池
- 中性
  - 铵型电池(pH=5.4)
    - 糊式电池(普通型)
    - 纸板电池(高容量)
  - 锌型电池(pH=4.6)-纸板电池(高功率)
- 碱性
  - 一次碱性$Zn-MnO_2$电池
  - 二次碱性$Zn-MnO_2$电池

1.中性$Zn-MnO_2$电池

中性$Zn-MnO_2$电池的电解液为NH_4Cl、$ZnCl_2$的水溶液,实际上呈微酸性。根据溶液中

NH_4Cl和$ZnCl_2$的含量不同,又可分为两类。若电解液以NH_4Cl为主,含有少量的$ZnCl_2$时,称为NH_4Cl型电池;若电解液以$ZnCl_2$为主,含有少量的NH_4Cl时,称为$ZnCl_2$型电池。两者的反应不同,其性能也有所不同。

(1) NH_4Cl型电池

NH_4Cl型电池是最传统的$Zn-MnO_2$电池,电池表达式为

$$Zn \mid NH_4Cl\ (ZnCl_2) \mid MnO_2$$

糊式的电池是最古老的。自1900年开始正式工业化生产后改动不大,负极为Zn,正极为MnO_2,一般为天然锰,电解液中加淀粉和面粉的混合物作为凝固剂形成浆糊层,以浆糊层为隔离层,这种电池性能较差,只适合于小电流间歇放电。后来经过改进,用浆层纸代替浆糊层作隔离层,这种电池称为纸板电池。由于隔离层变薄,锰粉的充填量增大,极间距离减小,内阻减小,所以容量及放电电流都有所增大。

(2) $ZnCl_2$型电池

电池表达式为

$$Zn \mid ZnCl_2(NH_4Cl) \mid MnO_2$$

与NH_4Cl型电池相比,电解液的pH值稍低些,同时由于电解液组成与NH_4Cl型电池不同,电池反应也不同,其综合性能及大电流放电能力也较NH_4Cl型电池好些,此类电池只能做成纸板电池,适合于大电流连续放电。

2.碱性$Zn-MnO_2$电池

碱性$Zn-MnO_2$电池简称碱锰电池,电池表达式为

$$Zn \mid KOH \mid MnO_2$$

电解液为KOH的水溶液,由于电解液与中性电池不同,电池反应也不同,其综合性能要比中性电池好得多,而且不仅可以做成一次电池,也可做成二次电池。

2.1.2　$Zn-MnO_2$电池的特点

$Zn-MnO_2$电池结构简单,所使用的原材料来源丰富,所以它的成本低、价格便宜,而且使用方便,不需维护,便于携带。由于它具有这些优点,与其他电池系列相比,$Zn-MnO_2$电池在民用方面具有很强的竞争力,被广泛地应用于信号装置、仪器仪表、通信、计算器、照相机闪光灯、收音机、BP机、电动玩具及钟表、照明等各种电器用具的直流电源。但是$Zn-MnO_2$电池不适合于大电流连续放电,因为在大电流连续放电时,电压下降很快,所以它一般适合于小电流间歇放电。

随着小型民用电器器具的开发和人们物质文化水平的提高,以及$Zn-MnO_2$电池向着高性能无污染的方向发展,它的应用范围将会越来越广泛。

2.2　二氧化锰电极

$Zn-MnO_2$电池的正极活性物质为MnO_2,电池在放电时,MnO_2发生阴极还原反应,生成低价态的锰的化合物。大量实验事实表明,$Zn-MnO_2$电池在工作时,电池的工作电压下降主要来自于正极电极电势的变化。因此研究二氧化锰电极的电化学行为及其反应机理对于

$Zn-MnO_2$ 电池有着非常重要的意义。虽然 $Zn-MnO_2$ 电池已有 100 多年的历史，但由于二氧化锰正极的阴极还原过程比较复杂，目前还未彻底弄清，MnO_2 阴极还原反应的机理和有关理论仍有争论。在长期的研究中人们提出过四种机理，见表 2.1。

表 2.1　$Zn-MnO_2$ 电池中 MnO_2 阴极还原的可能机理

机　理	主要电化学反应	能斯特方程(25℃)	随 MnO_x 中 x 下降电势的变化	pH – φ 曲线的斜率
质子 – 电子机理	$MnO_2+H_2O+e^-\longrightarrow MnOOH+OH^-$ (一个固相)	$E=E^\ominus-0.059\lg\frac{[Mn^{3+}]}{[Mn^{4+}]}-0.059pH$	降低(因为是一相)	59 mV/pH
两相机理	$2MnO_2+2e^-+H_2O\longrightarrow Mn_2O_3+2OH^-$ (两个固相)	$E=E^\ominus-0.0295\lg\frac{a(Mn_2O_3)}{[a(MnO_2)^2]}-0.059pH$	恒定(因为是两相)	59 mV/pH
Mn(Ⅱ)离子机理	$MnO_2+2e^-+4H^+\longrightarrow 2H_2O+Mn^{2+}$	$E=E^\ominus-0.0295\lg a(MnO_2)-0.0295[Mn^{2+}]-0.118pH$	降低(因为 $c(Mn^{2+})$ 变化)	118 mV/pH
黑锌锰矿机理	$2MnO_2+2e^-+Zn^{2+}\longrightarrow ZnO\cdot Mn_2O_3$	$E=E^\ominus-0.0295\lg\frac{a(ZnO\cdot Mn_2O_3)}{[a(MnO_2)^2]}+0.0295\lg c(Zn^{2+})$	恒定(如果 $c(Zn^{2+})$ 不变)	0 mV/pH

由于质子 – 电子机理能够成功地解释 $Zn-MnO_2$ 电池中的许多现象，而且有一定的理论和实验事实的支持，因此目前大多数学者倾向于赞同质子 – 电子机理。本章就从质子 – 电子机理的观点出发讨论二氧化锰电极的阴极还原过程。

2.2.1　MnO_2 的电化学行为

质子 – 电子机理认为，MnO_2 阴极还原的电极反应是在电极表面进行的，首先是 MnO_2 还原为三价锰的化合物，即 MnOOH，而且 MnOOH 是在 MnO_2 的同一个固相内生成的，为使反应继续进行，MnOOH 要进行转移，离开电极表面，转移的方式与溶液的酸度有关。第一步(MnOOH 的生成，有电子参加的电化学步骤)称为 MnO_2 还原的一次过程，也称初级过程；第二步(MnOOH 的转移)称为二次过程，也称次级过程。

1. MnO_2 阴极还原的初级过程

大量研究表明，MnO_2 电极的放电机理随着介质酸碱性(即 pH 值)的不同而不同。但是，不论在酸性、碱性还是中性介质中，它们放电的一次过程都是相同的，即 MnO_2 阴极还原的一次过程的产物是水锰石 MnOOH，反应方程式为

$$MnO_2+H^++e^-\longrightarrow MnOOH \tag{2.1}$$

MnO_2 晶体是离子晶体，在晶格中布满了 O^{2-} 和 Mn^{4+}，其晶格示意图及上述反应过程可用图 2.1 表示。

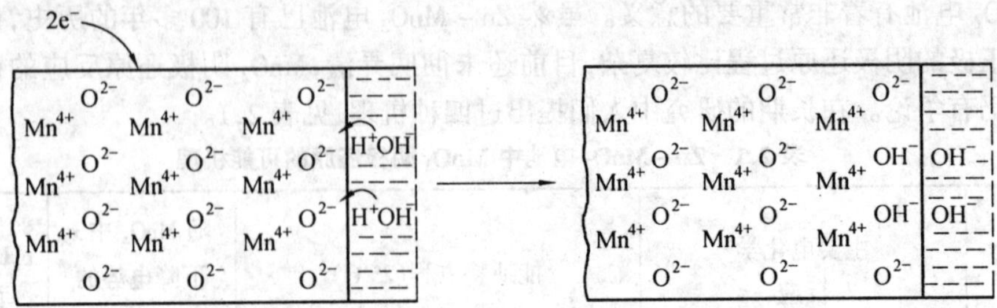

图 2.1 MnO_2 表面进行一次过程示意图

当电池放电时,液相中的质子(H^+)越过界面双电层进入 MnO_2 晶格,与电极表面的 O^{2-} 离子结合形成 OH^- 离子,同时,从负极来的电子进入二氧化锰晶格,使 Mn^{4+} 离子还原为 Mn^{3+} 离子。反应的结果是每得到一个电子和一个质子,就有一个 MnO_2 分子变成 MnOOH 分子。

需要指出的是,第一,上述反应中电子进入正极,质子进入 MnO_2 晶格表面,这两个过程是同时发生的;第二,MnO_2 与 MnOOH 两物质是在同一固相中;第三,虽然 MnOOH 的生成是在固相中直接完成的,但反应必须是在固－液界面上进行的,因为只有在固/液界面处,质子(H^+)才能顺利地转移,所以要使反应顺利地进行,必须保证有足够的固/液界面。

对于反应中所需要的 H^+ 离子,不同的介质提供 H^+ 离子的来源不同。在酸性溶液中由酸的电离提供;在中性溶液中由 NH_4Cl、$ZnCl_2$ 的水解来提供,同时,按照广义酸碱理论,NH^+ 也是酸,可以提供质子;在碱性溶液中是通过水的电离提供 H^+。总之,上述反应要消耗 H^+,这样随着反应的进行,就会使得电极附近的 pH 值升高,这与实验事实是一致的,另外,X 射线分析发现在 MnO_2 固相中确实有 MnOOH 存在,这些都证实了这种观点的正确性。

2.MnO_2 阴极还原的次级过程

由于生成 MnOOH 的反应是在 MnO_2 颗粒表面进行的,因此,随着反应的进行,电极表面很快会形成一层 MnOOH 分子。这时,液相中的质子要想进入固相就困难了。显然,电化学反应若要继续进行,固相表面的 MnOOH 分子必须离开。通过对 MnO_2 电极电势的理论推导和实际测量都发现,这层 MnOOH 分子确实转移走了,反应能够继续进行。MnOOH 的转移步骤称为 MnO_2 阴极还原的二次过程或次级过程。

研究表明,在不同的介质(pH 值)中,MnOOH 的转移方式和速度是不同的。MnOOH 的转移方式有两种:一种是歧化反应;一种是固相中的质子转移。

(1) 歧化反应

大多数研究者认为,在 pH 值较低时,MnOOH 的转移可通过下列反应进行

$$2MnOOH + 2H^+ \longrightarrow MnO_2 + Mn^{2+} + 2H_2O \tag{2.2}$$

这个反应是 MnOOH 分子发生了自身氧化还原反应,即歧化反应。通过反应,电极表面的 MnOOH 分子得以转移,使电化学反应能继续进行。由反应式(2.2)可知,反应有氢离子 H^+ 参加,H^+ 浓度增大,有利于歧化反应的进行。实验证明,在酸性溶液(pH < 2)中,歧化反应可顺利进行,如果 H^+ 浓度低,反应进行就困难,这时,靠这个反应,电极表面的 MnOOH 分子就难以完全转移掉。

(2) 固相质子扩散

MnO_2 是一个半导体，在半导体内自由电子的数目是很少的，大部分电子被束缚在正离子的吸引范围内成为束缚电子，在电场的作用下，它可以从一个正离子的吸引范围跳到另一个正离子的吸引范围。MnO_2 还原时，外电路来的自由电子跳到 OH^- 附近的 Mn^{4+} 处，使之成为 Mn^{3+}，就成为束缚电子。在外电场的作用下，它可以在正离子间依次跳跃。与束缚电子类似，质子也可以从一个 O^{2-} 的位置跳到另一个 O^{2-} 的位置，跳跃的方向是从 H^+(OH^-) 浓度较大的区域向 H^+(OH^-) 浓度较小的区域跳跃。即在浓度梯度的作用下，质子可以在晶格内部进行扩散，这种扩散称为固相中的质子扩散。

如前所述，MnO_2 阴极还原时，首先是液相中的 H^+ 通过固/液界面进入 MnO_2 晶格表面层的 O^{2-} 位置形成 OH^-，同时邻近的 Mn^{4+} 接受一个电子变成 Mn^{3+}，这样 MnO_2 电极表面的一个 MnO_2 分子就变成了 MnOOH。由于电化学反应是发生在电极表面上的，所以在电极表面层中 H^+ 的浓度较高，而在电极深处，H^+ 的浓度就很低了，这样从电极表面层到电极深处，就形成了一个 H^+ 的浓度梯度，在这个浓度梯度的作用下，H^+ 就会从浓度高处向低处转移，如图 2.2 所示，即 H^+ 从表面层中的 O^{2-} 位置向深处的 O^{2-} 位置转移，在深处的 O^{2-} 处形成 OH^-。由于电场的作用，在原来电极表面 OH^- 附近的 Mn^{3+} 上的束缚电子也跳到电极深处的 OH^- 附近的 Mn^{4+} 处，使之还原为 Mn^{3+}，这就相当于 MnOOH 向深处转移，结果使得表面层中的 MnOOH 向电极深处转移，使电极表面层中的电化学反应得以继续进行。因此，实质上 MnOOH 在固相中的转移是靠质子在固相中的扩散实现的。

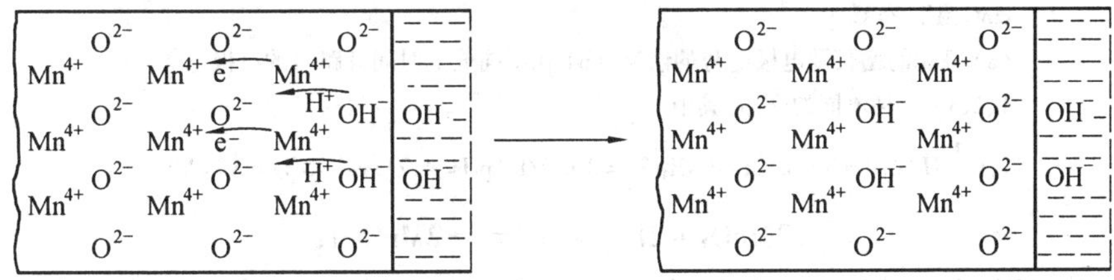

图 2.2　MnOOH 在固相中的扩散示意图

事实上，以上两种转移方式是同时存在的，在酸性溶液中，由于 H^+ 浓度高，歧化反应可顺利进行，因此，MnOOH 的转移在酸性介质中主要靠歧化反应；而在碱性溶液中，由于 H^+ 缺乏，歧化反应进行困难，所以，MnOOH 在碱性溶液中主要靠固相中的质子扩散；在中性溶液中，则两种方式都存在。

3. MnO_2 阴极还原的控制步骤

大量的研究表明，在 MnO_2 的阴极还原过程中，一次过程 MnOOH 的生成反应即电化学反应的速度是较快的，而二次过程 MnOOH 的转移速度相对是比较慢的，因此，MnOOH 转移步骤即二次过程是整个 MnO_2 阴极还原的控制步骤。

由于在不同的介质(pH 值)中，MnOOH 的转移方式不同，因此控制步骤也有所不同，它们所引起的极化也是不同的。图 2.3 给出了在酸性、中性、碱性电解液中，以恒电流放电时，MnO_2 电极的极化增长和放电终止后极化衰减的关系以及稳态开路电势(稳态开路电势：放电到规定时间后，断开电路，待电势恢复至稳定值时的电势值)随时间的变化曲线。

(1) MnOOH 在酸性溶液中的转移——歧化反应

在酸性溶液中，MnO_2 放电的一次过程为

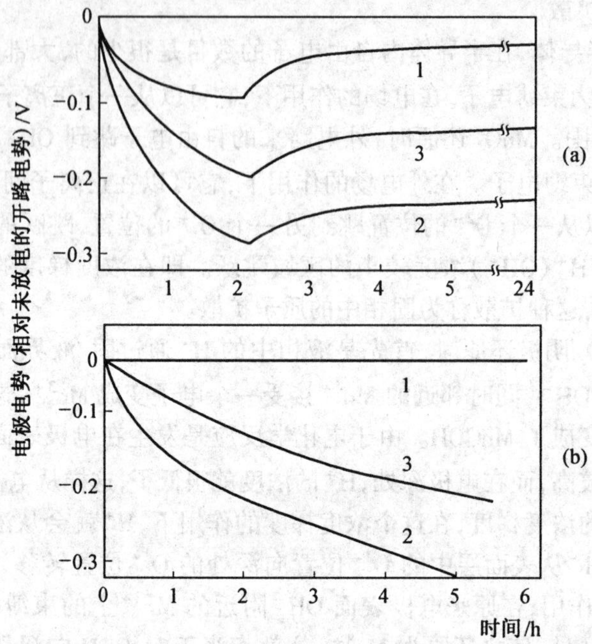

图 2.3 MnO_2 电极在不同介质中放电时的极化与断电后的电极电势恢复

MnO_2 电极：0.5 g 电解 MnO_2 加 0.2 g 乙炔黑，表观面积为 2 cm^2，电流密度为 2 mA/cm^2，温度 25℃

(a) 极化的增长及电极电势的恢复；(b) 在不同放电时间开路时的电极电势

1、2、3—三种不同的介质，其中

$c_1(\frac{1}{2}H_2SO_4) = 3$ mol/L；$c_2(NH_4Cl) = 3$ mol/L (pH = 4.7)；$c_3(KOH) = 3$ mol/L

$$2MnO_2 + 2H^+ + 2e^- \longrightarrow 2MnOOH \tag{2.3}$$

而对于二次过程，由于溶液中有足够的 H^+，所以水锰石的转移按歧化反应进行

$$2MnOOH + 2H^+ \longrightarrow MnO_2 + Mn^{2+} + 2H_2O \tag{2.4}$$

电极的总反应为

$$MnO_2 + 4H^+ + 2e^- \longrightarrow Mn^{2+} + 2H_2O \tag{2.5}$$

人们通过测定放电后溶液中 Mn^{2+} 的含量，证明了上述反应的正确性。

从图 2.3 曲线 1 可以看到，MnO_2 在酸性溶液中放电时，开始一段出现极化的增长，表明一次过程在电极表面生成的 MnOOH 的量大于二次过程从电极表面转移出的 MnOOH 的量，而使电极表面发生 MnOOH 的积累，使 MnO_2 正极电势下降出现极化增长。随着反应的继续进行，表面层中 MnOOH 的浓度增高，歧化反应速度加快，当 MnOOH 的生成量与转移量相等时，则曲线出现平坦阶段，此时极化达到稳态。此外，电极附近 pH 值的升高和 Mn^{2+} 浓度的增大，也会使正极电极电势下降。当二氧化锰电极放电到一定时间后，断开电路让电势充分恢复，即电势衰减。由于有时间让 MnOOH 继续进行歧化反应，直到电极表面的 MnOOH 全部转移，二氧化锰电极表面组成又恢复到放电前的状态，电极电势也恢复到放电前的值。

(2) MnOOH 在碱性溶液中的转移——固相质子扩散

在碱性溶液中，MnO_2 放电的一次过程为

$$MnO_2 + H_2O + e^- \longrightarrow MnOOH + OH^- \tag{2.6}$$

由于碱性溶液中 H^+ 离子的浓度很低，因此，要进行歧化反应是十分困难的，一次过程在电极表面所生成的 MnOOH 只能靠固相中的质子扩散来转移。

因为 MnO_2 在碱性介质中还原时，反应一直在固相中进行，随着放电深度的增加，MnO_2 中活性氧的含量逐步减少，所以反应产物是一种组成可变的化合物。

由于固相中质子扩散的速度比较慢，因此，质子在固相内部的扩散成为整个反应的控制步骤。因为 H^+ 离子在固相中扩散速度有限，来不及把电极表面层中的 H^+ 都扩散到电极内部，这就造成了电极表面层中 MnOOH 的大量积累，阻碍反应的进行，使电极极化增大。显然，还原速度越大，MnOOH 的积累越多，电极的极化也就越大。我们把 MnO_2 放电时在电极中由于质子在固相中扩散的迟缓性所引起的极化，称为"特殊"浓差极化或固相浓差极化。

从以上分析可知，在碱性介质中，MnO_2 放电时极化是由固相中的浓差极化所引起的，另外，液相中 OH^- 的浓差极化、正极组分的不断变化也可引起 MnO_2 的极化，但是，一般来讲，固相中的浓差极化是主要的，因此，通常情况下，MnO_2 的还原过程是受质子在固相中的扩散所控制。

由于固相中的浓差极化一般较大，所以在图 2.3 中可以看到，在碱性介质中，MnO_2 还原时极化要比酸性介质中大。当放电停止后，MnOOH 的生成停止了，但固相中的质子扩散仍继续进行，使 MnO_2 的电势恢复，但与在酸性介质中相比，碱性溶液中，MnO_2 的稳态开路电势是恢复不到放电前的初始值。这是因为仅靠固相中的质子扩散是无法将电极表面层中的 MnOOH 转移完全的。

4. MnOOH 在中性溶液中的转移——混合方式

在中性溶液中，研究表明整个还原过程是受着混合控制的，既受歧化反应，又受固相扩散控制。在中性(实际是微酸性)介质中，MnO_2 放电的一次过程为

$$MnO_2 + H^+ + e^- \longrightarrow MnOOH \tag{2.7}$$

由于反应要消耗 H^+，所以电极附近 pH 值升高，反应所需的 H^+ 由中性盐的水解提供。根据广义酸碱理论，NH_4^+ 也能提供 H^+，其反应方程式为

$$MnO_2 + NH_4^+ + e^- \longrightarrow MnOOH + NH_3 \tag{2.8}$$

放电时所生成的 MnOOH 一方面通过固相质子扩散向电极内部转移，另一方面通过歧化反应向溶液中转移。歧化反应方程式为

$$2MnOOH + 2H^+ \longrightarrow MnO_2 + Mn^{2+} + 2H_2O \tag{2.9}$$

$$2MnOOH + 2NH_4^+ \longrightarrow MnO_2 + Mn^{2+} + 2NH_3 + 2H_2O \tag{2.10}$$

歧化反应的结果不仅消耗了溶液中的 H^+ 和 NH_4^+，同时，电极附近有水和 Mn^{2+} 的生成。为了证明两种转移方式存在的正确性，并通过测量计算出各占转移量的多少，有人测定了溶液中 Mn^{2+} 的含量来计算歧化反应所占的比率，结果表明，有 43% 的 MnOOH 是通过歧化反应来转移的，有 57% 是通过固相扩散来转移的。

由上可知，在中性介质中 MnOOH 的转移是比较复杂的，如果考虑电池中其他副反应的影响，情况就更为复杂了。

在 NH_4Cl 为主的电池中加入 $ZnCl_2$ 时，锌离子能够将歧化反应所生成的 NH_3 及时除去，有利于降低极化，使 MnO_2 的放电性能得到改善。

当溶液中的 pH = 6 ~ 7 时，可生成二氨基氯化锌

$$Zn^{2+} + 2NH_3 + 2Cl^- \longrightarrow Zn(NH_3)_2Cl_2 \downarrow \tag{2.11}$$

当溶液中的 pH = 8 ~ 9 时，则生成四氨基氯化锌

$$Zn^{2+} + 4NH_3 + 2Cl^- \longrightarrow Zn(NH_3)_4Cl_2 \downarrow \tag{2.12}$$

在中性溶液中，电极的极化同样是由于 MnOOH 在电极表面积累所引起，它既有 H^+ 在固相中扩散的迟缓性，也有歧化反应的缓慢所造成的。从它们所占的比率看，固相扩散引起的 MnOOH 的积累所占比例较大。此外，液相中的浓差极化、电极组分随放电进行不断的变化、反应所产生的沉淀产物等都可以引起电极的极化，但是 MnOOH 的转移仍是控制步骤，是造成极化的主要原因。

从图 2.3 可以看到，在中性溶液中 MnO_2 的极化最大，按理，在中性介质中有两种方式可使 MnOOH 转移，为什么 MnO_2 的极化会比在碱性介质中还大？目前有关的机理还不是完全清楚，多数学者用水化 MnO_2 的两性离解来解释这个原因。带有结合水的 MnO_2 的结构式可写成

$$O{=}Mn\begin{matrix}\diagup OH\\ \diagdown OH\end{matrix}$$

并存在下列平衡

$$O{=}Mn\begin{matrix}\diagup O^-\\ \diagdown OH\end{matrix} + H^+ \rightleftharpoons O{=}Mn\begin{matrix}\diagup OH\\ \diagdown OH\end{matrix} \rightleftharpoons O{=}Mn^+\begin{matrix}\\ \diagdown OH\end{matrix} + OH^- \tag{2.13}$$

在碱性溶液中，式(2.13)平衡向左移动。当然，水化 MnO_2 在晶格中不会完全离解，而是在晶格中构成羟基的氢原子和氧原子之间的化学键减弱，使得 H^+ 趋于从 OH 基中脱离出来，有利于固相中的质子扩散。而在中性溶液中没有这种有利条件，使得质子在固相中的扩散比碱性溶液中相对困难。同时由于溶液中 H^+ 浓度较低，使得歧化反应速度也较小，因此，在中性介质中 MnOOH 的转移比酸性和碱性溶液中都要困难，所以极化也就最大。

综上所述，按照质子 – 电子机理的观点，二氧化锰的阴极还原分为两步：第一步是 MnO_2 在电极表面还原为 MnOOH 的电化学步骤；第二步是 MnOOH 从电极表面转移，转移方式与介质的 pH 值有关。其中 MnOOH 的转移步骤是整个过程的控制步骤。

应用质子 – 电子机理可以比较圆满地解释一些因素对二氧化锰电化学行为的影响。

2.2.2 溶液中的 H^+、NH_4^+、Zn^{2+} 对 MnO_2 电化学行为的影响

1.溶液 pH 值对 MnO_2 电极过程的影响

按照质子 – 电子机理的观点，溶液的 pH 值影响 MnOOH 的转移步骤。由于 MnOOH 的转移步骤为 MnO_2 阴极还原过程的速度控制步骤，因此，在不同的 pH 值下，MnO_2 的极化是不同的。图 2.4 给出了溶液 pH 值与 MnO_2 放电过电势之间的关系。放电过电势是指放电之后达到的稳态开路电势与放电最后(即断开电路之前)的闭路电势的差值。此值表示放电到一定容量后电势发生的移动。极化越大，放电过电势越高。

由图 2.4 可知，在酸性溶液(3 mol/L H_2SO_4)中，MnO_2 的放电过电势较低，在碱性溶液

(3 mol/L KOH)中，其放电过电势也较低，只有在无氨的中性介质中(3 mol/L KCl)，放电过电势最高。这与质子－电子机理的结论是一致的。

图 2.5 给出了 pH 值对 MnO_2 放电所生成的 MnOOH 转移速度的影响。

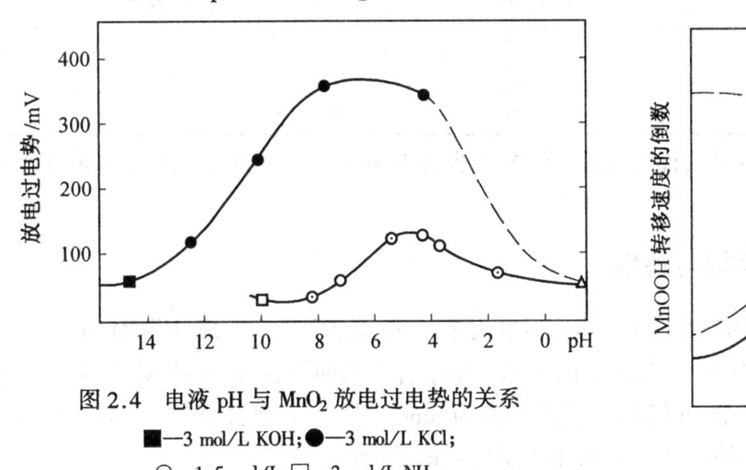

图 2.4 电液 pH 与 MnO_2 放电过电势的关系

■—3 mol/L KOH；●—3 mol/L KCl；

⊙—1.5 mol/L；□—3 mol/L NH_3；

σ—3 mol/L NH_4Cl；Δ—3 mol/L H_2SO_4

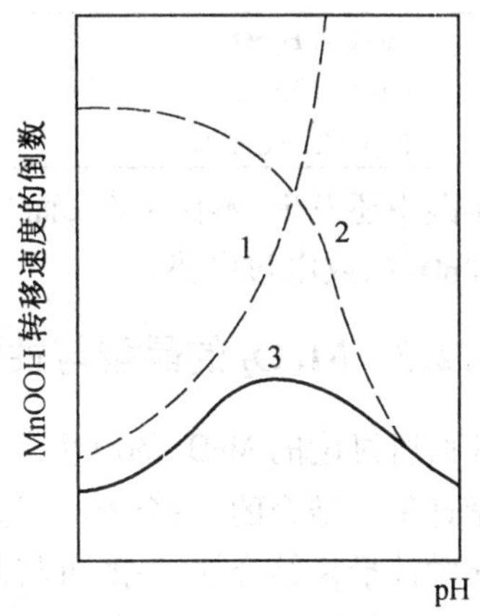

图 2.5 pH 对水锰石两种转移速度的影响

1—歧化反应；2—固相扩散；3—总反应

由图 2.5 可见，歧化反应的速度是随 pH 值的增加而降低的，而质子的固相扩散速度是随 pH 值的增加而增加的。在中性介质中，两种方式同时进行，因此使得总的反应速度随 pH 值的变化出现极小值。

2. NH_4^+、Zn^{2+} 对 MnO_2 电极过程的影响

从图 2.4 可看到，当 MnO_2 在 3 mol/L KCl 溶液中和 3 mol/L NH_4Cl 溶液中放电时，其放电过电势有着明显的区别。在相同的 pH 值下，在 NH_4Cl 溶液中的放电过电势较小。

由表 2.2 可知，随着 NH_4^+ 浓度的增大，MnO_2 的放电过电势降低，这些实验结果都说明了 NH_4^+ 能降低 MnO_2 的放电过电势。这是因为 NH_4^+ 可以为歧化反应提供 H^+，有利于歧化反应的进行，所以可以降低 MnO_2 的阴极极化。

表 2.2 MnO_2 放电过电势与 NH_4Cl 浓度的关系

$c(NH_4Cl)/(mol \cdot L^{-1})$	放电过电势/mV
0.3	182.0
1	172.5
3	161.6
5	141.5

表 2.3 的实验结果表明，Zn^{2+} 在 NH_4Cl 溶液中存在时，能大大降低 MnO_2 电极的放电过电势，因而加速了 MnO_2 的反应，提高了电池的容量。实验中发现，MnO_2 的放电容量随着 $ZnCl_2$ 浓度的提高而增加。

由式(2.11)和式(2.12)可知，Zn^{2+} 的这种作用是因为 Zn^{2+} 能与 NH_3 作用生成配合离子，使 NH_3 除去。由式(2.10)歧化反应式可以看到，除去氨有利于歧化反应的进行，因此可降低 MnO_2 电极的极化。

表 2.3 Zn^{2+}浓度对 MnO_2 放电过电势的影响

溶 液	放电过电势/mV	
	有 Zn^{2+}	无 Zn^{2+}
3 mol/L H_2SO_4	61	70
5 mol/L NH_4Cl	62	141
6 mol/L KOH	56	56

实践中还发现,不仅 Zn^{2+},而且 Mn^{2+} 和 Ni^{2+} 也能与氨反应,它们在 NH_4Cl 溶液中都能降低 MnO_2 的放电过电势。

2.2.3 MnO_2 的晶型与性能

前面所讨论的 MnO_2 的电化学行为时,其实是在一种理想情况下,即认为 MnO_2 是严格按化学计量来结合的,一个 Mn^{4+} 总是和两个 O^{2-} 相结合。但研究结果表明,MnO_2 并不是严格按化学计量来结合的,一般可将其分子式表示为 MnO_x,其中 x 为含氧量,通常 x 总是小于 2 的,这说明 MnO_2 是一种非常复杂的非化学计量的化合物。

MnO_2 有着不同的晶体结构,常见的有 α、β、γ 型,此外还有 δ、ε、ρ 型。对于 γ 型的 MnO_2,MnO_x 中的 x 值从 1.90~1.96,它一般含结合水 4%左右;而 α 型 MnO_2,其 x 值的上限最高可接近 2,它的结合水一般为 6%;β 型 MnO_2 中 x 值的上限值可达 1.98,几乎不含结晶水。上述情况表明,MnO_2 在化学组成上一般含有少量的低价锰离子和 OH^-,同时有的还含有 K、Na、Ba、Pb、Fe、Ni 等金属离子杂质。它们的晶格常常有缺陷,含有空隙与隧道,特别是微晶状态,使研究比较困难。由于晶型不同,即晶胞结构、几何形状和尺寸不同,因此表现出来的参与电化学反应的能力也有所差异。表 2.4 列出了不同变体的 MnO_2 的结晶参数。

表 2.4 不同 MnO_2 变体的参数

变体名称	晶 系	单体晶胞尺寸 a、b、c/nm
α - MnO_2	四方晶系	0.981 5,0.284 5
β - MnO_2	四方晶系	0.438 8,0.286 5
γ - MnO_2	斜方晶系	0.932,0.445,0.285
ε - MnO_2	六方晶系	0.297,0.441

MnO_2 结构可分为两大类:一类是链状或隧道结构,这类结构包括 α、β、γ 型,ε、ρ 型也与此类似;另一类是片状或层状结构,δ 型属于这一类。图 2.6 列出了 MnO_2 不同隧道结构的示意图。

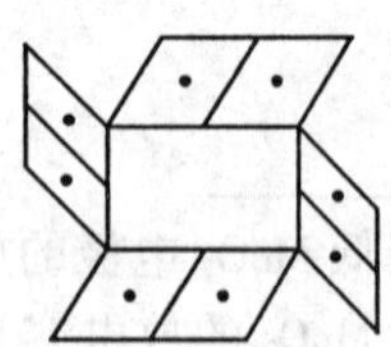

(a) α-MnO_2 双链结构(即(2×2)隧道结构)

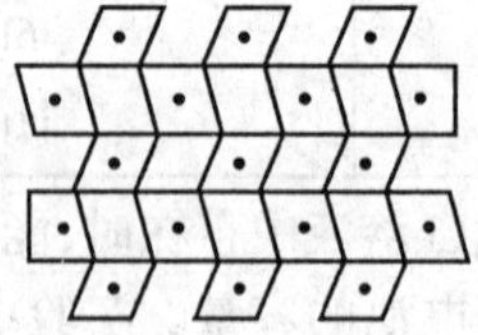

(b) β-MnO_2 单链结构(即(1×1)隧道结构)

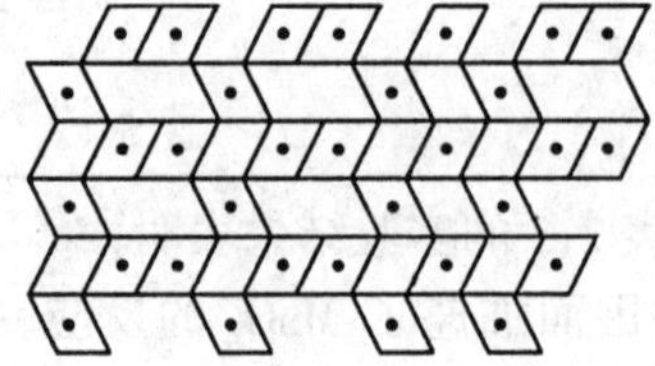

(c) γ-MnO_2 双链与单链互生的结构(即(1×1)和(2×2)隧道结构)

图 2.6 MnO_2 不同晶型结构示意图

当 MnOOH 中的 H^+ 向 MnO_2 内部扩散时，对 β-MnO_2，因为是单链结构，隧道平均截面积较小，氢离子扩散比较困难，因此 MnOOH 易在表面积累，故放电时极化较大。对于 γ-MnO_2，因为是单链和双链互生结构，其隧道平均截面积较大，H^+ 易于在固相中扩散，所以放电时，其极化较小，活性较高。α-MnO_2 虽然是双链结构，其隧道平均截面积较大，但因隧道中有大分子堵塞，使质子在其中扩散困难，所以 α 型与 β 型 MnO_2 用于制作 Zn-MnO_2 电池的活性物质时，放电时极化较大，容量较低。

研究还发现，γ-MnO_2 的晶格体积较大，反应生成的 MnOOH 能够与未反应的 MnO_2 形成均相的固溶体，直到 MnO_2 几乎都转变成 MnOOH 为止，当 MnO_x 全部转变成 MnOOH 后，x 对应的值降到 1.5。对于 β-MnO_2，其晶格体积较小，锰粉从 $MnO_{1.98}$ 降到 $MnO_{1.96}$ 时，可有质量分数为 4% 的 MnOOH 生成，并可以溶于 MnO_2 之中，继续反应，生成的 MnOOH 沉积出来，形成新的固相。因此可以认为 MnOOH 在 β-MnO_2 中的溶解是极少量的。而 α-MnO_2 的情况介于上述两者之间，当 MnO_x 中的 x 从 2 降到 1.87 时，可有 26% 的 MnOOH 生成，并溶于 α-MnO_2 中，此后生成的 MnOOH 将沉淀出来形成新相，所以可以认为 MnOOH 在 α-MnO_2 中具有一定的溶解度。

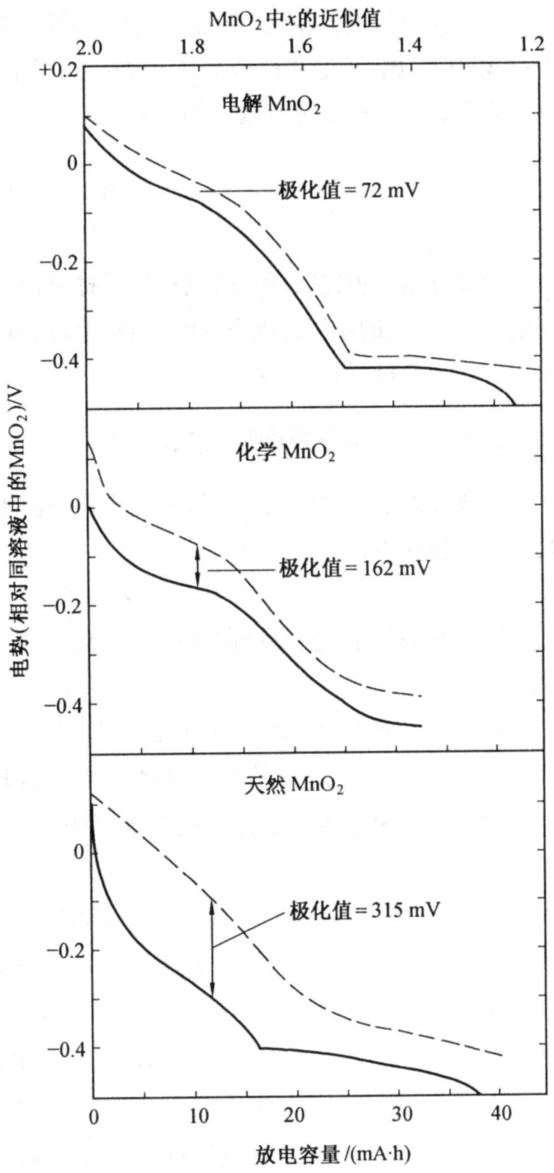

图 2.7　三种不同来源的 γ-MnO_2 在 9 mol/L KOH 中的开路电势与闭路电势（实线为闭路电势，虚线为开路电势）

综上所述，从 MnO_2 晶型结构方面的知识可知，γ-MnO_2 是有利于阴极还原的，比其他的结晶变体极化小，电化学活性高，这与实验事实是完全一致的。

对于 γ-MnO_2，虽然放电性能最好，但其来源不同，它的物理化学性质和放电性能也有较大的差异。图 2.7 列出了它们放电时的电压变化情况。

图 2.7 表明，电解 MnO_2 具有较高的开路电势，放电时极化值较小，化学 MnO_2 次之，天然 MnO_2 较差。

这里需要指出,实际生产电池所用的天然 MnO_2 并不是单一的晶型,一般都是由几种晶型的 MnO_2 组成,只是某种晶型含量多少的问题,而且与产地有密切关系,产地不同,晶型和含量有异,因此,性能也有很大的差异。

2.3 锌电极

金属锌是一种比较理想的电池负极材料,它的电极电势较小,电化当量较小,交换电流密度较大,在大的电流密度下,极化也较小,同时,锌来源丰富,价格便宜,有许多电池系列都采用锌作为负极材料。

2.3.1 锌电极的阳极过程

锌负极的电化学过程比二氧化锰正极要简单得多,负极在放电时发生阳极的氧化反应,其反应方程式为

$$Zn - 2e^- \longrightarrow Zn^{2+} \tag{2.14}$$

进入溶液的 Zn^{2+} 将进一步与电解液中的组分发生反应。随着电解液的性质不同,所发生的反应也不同。

在碱性溶液中,如 KOH,其反应方程式为

$$Zn^{2+} + 2OH^- \longrightarrow Zn(OH)_2 \rightleftharpoons ZnO + H_2O \tag{2.15}$$

由于 $Zn(OH)_2$ 与 ZnO 是两性物质,在碱性溶液中又可进一步反应生成锌酸盐,反应方程式为

$$Zn(OH)_2 + 2KOH \longrightarrow K_2ZnO_2 + 2H_2O \tag{2.16}$$

或

$$ZnO + 2KOH \longrightarrow K_2ZnO_2 + H_2O \tag{2.17}$$

在以 NH_4Cl 为主的电解液中,发生如下反应

$$Zn^{2+} + 2NH_4Cl \longrightarrow Zn(NH_3)_2Cl_2\downarrow + 2H^+ \tag{2.18}$$

在以 $ZnCl_2$ 为主的电解液中,发生如下反应

$$4Zn^{2+} + 9H_2O + ZnCl_2 \longrightarrow ZnCl_2\cdot 4ZnO\cdot 5H_2O + 8H^+ \tag{2.19}$$

在中性介质中,Zn^{2+} 进入溶液所发生的反应除上述反应之外,还有其他副反应,这在以后讨论。

在$Zn-MnO_2$电池中,锌电极的极化比正极二氧化锰的极化要小得多。由于锌电极的交换电流密度比较大,电化学反应速度比其他步骤的速度要快,所以通常情况下,锌电极的电化学极化是比较小的,在放电过程中锌电极的阳极极化主要来自于浓差极化。这主要是放电产物 Zn^{2+} 离开电极表面受到一定的阻碍所造成的。

2.3.2 锌电极的自放电

在$Zn-MnO_2$电池中,正极 MnO_2 的自放电是非常小的,电池的自放电主要来自于锌负极。锌负极的自放电实质上是金属锌在电解液中的自溶解,即锌的腐蚀问题,它是无数腐蚀

微电池作用的结果。

1.锌电极自放电的原因

(1) H^+ 的阴极还原所引起的锌的自放电

当金属锌放入水溶液时,若溶液中氢的还原电极电势比锌大,则 H^+ 可以作为氧化剂与锌的阳极组成一对可以自发进行的共轭反应,在溶液中建立起一个稳定电势,其反应方程式为

在中性溶液或酸性溶液中

$$\begin{cases} Zn - 2e^- \longrightarrow Zn^{2+} \\ 2H^+ + 2e^- \longrightarrow H_2\uparrow \end{cases}$$
$$Zn + 2H^+ \longrightarrow Zn^{2+} + H_2\uparrow \tag{2.20}$$

在碱性溶液中

$$\begin{cases} Zn - 2e^- + 2OH^- \longrightarrow ZnO + H_2O \\ 2H_2O + 2e^- \longrightarrow H_2\uparrow + 2OH^- \end{cases}$$
$$Zn + H_2O \longrightarrow ZnO + H_2\uparrow \tag{2.21}$$

在中性和碱性$Zn-MnO_2$电池中,上述共轭反应都是可以自发进行的,即在稳定电势下,由于共轭反应的进行,使得金属锌不断地溶解,氢气不断地析出,造成金属锌的腐蚀。由于氢在锌上析出的过电势较高,所以整个反应受氢的析出所控制,凡是有利于氢析出的因素都会加速锌的自放电,能提高氢析出过电势的因素,可降低锌电极的自放电。

(2) 氧的阴极还原所引起的锌电极的自放电

在电解液中如果有氧的存在,由于氧的电极电势较大,因此它同样可以作为氧化剂使金属锌发生自溶解而腐蚀,其共轭反应为

在中性溶液或酸性溶液中

$$\begin{cases} Zn - 2e^- \longrightarrow Zn^{2+} \\ O_2 + 4H^+ + 2e^- \longrightarrow 2H_2O \end{cases}$$
$$Zn + O_2 + 4H^+ \longrightarrow Zn^{2+} + 2H_2O \tag{2.22}$$

在碱性溶液中

$$\begin{cases} Zn - 2e^- + 2OH^- \longrightarrow ZnO + H_2O \\ O_2 + 2H_2O + 2e^- \longrightarrow 4OH^- \end{cases}$$
$$O_2 + Zn + H_2O \longrightarrow ZnO + 2OH^- \tag{2.23}$$

由于氧的电极电势与氢相比更大,所以构成的锌的腐蚀原则上来讲应更为严重,但上述反应一般受氧扩散所控制。在$Zn-MnO_2$电池中,氧的来源有两方面:一是二氧化锰电极自放电所产生的氧气,但是这个自放电非常小;二是电解液中的溶解氧,但电池的电解液中氧的溶解度很小,而且电池又是密封的,空气中的氧要进入电池是非常困难的。因此,正常情况下,电池中的氧是非常少的,所以由于氧的阴极还原所引起的锌电极的自放电不是主要的。可是如果电池封口不严,空气中的氧气就能比较方便地进入电池内部,就会造成严重的腐蚀。

(3) 电解液中的杂质所引起的锌电极的自放电

如果电液中存在电极电势比锌大的金属离子,它们会通过置换反应在锌上沉积,若它们的析氢过电势比锌低,对于式(2.20)、(2.21)的反应,则有利于氢的析出,就会加速锌的腐

蚀。因此为减小自放电，必须对电池材料及电解液中的有害杂质（即电极电势比锌大、析氢过电势比锌低的杂质）加以控制或作必要的处理。

2.影响锌电极自放电的因素

(1) 锌的纯度与表面均匀性的影响

如果是纯锌且表面很均匀，那么腐蚀就会在电极表面均匀发生，其结果只会造成容量的下降。但在实际生产中所使用的锌通常不是理想的均匀表面且不是很纯。例如，锌在机械加工过程中各个部位受到的作用力不同，所造成的内应力不均匀；锌在结晶过程中结晶颗粒可能会不均匀或存在某种晶格缺陷；锌中存在的某些杂质或电解液及其他材料带进的杂质在锌上沉积；锌表面的氧化膜不均匀等。这些因素都会造成锌电极表面的不均匀，使得锌表面各部位的电化学活性有所不同，在腐蚀时锌表面可能会形成明显的阴极区和阳极区，造成不均匀腐蚀的发生，其结果不仅会加快腐蚀速度，还会使局部区域的锌腐蚀过快而造成点蚀。这对于中性$Zn-MnO_2$电池来说，由于锌兼做电池的容器，严重的局部腐蚀会使电池发生穿孔。

(2) 溶液 pH 值的影响

由于 H^+ 是腐蚀反应的反应物，因此 H^+ 浓度的增加，有利于腐蚀的发生。溶液的 pH 值越小，锌的自放电就会越大，所以在生产上严格控制电液的 pH 值是十分重要的。

(3) 电液中 NH_4Cl、$ZnCl_2$ 浓度对自放电的影响

NH_4Cl 和 $ZnCl_2$ 的浓度对锌电极自放电的影响有两个方面：一是影响锌电极的电极电势，二是影响溶液的 pH 值。我们知道，锌电极的电极电势越高，锌的自放电趋势就越小；溶液的 pH 值越小，锌的自放电趋势就越大。实验表明，在中性电解液中，当 NH_4Cl 质量分数一定时，增加 $ZnCl_2$ 的质量分数，锌电极的电极电势是向正方向增加的。而当 $ZnCl_2$ 质量分数一定时，增加 NH_4Cl 的质量分数，锌电极的电极电势是向负方向移动的。NH_4Cl 和 $ZnCl_2$ 的质量分数对 pH 值的影响是：当 NH_4Cl 质量分数一定时，增加 $ZnCl_2$ 的质量分数，其 pH 值是下降的，当 $ZnCl_2$ 质量分数一定时（质量分数大于 5%的情况下），增加 NH_4Cl 的质量分数，电液的 pH 值是下降的。综上所述，增大溶液的 NH_4Cl 浓度，一方面使锌电极的电极电势负移，腐蚀增大，另一方面在 $ZnCl_2$ 质量分数大于 5%时又使 pH 值增大，使腐蚀速度低。实践表明，前者占主导地位，净结果使自放电增大。而增加 $ZnCl_2$ 的质量分数，一方面是锌电极电势正移，同时 pH 值减小。前者减小腐蚀速度，后者增大腐蚀速度。实践表明，前者占主导地位，净结果是 $ZnCl_2$ 浓度增大，锌负极的自放电减小。

(4) 温度对锌电极自放电的影响

温度升高，一方面电极反应速度加快，同时析氢过电势降低；另一方面离子运动速度加快，这些都使自放电增大。反之，温度降低，自放电减小。所以，电池应该在较低温度下储存，以减小自放电。

3.降低锌电极自放电的措施

从热力学的角度来讲，锌电极发生自放电是必然的，不可避免的。但是我们可以从动力学的角度尽量降低自放电的速度，把自放电控制在尽可能小的范围之内。目前降低自放电的措施有：

(1) 提高氢析出的过电势，降低自放电速度

从前面的讨论可知，引起锌电极自放电的主要原因是氢的阴极还原，即式(2.20)或式

(2.21),反应是受氢的析出所控制的,所以提高氢析出的过电势是降低锌电极自放电的有效措施。传统的降低锌自放电最有效的措施是加入汞,使得锌表面汞齐化。因为汞是氢的高过电势金属,降低锌腐蚀速度的效果非常明显。此外,锌表面汞齐化后可以提高锌电极的电化学活性,降低极化。这项技术已在Zn－MnO_2电池中应用了 100 多年。但是汞是剧毒物质,严重危害人体健康、污染环境,因此长期以来人们一直致力于研究开发代汞缓蚀剂。目前世界上很多国家已经立法限制或禁止在电池中加汞,要求必须是无汞的绿色电池才能上市出售。现在采用的降低锌电极自放电速度的主要方法,一是在锌中加入氢的高过电势金属,二是同时在电解液中加入缓蚀剂。如在中性电池中,在锌皮中加入 Pb、Cd 等氢的高过电势金属,一方面可提高氢析出的过电势降低自放电,另一方面,Pb 的加入可改善锌的延展性,Cd 的加入可提高锌的机械强度,还可使锌的结晶细化,改善锌表面的不均匀性。在碱锰电池中,将氢的高过电势金属(如 Pb、Cd、In、Ga 等)作为合金组分加入锌中做成合金锌粉,以提高氢析出的过电势。与此同时,在电液中加入一些无机或有机缓蚀剂代替汞,降低锌的腐蚀速度。从腐蚀学的角度,尽管可以筛选出大量的能降低锌腐蚀速度的缓蚀剂,但是要在电池中得到实际应用,就必须既能降低锌的自放电,同时又不能影响电池的性能,所以目前能真正作为理想的代汞缓蚀剂的物质并不多。尽管无汞电池已进入市场商品化,但是继续寻找理想的代汞缓蚀剂仍然是一个十分重要的课题。

(2) 保证原材料的质量达到要求

因为原材料中的杂质会引起锌电极的自放电。

(3) 对电液进行净化,除去危害较大的杂质

(4) 储存电池的温度低于 25℃

储存电池的温度低于 25℃时,自放电较小。

(5) 电池要严格密封

严格密封电池,以防止空气中的氧进入电池,从而加剧锌的自放电。

2.4　Zn－MnO_2电池的电池反应

2.4.1　碱性介质中的Zn－MnO_2电池(碱锰电池)的电池反应

碱性Zn－MnO_2电池(碱锰电池)的表达式为

$$(-)Zn \mid KOH \mid MnO_2(+)$$

放电时:

负极反应　$$Zn - 2e^- + 2OH^- \longrightarrow Zn(OH)_2 \rightleftharpoons ZnO + H_2O \quad (2.24)$$

正极反应　$$2MnO_2 + 2H_2O + 2e^- \longrightarrow 2MnOOH + 2OH^- \quad (2.25)$$

电池反应　$$Zn + 2MnO_2 + H_2O \longrightarrow 2MnOOH + ZnO \quad (2.26)$$

由于 $Zn(OH)_2$ 或 ZnO 能进一步与碱作用生成锌酸盐,反应方程式为

$$Zn(OH)_2 + 2KOH \longrightarrow K_2ZnO_2 + 2H_2O \quad (2.27)$$

或

$$ZnO + 2KOH \longrightarrow K_2ZnO_2 + H_2O \quad (2.28)$$

按照固相质子扩散理论,电极反应在正极生成的 MnOOH 不断向 MnO_2 电极深处转移。

由于在碱性溶液中 MnO_2 的放电过电势较低,且 KOH 的导电能力强,电池在反应中又无其他副反应,且产物部分可溶,因此,碱锰电池的放电性能很好,可以较大电流连续放电,放电时 MnO_2 的利用率也较高。

2.4.2 中性介质中 $Zn-MnO_2$ 电池的电池反应

1. 电解液以 NH_4Cl 为主的 $Zn-MnO_2$ 电池(NH_4Cl 型电池)的电池反应

NH_4Cl 型电池的表达式为

$$(-)\ Zn \mid NH_4Cl \mid MnO_2(+)$$

放电时:

负极反应 $$Zn + 2NH_4Cl - 2e^- \longrightarrow Zn(NH_3)_2Cl_2\downarrow + 2H^+ \tag{2.29}$$

正极反应 $$2MnO_2 + 2H^+ + 2e^- \longrightarrow 2MnOOH \tag{2.30}$$

电池反应 $$Zn + 2NH_4Cl + 2MnO_2 \longrightarrow Zn(NH_3)_2Cl_2\downarrow + 2MnOOH \tag{2.31}$$

由式(2.31)可知,电池反应的结果生成了二氨基氯化锌沉淀,正极表面生成 MnOOH。所生成的 MnOOH 一方面通过固相质子扩散向电极内部转移,另一方面同时又进行歧化反应向溶液中进行转移,反应方程式为

$$2MnOOH + 2H^+ \longrightarrow MnO_2 + Mn^{2+} + 2H_2O \tag{2.32}$$

$$2MnOOH + 2NH_4^+ \longrightarrow MnO_2 + Mn^{2+} + 2NH_3 + 2H_2O \tag{2.33}$$

由于电解液中有 $ZnCl_2$ 存在,而 $ZnCl_2$ 又是较好的去氨剂,它可与 NH_3 发生下列反应

$$ZnCl_2 + 2NH_3 \longrightarrow Zn(NH_3)_2Cl_2\downarrow \tag{2.34}$$

由于正极反应消耗 H^+,使得正极附近的 pH 值增大,当 pH 值增大到 8~9 时,发生下列反应

$$ZnCl_2 + 4NH_3 \longrightarrow Zn(NH_3)_4Cl_2\downarrow \tag{2.35}$$

除上述副反应外,电池中还可能存在其他一些副反应,反应产物都是一些沉淀,它们将会使电池的内阻增大。因此这类电池的反应较为复杂,产物也十分复杂,但反应的主要产物是 $Zn(NH_3)_2Cl_2$。

2. 电解液以 $ZnCl_2$ 为主的 $Zn-MnO_2$ 电池(氯化锌型电池)的电池反应

ZnCl 型电池的表达式为

$$(-)\ Zn \mid ZnCl_2 \mid MnO_2(+)$$

关于 ZnCl 型电池的反应,目前看法还不完全统一,但大多数人认为,其反应方程式为

负极反应 $$4Zn - 8e^- + 9H_2O + ZnCl_2 \longrightarrow ZnCl_2\cdot 4ZnO\cdot 5H_2O + 8H^+ \tag{2.36}$$

正极反应 $$8MnO_2 + 8H^+ + 8e^- \longrightarrow 8MnOOH \tag{2.37}$$

电池反应 $$4Zn + 9H_2O + ZnCl_2 + 8MnO_2 \longrightarrow 8MnOOH + ZnCl_2\cdot 4ZnO\cdot 5H_2O \tag{2.38}$$

由式(2.38)可知,ZnCl 型 $Zn-MnO_2$ 电池在反应时,需要消耗水,使得这种电池的防漏性能较好。另外,这种电池的副反应比 NH_4Cl 型的少,且产物在刚生成时比较疏松,所引起的内阻较 NH_4Cl 型 $Zn-MnO_2$ 小,但随着时间的延长,产物会逐渐变硬,内阻增大。因此这类电池的连放性能优于 NH_4Cl 型电池。

2.5　$Zn-MnO_2$电池的电性能

本节主要讨论$Zn-MnO_2$电池系列的共性，有关不同类型（铵型、锌型、碱锰）电池的特点将在后面的各节中分别进行讨论。

2.5.1　开路电压与工作电压

1.开路电压

在$Zn-MnO_2$电池系列中，在开路的情况下，无论正极还是负极都达不到热力学的平衡状态，所测得的只是它们的稳定电势。因此，开路时所测得的两极的电极电势之差是电池的开路电压，即

$$U_{开}=\varphi(MnO_2/MnOOH)-\varphi(Zn^{2+}/Zn) \tag{2.39}$$

式中　$\varphi(MnO_2/MnOOH)$、$\varphi(Zn^{2+}/Zn)$——正极和负极的稳定电势。

显然，$Zn-MnO_2$电池的开路电压与很多因素有关，凡是影响正负极稳定电势的因素都将影响电池的开路电压。

对正极来讲，$\varphi(MnO_2/MnOOH)$决定于使用的MnO_2的种类和掺入的导电物质的种类以及它们之间的相对用量。此外，还与电液的组成和浓度、温度等有关。采用不同的MnO_2，由于其晶型不同，纯度不同，制造方法不同，其活性也不一样，在相同的电液中，其稳定电势值也不同，一般在0.7~1.0之间。

对于锌负极来讲，其稳定电势$\varphi(Zn^{2+}/Zn)$变化较小，一般约在-0.8 V。所以$Zn-MnO_2$电池的开路电压随所用材料不同，一般在1.5~1.8 V之间。

2.工作电压

当电池工作时，工作电压总是小于开路电压，这主要是由于电池内阻的存在。而且随着放电的不断进行，工作电压不断降低。图2.8给出了$Zn-MnO_2$电池典型的连续放电曲线与放电电流的关系。

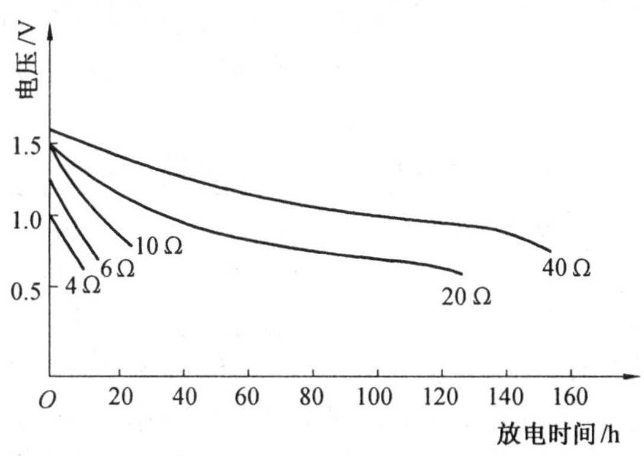

图2.8　$Zn-MnO_2$干电池典型的放电曲线与放电电流的关系

从图2.8可以看到，电池的放电电流越大，则工作电压下降越快。当放电电流很小时，工作电压比较平稳。这主要是正极反应时MnOOH的积累所造成的极化比较大，同时，反应生成的沉淀物也使得内阻增大，导致电池工作电压的下降，随放电电流的增大，这些极化迅

速增大，所以，工作电压下降较快，放电曲线不够平稳。因此，$Zn-MnO_2$系列电池不适于大电流放电。

图 2.9 所给出的是$Zn-MnO_2$电池的间歇放电时电压变化示意图。

从图 2.9 可以看到，电池在工作时，工作电压下降，而在停止放电休息时，电压又有所回升。这种现象，我们称为电压的恢复特性。$Zn-MnO_2$电池的电压恢复特性产生的原因主要是 MnO_2 电极具有电势恢复特性。如前所述，二氧化锰在放电时，由于 MnOOH 在电极表面的积累造成电极的极化，使电势下降，但在停止放电时，MnOOH 的生成虽然停止了，但 MnOOH 的转移仍在继续进行，由于 MnOOH 不断离开电极表面，使得电势得到一定的恢复，反映到电池的电压上就表现为电压的恢复特性。显然，其间放性能优于连放性能，因此，$Zn-MnO_2$系列电池适合于小电流间放。

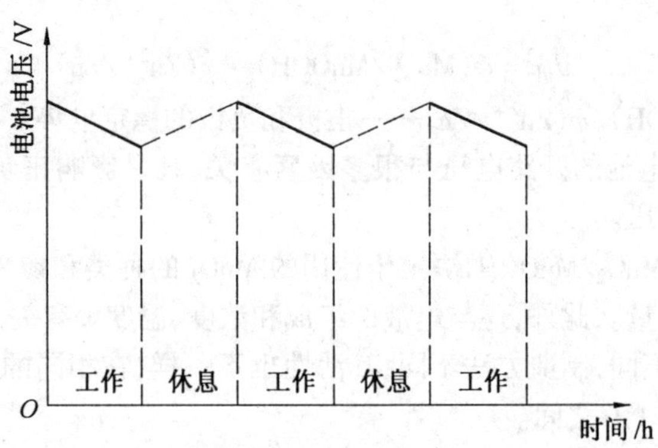

图 2.9 $Zn-MnO_2$干电池间歇放电时电压变化示意图

2.5.2 电池的内阻

$Zn-MnO_2$电池系列的内阻比较大，这与它所使用的材料、电池的结构等因素有关。一个中等尺寸的铅蓄电池的欧姆内阻大约为 $10^{-3}\ \Omega$，而一个新的 R20 电池的欧姆内阻可达 0.2~0.5 Ω。电池的几何尺寸越小，欧姆内阻就越大，电池的结构不同，欧姆内阻也不同，如 R6 电池的内阻大于 R20 电池的内阻，糊式电池的内阻大于纸板电池的内阻。表 2.5 列出了糊式 R20 电池中各部分电阻的数值及所占的比例。

表 2.5 糊式 R20 电池欧姆内阻的分布情况

项 目	锌电极	电解液层	电芯	炭棒	合计
电阻/Ω	微	0.05	0.08	0.09	0.22
占总电阻/%	微	22.8	36.4	40.9	100

$Zn-MnO_2$电池的欧姆内阻除以上几部分外，还包括放电产物的电阻、各部分之间的接触电阻等。由于电池的欧姆内阻在放电过程中是发生变化的，所以，随着放电深度的增大，电池的内阻也增大。此外，放电温度的下降，也会使得电池的欧姆内阻增大。

电池的内阻是电池的一个重要的性能指标，它直接影响着电池的容量及功率，由于 $Zn-MnO_2$电池的内阻较大，所以，它不适于大电流放电。

2.5.3　容量及其影响因素

电池的实际容量主要与两方面因素有关:一是活性物质的加入量;二是活性物质的利用率。活性物质的量越大,电池放出的容量就越大;利用率越高,容量也越大。显然,电池的尺寸越大,活性物质的量就越多,容量就越大。实践表明,与其他电池系列相比,Zn - MnO_2电池的活性物质利用率是比较低的。影响活性物质利用率的因素很多,对于Zn - MnO_2电池来讲,其主要影响如下。

1.放电制度对容量的影响

图 2.10 给出了放电电流及终止电压对放电容量的影响。从图 2.10 可以看到,放电电流不同,终止电压不同,电池的容量差别是很大的。随着放电电流的增大,电池给出的容量降低,这是因为,放电电流增大,两极的极化增大,特别是正极,由于 MnOOH 离开电极表面的速度缓慢,电流越大,造成的极化越大,使得正极电势迅速负移。此外,放电电流增大,不溶性产物生成也迅速,覆盖在电极表面,一方面增大了欧姆内阻,另一方面减小了反应面积,增大了真实电流密度,使极化增大。这些因素都使得电池的工作电压随放电电流的增大而迅速降低,很快达到终止电压,电池输出的容量降低。

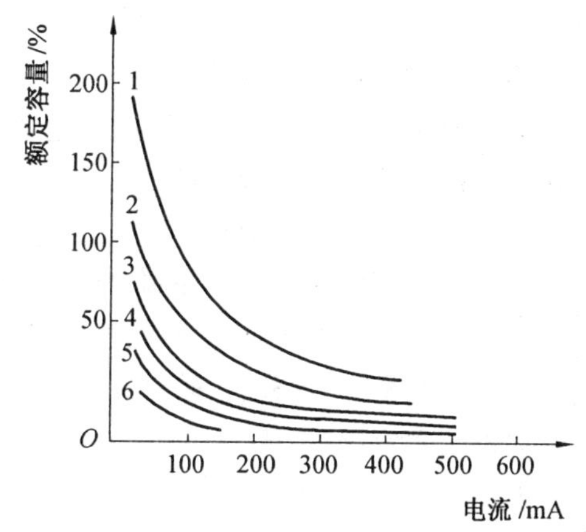

图 2.10　R40 Zn - MnO_2 干电池放电容量与放电制度的关系

($U_{开}$ = 1.5 V,以 10 Ω 放电时的终止电源)

1—0.7 V;2—0.8 V;3—0.9 V;

4—1.0 V;5—1.1 V;6—1.2 V

由于Zn - MnO_2电池具有电压恢复特性,在休息时电压能得到一定程度的恢复,因此,它的间放容量大于连放容量。

放电温度的影响如图 2.11 所示,温度越高,放电时间越长,电池给出的容量就越高。这是因为温度升高,电极反应速度加快,极化降低,同时,溶液黏度下降,离子运动速度加快,电解液的导电能力提高,使得活性物质的利用率提高,电池放出的容量增大。反之,放电温度降低,电池的容量降低,而且在低温下(- 25℃)放电,容易引起锌电极的钝化及电解液的冻结,使得电池给出的容量很低。

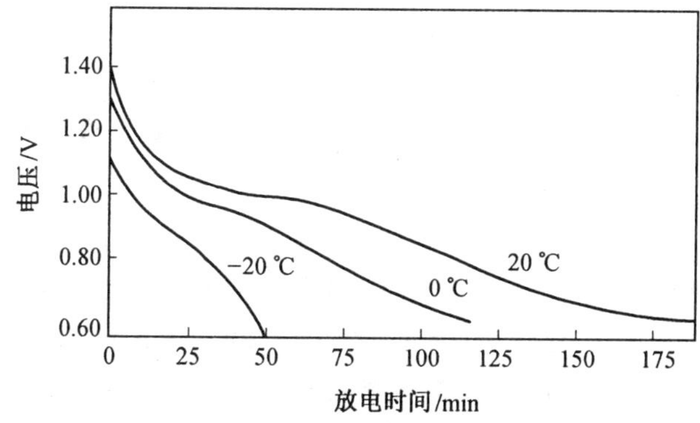

图 2.11　温度对电池放电曲线的影响

(R20 电池连续放电,初始放电电流为 667 mA)

2.锰粉质量对容量的影响

MnO_2 的种类不同,不仅其电极电势不同,而且其参与电化学反应的能力也不一样,这种参与电化学反应的能力一般用“活性”来表示。目前Zn - MnO_2电池采用的 MnO_2 有天然 MnO_2(NMD)、化学 MnO_2(CMD)、电解 MnO_2(EMD)。

天然 MnO_2 主要来自于软锰矿,其晶型主要是 β - MnO_2,其中 MnO_2 的质量分数约为 70% ~ 75%,但也因产地而异。天然锰粉中还有一种硬锰矿,一般多属于 α - MnO_2,它含有 Na^+、K^+、Ba^{2+}、Pb^{2+}、NH^{4+}等离子以及其他的锰的氧化物。在它们的晶体中含有较大的隧道和孔穴,这些阳离子及氧化物分子存在于隧道及孔穴之中,因而活性较差。适于用在 Zn - MnO_2电池中的是软锰矿。

天然 MnO_2 从矿场开采以后要经过水洗、选矿,以除去部分非活性矿渣来提高 MnO_2 的含量与活性,然后再将块矿研磨、过筛即得。

化学 MnO_2 可细分为活化 MnO_2、活性 MnO_2 和化学锰,它们都是通过化学的方法得到的活性比天然锰高的 MnO_2,以提高电池的放电性能。

活化 MnO_2 是将 MnO_2 矿石经过粉碎、还原性焙烧后加入 H_2SO_4 溶液,使之歧化和活化,然后分离出矿渣和 $MnSO_4$。矿渣经中和干燥得到活化 MnO_2,这种处理实际是表面处理,将低价锰的化合物除去,得到多孔、含水、活性较高的 MnO_2。其优点是比表面积大、吸液性好,但相对视密度小,MnO_2 含量较低,其质量分数较难达到 70%以上,因此使其应用发展受到限制。

活性 MnO_2 是在活化 MnO_2 的基础上发展起来的,针对上述缺点进行了改进。其制法是将 MnO_2 矿石经过粉碎后,进行还原性焙烧,然后加 H_2SO_4 溶液歧化、活化。通过加入氧化剂氯酸盐或铬酸盐,使 $MnSO_4$ 进一步氧化成 MnO_2,再过滤,所得滤渣中和、干燥即得。得到的这种活性 MnO_2 不仅相对视密度提高,MnO_2 的质量分数可达 70%以上,而且放电性能较活化 MnO_2 有较大的提高,其重负荷放电性能接近电解 MnO_2,是一种有发展前景的锰粉。

化学锰是将 MnO_2 粉碎后用 H_2SO_4 溶液溶解,生成 $MnSO_4$ 溶液,然后加入沉淀剂(如碳酸氢铵),使之转化为 $MnCO_3$,再加热焙烧得到 MnO,最后使 MnO 氧化成 MnO_2。这种化学 MnO_2 的质量分数可达 90%以上,多半属于 γ - MnO_2,其特点是颗粒细、表面积大、吸附性能好、价格比电解锰便宜。

电解 MnO_2 是用 $MnSO_4$ 作原料,经过电解使之阳极氧化的方法制得的 MnO_2,它属于 γ - MnO_2,活性高,放电性能好,但价格较贵。

电解时阴极采用碳电极,阳极采用钛合金极板,电解液温度为 90 ~ 95℃,电流密度为 8 ~ 10 mA/cm²,$MnSO_4$ 的质量浓度为 130 ~ 150 g/L,pH 值为 3.8 ~ 4.0。电极反应为

阳极反应 $$Mn^{2+} - 2e^- + 2H_2O \longrightarrow MnO_2 + 4H^+ \tag{2.40}$$

阴极反应 $$2H^+ + 2e^- \longrightarrow H_2\uparrow \tag{3.41}$$

从阳极得到的沉积物经过研磨、中和、烘干等处理,即得到电解 MnO_2。

电解 MnO_2 的杂质含量低,MnO_2 的质量分数大于 90%,水的质量分数为 3% ~ 4%。一般电解锰粉颗粒大小为 10 ~ 20 μm,超微粒电解锰粉颗粒平均粒度为 3 ~ 5 μm。其比表面是一般电解锰的 1.6 倍,放电容量可比一般的电解锰提高 30%。

表 2.6 列出了三种 MnO_2 的放电性能。

表 2.6　三种 MnO_2 的放电时间　min

MnO_2 种类	新电 5 Ω 连放	新电 5 Ω 间放 $U_终$			储存 6 个月后 5 Ω 间放 $U_终$		
		1.1 V	0.9 V	0.75 V	1.1 V	0.9 V	0.75 V
天然	650	720	1 107	1 207	620	910	1 100
电解	1 480	930	1 230	1 312	840	1 170	1 266
活化	1 270	720	1 100	1 307	600	1 050	1 286

由表 2.6 可知，MnO_2 的种类不同，其放电容量不同。电解锰活性最高，放电容量最大，适于较大电流放电，而天然 MnO_2 放出的容量最低，而化学 MnO_2 则介于两者之间，实际使用时根据需要可将几种锰粉相互搭配使用。

对于锰粉活性的大小，有人认为可根据 MnO_2 中活性氧含量的大小来表示，活性氧含量高，MnO_2 活性就大。也有人提出，用 $S\sqrt{D}$ 来表示 MnO_2 的活性，D 是 H^+ 在固相中的扩散系数，S 为锰粉的比表面积，D 与 S 越大，则 MnO_2 的活性越高。H^+ 在固相中的扩散系数 D 的大小与 MnO_2 的结构、组成等因素有关。

MnO_2 活性的研究深为世界各国所关注。事实上对于 MnO_2 的电化学活性，影响因素是多方面的，并非仅仅取决于活性氧的含量或质子的扩散和锰粉的表面积，据现有的研究表明，MnO_2 的电化学活性与 MnO_2 的晶体结构、化学组成、杂质含量、颗粒形态、孔率的大小与分布、表面积大小以及结构的缺陷、导电能力等诸多因素有关，而这些与 MnO_2 的生成条件、制造方法关系很大。许多研究表明，MnO_2 的电化学活性不是某一两个单独的物理化学性质所能决定的，而是上述各性质赋予 MnO_2 活性的总和，随着研究的深入，将会对这些关系有一个明确统一的看法。

3.锰粉颗粒度对容量的影响

锰粉的颗粒度对电池的影响较大。一般来说，在一定的范围内，MnO_2 的颗粒度越细，其比表面越大，提供的反应界面（固液）越多，活性物质的利用越充分，电池放出的容量越大。但是如果颗粒过细，在一定的成型压力下，电极的孔率将降低，妨碍离子扩散，特别是在中性电池中，反应所生成的沉淀物易于覆盖或堵塞微孔表面，反而使容量降低。

4.制造工艺对容量的影响

在 $Zn-MnO_2$ 电池生产过程中，工序很多，每一道工序都是为了保证电池质量而设的。工艺条件确定的合理与否，对电池的容量及其他性能都会产生显著的影响。例如，锰粉的搭配，锰碳比的确定，拌粉的均匀率，电芯与集流体和隔离层之间的接触情况，电芯成型压力的大小，电液的配方，净化质量，以及电池密封的严密与否，糊化的质量，纸板电池浆层纸的质量等，都将影响到电池的质量。这些我们将结合各种电池的制造加以讨论和分析。

2.5.4　储存性能

储存性能是 $Zn-MnO_2$ 电池的重要指标，从产品制出到用户使用总需要一段时间，因此，要求电池具有一定的储存性能。为此国家对 $Zn-MnO_2$ 电池储存性能有明确的规定，如 R20 电池要求：储存半年容量下降率不大于 10%，一年不大于 20%。

储存时造成电池容量下降主要是电池存在自放电，而且主要来自于负极，这在 2.3 节已详细讨论过。除自放电外，影响储存性能的还有电池中的电液干枯，电池出现的气胀、冒浆、鼓肚、铜帽生锈以及偶然因素(如外部短路)等。

电池的气胀是指在储存或使用期间发生的封口剂被顶开、底部鼓起等现象。它可造成电池不能使用,有时会损坏用电器具。电池的气胀主要是由于电池内部产生的气体所造成的,这些气体主要有:自放电所产生的 H_2,正极反应产生的 NH_3,锰粉中的碳酸盐杂质的分解,淀粉水解所产生的 CO_2 等。

出水冒浆是指电池在储存和使用期间,特别是大电流放电或电池短路时发生的电液外溢的现象。它不仅使电池失去工作能力,而且使用电器具遭到腐蚀和损坏。出水冒浆的原因主要是电池反应所引起的电池内部的离子浓度的变化、pH 值的变化等所造成的水分的移动和淀粉的水解,以及电池内部所产生的压力、封口不严等因素共同作用的结果。

铜帽生锈是指铜帽发生腐蚀,由于腐蚀产物是碱式碳酸铜,为绿色,故又叫绿铜帽。它不仅引起接触不良,还易造成用电器具引线短路,腐蚀用电器具。产生绿铜帽的根本原因是由于铜帽与电解液直接接触而形成微电池的结果。

总之,这些现象的出现不仅仅影响电池的容量,甚至使电池无法使用。因此,对于以上现象,必须采取措施加以解决。尽管它们所造成的危害比较大,但是只要针对具体情况在生产上采取相应的措施,这些现象是完全可以避免的。

电池在储存时应在清洁、干燥、通风、凉爽的环境中,相对湿度不大于 40%、不小于 5%,环境温度不高于 30℃。电池宜在较低的温度下储存,但不要低于 -10℃。

2.6 糊式Zn - MnO_2电池

2.6.1 糊式电池的结构

在Zn - MnO_2电池系列中,最先问世的就是糊式电池,由于其隔离层采用了以淀粉和面粉加入电解液所形成的浆糊层,所以称为糊式电池。从电解液的组成来看,它属于 NH_4Cl 型电池,其结构如图 2.12 所示。

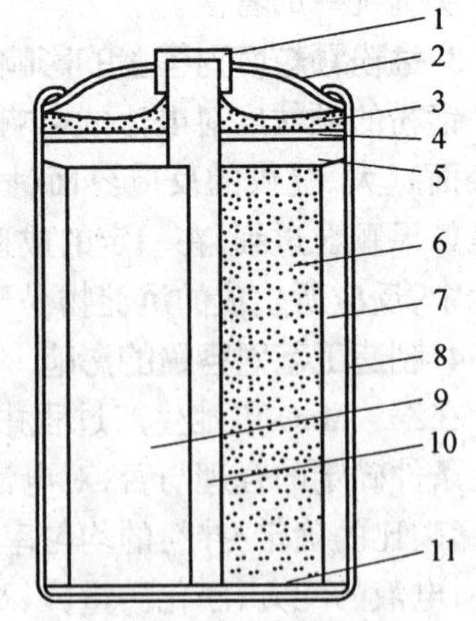

图 2.12　圆筒形Zn - MnO_2干电池结构图

1—铜帽;2—电池盖;3—封口剂;4—纸圈;5—空气室;6—正极;7—隔离层(糊层或浆层纸);8—负极;9—包电芯的棉纸;10—炭棒;11—底垫

2.6.2 制造工艺及分析

糊式电池工艺比较成熟,但制造工艺复杂、工序较多、电池性能欠佳,已开始逐步被纸板电池和碱锰电池所替代。但由于纸板电池在结构上基本与糊式电池类似,主要是在隔离层上的改进,其制造工艺与糊式电池大同小异,所以尽管糊式电池处于被淘汰的地位,但讲述和分析其制造工艺仍具有一定的指导意义。

1.生产流程

糊式Zn - MnO_2电池生产过程复杂,工序较多,归纳起来可分为炭棒的制造、正极电芯的制造、负极锌筒的制造、电液及电糊的配制、装配等几个重要部分。我们就生产过程中的主要工序的工艺条件进行分析,了解它们与电池性能之间的关系，从而使我们了解这些工艺参数的确定依据，按照这些依据，再通过实验来使其工艺条件确定的更合理，起到指导生产的作用。

糊式Zn - MnO_2电池的生产流程如图 2.13 所示。

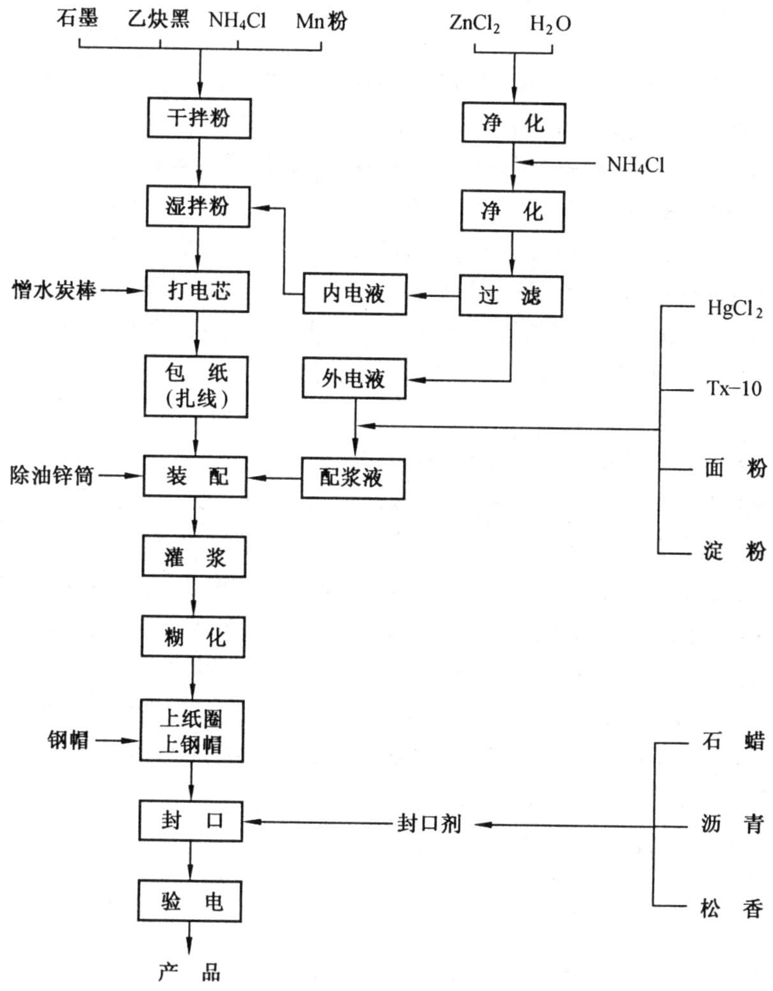

图 2.13　糊式 Zn - MnO_2 干电池主要流程

2. 炭棒的制造

炭棒是电池正极电芯的集流体，起着传导电流的作用。其质量好坏对电池性能有着很大的影响。应具有电阻小、透气性好、机械强度较大、表面粗糙、杂质含量少等特性。

炭棒的制造是在专门的碳素生产厂进行的。它是由石墨和沥青经过加热充分混合、加压成型后焙烧而成的。一般采用土状石墨，它在炭棒中起导电作用，而煤沥青起黏和作用，用质量分数为 30% 的沥青加热熔融后与质量分数为 70% 的石墨搅拌混合，使沥青充满在石墨颗粒的周围，将石墨颗粒紧紧黏在一起，加压成型后在密闭的焙烧炉中进行高温焙烧，使沥青中挥发性物质跑掉而在炭棒中留下微孔，非挥发性物质炭化成焦炭。焙烧后的炭棒还要经过磨圆、磨头工序，使炭棒两头粗细均匀、平整光滑，无斜面、无凸头，达到规定的尺寸和质量要求。

为防止绿铜帽的发生，生产好的炭棒必须进行憎水处理，通常使用汽油或煤油与凡士林配制而成，用来浸渍碳棒。处理后的炭棒要透气，防水性能要好。

3.正极的制造

正极的制造包括拌粉、成型(也称打电芯)和包纸扎线等工序。

(1) 拌粉

拌粉是把制作电芯的原料锰粉、乙炔黑、石墨及固体 NH_4Cl 等在拌粉机中搅拌混合(称为干拌)，然后加入一定量的内电液继续进行混合(称为湿拌)。一般采用自动控制密闭拌粉，其主要过程如下：各种料粉采用脉冲气力输送，经输料管将各种不同的料粉分别送入高层的料仓内，余风经脉冲除尘净化，除尘效率可达99%。各料仓的料粉按一定的顺序，通过螺旋输送器送入称量桶内，再按配方要求自动计量后送入拌粉机内，先进行干拌5～10 min，然后喷入一定量的内电液继续湿拌5～10 min。料粉混合均匀后卸入离心式筛粉机中进行筛粉，筛好的料粉经输送带送到储粉仓储存。整个过程实现密闭和自动控制，这种拌粉方式的特点是防尘、劳动强度低，能提高拌粉质量，但投资高。

拌粉是影响电池性能的关键工序之一，料粉的配比、拌粉的均匀度、含水量的大小、料粉储存期的长短等都将影响电池的容量和储存性能。

关于料粉的配比，在电芯粉中，MnO_2 是活性物质，它的多少直接影响电池的容量。由于 MnO_2 的导电性差，需加入一些导电组分(主要是乙炔黑与少量的石墨)，以改善其导电性，其中乙炔黑还具有较大的比表面和吸液性，因此，导电组分的多少也将影响电池的容量，所以料粉中的锰碳比(即 MnO_2:C 的比值)是拌粉工序中一个十分重要的工艺参数。如果料粉中 MnO_2 所占比例过高，必将使导电组分的含量减少，使电芯电阻增大，MnO_2 利用率降低，电池容量下降。如果 MnO_2 的比例过低，尽管导电组分含量增大，导电能力增加，但活性物质的量减少，电池的容量将降低。所以合理的锰碳比是电池性能的重要保证。

实验表明，电芯料粉中 MnO_2:C 比对电池的容量的影响较大，图2.14列出了电芯料粉中 MnO_2 的质量分数对比容量和比电阻的影响。

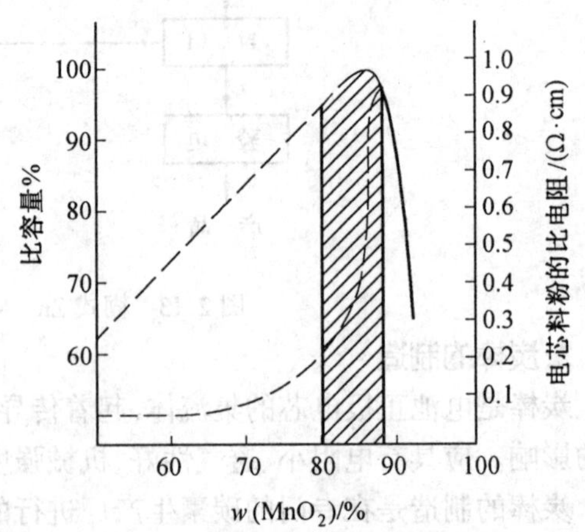

图2.14　电芯料粉中 MnO_2 质量分数对电池比容量和电芯比电阻的影响

从图2.14可以看出，在电芯料粉中的比电阻达到一定值之前，电池的放电容量随 MnO_2 的质量分数的增大而增大，这说明电芯的电阻不是影响电池容量的主要因素，但电芯的电阻很快达到一定值后，这时电芯的电阻就成为影响容量的主要因素了。这时，MnO_2 的质量分数增加，则电池容量下降，这说明电芯料粉在某一具体含量时，电池有着最大的放电容量。

在配方时，还应根据使用要求来考虑，电池在较大电流工作时，应尽可能使内阻小一些，要适当使锰碳比降低，相应增加高活性 MnO_2 的用量。反之，电池在小电流工作时，应增加锰碳比，可选用活性稍低的 MnO_2。

根据电池的具体使用条件不同，一般电芯中的 MnO_2 的质量分数在 80%～86%之间。

此外，石墨与乙炔黑在电池中占有重要的地位，由于乙炔黑为链状结构，含碳量高，有害杂质少，且吸水性和吸附能力都高于石墨，所以在导电组分中增大乙炔黑的比例，对电池的容量与储存性能都有利。

由于电池在反应时要消耗 NH_4Cl，而在电解液中又受到了饱和溶解度的限制，所以，为保证电池放电的需要，在正极料粉中要加入一定量的固态 NH_4Cl，以补充电池放电的消耗。NH_4Cl 的加入量与电解液中的量一起考虑，若加量不足，会引起容量下降，但加量过多，又会使锰粉及导电组分相对含量减少，同样也使容量下降。实验表明，外加的 NH_4Cl 的质量分数一般为 NH_4Cl 总量的 16%左右。

为了提高拌粉的均匀度，投料时应按物料的轻重顺序先加最轻的物质乙炔黑，然后加石墨粉、固体 NH_4Cl，最后加入锰粉，干拌时间不能过长，又不能过短，以混合均匀为准。拌粉时间一般为 5～15 min，具体由实验来确定。为了保证搅拌的均匀，在湿拌加内电液时，应采用喷雾法边搅边喷，防止结块和混合不均匀，湿拌时间也要控制适当。

湿拌时加入的内电液的组成除 NH_4Cl 外，还有一定量的 $ZnCl_2$，它具有较强的吸水性，可以保持电芯的水分，同时对电池放电所引起的正极附近的 pH 值的升高起缓冲作用，它还是氨气的配位剂，可以降低正极的极化等。因此，内电液中 $ZnCl_2$ 含量的大小，也影响电池的放电容量。一般使用天然锰时，采用的 $ZnCl_2$ 的量比使用电解锰时稍低些，因为天然锰活性低、反应慢，需要的水量和 pH 的变化都要比电解锰小。

一般来讲，对天然锰粉，内电液可使用密度为 1.16 g/cm^3 左右的 $ZnCl_2$ 溶液和外加300～350 g/L 的 NH_4Cl；对电解锰粉，内电液可使用密度为 1.21 g/cm^3 左右的 $ZnCl_2$ 溶液和外加 400 g/L 的 NH_4Cl。

拌粉时，控制正极料粉的水分是一个关系到电池容量和储存性能的重要问题。必要的水分不仅可以作电芯料粉的黏合剂，便于电芯成型，更重要的是保证正极电芯微孔中具有良好的导电能力。如果含水量过少，打出的电芯较干，易出现掉粉；如果含水量过高，又将影响电芯成型，同样使电芯的强度受到影响。因此，打芯时加入的电液量要控制适当。对糊式电池电芯，水分一般控制在 17%～18%。

正极料粉拌好后应进行搁置，在不影响水分变化的情况下，放置时间长一些为好，一般要求不少于两天。料粉在放置过程中必须使水分有充分的时间渗透，达到水分均匀一致，同时可减轻电池出现气胀。因为天然锰粉中含有一定的碳酸盐，在微酸性的电液中，可发生分解产生 CO_2。图 2.15 列出了料粉在放置过程中气体体积与放置时间的关系。

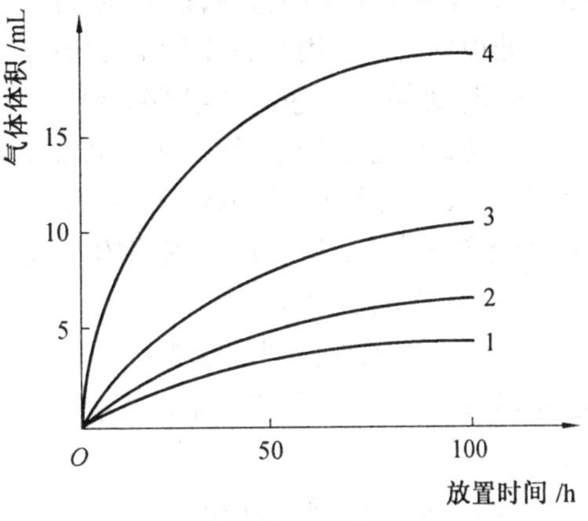

图 2.15 气体体积与料粉放置时间的关系

1—搁置 72 h 后收集气体的量；

2—搁置 48 h 后收集气体的量；

3—搁置 24 h 后收集气体的量；

4—搁置 2 h 后收集气体的量

从图 2.15 可以看出，正极料粉拌好后，搁置的时间越长，收集到的气体的量越少。同时还可以看出，料粉中气体的产生主要在前 1～2

天，这也是规定最低搁置期的依据。

正极料粉的配制是电池制造的关键工序，拌粉的主要指标是实现料粉的混合均匀一致，这种均匀一致是指料粉的各部位组成、含量、水分都要相同，以满足理想电芯结构的要求。但应该指出，理想的均匀是不可能的，能达到90%以上的均匀度就是比较好的了。

(2) 打电芯

打电芯又称打芯，主要目的是为了使料粉成型制成电芯，一般是在专门的打芯机上完成的。

打出的电芯应符合尺寸的要求和含水量的要求。电芯要圆整光滑、上下紧密一致，表面不粘粉、无裂纹，炭棒要居中，与料粉接触紧密，孔率控制适当，具有必要的强度。

保证电芯的强度和孔率，是关系到电池容量高低的关键问题，它是通过打芯时的压力来控制的。在实际生产中控制冲头的冲程，如果压力过大，料粉压得太实，电芯接触紧密，电子通道畅通，电阻较小，但孔率也低，水分易被挤出，不利于离子通道的畅通，使容量降低；反之，压力过小，这时，虽然孔率较高，真实表面积大，但因电芯疏松，电阻太大，易于掉粉，强度低，同样使容量下降。因此，成型的压力必须适当，兼顾强度和孔率，压力大小应控制在孔率在40%左右为好，这时电子和离子两个通道均得到兼顾，使电池具有较高的容量。

4.负极的制造

锌筒既是电池的负极，又是电池的容器，有焊接锌筒和整体锌筒两种。

焊接锌筒是根据不同规格的尺寸要求，通过下料、焊身、洗筒、焊底、压线整圆等工序完成。

整体锌筒是将锌饼放在模具中挤压而成的。

锌负极的制造中，除油是重要的一环，锌筒除油净否对电池的性能有较大的影响。因为锌在加工过程中，必须在其表面加一些润滑剂。而润滑剂在锌筒内壁黏附将影响锌筒壁与糊层的黏结，导致该处的锌发生反应困难，内阻增大，因此，必须除油。对焊接锌筒进行除油，除去焊油及多余的盐酸，以避免锌筒的腐蚀。

处理方法一般用碱洗或砂擦，也有用酸洗的。

5.电液的配制、净化与浆液配制

对糊式电池生产来说，电液及浆糊的配制是十分重要的工序。电液及电糊的配方、pH值的大小、电液净化处理的好坏、浆液是否均匀等都对电池的容量及储存性能有着直接的关系，对电池的气胀、出水冒浆、铜帽生锈也有密切的关系。

(1) 电液的组成及作用

$Zn-MnO_2$电池使用的电液是由 NH_4Cl 和 $ZnCl_2$ 组成的。它分为内电液和外电液，内电液在拌粉时使用，外电液在配制浆液时使用，它们的浓度不同，外电液还要在电液中加入缓蚀剂。

NH_4Cl 是电液的主要组分，它参加成流反应是活性物质。同时起离子导电作用，对 MnO_2 正极的 pH 值的变化具有缓冲作用。更重要的是 MnO_2 放电时一次过程和歧化反应的质子的提供者，故它还具有降低 MnO_2 放电过电势的作用。

使用 NH_4Cl 质量分数的大小，对电池的性能有直接的影响，如果 NH_4Cl 的质量分数过小，满足不了电池反应的需要，同时溶液的导电能力将降低，使电池容量下降。如果 NH_4Cl 的质量分数过大，尽管可以提高溶液的导电能力，但受溶解度的限制，易出现结晶，还增加对锌的腐蚀。一般 NH_4Cl 的质量分数在15%～20%之间,按设计,不足的部分在电芯中采用外加固体 NH_4Cl 的办法来解决。

若单独用 NH_4Cl 做电液,其缺点是:由于 NH_4Cl 的冰点较高,影响电池的低温性能,而且 NH_4Cl 水溶液易沿锌筒壁上爬,配制出的电糊易发生霉烂,所以,在 NH_4Cl 溶液中加入一定量的 $ZnCl_2$。

$ZnCl_2$ 的作用是多方面的,对于电池性能有明显的影响。第一,起离子导电作用;第二,具有良好的吸湿性,有利于电芯和电糊水分的保持;第三,可以减轻锌负极的自放电;第四,是很好的去氨剂,有利于降低极化和减小气胀;第五,具有缓冲作用,抑制正极附近 pH 值上升;第六,可以防止电糊霉烂;第七,具有降低溶液冰点的作用;第八,可以加快浆液的糊化;第九,具有增大 NH_4Cl 溶解度的作用。

由上可见,NH_4Cl 与 $ZnCl_2$ 共同使用可以起到取长补短的作用。但是在糊式电池中,$ZnCl_2$的用量不能过大,用量过大将使溶液的导电能力下降,当 $ZnCl_2$ 的质量分数超过12%后,浆糊将会自动糊化,使操作无法进行。

(2) 电液的配制和净化

配制电液是先将 $ZnCl_2$ 加热溶解,配成高质量分数的 $ZnCl_2$ 溶液,并采用吊锌角法,以除去铁、镍、铜、铅等电极电势比锌大的金属杂质,过滤后得到高质量分数的 $ZnCl_2$ 澄清溶液,再加水稀释到一定的浓度,然后按配方要求分别加入固体 NH_4Cl,以配成内电液和外电液。

内、外电液配制后要经过净化处理才能使用。

电液的净化是一个重要的工序,它对电池的性能,特别是储存性能有着重要的影响。净化电液的目的是为了除去对电池有害的杂质,主要是那些电极电势比锌正且析氢过电势比锌低的金属杂质,因为这些杂质的存在会加速锌的自放电,这些杂质主要是铁、铜、镍等,它们的危害最大,必须在净化中除去。

电液的净化方法长期以来使用吊锌角法,将锌的边角料置于电液储缸中,靠置换反应除去杂质,一直到锌表面的金属光泽不变为止,中间还需要更换锌角。这种方法周期长,占用厂房面积大,但操作简单。为加快处理速度,人们又提出了一些快速处理电液的方法。

① 锌粉法。采用锌粉代替锌角料,利用锌粉比表面大的特点,再采用加温搅拌使置换反应的速度加快,可使净化处理的周期缩短1～2天。

② 化学法。采用配位剂除去杂质,这种方法简单,将配位剂加入电液经过搅拌、净置、过滤除去杂质。

③ 电化学法。采用电解的办法使电液中有害的杂质在阴极上沉积出来,实现快速除杂质的目的,整个过程可实现连续处理。

④ 强制电液循环法。此法仍为锌片处理电液,将电液用泵强制地反复通过锌片而达到除杂净化的目的。

关于电液的净化,目前尚无明确的定量标准,一般是将锌条放入电液中煮沸,规定在一定的煮沸时间内,锌条保持金属光泽为合格。

(3) 浆液的配制

浆液的配制是在打浆机中进行的,在电液中加入一定量的面粉和淀粉,经过搅拌配制而成。配制的浆液装入电池,经糊化后形成不流动的隔离层。隔离层的质量与所用的糊化剂(面粉、淀粉)有很大的关系。

在电液中加入淀粉的作用有:一是起糊化作用,电液经糊化后形成不流动的电糊,它既有良好的离子导电性,又能固定电芯,使锌筒与电芯隔开;二是胶体强度好,化学稳定性高;三是淀粉对锌筒还有一定的缓蚀作用。它的缺点是黏性差、附着力小及保持水分的能力差。

面粉的优点是黏性好、保持水分的能力强,还具有缓蚀作用。缺点是糊化后胶体强度低、化学稳定性差。

面粉和淀粉共同使用,可以起到取长补短的作用。面粉、淀粉的使用比例一般为1:1或1:2,应根据原料的品种、气候条件、工艺因素综合考虑,通过试验来确定。

6.电池的装配

电池的装配是经过锌筒垫底、浇浆、装电芯、糊化、上纸圈盖、上铜帽、封口等工序完成的,其中重要的有两个问题。

(1) 糊化问题

糊化的目的是使电液的稠度增大,由流动状态变成不流动状态的电糊。其过程比较复杂,淀粉分子在糊化过程中,链状分子相互交织成立体的网状结构,把水分子及电解质包在网状的结构里,使流动性降低,成为不流动状态。

糊化是将灌有浆液的电池放入糊化锅内,通过控制水温和时间来实现的。掌握糊化温度和糊化时间是糊化工序的关键。要求糊化后的糊层与正负极接触紧密,能保持大量的电解液,具有良好的离子导电性和一定的强度。在实际生产中糊化温度与糊化时间总是同时考虑的。由于条件不同,一般糊化温度应控制在65~90℃之间,时间为1~4 min。

糊化后的冷却速度也是很重要的,如果冷却过快,会出现收缩龟裂、产生空花等现象。

(2) 封口

电池的封口与电池的质量有着密切的关系。如果电池封口不严,容易造成内部水分散失,特别是干燥季节,水分散失得很快,将严重影响电池的储存性能。封口的另一个目的是防止空气中的氧气进入电池,因为氧可以加速锌电极的自放电,电池中一旦有氧的进入,就会形成“烂脖子”现象。另外封口不严,在一定条件下还会出现出水冒浆现象。

封口使用的封口剂应具有耐热、耐寒、耐老化、抗腐蚀、黏合力好、具有一定的硬度等作用。封口应用最多的是沥青、松香和石蜡组成的封口剂,沥青的主要作用是增强黏合力,松香可以提高封口剂的硬度,本身也具有黏合力,石蜡可以增加封口剂的流动性。

根据气候条件的不同,配方不完全一样。一般沥青的质量分数为60%~90%,松香的质量分数为5%~10%,石蜡的质量分数为5%~35%。软化点控制在50~70℃,封口剂的操作温度在180~260℃之间。

2.7 纸板电池

2.7.1 纸板电池的特点

纸板电池是在糊式电池的基础之上发展起来的,它采用了浆层纸代替糊式电池中的浆糊层作为隔离层,使得电池的性能大为提高。纸板电池的容量较大,与糊式电池相比,同样R20电池,其容量可以提高30%以上,这是由于纸板电池的隔离层浆层纸的厚度只有0.12~0.2 mm,而糊式电池的浆糊层的厚度则为1.5~3.0 mm。因为隔离层变薄,在同样的空间中，正极料粉的充填量增大，同时纸板电池采用了部分电解锰或全部电解锰，使得正极活性物质的量增大、活性提高，在工艺上采用了先装电芯入筒，后插炭棒工艺，这又使正极料粉增加了 5%左右。这些原因都使得纸板电池的容量与糊式电池相比，容量大大地提高。又由于纸板电池的隔离层变薄，极间距离减小，离子的迁移途径缩短，使得电池的内阻减小，因而放电电流增大。

总之，与糊式电池相比，纸板电池的容量增大，放电电流提高，而且减少了生产工序，节约了粮食，但技术要求较高。

2.7.2　纸板电池的电池反应

根据电池电解液的组成不同，中性锌－锰电池的纸板电池有两种类型，即氯化铵型电池和氯化锌型电池。由 2.4 节可知，两者的反应是不同的，因此，同样是纸板电池，它们的性能是有差异的，从图 2.16 可以看到，两者的放电曲线不同。表 2.7 给出了两种电池的电解液的性能差别。

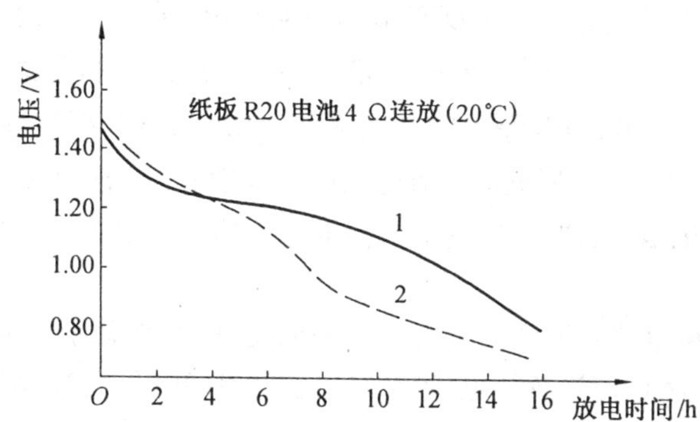

图 2.16　$ZnCl_2$ 型和 NH_4Cl 型电池放电曲线的比较

1—$ZnCl_2$ 型电池；2—NH_4Cl 铵型电池

表 2.7　$ZnCl_2$ 型和 NH_4Cl 型电池电液的某些物理化学性能

电液类型	电导率/(S·m^{-1})	pH 值	水蒸气压/Pa	Zn^{2+} 离子状态
$ZnCl_2$ 型	15	4.6	2 933	$[Zn(H_2O)]^{2+}$
NH_4Cl 型	43	5.4	2 340	$[ZnCl_4]^{2-}$

由 2.4 节可知以下两种电池的电池反应。

NH_4Cl 型电池的电池反应为

$$Zn + 2NH_4Cl + 2MnO_2 \longrightarrow Zn(NH_3)_2Cl_2\downarrow + 2MnOOH \tag{2.42}$$

$ZnCl_2$ 型电池的电池反应为

$$4Zn + 9H_2O + ZnCl_2 + 8MnO_2 \longrightarrow 8MnOOH + ZnCl_2 \cdot 4ZnO \cdot 5H_2O \tag{2.43}$$

比较两种电池的电池反应及电解液的有关物理化学性能，可以看出以下几点：

① 从电池反应可知，NH_4Cl 型电池反应既无水的生成，又无水的消耗，而 $ZnCl_2$ 型电池反应要消耗大量的水，因此，$ZnCl_2$ 型电池的防漏性能比 NH_4Cl 型电池的好。为了保证反应所需要的水，且同时从表 2.7 又可看到 $ZnCl_2$ 型电池电液的水的蒸气压比 NH_4Cl 型的高，所以，$ZnCl_2$ 型电池的密封性要求比 NH_4Cl 型的要高。

②从反应式还可看到，两者的反应产物是不同的。NH_4Cl 型电池的产物是 $Zn(NH_3)_2Cl_2$，它是一种致密而坚硬的沉淀，由于它的生成使电池的内阻增大，反应面积减小，随放电电流的增大，使得极化迅速增大，影响电池的大电流放电性能，同时由于 Zn－MnO_2 电池的电压恢复特性，所以，NH_4Cl 型电池适合于小电流间放。而 $ZnCl_2$ 型电池的产物是 $ZnCl_2·4ZnO·5H_2O$，它刚生成时是松软的沉淀物，随着时间的延长会逐渐变硬。当电池连续放电时，产物还没有来得及变硬，放电就结束了，因此，大电流连放时极化比 NH_4Cl 型电池小。但如果是间放，在电池休息时，产物会变硬，使电池的内阻增大，所以 $ZnCl_2$ 型电池的大电流连放性能优于间放性能。

③ 从表 2.7 可知，$ZnCl_2$ 型电池的电解液的 pH 值比 NH_4Cl 型电池电液的 pH 值低，有利于歧化反应的进行，这就使得正极的极化有所降低。从表 2.7 还可看到，$ZnCl_2$ 型电池电解液中的 Zn^{2+} 是以 $[Zn(H_2O)]^{2+}$ 的形式存在的，NH_4Cl 型电池电解液中的 Zn^{2+} 则是以 $[ZnCl_4]^{2-}$ 的形式存在，在电池放电时，负极发生的是阳极反应，在电场的作用下，在 NH_4Cl 型电池中的 $[ZnCl_4]^{2-}$ 电迁的方向与浓度扩散的方向相反，不利于锌离子离开电极表面，而 $ZnCl_2$ 型电池中的 $[Zn(H_2O)]^{2+}$ 则与浓度扩散的方向相同，有利于离开电极表面，因此，NH_4Cl 型电池的负极极化比 $ZnCl_2$ 型电池的要大些。由于 $ZnCl_2$ 型电池的正负极极化都比 NH_4Cl 型电池的小，所以，$ZnCl_2$ 型电池的放电电流和容量都比 NH_4Cl 型电池要大。

④ 从表 2.7 也可看到，$ZnCl_2$ 型电池电解液的导电能力不如 NH_4Cl 型电池电解液的导电能力强。

综上所述，$ZnCl_2$ 型电池除溶液的导电能力稍弱之外，其他几个方面都比 NH_4Cl 型电池的性能要好，它适合于大电流连续放电，容量高，且防漏性能好，而 NH_4Cl 型电池适合于小电流间歇放电。

若将 $ZnCl_2$ 型电池做成糊式电池，由于浆糊层本身电阻就较大，这时，电解液的导电能力的影响就尤为突出，同时，由于 $ZnCl_2$ 含量过高对浆糊层也不利，所以 $ZnCl_2$ 型电池不能做成糊式电池。而在纸板电池中不采用使用了大量面粉和淀粉的浆糊层，且隔离层很薄，离子迁移距离短，电液的导电能力不太好的弱点会被 $ZnCl_2$ 型电池的其他优势所掩盖，所以，$ZnCl_2$ 型电池适宜于做成纸板电池。因此可以说，纸板电池的出现使 $ZnCl_2$ 型电池的优越性得以发挥，而 $ZnCl_2$ 型电池的优点也使得纸板电池得以迅速发展，从而使中性 Zn－MnO_2 电池获得了更强的生命力。

2.7.3 浆层纸

1.对浆层纸的基本要求

浆层纸是纸板电池的隔离层，因此它应满足电池对隔离层的基本要求，即离子导电性好，对电子绝缘，具有较强的化学稳定性，机械强度(包括湿强度和干强度)好，吸液性好且吸液后有一定的膨胀性，价格便宜等。

对于两种不同类型的纸板电池，在满足上述要求的同时还有所侧重。对于 $ZnCl_2$ 型电池，由于它适于大电流连续放电，锌阳极的 pH 值减小很多，有时可降到 0～1，因此，要求浆层纸具有更高的耐酸性。此外，$ZnCl_2$ 型电池电芯的水质量分数高达 30%或更多，而电液的蒸气压又较高，要求浆层纸有更高的电液的保持能力。

对于 NH_4Cl 型电池，由于$[ZnCl_4]^{2-}$是以负离子的形式存在，其电迁的方向不利于锌离子离开电极表面，易造成浓差极化，这就要求浆层纸有较高的离子渗透性。

2.浆层纸材料

为满足以上对电池隔膜的要求，目前所使用的浆层纸是由浆料与基纸所组成的。

基纸应致密均匀、厚度合适，有良好的吸液性和保液能力，有足够的湿强度，含重金属杂质少，化学稳定性高。目前使用的基纸有三种：一是低压电缆纸，常用 K8 电缆纸；二是双层复合纸；三是三层复合纸，即两侧为低密度纸，中间由高密度纸复合而成。

浆料一般是由糊料、缓蚀剂及一些添加剂所组成。糊料有两类：一类是天然糊料，主要是天然淀粉。它们在 pH 值较低时易发生水解而生成 CO_2 和 H_2O，不利于电池的储存，所以目前常常采用改性淀粉。一般采用醛化或醚化的方法使淀粉形成网状结构，国内用的改性淀粉有架桥淀粉、醚化淀粉、架桥醚化淀粉等。另一类是合成糊料，主要是纤维素醚，有非离子型、离子型和混合型三种，如甲基纤维素(MC)、羧甲基纤维素(CMC)和羧甲基羟乙基纤维素(CMHEC)等。这些糊料在电池中的主要作用是吸收电液和保持电液，并吸液后润湿膨胀，与基纸一起起隔离作用。缓蚀剂是为了降低锌负极的自放电，一般加入浆液中。浆料中加入添加剂通常是为了专门改善某种性能而加入的。

浆层纸的质量的好坏，直接影响电池的性能，而浆层纸的质量与所采用的基纸、浆料的材料、涂覆方式以及生产工艺有着密切的关系，这些一直都在不断地改进与完善之中。

2.7.4 纸板电池的制造

纸板电池的制造工艺的主要流程如图 2.17 所示。

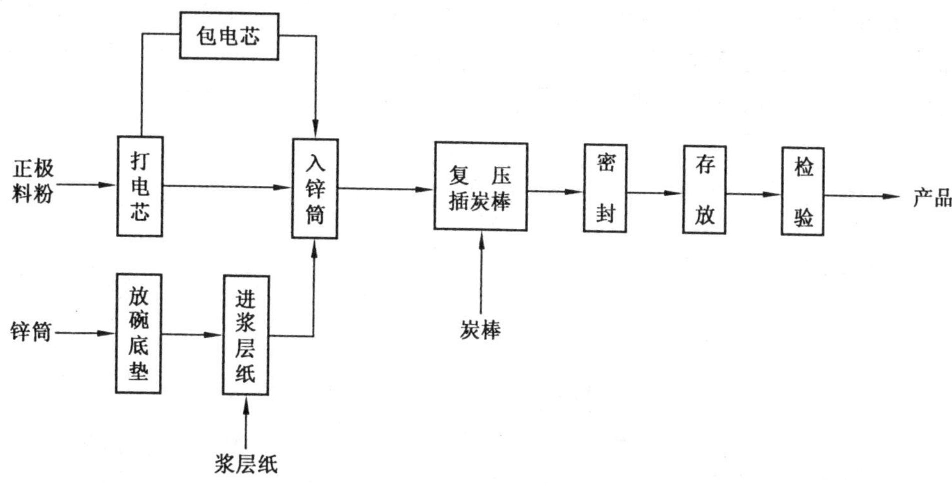

图 2.17 纸板电池生产制造工艺的主要流程图

从工艺流程图可知，纸板电池要比糊式电池的生产工艺简单，基本工艺过程类似，但技术要求高。纸板电池在制造工艺上与糊式电池相比，有下列主要特点与区别。

① 在正极配方中，无论是 $ZnCl_2$ 型纸板电池还是 NH_4Cl 型纸板电池，都要加入一部分电解锰，特别是 $ZnCl_2$ 型电池作为高功率电池，放电电流大，要求加入相当比例的电解锰或者全部使用电解锰。对于 $ZnCl_2$ 型电池，在正极中不需要加入固体 NH_4Cl，所以 MnO_2 的充填量有所增加。

② 电芯的成型方式有两种：一是筒内成型，即直接将正极料粉加入放有浆层纸的锌筒中，加压使电芯在锌筒内直接成型，这可以简化工序，但技术要求很高；另一种是预成型，即与糊式电池一样(图 2.17)，先打芯后入筒，国内常采用后者。打出电芯后有两种工艺进入锌筒。一种是将电芯包棉纸后入锌筒，另一种是电芯直接入锌筒，无论是哪种工艺，都是电芯入锌筒后再插入炭棒，并经过复压，这与糊式电池是不同的。装配时所用的浆层纸是干的，反应所需要的电解液全部来自于电芯，当电芯入筒后，浆层纸要从电芯吸收水分，因此要求电芯含水量高。根据反应不同，$ZnCl_2$ 型电池的含水量要比 NH_4Cl 型电池的高，$ZnCl_2$ 型电池的电芯中水的质量分数为 28% ~ 32%，NH_4Cl 型电池电芯中水的质量分数为 18% ~ 27%。

③ 纸板电池要求采用不透气炭棒，这与糊式电池也是不同的，由于纸板电池正极的含水量大，导电组分乙炔黑的比例增加，MnO_2 的相对比例下降，特别是 $ZnCl_2$ 型电池电液的水的蒸气压高，对氧又十分敏感，所有这些都使得纸板电池不能采用透气炭棒，而必须采用不透气炭棒，其目的是为了防止水分的散失和氧气的进入。

④ 电池的密封是纸板电池制造中的一个很关键的问题，它直接影响电池的容量、储存和防漏性能，因此纸板电池对密封的要求比糊式电池要高，而 $ZnCl_2$ 型纸板电池又比 NH_4Cl 型电池要求高。为了解决密封防漏问题，可以通过合理设计密封结构和选用适当的密封材料等措施，以保证电池的密封质量。

2.8 叠层 $Zn-MnO_2$ 电池

叠层电池是由圆筒形 $Zn-MnO_2$ 电池演变而来的，它具有体积小、电压高、比能量大等特点。它的电压可以根据需要来组合，从 6 V 到数十伏。主要用于通信、收音机、仪器仪表、打火机等场合。尽管比圆筒型电池用量小，但在某些需要高压直流电的场合是不可取代的。它属于 NH_4Cl 型电池，其结构如图 2.18 所示，由其结构图可以看出，叠层电池实际上是一个电池组。

叠层电池的一个单体电池由五个主要部分组成，即正极又叫炭饼、锌负极、浸透电液的浆层纸、无孔导电膜及塑料套管。

① 正极。叠层电池正极为扁平形，是将正极料粉放入模具中压制而成的。由于正极炭饼体积小且较薄，给操作运送带来不便，故对其强度要求较高，为此正极料粉的含水量应比圆筒形低一些。但正极水分不足会影响电池的放电性能，通常在单体电池装配后，采用补加电液的办法进行补充。

② 负极。用锌片按尺寸要求裁剪而成。

③ 浆层纸。浆层纸采用的基纸一般用电缆纸、电话纸或宣纸，纸厚 50 ~ 100 μm。要求涂覆后的浆层厚度为 50 ~ 200 μm，关键要涂覆均匀。

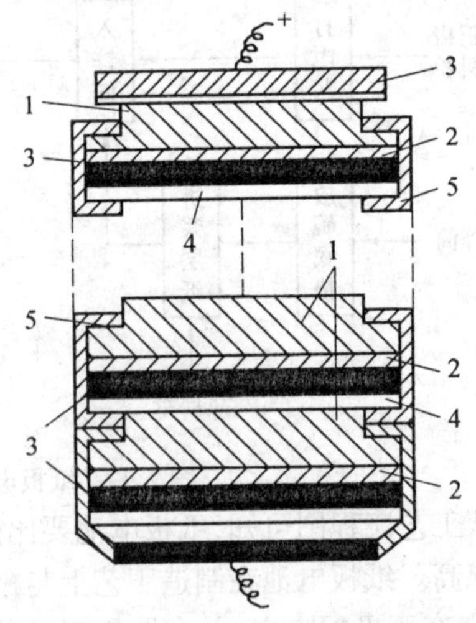

图 2.18　叠层 $Zn-MnO_2$ 电池结构

1—正极炭饼；2—浆层纸；3—锌片；4—无孔导电膜；5—塑料套

④ 塑料套管。一般采用聚氯乙烯热塑性塑料经加温挤出而成，为半透明状。

⑤ 无孔导电膜。主要起电子导电作用，将一个单体电池的负极与下一个电池的正极连接起来，只允许电子通过而不允许离子透过，所以不允许膜上有任何微孔，故称为无孔导电膜。要求它导电性好，有一定的强度和韧性，与锌皮有较好的附着能力，对电液和 MnO_2 的化学稳定性高，组成和厚度均匀。无孔导电膜通常是采用压片法来制备的，一般使用橡胶或沥青加配位剂和导电物质经混炼使之混合均匀，再经压片、硫化处理而成。也可采用喷涂来制备，采用成膜物质加溶剂和导电物混合、喷涂烘干而成。

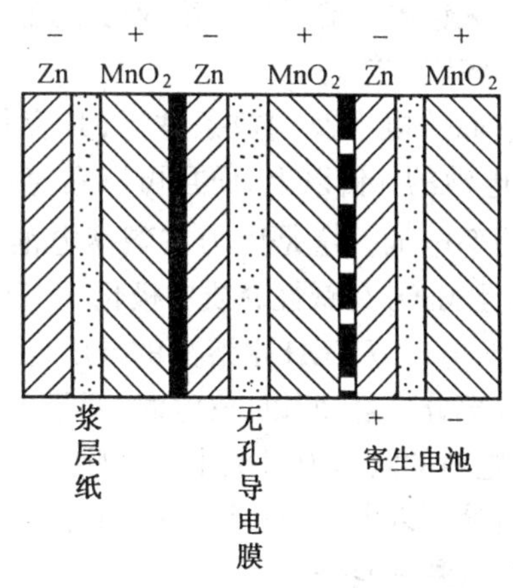

图 2.19 导电膜出现微孔时产生寄生电池的示意图

之所以要求导电膜无孔是因为：如果导电膜存在微孔，正极的电液有可能进入膜孔形成所谓“寄生”电池，如图 2.19 所示。

当导电膜两侧产生寄生电池时，由于寄生电池的正负极与整个电池组相反，这将使得整个电池组的开路电压降低。当叠层电池组工作时，将会使微孔中的电液发生电解，消耗电池的能量，所以导电膜必须无孔，在生产中应严格按工艺操作和认真检查来加以保证。

2.9 碱性 $Zn-MnO_2$ 电池

碱性 $Zn-MnO_2$ 电池（简称碱锰电池）的研究始于 1882 年，但在 20 世纪 60 年代才开始商品化，是在中性 $Zn-MnO_2$ 电池的基础上发展起来的。它是以多孔锌电极为负极，MnO_2 为正极、电解液为 KOH 的水溶液的碱 $Zn-MnO_2$ 电池。由于它的性能优异，价格不高，发展很快，已成为糊式电池，甚至为纸板电池的替代品。同时，从 60 年代开始对可充的碱性 $Zn-MnO_2$ 二次电池也开展了广泛的研究，经过几十年的研究已经取得突破性进展，目前已有商品进入市场。

2.9.1 碱锰电池的电池反应和特点

如 2.4 节所述，碱锰电池的表达式及电池反应如下。

电池的表达式为

$$(-)\ Zn \mid KOH \mid MnO_2(+)$$

放电时：

负极反应 $$Zn + 2OH^- \longrightarrow Zn(OH)_2 \rightleftharpoons ZnO + H_2O + 2e^- \tag{2.44}$$

正极反应 $$MnO_2 + H_2O + e^- \longrightarrow MnOOH + OH^- \tag{2.45}$$

电池反应 $$Zn + 2MnO_2 + H_2O \longrightarrow 2MnOOH + ZnO \tag{2.46}$$

负极反应生成的 ZnO 部分可溶于碱中生成锌酸盐，正极反应生成的水锰石通过 H^+ 向电极深处转移。从反应还可看出，碱锰电池反应时电解液 KOH 不消耗，只起离子导电作用，因此碱锰电池的电液用量可以较少，但反应中有水参加，电解液量也不能太少。

从碱锰电池的反应及组成可知，它具有以下特点：

1.放电性能好

在低放电率及间放条件下，其容量是中性 $Zn-MnO_2$ 电池的5倍以上，而且可以高速率连续放电，属于高功率电池。这是因为在碱锰电池中采用了电解锰，而且 MnO_2 在碱性介质中极化小，负极采用了多孔锌电极，电解液KOH水溶液的导电能力强，反应产物疏松且部分可溶，所以，放电时，两极的极化比中性电池小，电池的欧姆内阻也小。因此，与中性电池相比，碱锰电池可以大电流连续放电，而且容量高。

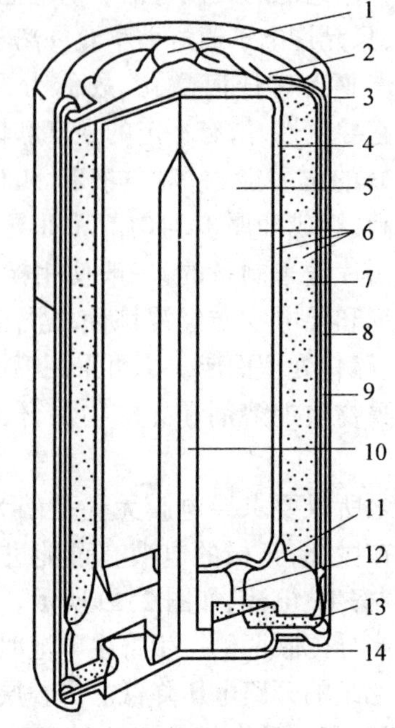

图2.20　圆筒形碱锰电池结构图

1—正极帽；2—绝缘垫圈；3—钢壳；4—隔离层；5—负极锌膏；6—电解质；7—MnO_2；8—正极集流器；9—塑料套管；10—负极集流器；11—塑料垫圈；12—排气孔；13—绝缘物；14—负极盖

2.低温性能好

碱锰电池在低温条件下的放电特性要优于中性 $Zn-MnO_2$ 电池，它可以在 -40℃的温度下工作，在 -20℃时可以放出21℃时容量的40%～50%。这是由于KOH水溶液的冰点低，两极的极化较小，而且负极采用了多孔锌电极，防止了锌电极的钝化。

碱锰电池目前的缺点是，若制造工艺及密封技术掌握不好时，易出现爬碱现象。另一个缺点是由于负极采用了多孔锌电极，使得自放电的量较大，因此，需要有强有力的防止自放电的措施来取代汞。

2.9.2　碱锰电池的结构

目前碱锰电池最为常见的是圆筒形，其外形尺寸与中性 $Zn-MnO_2$ 电池一样。圆筒形的有两种结构：一是反极式；二是卷绕式。卷绕式由于极板面积较大，主要用于高功率放电或低温放电的场合。此外，碱锰电池还有方形和纽扣式两种结构。图2.20和图2.21列出了圆筒形和扣式电池结构图。其中图2.20是最常见、生产量最大及应用最广泛的圆筒形结构的碱锰电池。

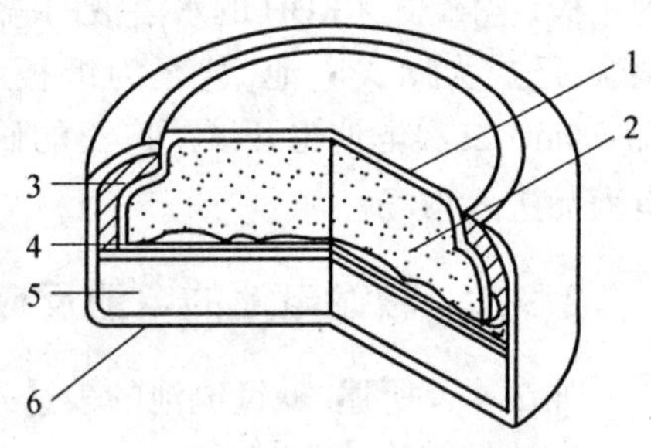

图2.21　纽扣式碱锰电池

1—钢盖；2—MnO_2 正极料粉；3—绝缘密封；4—吸碱隔离层；5—负极锌膏；6—钢壳

2.9.3　碱锰电池的制造

碱锰电池的结构有多种，我们主要介绍生产量最大、应用最多的圆筒形（反极式）碱锰电池的制造。

碱锰电池的制造可分为正极的制造、负极的制造、电液的配制、隔膜的选择、电池的装配等几个部分。

1.正极的制造

正极是以电解 MnO_2 和石墨所构成，石墨有胶体石墨、鳞片石墨和土状石墨。胶体石墨最好，含碳量高、颗粒细、比表面大。在碱锰电池中最适于用胶体石墨。在使用鳞片石墨时，由于其吸水性较差，需加入少量乙炔黑，但乙炔黑不可多加，否则会影响正极的装填密度，同时吸液后体积膨胀，易使电极变形。

此外，为了改善电极的性能，在正极料粉中可加入一些添加剂，如为了便于造粒成型，常加入少量的水泥纤维，增加料粉之间的黏合力；为了增加放电电流密度，可加入少量的碳纤维；为了制作薄极板，增加极板的柔软性和强度，可加入聚乙烯或聚四氟乙烯；为了提高放电性能可加入少量的 AgO 或 NiOOH，总之要根据需要来加以考虑和选择。为了节约成本和简化工序，原则上是在满足性能的前提下，尽量少加或不加添加剂。

一般正极料粉的锰碳比为 85:15~80:20。

正极的制造一般经过干混、湿混、压片、造粒、过筛、干燥、压制正极环等工序来完成。

正极料粉经过干混后，需要加调粉液进行湿混，调粉液可用 KOH 水溶液电解液，也可用 CMC 水溶液或蒸馏水。在使用蒸馏水时，应注意两点：一是正极装入电极前必须烘干，以利于电液注入后吸液快、吸液多，并保证正极电液均匀一致；二是电液注入后应停 15~30 min，才能对电池进行密封，目的是使电池内部的气体尽量逸出，减轻电池的气胀和爬碱。

湿混后正极料粉经过压片、造粒，湿料粉充分接触，提高密度，以减少电阻和提高装填量。造粒后要经过过筛、干燥，然后以混合均匀和处理后的正极料粉放在打环机中，用高压压制成环状形柱体。

由于碱锰电池的性能主要受 MnO_2 正极所控制，所以在设计时应使 MnO_2 过量，一般比负极过量 5%。

2.负极的制造

碱锰电池的负极采用锌粉制成。按制造方法不同，锌粉可分为蒸馏锌粉与电解锌粉。蒸馏锌粉呈球状，而电解锌粉呈树枝状。电解锌粉又分为电解汞齐化锌粉、酸性电解锌粉和碱性电解锌粉等。其中以碱性电解锌粉的比表面最大。近几年电解制备锌粉的新发展是把电解锌粉与电解制备 MnO_2 结合起来。阳极得到 MnO_2，阴极得到锌粉，从而实现节能的目的。

由于采用了以锌粉做成的多孔锌电极，比表面大，使得锌电极的自放电的量也较大，为了降低自放电，传统的方法是将锌粉汞齐化，同时电解液被 ZnO 所饱和。但随着对含汞电池的限制，必须采取其他措施来降低自放电。目前采用的方法有，采用含有氢的高过电势金属的合金锌粉，加入减小锌腐蚀的缓蚀剂等。同时必须严格控制原材料及电液中的杂质。

锌负极的制造主要是制成锌膏。目前是将锌粉用质量分数为 40% 的 ZnO 饱和的 KOH 水溶液溶解质量分数为 1% 的 CMC 作调粉液制成锌膏。配制好的锌膏要经过一定时间的存放，才能再装入电池。

3.电液的配制与隔膜的选择

碱锰电池的电液一般采用 KOH 水溶液。当质量分数为 30%~32% 时，电液在 -60℃ 时不会结冰，可以使电池具有良好的低温性能。从导电能力看，KOH 的质量分数在 28%~30% 范围内导电能力最高，但质量分数在这个范围内时电液对锌的腐蚀也最大，故一般采用质量分数为 40% 左右的 KOH 水溶液做电解液，同时为降低锌电极的自放电，电解液为 ZnO 所饱和。

碱锰电池对隔膜要求很高，隔膜质量的好坏对电池的电性能和储存性能有很大的影响。

它要求应具有抗氧化、耐碱、吸液量大、强度高，而且隔膜的孔径要适当，既能使离子顺利地通过，又能防止活性物质穿过而短路。目前还没有一种能完全满足全部要求的非常理想的隔膜。

4.电池的装配

对于圆筒形碱锰电池，外壳采用镀镍的钢壳，它同时又是正极的集流体。装配时将正极环压在钢壳的内壁上，使之与钢壳紧密接触，然后将隔膜套装入正极环的中间，注入锌膏，再将负极集流体插入。负极的集流体采用铜钉，铜钉与底盖焊接在一起，钢壳与盖之间用绝缘圈绝缘，最后经过密封等工序而制成。

2.9.4 可充性碱锰电池的原理

可充性碱锰电池的研究始于20世纪60年代，它是在一次碱锰电池的基础上发展起来的，经过20多年的研究，到了80年代末期开始有碱锰二次电池的商品问世，但是仍然有一些理论问题和生产工艺问题有待于解决。所制造的电池的性能并不理想，如不能深放电、循环寿命短，当电池放出容量的30%以内时，循环寿命可达30~50次或更多一些，但放电深度超过其容量的30%以上时，循环寿命迅速下降。由于在碱性介质中，Zn电极的可逆性较好，因此，碱锰电池的可充性问题关键在于MnO_2电极的可逆性。

按照目前大多数人公认的MnO_2的反应机理，其放电反应可分为两步进行：

第一步

$$MnO_2 + H_2O + e^- \longrightarrow MnOOH + OH^- \tag{2.47}$$

第二步

$$MnOOH + H_2O + e^- \longrightarrow Mn(OH)_2 + OH^- \tag{2.48}$$

第一步即式(2.47)也称为一电子反应，第二步即式(2.48)称为二电子反应。一般认为，一电子步骤即式(2.47)是可逆的，在这一步中生成的MnOOH是在MnO_2的晶格中生成的，仍然保持MnO_2晶格不变，可以把这一步看做是均相反应。前面所讨论的一次Zn - MnO_2电池的反应主要是这一步。当反应进入第二步，MnOOH进一步得到一个电子生成$Mn(OH)_2$时，由于反应有$Mn(OH)_2$新相生成，故式(2.48)为非均相反应，其氧化态MnOOH与还原态$Mn(OH)_2$是分属两个固相的，这一段是相当于$MnO_{1.5}$还原变到$MnO_{1.0}$，$Mn(OH)_2$的生成使原晶格因膨胀受到破坏，电极失去可逆性。因此碱锰可充电池主要在式(2.47)这一步进行，而且放电深度不能大。

事实上，人们发现，当第一步反应还没有进行完时，MnO_2电极就已失去了可逆性。有人认为，这是因为在一定条件下在式(2.47)反应中，由于H^+离子进入MnO_2晶格，使晶格发生了膨胀，当式(2.47)反应还没有结束，晶格结构就已经被破坏，反应提前进入了第二步即式(2.48)，使之失去了可逆性。

为了提高MnO_2的可逆性，近几十年来，有关MnO_2改性的研究十分活跃，已经取得了令人鼓舞的成果。其主要方法是将某些金属氧化物或氢氧化物加入电解MnO_2中去。加入的方法有化学法、物理法及电化学法。通过研究已发现，可提高MnO_2的可逆性的物质有TiO_2、TiS_2、Bi_2O_3、PbO、PbO_2、$Ni(OH)_2$、$Co(OH)_2$等。这些添加剂的作用有的可能是在充放电过程中参与了反应，从而改变了反应的途径，而有的则可能是起着稳定二氧化锰晶格的作用,或者改变了电极的表面性质。这些改性的目的主要是将反应控制在一电子步骤。不过也有资料报道,对 MnO_2 的改性已经做到了即使反应进行到第二步,也能具有一定的可逆性。为了开拓可充性碱锰电池的性能,近年来,国内外对纳米活性材料的研究也引起了广泛的注意。

尽管可充碱锰电池经过几十年的研究,国内外仍没有完全解决固有的矛盾,但由于其原材料来源丰富,价格便宜,又能多次使用,不仅节约资源,而且可以减小废弃造成的污染,因此,仍然吸引着人们去进行深入的研究,目前已有产品达到实用的水平。今后需要进一步寻找效果更好的改性添加剂,进一步提高 MnO_2 的可逆性,同时从电池的设计、电极的结构、材料、工艺等诸方面来提高其性能,使之不断地完善,可望碱锰二次电池有美好的发展前景。

第3章　铅酸蓄电池

3.1 概　述

3.1.1 铅酸蓄电池的组成、用途及发展

铅酸蓄电池的正极活性物质是 PbO_2,负极活性物质是海绵状 Pb,电解液是 H_2SO_4 水溶液。在电化学中该体系表示为

$$(-)\ Pb\ |\ H_2SO_4\ |\ PbO_2\ (+)$$

该电池放电时,把储存的化学能直接转换为电能。正极 PbO_2 和负极 Pb 分别被还原和氧化为 $PbSO_4$。铅酸蓄电池的标称电压是 2 V,理论上放出 1 A·h 时的电量需要正极活性物质 $PbO_2$4.45 g、负极活性物质 Pb 3.87 g、H_2SO_4 3.66 g。如此计算铅酸电池的理论比能量为 166.9 W·h/kg,实际比能量为 35 ~ 45 W·h/kg。

铅酸蓄电池之所以称为蓄电池(或二次电池),是因为在放电过程中生成的 $PbSO_4$ 可借助于通反向电流的方法,使正极重新氧化为 PbO_2,负极还原为 Pb。此过程是一个把电能转换为化学能的过程。实际上一个可逆的电池体系,只有满足下列条件时,才可以作为蓄电池,即:

① 只能采用一种电解质溶液;

② 电池放电时固体产物难溶解于电解液中。正是由于这些原因,现在得到实际应用的只有有限的一些体系。

构成铅酸蓄电池的主要部件是上述的正负极和电解液,此外还包括隔板、电池槽和一些必要的零部件。正负极活性物质是分别固定在各自的板栅上,活性物质加板栅组成正极或负极。板栅在电池中虽不参加成流反应,但是对电池的主要性能如容量、寿命、比功率等都有很大的影响。一个单体铅酸蓄电池的电压为 2.0 V。为了满足一些用途的需要,也可以将几个单体电池装配在同一个电池槽中。只是该电池槽是由几个彼此互不相通的小槽构成,每个单体电池分别置于各个小槽中,通过串联组成电池组。电池组的电压是串联电池的个数乘 2,单位是 V。

铅酸蓄电池主要有以下几方面的用途:

① 启动用铅酸蓄电池,除了供内燃机点火外,主要通过驱动启动电机来驱动内燃机。启动时电流通常为 150 ~ 500 A,而且要求能够在低温时使用。为各种汽车、拖拉机、火车及船用内燃机配套。

② 固定型铅酸蓄电池广泛用于发电厂、变电所、电话局、医院和实验室等场所,作为开关操作、自动控制、通信设备、公共建筑物等的事故照明备用电源和发电厂储能。对这类电池的特殊要求是寿命要长,一般为 15 ~ 20 年。

③ 蓄电池车用电池。用铅酸蓄电池驱动车辆的优点是启动方便、噪声小、无废气排放、

不污染周围环境。维护费用比同类型内燃机车所需的低,常用于各种叉车、铲车、矿用电机车、码头起重车。铅酸蓄电池还可作为潜艇的动力电源。近年来采用铅酸蓄电池驱动的电动汽车的研究也不少。

④ 便携设备及其他设备用铅酸蓄电池,常用作照明灯和便携仪器设备的电源。

铅酸蓄电池自 1860 年问世以来,经历了一系列的技术改进和发展,例如,涂膏式极板、铅锑板栅合金、管状电极、铅钙板栅合金、胶体电解液及阀控密封铅酸蓄电池,使其越来越完善,应用越来越广泛。例如,启动型铅酸蓄电池能以 3 ~ 5C 甚至更高倍率的电流放电,而且温度特性良好,可以在 - 40 ~ + 60℃的环境下工作。固定型铅酸蓄电池的寿命可以高达 10 年以上。由于铅酸蓄电池优良的性能、低廉的价格和容易回收(不至于将大量的铅及其化合物抛弃而污染环境)的特点,人们一直十分关注它的发展。普遍认为它还会继续发展,以满足人类不断增长的需求。技术上的发展趋势有如下几个方面:

① 要求蓄电池必须是免维护型的,更便于使用;

② 进一步提高电池的比能量;

③ 进一步提高电池的比功率;

④ 进一步提高电池的循环寿命。

3.1.2　铅酸蓄电池的优缺点

1.铅酸蓄电池的优点

① 原料易得,价格相对低廉;

② 高倍率放电性能良好;

③ 温度性能良好,可以在 - 40 ~ + 60℃的环境下工作;

④ 适合于浮充电使用,使用寿命长,无记忆效应;

⑤ 废旧电池容易回收,有利于保护生态环境。

2.铅酸蓄电池的缺点

① 比能量低,一般为 30 ~ 40 W·h/kg;

② 使用寿命不及 Cd - Ni 电池;

③ 制造过程容易污染环境,必须配备三废处理设备。

3.1.3　铅酸蓄电池的分类

铅酸蓄电池可以有多种分类方法。按用途来分类,前面已经介绍,不再重复;按电极结构来分类,有管状电极铅酸蓄电池和涂膏式电极铅酸蓄电池;按电池结构分类,有富液铅酸蓄电池、胶态电解液铅酸蓄电池和阀控密封铅酸蓄电池。

3.2　铅酸蓄电池的热力学基础

3.2.1　电池反应、电动势及电极电势

对于铅酸蓄电池在放电和充电时电极反应的描述,可根据双极硫酸盐化理论,其化学反应方程式为

$$Pb + PbO_2 + 2H_2SO_4 \rightleftharpoons 2PbSO_4 + 2H_2O \tag{3.1}$$

该方程式是双极硫酸盐化理论的基础，是格拉斯通和查依伯在1882年提出来的。该理论认为，已充电的铅酸蓄电池正极活性物质是PbO_2，负极活性物质是海绵状Pb。放电后两极活性物质均转化为$PbSO_4$。

此理论的建立是以实验观测为依据的。实验中发现，电解液在放电时密度下降，而在充电过程中又回升。溶液中硫酸含量的变化与通过的电量成正比。对放电前后活性物质的物相进行分析，以及后来对电解液浓度的变化进行精确测定，完全证实了(3.1)化学反应方程式的正确性。

在铅酸蓄电池中采用密度为1.20～1.30(15℃)H_2SO_4水溶液。H_2SO_4是强电解质，而且是二元酸。在上述浓度范围内，硫酸完全电离为氢离子(H^+)和酸式硫酸根离子(HSO_4^-)。

又因为

$$HSO_4^- \rightleftharpoons H^+ + SO_4^- \qquad K_2 = 1.2 \times 10^{-2}$$

K_2是电离平衡常数，也可写成$K(HSO_4^-)$

$$K_2 = \frac{c(SO_4^{2-})\,c(H^+)}{c(HSO_4^-)}$$

$$\frac{c(SO_4^{2-})}{c(HSO_4^-)} = \lg(1.2 \times 10^{-2}) - \lg c(H^+) = -1.92 + pH$$

当$pH = 1.92$时，$c(SO_4^{2-}) = c(HSO_4^-)$；

当$pH < 1.92$时，$c(SO_4^{2-}) < c(HSO_4^-)$。

在铅酸蓄电池中，电解液是强酸性的($pH \ll 1.92$)，所以

$$c(SO_4^{2-}) \ll c(HSO_4^-)$$

这就证明了电解液中存在的离子绝大部分是H^+和HSO_4^-。

综上所述，在电池充放电时，两极上进行的反应可以用下列方程式描述

负极 $$Pb + HSO_4^- - 2e^- \rightleftharpoons PbSO_4 + H^+ \tag{3.2}$$

正极 $$PbO_2 + 3H^+ + HSO_4^- + 2e^- \rightleftharpoons PbSO_4 + 2H_2O \tag{3.3}$$

根据式(3.2)，可得负极的平衡电极电势

$$\varphi_a = \varphi^{\ominus} + \frac{RT}{2F}\ln\frac{a(H^+)}{a(HSO_4^-)} \qquad \varphi^{\ominus} = -0.300\ V \tag{3.4}$$

根据式(3.3)，可得正极的平衡电极电势

$$\varphi_a = \varphi^{\ominus} + \frac{RT}{2F}\ln\frac{a^3(H^+)\cdot a(HSO_4^-)}{a^2(H_2O)} \qquad \varphi^{\ominus} = 1.655\ V \tag{3.5}$$

式(3.5)中的$\varphi^{\ominus}$值和PbO_2的晶体结构有关。PbO_2有$\alpha - PbO_2$和$\beta - PbO_2$两种结晶变体，通常得到的$\varphi^{\ominus}$是$\varphi_{\alpha}^{\ominus}$和$\varphi_{\beta}^{\ominus}$的算数平均值。

以方程式(3.3)为基础的二氧化铅电极的热力学数据是假设PbO_2的组成正好与PbO_2的化学式相符。但是许多实验数据表明，这种化合物的实际组成与化学式表示的组成有明显差别，而且在很大程度上取决于结晶变体的制造方法及温度和所接触的溶液组成。对很多PbO_2试样进行分析，结果表明试样分子中的元素比例不符合整数比，即PbO_n，$n < 2$，例如$PbO_{1.98}$。

因此,假设 PbO_2 组成固定并且准确符合化学式 PbO_2,这样建立的二氧化铅电极的热力学数据只是理论值。

应该注意到,上述被测定的氧化物是没有与 $PbSO_4$ 和 H_2SO_4 溶液接触的纯制品,即不是处在热力学平衡状态下的二氧化铅电极。可以推测,在 H_2SO_4 溶液中,当 PbO_2 与 $PbSO_4$ 平衡时,PbO_2 中的铅原子数与氧原子数的比还应该是与之平衡的溶液组成的函数。

必须指出,在 H_2SO_4 溶液中,与 $PbSO_4$ 处于平衡的二氧化铅电极的组成与化学式表示的组成差别不大,对于了解铅酸蓄电池中成流过程的基本形式没有本质的改变,因此采用热力学数据的近似值是可行的。

将(3.2)、(3.3)二式相加,即得式(3.1),将(3.5)、(3.4)二式相减,就等于电池的电动势,即

$$E = \varphi^{\ominus}(PbO_2/PbSO_4) - \varphi^{\ominus}(PbSO_4/Pb) + \frac{RT}{2F}\ln\frac{[a(H^+)^3]\cdot a(HSO_4^-)}{a^2(H_2O)} - \frac{RT}{2F}\ln\frac{a(H^+)}{a(HSO_4^-)} =$$

$$\varphi^{\ominus}(PO_2/PbSO_4) - \varphi^{\ominus}(PbSO_4/Pb) + \frac{RT}{F}\ln\frac{a(H_2SO_4)}{a(H_2O)} \tag{3.6}$$

由式(3.6)可以看出,除了影响 $\varphi^{\ominus}(PO_2/PbSO_4)$ 和 $\varphi^{\ominus}(PbSO_4/Pb)$ 的一些因素影响电动势之外,电池的电动势随硫酸活度的增加而增大。表 3.1 列举了不同硫酸浓度时电动势的实测值。

铅酸蓄电池的电动势 E 与电池反应的热焓变化(ΔH)之间的关系可用吉布斯－亥姆霍兹方程式表示

$$E = -\frac{k\Delta H}{nF} + T\left(\frac{\partial E}{\partial T}\right)_p$$

式中　k——热功当量(4.184);

$\left(\frac{\partial E}{\partial T}\right)_p$——电池的温度系数。

表 3.1 也列举了实测的温度系数。其数值为正,说明电池以无限慢的速度放电时,不仅将反应的热效应全部转换为电功,而且还可以从电池周围的环境中吸取热量变成电功。

由于正负极的稳定电势接近于它们的平衡电极电势,所以电池的开路电压与电池的电动势接近。

表 3.1　铅酸蓄电池的热力学数据(实验测定值)

硫酸密度(25℃)	$w(H_2SO_4)/\%$	电动势/V	$(\partial E/\partial T)/(mV\cdot ℃^{-1})$
1.020	3.05	1.855	-0.06
1.050	7.44	1.905	+0.11
1.100	14.72	1.962	+0.30
1.150	21.38	2.005	+0.33
1.200	27.68	2.050	+0.30
1.250	33.80	2.098	+0.24
1.300	39.70	2.134	+0.18

3.2.2 铅硫酸水溶液的电极电势 - pH 图

为了搞清楚铅酸蓄电池中电极过程的热力学实质以及铅酸蓄电池生产过程中发生变化的热力学实质,对铅硫酸水溶液体系中可能发生的反应做热力学研究是很有意义的。电势 - pH 图就是这种研究的结果。这里引用的是含有硫酸根离子总活度($a(SO_4^{2-})+a(HSO_4^-)$)等于 1 mol/L 水溶液中的电势 - pH 图(图 3.1),图中的横坐标是 pH 值,纵坐标是相对于标准氢电极的电极电势值。所谓电势 - pH 图是表示两种物质之间互相转换(氧化还原或其他转换)达到平衡时的电势与溶液 pH 值的关系。如果两种物质互相转换的反应不涉及电子的转移,即不是氧化态与还原态之间的转换,其平衡与电势无关,只与 pH 值有关,则在电势 - pH 图上就是一条垂直线段,相对于一定的 pH 值。如果一个氧化还原反应的平衡不受 pH 值影响,只决定于某一电势值,则这种关系就是一条对应于该电势值的水平线段。铅酸蓄电池中的氧化还原反应常有氢离子参加,例如反应式(3.2)、(3.3)等,这些氧化还原体系达到平衡时的电势与 pH 值有关系,反映在平衡电极电势方程式中有一个 pH 项,因比电势 - pH 图就是表示这些方程式的直线段,表示各个氧化还原体系达到平衡时的电势值和相对应的溶液的 pH 值。

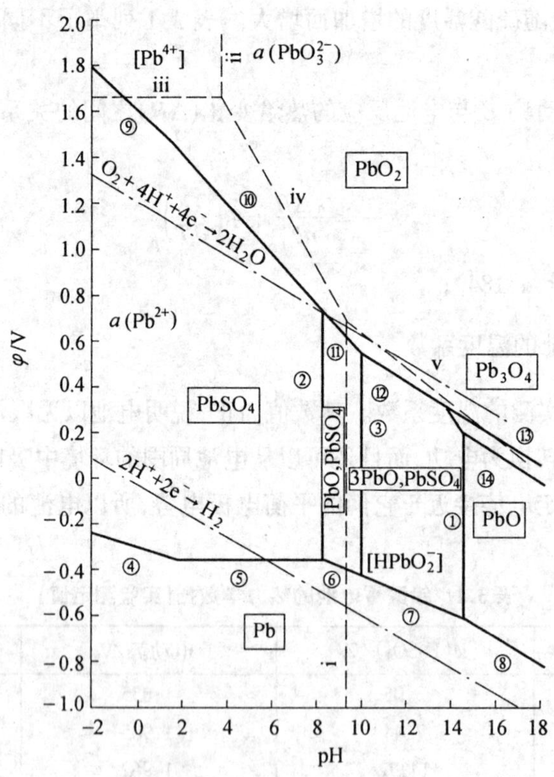

图 3.1 铅在硫酸根离子总物质的量浓度为 1 mol/L 溶液中的电势 - pH 图(25℃)

现将有关的反应(在 25℃)及相应的方程式叙述如下。

水的反应

$2H^+ + 2e^- \longrightarrow H_2$　　$\varphi = 0.059\ pH - 0.029\ 5\ \lg p(H_2)$

$O_2 + 4H^+ + 4e^- \longrightarrow 2H_2O$　　$\varphi = 1.229 - 0.059\ pH + 0.014\ 7\ \lg p(O_2)$

硫酸根和酸式硫酸根离子的反应

$$SO_4^{2-} + H^+ \longrightarrow HSO_4^- \qquad \lg \frac{a(SO_4^{2-})}{a(HSO_4^-)} = -1.92 + pH$$

未被氧化的可溶性铅离子的反应

i $Pb^{2+} + 2H_2O = HPbO_2^- + 3H^+$　　$\lg \frac{a(HPbO_2^-)}{a(Pb^{2+})} = -28.0 + 3pH$

当$\frac{a(HPbO_2^-)}{a(Pb^{2+})} = 1$时，$pH = 9.34$。

ii $Pb^{4+} + 3H_2O \rightleftharpoons PbO_3^{2-} + 6H^+$　　$\lg \frac{a(PbO_3^{2-})}{a(Pb^{4+})} = -23.06 + 6pH$

当$\frac{a(PbO_3^{2-})}{a(Pb^{4+})} = 1$时，$pH = 3.84$。

被氧化的可溶性铅离子的反应

iii $Pb^{2+} - 2e^- \rightleftharpoons Pb^{4+}$　　$\varphi = 1.694 + 0.029\ 5\ \lg \frac{a(Pb^{4+})}{a(Pb^{2+})}$

当$\frac{a(Pb^{4+})}{a(Pb^{2+})} = 1$时，$\varphi = 1.694$。

iv $Pb^{2+} + 2H_2O \rightleftharpoons PbO_3^{2-} + 6H^+ + 2e^-$

$\varphi = 2.375 - 0.177\ 1\ pH + 0.029\ 5\ \lg \frac{a(PbO_3^{2-})}{a(Pb^{2+})}$

当$\frac{a(PbO_3^{2-})}{a(Pb^{2+})} = 1$时，$\varphi = 2.375 - 0.177\ 1\ pH$。

v $HPbO_2^- + H_2O \rightleftharpoons PbO_3^{2-} + 3H^+ + 2e^-$

$\varphi = 1.547 - 0.088\ 6\ pH + 0.029\ 5\ \lg \frac{a(PbO_3^{2-})}{a(HPbO_2^-)}$

当$\frac{a(PbO_3^{2-})}{a(HPb_2^-)} = 1$时，$\varphi = 1.547 - 0.088\ 6\ pH$。

没有氧化的两相稳定区域的界限

① $4PbO + SO_4^{2-} + 2H^+ \rightleftharpoons 3PbO \cdot PbSO_4 \cdot H_2O$　$pH = 14.6 + \frac{1}{2} \lg a(SO_4^{2-})$

② $PbO \cdot PbSO_4 + SO_4^{2-} + 2H^+ \rightleftharpoons 2PbSO_4 + H_2O$　$pH = 8.4 + \frac{1}{2} \lg a(SO_4^{2-})$

③ $3PbO \cdot PbSO_4 \cdot H_2O + SO_4^{2-} + 2H^+ \rightleftharpoons 2(PbO \cdot PbSO_4) + 2H_2O$

$pH = 9.6 + \frac{1}{2} \lg a(SO_4^{2-})$

有氧化的两相稳定区域界线

④ $PbSO_4 + H^+ + 2e^- \rightleftharpoons Pb + HSO_4^-$　　$\varphi = -0.300 - 0.029\ 5pH - 0.029\ 5\ \lg a(HSO_4^-)$

⑤ $PbSO_4 + 2e^- \rightleftharpoons Pb + SO_4^{2-}$　　$\varphi = -0.356 - 0.029\ 5\lg a(SO_4^{2-})$

⑥ $PbO \cdot PbSO_4 + 4e^- + 2H^+ \rightleftharpoons 2Pb + SO_4^{2-} + H_2O$

$\varphi = -0.113 - 0.029\ 5pH - 0.014\ 8\lg a(SO_4^{2-})$

⑦ $3PbO \cdot PbSO_4 \cdot H_2O + 6H^+ + 8e^- \rightleftharpoons 4Pb + SO_4^{2-} + 4H_2O$

$\varphi = -0.030 - 0.044pH - 0.007\ 4\lg a(SO_4^{2-})$

⑧ $PbO + 2H^+ + 2e^- \rightleftharpoons Pb + H_2O$　$\varphi = 0.248 - 0.059\ 1pH$

⑨ $PbO_2 + HSO_4^- + 3H^+ + 2e^- \rightleftharpoons PbSO_4 + 2H_2O$

$\varphi = 1.655 - 0.088\ 6pH + 0.029\ 5\lg a(HSO_4^-)$

⑩ $PbO_2 + SO_4^{2-} + 4H^+ + 4e^- \rightleftharpoons PbSO_4 + 2H_2O$

$\varphi = 1.712 - 0.118\ 2pH + 0.025\ 9\lg a(SO_4^{2-})$

⑪ $2PbO_2 + SO_4^{2-} + 4H^+ + 4e^- \rightleftharpoons PbO \cdot PbSO_4 + 3H_2O$

$\varphi = 1.468 - 0.088\ 6pH + 0.014\ 8\lg a(SO_4^{2-})$

⑫ $4PbO_2 + SO_4^{2-} + 10H^+ + 8e^- \rightleftharpoons 3PbO \cdot PbSO_4 \cdot H_2O + 4H_2O$

$\varphi = 1.325 - 0.073\ 9pH + 0.007\ 4\lg a(SO_4^{2-})$

⑬ $3PbO_2 + 4H^+ + 4e^- \rightleftharpoons Pb_3O_4 + 2H_2O$　　$\varphi = 1.122 - 0.059\ 1pH$

⑭ $Pb_3O_4 + 2H^+ 2e^- \rightleftharpoons 3PbO + H_2O$　　$\varphi = 1.076 - 0.059\ 1pH$

⑮ $4Pb_3O_4 + 3SO_4^{2-} + 14H^+ + 8e^- \rightleftharpoons 3(3PbO \cdot PbSO_4 \cdot H_2O) + 4H_2O$

$\varphi = 1.730 - 0.103\ 4pH + 0.007\ 4\lg a(SO_4^{2-})$

图 3.1 中，两固相的平衡线用实线表示，各种可溶性铅离子占优势的区域用虚线分开。

3.2.3　电极衡算

铅酸蓄电池工作时除了外线路有电流流过外，电极上还发生电化学反应。因为 H_2SO_4 参加电化学反应，所以电极表面附近酸的浓度是会改变的。与此同时，溶液中发生离子的电迁移，它也会改变电极表面附近酸的浓度。如果我们忽略对流的作用，可计算正负极附近酸浓度改变的规律。

现以放电时电池中通过 $4F$（F 为法拉第常数），电量为例来看正极区和负极区的电极衡算。通过(3.2)、(3.3)两式可知，当通过 $4F$ 电量时，在负极区：固相（Pb 电极）消耗了 2 mol 的 Pb，生成 2 mol 的 $PbSO_4$，液相消耗了 2 mol 的酸式硫酸根，生成 2 mol 的 H^+。与此同时，在正极区：固相（PbO_2 电极）消耗 2 mol 的 PbO_2，生成 2 mol 的 $PbSO_4$。在液相消耗 6 mol 的 H^+ 和2 mol的 HSO_4^-（酸式硫酸根离子），同时生成 4 mol 的 H_2O。上面叙述的是由于电极反应给正负极区造成的物料变化。下面再分析由于电迁移造成的影响。在 H_2SO_4 溶液中参加导电的离子主要有 H^+ 和 HSO_4^-。在 H_2SO_4 溶液中 H^+ 的迁移数示于表 3.2 中。

表 3.2　H_2SO_4 溶液中氢离子的迁移数

温度/℃ \ $c(H^+)/(mol \cdot L^{-1})$	0.25	0.5	1.0	1.5	2.5
15	0.824	0.818	0.803	0.788	0.756
25	0.815	0.808	0.793	0.776	0.744
35	0.801	0.793	0.779	0.762	0.733
60	0.764	0.755	0.737	0.720	0.689

如果近似地取 H^+ 的迁移数为 0.75，则 HSO_4^- 的迁移数是 0.25。当通过 $4F$ 电量时，在负极区迁出 3 mol 的 H^+，而迁入 1 mol HSO_4^-。与此同时，在正极区迁入 3 mol 的 H^+ 而迁出 1 mol的 HSO_4^-。将上面的物料变化量列表并计算结果，示于表 3.3 中。

表 3.3　铅酸蓄电池放电 4 F 时正负极区的电极衡算

	正极区			负极区	
	固相	液相		液相	固相
电极反应	$-2PbO_2$ $+2PbSO_4$	$-6H^+$ $-2HSO_4^-$ $+4H_2O$		$-2HSO_4^-$ $+2H^+$	$-2Pb$ $+2PbSO_4$
电迁移		$+3H^+$ $-HSO_4^-$		$-3H^+$ $+HSO_4^-$	
结果	$-2PbO_2$ $+2PbSO_4$	$-3H_2SO_4$ $+4H_2O$		$-H_2SO_4$	$-2Pb$ $+2PbSO_4$

从以上计算可看出，在放电时通过 4 F 电量共消耗 4 mol 的 H_2SO_4，生成 4 mol 的水；正极区 H_2SO_4 浓度变化（下降）比较大，而负极区硫酸浓度变化就比较小。充电时上述规律不变，仍然是正极区硫酸浓度变化大，只不过是浓度增大。

3.2.4　铅酸蓄电池正常工作的条件

按式(3.1)和式(3.2)表述的负极和正极反应能可逆进行，是铅酸蓄电池正常工作的必要条件。但是要充分保证铅酸蓄电池正常工作，如下几个条件也是必不可少的。

① 由电势－pH 图可知，析出氧气的反应与 $PbSO_4$ 氧化为 PbO_2 的反应相比，从热力学角度出发优先进行的过程是氧气的析出而不是 $PbSO_4$ 的氧化。实际中，$PbSO_4$ 能够顺利地被氧化是因为 O_2 在 PbO_2 上析出具有高的过电势值。同样 H^+ 在 Pb 上析出的过电势也高。H_2、O_2 在电极上析出具有较高的过电势才有可能使电池正常充电。

② 放电产物 $PbSO_4$ 在 H_2SO_4 水溶液中的溶解度低。$PbSO_4$ 在 H_2SO_4 水溶液中的溶解度随 H_2SO_4 浓度变化的关系示于图 3.2。$PbSO_4$ 在 H_2SO_4 水溶液中的溶解度低，保证了电池在循环过程中极板不变形，有效地延长了电池的循环寿命。

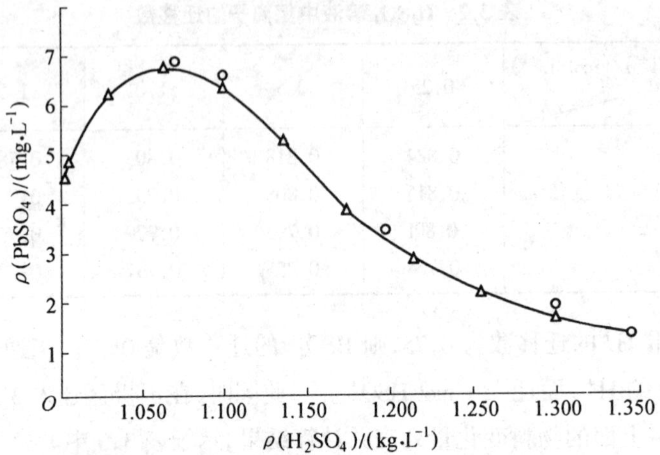

图 3.2 $PbSO_4$ 在 H_2SO_4 水溶液中的溶解度(25℃)

3.3 二氧化铅正极

铅酸蓄电池正极是由活性物质 PbO_2 和板栅两部分组成的。铅酸蓄电池正极活性物质 PbO_2 是疏松的多孔体,需要把它固定在载体上。通常用 Pb 合金铸造成的栅栏片状物体作载体,使活性物质固定在其中。该载体称为板栅。板栅除了做载体外,它的几何形状对固定活性物质、均匀分布电流有很大的影响。

3.3.1 活性物质 PbO_2

1.电极反应

铅酸蓄电池正极充放电时进行的反应如方程式(3.3)所示。这个方程式只给出铅酸蓄电池正极充电和放电时的反应物和产物,并没有给出反应的历程。关于反应历程的解释目前有两种观点:一种是液相反应机理,另一种是固相反应机理。这里只介绍液相反应机理。该机理认为氧化还原反应发生在电极与溶液的界面上,并把通过溶液中的 Pb^{2+} 进行氧化还原反应作为中间步骤。放电时,PbO_2 晶体中的四价铅接受由外线路传递来的电子,还原为 Pb^{2+} 同时转入溶液,遇有 HSO_4^-,达到 $PbSO_4$ 的溶度积后结晶为 $PbSO_4$,固体存留在 PbO_2 多孔体的孔隙中;PbO_2 晶体中的 O^{2-} 与溶液中的 H^+ 化合成水。随着放电的进行,不断生成 $PbSO_4$ 的晶体和水。充电时,溶液中的 Pb^{2+} 在电极上被氧化为 Pb^{4+},将电子传给外线路,同时溶液中的 H_2O 将 H^+ 留在溶液中,O^{2-} 和 Pb^{4+} 进入 PbO_2 的晶格。由于溶液中 Pb^{2+} 不断地被消耗,于是 $PbSO_4$ 不断溶解,Pb^{2+} 的氧化过程得以连续进行。

$PbSO_4$ 在硫酸水溶液中的溶解度很低。在使用的硫酸水溶液中仅有 1 μmol/L Pb^{2+},这样低的离子浓度,似乎难以提供充电时尤其是高倍率充电所需的离子。Vetter 认为,由于粉体多孔电极高度发达的比表面积,在高倍率充电时,其电流密度也只有 10 ~ 100 $\mu A/cm^2$,不会由于 Pb^{2+} 的消耗而出现极限电流。

由液相机理可以看出,$PbSO_4$ 溶解度的大小、溶解速度的快慢和其结晶过程与电极的性能密切相关。

关于液相反应机理,具体的反应历程还有其他不同的说法。由于不够成熟,此处不再一一介绍。

从液相反应机理和实验现象出发,认为正极在充放电循环中的结晶过程是:放过电的正极总有未还原的 PbO_2(通常 PbO_2 的利用率在50%左右)被 $PbSO_4$ 结晶所包围。充电时,这些剩余 PbO_2 便起到晶核的作用。生成的 PbO_2 首先在这些剩余的 PbO_2 上生长(PbO_2 晶种形成的过电势值是大的。如果没有这些剩余 PbO_2 微粒,开始充电会有较大的过电势值)。随着充电的进行,$PbSO_4$ 不断减少,而 PbO_2 却不断增多。因为相同摩尔质量的 $PbSO_4$ 体积大于 PbO_2 的体积,所以随着充电的进行,活物质的孔率在变大。继续充电时,被 PbO_2 包围的 $PbSO_4$ 消失,因而在 PbO_2 粒子周围形成微孔。但这些 PbO_2 粒子不是孤立的,而是互相联系成网络,微孔也互相连通。

继续分析放电过程。放电时,PbO_2 溶解并生成 $PbSO_4$。$PbSO_4$ 首先在 PbO_2 晶面的某些位置上(如缺陷、棱角等)形成晶核,并生长成比较大的 $PbSO_4$ 结晶,此时不生成 $PbSO_4$ 钝化层。PbO_2 溶解后,原来未参加成流反应的剩余 PbO_2 网络被显露出来,它周围充满了 $PbSO_4$ 晶粒。

充电时 $PbSO_4$ 氧化形成 PbO_2。$PbSO_4$ 的量越少,电极电势就越大。当电极电势正移到一定值时,氧就开始析出。随后的充电过程是 $PbSO_4$ 的氧化与氧的析出同时进行,直至 $PbSO_4$ 完全转化为 PbO_2,从而电量不能100%被有效利用。一般充电电量为放电电量的120% ~ 140%。

在酸性介质中析氧反应为水分子放电

$$2H_2O \longrightarrow O_2\uparrow + 4H^+ + 4e^-$$

充电时,在 PbO_2 电极上析氧速度与氧在该电极上析出过电势有关。有诸多因素影响析氧过电势,主要是电极材料、温度、溶液组成、硫酸浓度和电流密度等。目前已经确认,氧在 $\alpha-PbO_2$ 和 $\beta-PbO_2$ 上析出的过电势不同。在 $\beta-PbO_2$ 上析出具有较高的过电势。随着温度的增加,氧析出过电势降低,温度每增加10℃,析氧过电势降低大约30 ~ 33 mV。硫酸浓度增加时,氧的析出过电势略有增加。板栅合金的组成和电解液中的各种离子也都影响氧析出的过电势。

2. PbO_2 的结晶变体及其特性

PbO_2 有两种结晶变体:一种是 $\alpha-PbO_2$;一种是 $\beta-PbO_2$。$\alpha-PbO_2$ 是斜方晶系,为铌铁矿型,其晶轴为:$a = 4.938$ nm, $b = 5.939$ nm, $c = 5.486$ nm;$\beta-PbO_2$ 是正方晶系,为金红石型,其晶轴为:$a = 4.925$ nm, $c = 3.378$ nm。$\alpha-PbO_2$ 和 $\beta-PbO_2$ 均为八面体密集,Pb^{4+} 居于八面体中心。$\alpha-PbO_2$ 为 Z 形排列,$\beta-PbO_2$ 为线性排列,如图3.3所示。$\alpha-PbO_2$ 形成于弱酸性及碱性溶液中,pH值大致在2 ~ 3以上,$\beta-PbO_2$ 形成于强酸性溶液,pH值在2 ~ 3以下。$\alpha-PbO_2$ 是斜方晶系,$\beta-PbO_2$ 是正方晶系,$\alpha-PbO_2$ 和 $\beta-PbO_2$ 两者相比,$\beta-PbO_2$ 更稳定些。所以在电池循环过程中有 $\alpha-PbO_2 \rightarrow \beta-PbO_2$ 的过程。新制备的正极中 $\beta-PbO_2$ 含量低,使用一段时间后 $\beta-PbO_2$ 的含量逐渐变高了。但是,单位质量的活性物质,$\beta-PbO_2$ 给出的容量超过 $\alpha-PbO_2$ 给出的容量,一般认为超过1.5 ~ 3.0倍。其原因可能是:

① $\beta-PbO_2$ 的真实表面积大,物质利用率高。

② 放电过程中在 $\alpha-PbO_2$ 表面上生成致密的 $PbSO_4$ 层,降低了活性物质利用率;而在

$\beta-PbO_2$上则生成较疏松的 $PbSO_4$ 层,这是因为 $\alpha-PbO_2$ 和 $PbSO_4$ 都是斜方晶系,生成 $PbSO_4$ 晶种比较容易所致。

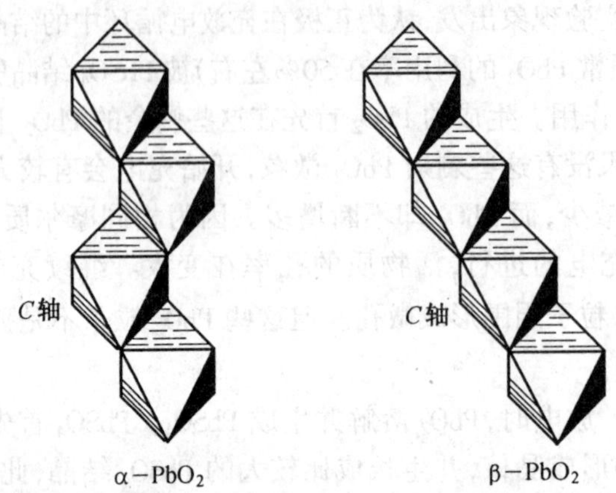

图 3.3 $\alpha-PbO_2$ 和 $\beta-PbO_2$ 的八面体堆积

近年来的研究表明,PbO_2 除了上述的两种结晶结构以外,还有无定形的 PbO_2,而且不论哪种结晶结构,也不论用哪种制备方法(化学的、电沉积的、化成和充电),得到的 PbO_2 都含有少量的 H,一部分 H 可能以结合水的形式存在(加热到 105℃左右挥发),而另一部分 H 则不以结合水的形式存在,必须将 PbO_2 加热到 180~200℃时才消失,称为自由氢。认为氢原子($H^+ + e^-$)渗透到 PbO_2 晶格中,改变了 Pb:O = 1:2 的关系,从而得到了非化学计量的 $PbO(2-\delta)\cdot xH_2O$,即 PbO_2 的非化学计量性质与结构中氢的存在有关。总之,目前公认 PbO_2 中含有氢,一种以水的形式存在,一种为自由氢,引起 PbO_2 的无定形和水化,但氢含量与 PbO_2 活性不对应,电极失效也不是由于氢的损失引起的。

由于 PbO_2 晶体中氧不足,根据氧化物半导体理论,存在阴离子空位的氧化物半导体是 n 型半导体。空位的浓度影响导带中载流子的浓度,当然影响 PbO_2 的电子导电性。实验测得:$\alpha-PbO_2$ 的电阻率约为 $10^{-3}\Omega\cdot cm$;$\beta-PbO_2$ 的电阻率约为 $10^{-4}\ \Omega\cdot cm$。

3.活性物质的活性与失效

正极活性物质利用率低,且随充放电循环次数的增加而降低。对于 PbO_2 的活性及其失效模式,有大量广泛而深入的研究。

(1) $\alpha-PbO_2$ 和 $\beta-PbO_2$ 变体模型

如前所述,$\alpha-PbO_2$ 和 $\beta-PbO_2$ 的氧化还原能力差别很大,它们的电化学活性不同。PbO_2 数量相同时,β型较α型具有较高的放电容量。前已述及,在不同的电流密度下放电时,$\beta-PbO_2$ 给出容量超过 $\alpha-PbO_2$ 给出容量的 1.5~3.0 倍。也有人认为,$\alpha-PbO_2$ 只输出理论容量的 16%,而 $\beta-PbO_2$ 输出理论容量的 80%~90%。因此,$\beta-PbO_2$ 所占的比例越大,PbO_2 的活性就越高。但是 $\alpha-PbO_2$ 具有较大尺寸、较硬的颗粒,在正极活性物质中可形成网络或骨骼,正极活性物质的结构因而完整,使电极具有较长的寿命。所以,$\alpha-PbO_2$ 所占的比例越大,正极的循环寿命就越长。根据 $\alpha-PbO_2$ 和 $\beta-PbO_2$ 生成条件不同,合理地调整电极制备工艺在一定的范围之内是可以改变 PbO_2 的活性及正极的循环寿命。

(2) 晶胶理论

1992 年 D.Pavlov 提出正极活性物质是具有质子和电子传输功能的胶体-晶体体系,而

不止是由 PbO_2 晶体均匀组成。

该理论视正极活性物质结构的最小单元为 PbO_2 颗粒，而不是 PbO_2 晶体；这种 PbO_2 颗粒是由 $\alpha-PbO_2$ 和 $\beta-PbO_2$ 的晶体和凝胶（即水化 $PbO_2-PbO(OH)_2$）构成的。许多 PbO_2 颗粒互相接触构成具有微孔结构的聚集体和具有大孔结构聚集体骨骼。电化学反应在微孔聚集体上发生，在大孔聚集体上进行离子的传递和形成 $PbSO_4$。

凝胶区具有质子－电子导电功能，因为高价态的 PbO_2 可形成聚合物链

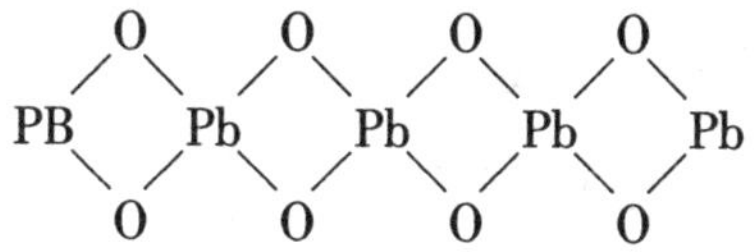

```
      O       O       O       O
     / \     / \     / \     / \
   PB    Pb      Pb      Pb     Pb
     \ /     \ /     \ /     \ /
      O       O       O       O
```

水化的聚合物链构成凝胶

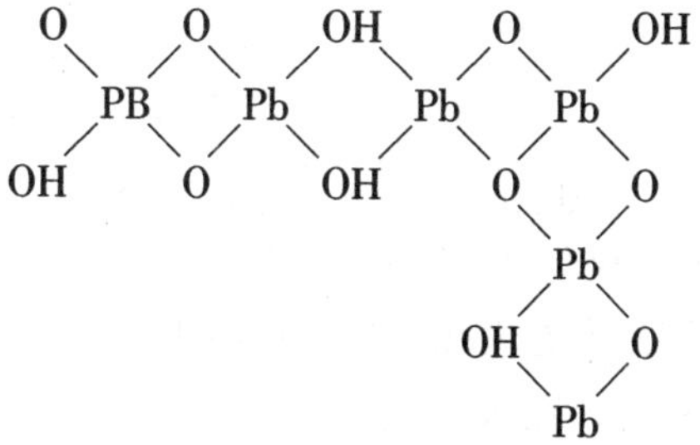

```
 O       O       OH       O       OH
  \     / \     /   \    / \     /
    PB      Pb        Pb     Pb
   /  \    /  \     /   \   /  \
 OH     O      OH        O      O
                          \    /
                            Pb
                          /    \
                        OH      O
                          \    /
                            Pb
```

这种水化的 PbO_2 为一种酸和相应的盐与水的紧密结合，并具有较好的稳定性，与溶液处于动平衡，可以和溶液中的离子进行交换．有着良好的离子（质子）导电性能。

在凝胶区电子可以沿着聚合物链，克服低的能垒从一个铅离子上跳到另一个铅离子上。这种凝胶结构决定了它的电子导电性。

晶体区与晶体区之间是依赖这种聚合物链连接的。聚合物链的长度不足以连接任意两个晶体区。因此，平行链间距离或链的密度对凝胶的电子导电有重要影响。电导依赖于凝胶的密度和局外离子。这些离子可引起水化聚合物链彼此分开，增加链间距离，电导下降或引起水化聚合物靠近，减少链间距离，促进电子传递。

晶体区好似一个小岛，在岛上整个体积内电子可以自由移动。水化聚合物链把这些岛连接起来，岛上的电子借助于水化聚合物形成的桥，在晶体区之间移动。

正极活性物质放电经过两个连续反应：

第一阶段，在微孔聚集体表面上进行的电化学反应是

$$PbO_2 + 2H^+ + 2e \longrightarrow Pb(OH)_2 \tag{3.7}$$

第二阶段，在大孔聚集体上 $Pb(OH)_2$ 与 H_2SO_4 接触，发生的反应是

$$Pb(OH)_2 + H_2SO_4 \longrightarrow PbSO_4(\text{溶液}) + 2H_2O \tag{3.8}$$

$$PbSO_4(\text{溶液}) \longrightarrow PbSO_4(\text{结晶})$$

反应(3.7)和(3.8)在空间上分开。由于微孔聚集体的孔直径小，SO_4^{2-} 尺寸相对大，不能进入微孔聚集体中（膜效应）。反应(3.7)被称为双注入过程，意指为了反应的进行，需要电子来源于板栅。同时需要等量的 H^+ 来源于主体溶液。

放电反应的单元过程可描述如下：取聚集体的任意一小块 A。A 居于正极活性物质的深处，如图 3.4 所示，反应按以下顺序进行：

① 电子从金属板栅通过腐蚀层到达正极活性物质；

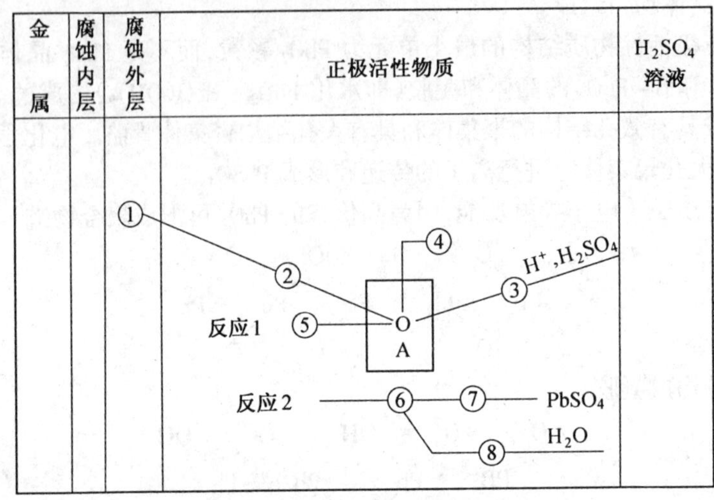

图 3.4　正极反应过程示意图

② 电子沿着正极活性物质聚集体骨骼传递到 A;

③ H^+ 和 H_2SO_4 从主体溶液沿着大孔结构进行传质;

④ H^+ 沿着聚集体的微孔传递至 A;

⑤ 发生电化学反应(1);

⑥ 发生化学反应(2)和形成 $PbSO_4$ 溶液;

⑦ 在大孔结构中发生 $PbSO_4$ 的成核和长大;

⑧ 水从 A 沿着大孔结构传递到主体溶液。

电极反应受限于单元过程中最慢的步骤。

凝胶区和晶体区的共存决定了正极活性物质的活性。该活性受凝胶区与晶体区比例、正极活性物质的密度、晶体区间相互连接的平行水化聚合物链的数量、添加物的类型和数量及电池充电方法的影响。如果正极活性物质仅由 PbO_2 晶体组成,这时电子电导率很高,质子电导率很低。放电反应仅在晶体表面上进行,生成物 $PbSO_4$ 削弱了与 PbO_2 晶体之间的结合,故给出较低的容量。

如果正极活性物质仅由凝胶组成,质子导电能力强,电子导电能力由凝胶的密度决定。电化学反应只限于在密度较高的部位进行,当凝胶的浓度降低至临界值,这个区域将不发生放电过程,电极放出的容量也低。

只有凝胶区与晶体区处于最佳比值,具有最佳的电子和质子电导时,正极活性物质才能获得一个最佳的放电容量。

正极活性物质密度决定着凝胶中水化聚合物链的距离和平行链的数目,当密度降低时.电子必须克服较高的能量,使它从一个链到另一个链,从一个岛到另一个岛。若连接晶体区的平行水化聚合物链数目减少,就会引起凝胶区电阻的增加,最终引起容量下降。

正极活性物质的密度存在临界范围,其值为 3.4 ~ 3.8 g/cm^2,低于这个临界值时,尽管电极的机械接触尚好,活性物质也会出现软化,导致大量正极活性物质被排除在电流产生的过程之外。

正极活性物质的密度随循环下降。由于放电时生成 $PbSO_4$ 结晶,体积增长。充电时氧

化为 PbO_2 体积又收缩，正板活性物质在循环过程中的这种体积大小的波动，可使电极某些区域的密度低于临界值。从而引起容量衰退、电池装配时有装配压力。可以减慢波动带来的密度下降，从而抑制容量衰退，延长电池寿命。

正极活性物质的凝胶区：与电解液之间处于动平衡，可以和溶液中的离子进行交换。例如，来自板栅合金或向电解液中添加 Sb^{3+} 或 Sn^{4+} 时，它们可以渗到凝胶区。Sb^{3+} 和 Sn^{4+} 对水有高度亲合性，一个 Sn^{4+} 可连接四个水化聚合物链，一个 Sb^{3+} 可连接两个水化聚合物链。

Sb^{3+}、Sn^{4+} 和水化聚合物链可形成大孔聚集体的骨骼、Sb^{3+} 和 Sn^{4+} 如结合剂一样可以防止水化聚合物链分解，防止正极活性物质密度降低。即它们有稳定聚合物链改善质子电导的作用。Bi^{3+} 也表现了类似的作用。

凝胶区也可以和溶液中的阴离子进行交换，当将 $\beta-PbO_2$ 浸在含有 HCl 或 H_3PO_4(0.01 mol/L)的溶液中时，经一定时间浸泡，由 X 射线衍射分析可知，Cl^- 和 PO_4^{3-} 均使颗粒的非晶体化程度加大，也就是水化程度加大，PO_4^{3-} 的影响大于 Cl^-。

板栅合金中的添加物如 Sb，既对腐蚀层－活性物质的界面有影响，也对活性物质本身有影响。腐蚀层－活性物质界面的电导同凝胶与晶体在腐蚀层中和活性物质中的比例有关。在活性物质中凝胶区约占 30%；在纯铅板栅的腐蚀层中约占 10%；在 Pb－Sb 合金中约占 15%～18%。凝胶区的明显增多，使腐蚀层硬度下降。Pb－Cd 合金腐蚀层的布氏硬度为 862.4 MPa；含质量分数为 4%Sb 的 Pb－Sb 合金腐蚀层的硬度为 529.2 MPa。凝胶区的增加，使腐蚀层更具有弹性，应力更小，裂缝更少，有利于板栅与活性物质间保持良好接触。

添加物也影响腐蚀层氧化物的化学计量数 n 值。腐蚀层组成为 PbO_n，n 的大小决定其导电性。当 $n>1.5$ 时，氧化物具有 n 型半导体性质，导电良好，合金中 Sb 使 $n>1.75$。Pb－Ca合金中的 Sn 也具有类似性质，可防止阻挡层的形成，减缓极板早期容量衰退。

正极活性物质中 $\alpha-PbO_2$ 和 $\beta-PbO_2$ 的比例可影响凝胶、晶体之间的平衡和正极活性物质的完整性。

总之，关于正极活性物质的活性及失效模型，过去单纯将其视为晶体，有局限性，对于电解液和活性物质中局外离子的作用，难以给出圆满的解释。前人提出的各种模型也常局限于某一方面。实际上水化 PbO_2 的存在早已发现，D.Pavlov 把 PbO_2 的水化也考虑进去，提出的具有质子－电子传输的凝胶－晶体正极活性物质模型，使有关正极活性的理论更具有概括性和普遍性，但凝胶与晶体的比例以多少为最佳和如何在循环中保持这个比例等一系列问题，还有待继续深入研究。

3.3.2 正极板栅

近年来，随着铅酸蓄电池的改进，使用寿命延长了。但由于采用薄形极板后板栅易于受腐蚀而损坏，使正极板栅腐蚀的问题更加突出，此常常成为电池寿命终止的原因。

1.正极板栅腐蚀的原因

由式(3.2)

$$Pb + HSO_4^- \rightleftharpoons PbSO_4 + H^+ + 2e^-$$

及式(3.4)

$$\varphi_a = -0.300 + \frac{RT}{2F}\ln\frac{a(H^+)}{a(HSO_4^-)}$$

由此可知，当电极电势负于 - 0.3 V 时，板栅中的 Pb 处于热力学稳定状态；反之电极电势大于 - 0.3 V 时，它将处于热力学不稳定状态。

同理，由下述方程式

$$Sb + H_2O - 3e^- \rightleftharpoons SbO^+ + 2H^+ \tag{3.9}$$

$$\varphi_a = 0.212 + \frac{RT}{3F}\ln\frac{[a(H^+)^2]a(SbO^+)}{a(H_2O)} \tag{3.10}$$

$$Sb + 2H_2O - 5e^- \rightleftharpoons SbO_2 + 4H^+ \tag{3.11}$$

$$\varphi_a = 0.415 + \frac{RT}{5F}\ln\frac{[a(H^+)^4]a(SbO_2^+)}{[a(H^+)^2]} \tag{3.12}$$

可知，当电极电势大于 0.21 V 时，板栅中的 Sb 也将处于热力学不稳定状态，有可能被氧化。

铅酸蓄电池中正极的平衡电极电势是由活性物质 PbO_2 确定的，如方程式(3.3)、(3.5)所示。

$$PbO_2 + 3H^+ + HSO_4^- + 2e^- \rightleftharpoons PbSO_4 + 2H_2O \tag{3.3}$$

$$\varphi_a = \varphi^\ominus + \frac{RT}{2F}\ln\frac{[a(H^+)^3]a(HSO_4^-)}{[a(H_2O)^2]} \quad \varphi^\ominus(PbO_2/PbSO_4) = 1.655\ V \tag{3.5}$$

由此可知，在充电时正极电极电势将比 1.6 V 还大(充电是阳极过程，阳极极化电极电势向正方向偏移)。放电时电极电势虽然比 1.6 V 小(放电是阴极过程，阴极极化电极电势向负方向偏移)。但是，向负方向最多移动 300 ~ 400 mV。可以说，从充电到放电的全过程，电极电势值都远远比式(3.4)、(3.10)、(3.12)所标出的电极电势大得多。包含活性物质和板栅的正极板就相当于用 PbO_2 活性物质做正极，用板栅合金做负极组成了一个电池，只是两个电极处于短路状态，正极板栅总处于热力学不稳定状态，有被氧化的可能。当电池充电时，板栅腐蚀的产物应该是 PbO_2。

2. 铅的阳极腐蚀机理

在铅酸蓄电池正极工作的电势范围内，板栅腐蚀的根本原因是 Pb 及 Pb 合金的热力学不稳定性。为了减缓腐蚀，研究铅及铅合金阳极腐蚀机理是必要的。

正极板栅腐蚀的产物主要是 $PbSO_4$、四方晶系 PbO 和少量的碱式 $PbSO_4$。腐蚀层 $PbSO_4$ 是致密的，且膜具有半透膜的性质，只允许半径小的 H^+、OH^- 透过，半径大的离子 HSO_4^-、Pb^{2+} 是不能透过的。由于 H_2SO_4 扩散受到限制，使腐蚀产物 $PbSO_4$ 膜层下的 pH 值增加呈碱性，使四方晶系 PbO 和少量的碱式 $PbSO_4$ 能够稳定存在。膜的组成已经被多种分析方法所认定。但对腐蚀膜的形成过程有不同的解释。一种解释是，充电时铅的氧化过程是在 PbO_2 层表面上析出氧，而 O_2 将 Pb 氧化。该理论假设，在 PbO_2 表面上析出的氧是以超化学当量的原子形态进入 PbO_2 晶格的，并且扩散到金属 - 氧化膜界面处，在那里使 Pb 氧化成四方 PbO 和 $\alpha - PbO_2$。该理论还假设，氧化物的生成是氧按下式逐渐进入金属晶格中的，即

$$Pb \longrightarrow PbO \longrightarrow PbO_x \longrightarrow \alpha - PbO_2$$

$\alpha - PbO_2$ 也可能是由不成比例的中间氧化物按下式生成的，即

$$2PbO_{1.5} \longrightarrow \alpha - PbO_2 + PbO$$

当 Pb 阳极腐蚀时，$\beta - PbO_2$ 的生成途径是，在 H_2SO_4 溶液中 $\alpha - PbO_2$ 的相变即可以沿下列电化学再结晶的途径进行，即

$$\alpha-PbO_2 \longrightarrow PbSO_4 \longrightarrow \beta-PbO_2$$

也可以沿 PbO_2 直接溶解随即沉积的途径进行,即

$$\alpha-PbO_2 \longrightarrow PbO_2(\text{溶于溶液}) \longrightarrow \beta-PbO_2$$

由于 PbO_2 有明显的溶解度,上述过程是可能发生的。

关于极化条件对阳极氧化速度的影响,该理论认为电极电势的变化能影响氧在 PbO_2 晶格中的扩散速度。

另一种解释是,水参加了发生在金属-氧化膜界面上的氧化反应,即

$$Pb+2H_2O \longrightarrow Pb(OH)_2+2H^++2e^-$$

$Pb(OH)_2$ 进一步分解,即

$$Pb(OH)_2 \longrightarrow PbO+H_2O$$

或者是按下式进行电化学氧化,即

$$Pb+H_2O \longrightarrow PbO+2H^++2e^-$$

铅同水分子参加的阳极氧化反应可能生成 PbO_2,即

$$Pb+2H_2O \longrightarrow PbO_2+4H^++4e^-$$

由于上述反应的平衡电极电势比 $PbO_2 \rightleftharpoons PbSO_4$ 反应的平衡电极电势小,因此如果阳极腐蚀是在比 $\varphi(PbO_2/PbSO_4)$ 小的电极电势条件下进行时,PbO_2 可能以中间产物的形式生成,它在氧化膜-溶液界面上转变成 $PbSO_4$,而在金属-氧化膜界面上转变成氧化铅,反应式为

$$Pb+PbO_2 \longrightarrow 2PbO$$

综上所述,在所提到的机理中,氧化反应可能在金属-氧化膜或氧化膜-溶液的界面上进行,也可能在两个区域同时进行两个反应。而在上述两个界面上分别进行的反应速度决定于氧化膜的结构。如果这层阳极膜是有微孔或无孔的阳极膜,则可以提高金属的耐腐蚀性能,并使进行反应的区域移到氧化物-溶液的界面。如果这层阳极膜有粗大的孔,则腐蚀过程主要在金属-氧化膜界面上氧化膜的微孔中进行。

我们希望腐蚀产生的氧化膜致密,因为致密的氧化膜能更好地阻止板栅合金的腐蚀。我们也希望腐蚀产生的氧化膜是电子的良导体,因为这是活性物质充分反应的必要条件。我们还希望腐蚀产生的氧化膜具有电化学惰性,因为氧化膜中的 PbO_2 在放电时渐渐地被还原,而使膜的电阻值增加。腐蚀膜电阻值增加,加大了正极放电时的阴极极化值,虽然活性物质还未充分利用但是提前到达了终止电势。腐蚀膜电阻值增加得过快,将导致正极的早期容量损失。

氧化膜的结构及其性质直接影响着正极的容量与寿命。板栅合金的组成、浇铸工艺及电池的工作条件都对氧化膜的结构及其性质有直接的影响。

3.正极板栅的长大

正极板栅在使用过程中要变形,此称为正极板栅的长大。板栅变形的结果导致板栅线性尺寸加长、弯曲以及板栅个别筋条的断裂,所有这些现象都引起正极板栅的破坏和电池寿命的终止。

正极板栅长大主要是,板栅金属在阳极腐蚀过程中,表面上生成的氧化膜造成的。在很高的电极电势下,Pb 和 Pb 合金的最终腐蚀产物是 PbO_2,其体积大约是 Pb 原子体积的 1.4

倍。一般腐蚀膜还有微孔,表观体积还要增大一些。如果腐蚀膜有一定强度,这就可能使板栅长大,这就是所谓的腐蚀变形机理。

正极板栅长大严重与否,很大程度决定于正极板栅合金的机械性能。能够增加合金机械强度的一些因素都可以减缓板栅的长大。

3.4 铅负极

在常温小电流放电时,电池的容量受正极的控制,因为正极活性物质的利用率低,负极活性物质的利用率高。但是在大电流放电时,特别是低温大电流放电时,电池的容量转为受负极控制,因为这时的负极活性物质利用率反而比正极的低了,其原因是阳极钝化。故了解负极的反应机理和钝化原因,对于提高电池启动性能和低温性能是非常重要的。

3.4.1 铅负极的反应机理

负极充放电时的反应过程如式(3.2)所示,反应机理可表示为

$$Pb \rightleftharpoons Pb^{2+} + 2e^-$$

$$Pb^{2+} + HSO_4^- \rightleftharpoons PbSO_4 + H^+$$

即放电时金属 Pb 失去两个电子后变成 Pb^{2+} 进入溶液,随后与溶液中的 SO_4^{2-} 反应生成 $PbSO_4$ 沉淀。通过显微镜观察,负极活性物质中的物相转变,发现在充电过程中生成的 Pb 晶体基本是针状结构的,它与 $PbSO_4$ 的结构完全不同。这就证明了 Pb 的氧化过程与 $PbSO_4$ 的还原过程都经过溶液,有 Pb^{2+} 参加反应。

值得提出的是铅阳极进行氧化反应时,生成 $PbSO_4$ 沉淀需要一定的过饱和度(溶液中二价铅离子浓度要比饱和溶液的浓度高 2~10 倍)才能生成 $PbSO_4$ 晶种。晶种出现后过饱和度下降,但是不可能没有,这是由于 $PbSO_4$ 晶核增长缓慢所致。这也是放电时负极极化的原因之一。

$PbSO_4$ 还原为 Pb,该过程的活化能在 33.5~92 kJ/mol,且随电流密度的增大而降低。这些数据便证实了负极充电时的极化主要是电化学极化。在高电流密度下表现出扩散控制,这是反应物质向电极表面迁移迟缓所决定的。

3.4.2 铅负极的钝化

众所周知,铅酸蓄电池在低温和大电流放电时,电压很快下降,其主要原因就是由于负极的钝化。负极放电时的最终产物是 $PbSO_4$,它从溶液中析出后,在金属 Pb 表面上形成多晶的硫酸盐层。当这个覆盖层全部遮盖住海绵状铅电极表面时,电极表面与硫酸溶液被机械隔离开来。此时硫酸溶液要通过 $PbSO_4$ 盐层的小孔才能到达电极表面。能进行电化学反应的电极面积变得很小,电流密度急剧增加,使负极的电极电势向正方向明显偏移,进而使电极反应几乎停止,此时负极处于钝化状态。

因为在海绵状铅的表面上生成致密的 $PbSO_4$ 层是钝化的原因,所以一切可以促使生成致密 $PbSO_4$ 层的条件都加速了负极的钝化。例如当加大放电电流时,过电势值增加,晶核形成速度加快,因而容易生长成细颗粒致密的钝化层。反之,放电电流密度小时,过电势小,晶

核形成速度慢，只形成少数晶核，容易生长成大的 $PbSO_4$ 晶粒。这种钝化膜形成得慢，而且多孔。同理，高浓度的硫酸、低温都是负极容易钝化的原因。

3.4.3　铅负极活性物质的收缩

负极海绵状铅具有较大的真实表面积，因而具有较大的表面能，处于热力学不稳定状态。特别在充电时，海绵状铅再结晶有收缩其表面的趋势。负极活性物质的收缩，使真实表面积大大减小，降低了负极板的容量，严重时使电池不能工作。防止这种收缩的办法是采用添加剂。

3.4.4　铅负极的添加剂

铅负极添加剂的种类很多，常见的无机物有炭黑、木炭粉、$BaSO_4$。有机物主要有酚的衍生物及同系物、木屑、各种木素处理物（如砬木素、木素磺酸、水解木素等）、各种腐殖质、腐殖酸、棉花及碳化棉花等。

炭黑主要是增加负极活性物质的分散性，掺在 $PbSO_4$ 晶粒之间增加了导电性。

$BaSO_4$ 的作用机理。$BaSO_4$ 与 $PbSO_4$ 都是斜方晶体，二者晶格参数非常相近（示于表 3.4）。在放电时，高度分散的 $BaSO_4$ 是 $PbSO_4$ 的结晶中心。由于结晶中心多了，一方面使 $PbSO_4$ 结晶时的过饱和度降低，另一方面使生成的 $PbSO_4$ 覆盖金属铅的可能性减小。这样就推迟了负极板的钝化。在充电时，由于含有硫酸钡的 $PbSO_4$ 还原成的海绵状铅具有高度的分散性，防止了收缩，增加了负极板的真实面积，因而提高了负极板的容量。实验表明，在负极活性物质中加入质量分数为 0.5% ~ 1% 的 $BaSO_4$（或 $SrSO_4$），可使开始放电时电极电势向正方向的移动（由于形成 $PbSO_4$ 晶种困难）大大减小，甚至完全消失。

表 3.4　硫酸盐的结晶数据

物质名称	晶胞尺寸			结晶类型
	a	b	c	
$BaSO_4$	8.898	5.448	7.170	斜方晶系
$PbSO_4$	8.450	5.380	6.930	斜方晶系
$SrSO_4$	8.360	5.360	6.840	斜方晶系

负极中的有机添加剂分子可以吸附在活性物质上，降低电极 - 溶液相界面的自由能，阻止了海绵状铅表面的收缩。所以这种添加剂也称为负极膨胀剂。然而，负极活性物质中的有机添加剂并不限于这一种作用，对铅阳极的钝化过程也有着非常重要的影响。目前广泛使用的有机膨胀剂是腐殖酸、木素磺酸、苯酚磺酸、鞣料、木素磺酸盐等。

这里需要指出的是，文献中关于有机添加剂作用机理的说明有多种观点。其中一种观点是：有机添加剂存在时，铅酸蓄电池负极钝化趋势的减小是因为添加剂吸附在铅上，使 $PbSO_4$ 结晶中心生成能（在铅上）增加，这就促使与铅表面结合弱的 $PbSO_4$ 晶体长大，$PbSO_4$ 直接在金属 Pb 上结晶的可能性减小了，结晶过程基本上发生在被吸附分子层之外。在这种情况下，硫酸溶液仍能通过扩散与铅表面接触，使放电的电极反应继续进行，从而防止和推迟了负极的钝化，提高了负极的容量。同时还认为，如果选择的不合适，有机添加剂在 $PbSO_4$ 上吸附，将使电极钝化加剧，因为这时 $PbSO_4$ 晶体长大困难了，反而在尚未吸附添加

剂的铅表面上生成 $PbSO_4$ 新的晶种,减小了铅电极的工作面积。

3.4.5 铅负极的自放电

铅酸蓄电池的自放电速度是由负极决定的,因为负极自放电速度较正极快。电池的自放电因使用板栅合金的不同而不同,随酸浓度的提高和温度增加而增加。荷电保持能力也是表示自放电性能的物理量,不过是用自放电后的剩余容量来表示。

1. Pb 自溶解的基本规律

Pb 在 H_2SO_4 溶液中的自溶解原则上是按下列反应式进行的,即

$$Pb + H_2SO_4 \longrightarrow PbSO_4 + H_2 \tag{3.13}$$

$$Pb + 1/2O_2 + H_2SO_4 \longrightarrow PbSO_4 + H_2O \tag{3.14}$$

式(3.13)的反应是由下面的共轭反应组成的,即

$$Pb + HSO_4^- - 2e^- \longrightarrow PbSO_4 + H^+ \tag{3.15}$$

$$2H^+ + 2e^- \longrightarrow H_2 \tag{3.16}$$

式(3.14)的反应是由下面的共轭反应组成的,即

$$Pb + HSO_4^- - 2e^- \longrightarrow PbSO_4 + H^+ \tag{3.17}$$

$$1/2O_2 + 2H^+ + 2e^- \longrightarrow H_2O \tag{3.18}$$

参看 Pb - H_2O - H_2SO_4 电势 - pH 图,就可以十分清楚地认识到这两组反应是可能进行的。但是,电池的外壳阻止了空气自由进入壳内,而且 O_2 在 H_2SO_4 中的溶解度是很小的,这就限制了按式(3.14)进行的反应。实际上自放电主要是按式(3.13)进行的。由于反应(3.15)的交换电流超过反应(3.16)的交换电流好几个数量级,这就决定了 Pb 在 H_2SO_4 中自溶解的稳定电势实际上等于式(3.15)的平衡电极电势

$$\varphi = \varphi^{\ominus}(PbSO_4/Pb) + \frac{RT}{2F}\ln\frac{a(H^+)}{a(HSO_4^-)}$$

式(3.16)的平衡电极电势可表示为

$$\varphi = \frac{RT}{2F}\ln\ a(H^+)^2$$

于是有

$$-\eta(H_2) = \varphi^{\ominus}(PbSO_4/Pb) - \frac{RT}{2F}\ln\ a(H_2SO_4)$$

式中 $-\eta(H_2)$——铅电极上氢析出的过电势。

又因为电化学极化的规律符合塔菲尔方程式

$$\eta(H_2) = A + \frac{RT}{\alpha F}\ln j$$

式中 j——腐蚀电流密度(腐蚀速度);

A——塔费尔方程的常数项;

α——传递系数。

经过简单的转换,可得

$$j = a(H_2SO_4)^{\frac{\alpha}{2}}\exp\left[-\frac{\alpha F}{RT}(\varphi^{\ominus}(PbSO_4/Pb) + A)\right] \tag{3.19}$$

从式(3.19)可以大致看出,硫酸活度增加,负极自放电速度亦增加;A 数值的大小表示氢析出过电势的大小,A 值下降时腐蚀速度增加。所以一切低氢过电势的金属杂质都会使负极自放电速度增加。氢过电势越低的金属杂质,对负极的害处就越大。此外,表面活性物质的吸附作用也能引起负极自放电速度的变化,因为一方面表面活性物质能够屏蔽电极表面,另一方面导致 φ_1 电极电势的移动(φ_1 和 A 有直接关系),改变双电层的结构。

2.正极板栅合金组分向负极的迁移

正极板栅合金组分向负极的迁移是金属杂质进入负极表面的主要根源。这种迁移现象与正极板栅的腐蚀和合金的个别组分向溶液中的转移有直接关系。有人对锑的电迁移规律做了详细的研究。例如,确定了 Sb 主要是电沉积在负极活性物质的表层中,99%的 Sb 沉积在厚度远小于 1 mm 的表层内。被迁移的 Sb 量是随着正极合金中 Sb 含量的增加而增加,随电池充入电量的增加而增加。当正极合金中加入 Ag 时,会大大减少 Sb 的迁移,这是因为 Ag 提高了合金的耐腐蚀性能。

在正极板栅腐蚀过程中,锑主要是以$[Sb_3O_9]^{3-}$离子的形式转入溶液中。这些离子大部分被 PbO_2 吸附,只有小部分迁移到负极。$[Sb_3O_9]^{3-}$离子吸附在负极活性物质 $PbSO_4$ 上,充电时或是被还原为 Sb^{3+} 或返回溶液中。Sb^{5+} 还原为 Sb^{3+} 主要发生在过充电阶段。三价锑以$(SbO)^+$和$(SbOSO_4)^-$的形式存在;这些离子不同于$[Sb_3O_9]^{3-}$,能够还原成金属锑沉积在负极上。而 Sb 能沉积在蓄电池负极上也是由于电化学置换反应的结果,即

$$2SbO^+ + 3Pb + 3H_2SO_4 = 2Sb + 3PbSO_4 + 2H_3O^+$$

三价锑向正极的反迁移(充电时)是可能的,三价锑吸附在正极 PbO_2 上被氧化为五价锑。总之锑的电迁移是复杂的,对负极充放循环后期的自放电影响较大。

正极合金中加入质量分数为 0.05% ~ 0.15% Ag 时,Ag 实际上没迁移到负极上。研究质量分数为 0.3%、0.5%、1% Ag 的正极板栅合金表明,Ag 向负极的迁移是随着它在合金中质量分数的增大而减小的,这是因为合金耐腐蚀性能增高的缘故。但是当 Ag 的质量分数大于 3%时,电迁移的 Ag 量明显增加,这与 Ag 在合金中质量分数大时它的耐腐蚀性能降低有关。

Pb - Sb 合金的使用推动了铅酸蓄电池的技术进步,这是因为 Sb 的加入,提高了合金的流动性和充型性,提高了合金硬度和极板加工的工艺性。与活性物质有较好的结合力,有利于提高电池的深放电能力和循环寿命。但是上面的试验事实说明,使用 Pb - Sb 合金板栅是电池自放电的重要根源之一。为了提高电池的免维护性能,降低电池水耗,研制了 Pb - Ca 合金(铅钙锡铝),且广泛应用于免维护铅酸蓄电池和阀控密封铅酸蓄电池中。这种合金不含低氢过电势的金属,析氢过电势高。

3.4.6 铅负极的不可逆硫酸盐化

极板的硫酸盐化也俗称为不可逆硫酸化,这种现象是由于使用维护不当造成的。所谓硫酸盐化,是活性物质在一定条件下生成坚硬而粗大的 $PbSO_4$,它不同于 Pb 在放电时生成的 $PbSO_4$,几乎不溶解。所以在充电时不能转化为活性物质,使电池的容量减小。坚硬而粗大的 $PbSO_4$ 常常是在电池组长期充电不足或过放电状态下长期储存形成的。

硫酸盐化的根本原因,一般认为是 $PbSO_4$ 的重结晶。粗大的结晶形成之后,使溶解度减小。$PbSO_4$ 重结晶使晶体变大是多晶体系倾向于减小其表面自由能的结果。从结晶过程的规律可知,小晶粒尺寸的溶解度大于大晶粒的溶解度。因此,当长期充电不足或放电状态下

长期储存时，大量的 $PbSO_4$ 存在，再加上硫酸浓度和温度的波动，个别的 $PbSO_4$ 晶体就可以依靠附近小晶体的溶解而长大。

有人提出与上述完全不同的观点，认为不可逆硫酸盐化通常与电解液中存在大量表面活性物质有关，这些表面活性物质作为杂质而存在。如果它们吸附在 $PbSO_4$ 表面上，则将使 $PbSO_4$ 溶解缓慢，因而限制了在充电时 Pb^{2+} 的阴极还原。如果表面活性物质吸附在 Pb 上，则在充电时提高了 Pb 在 Pb 表面形成晶核的能量，即提高了 Pb 析出的过电势，使充电不能正常进行。正极硫酸盐化比较困难，这是因为正极充电时进行阳极极化，其电势值较大，足以把表面活性物质氧化，所以正极不容易发生硫酸盐化。

防止负极不可逆硫酸盐化最简单的方法是及时充电和防止过放电。蓄电池一旦发生了不可逆硫酸盐化，应及时处理和挽救。一般的处理方法是：将电解液的浓度调低（或用水代替 H_2SO_4），用比正常充电电流小一半或更低的电流进行充电，然后放电，再充电……如此反复数次，达到应有的容量后，重新调整电解液浓度及液面高度即可。

3.5 铅酸蓄电池的电性能

3.5.1 铅酸蓄电池的电压与充放电特性

铅酸蓄电池的电动势一般为 2 V，实际上其值的大小主要与所用 H_2SO_4 的浓度和工作温度有关，可以通过热力学方法计算。

$$E = \varphi^{\ominus}(PbO_2/PbSO_4) - \varphi^{\ominus}(PbSO_4/Pb) + \frac{RT}{F}\ln\frac{a(H_2SO_4)}{a(H_2O)} \tag{3.6}$$

开路电压是一个实测值。实际生产中也总结了一些经验公式，只要知道 H_2SO_4 的相对密度或浓度，便能很快地计算出电池的开路电压 $U_{开}$(V)。

$$U_{开} = 1.850 + 0.917(\rho_{液} - \rho_{水})$$

或

$$U_{开} = \rho_{液} + 0.84$$

采用充放电曲线表示电池的工作特性是一种常常采用的办法，同时必须标明电流和工作温度。在研究工作或分析问题时也常常测量单个电极相对参比电极的充放电曲线。铅酸蓄电池的充放电曲线如图 3.5 所示。

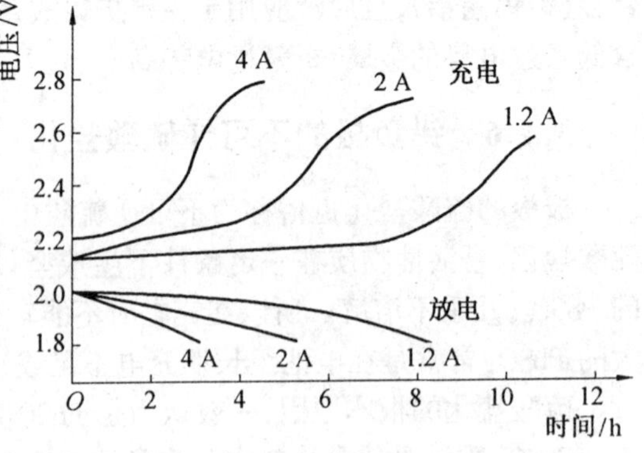

图 3.5 铅酸蓄电池的充放电曲线

由图 3.5 可见，放电电流越大，放电曲线下降的斜率越大，这是放电电流大时电极极化引起的压降比较大之故。对于铅酸蓄电池来说，由于两个电极的可逆性好，电化学极化不大，加之 H_2SO_4 溶液的电导率高，故主要是浓差极化引起的电压降。当放电电流大时，电极微孔中所消耗的 H_2SO_4 不能及时通过扩散来补充，造成了浓差极化。通过的电流越大，这种浓差极化就越严重。当然电流增大时，欧姆压降和电化学极化也会增加，但主要是浓差极化。放电电流小时，造成的浓差有时间通过扩散给予补充，放电电压比较平稳。

3.5.2　铅酸蓄电池的容量及其影响因素

与其他电池一样，铅酸蓄电池的容量主要取决于所用活性物质的数量与活性物质的利用率，而活性物质的利用率又与放电制度、电极与电池的结构、制造工艺等有关。放电制度主要指放电倍率、终止电压和放电温度。

放电倍率对放电容量的影响比较明显。表 3.5 中的数据表明，放电倍率越大，工作电压下降越快，即很快达到放电终止电压，电池放出的容量相对就小。放电倍率越高，放电电流密度越大，电流在电极上分布越不均匀，电流优先分布在离主体电解液最近的表面上，从而在电极的最外表面优先生成 $PbSO_4$。$PbSO_4$ 的体积比 PbO_2 和 Pb 大，于是放电产物 $PbSO_4$ 堵塞多孔电极的孔口，使电解液不能充分供应电极内部反应的需要，电极内部物质不能得到充分利用，因而高倍率放电时容量降低。在大电流放电时，活性物质沿厚度方向的作用深度有限，电流越大，其作用深度越小，活性物质被利用的程度越低，电池给出的容量也就越小。电极在低电流密度下放电，$j \leqslant 0.1\ mA/cm^2$ 时，活性物质的作用深度为 3～5 mm，这时多孔电极内表面可充分利用。而当电极在高电流密度下放电，$j = 10\ mA/cm^2$ 时，活性物质作用深度急剧下降，约为 0.12 mm，活性物质深处很少利用，这时扩散已成为限制容量的决定因素。测量放电产物 $PbSO_4$ 在不同放电电流及放电深度时沿着厚度方向的分布，从而反映出作用深度的变化和各种因素的影响。图 3.6 和图 3.7 表示在不同放电倍率下，达到终止电压时放电倍率对正极和负极上 $PbSO_4$ 分布的影响。从图中看出，在低电流密度下，$PbSO_4$ 的分布在整个电极厚度内较均匀，即作用深度大。这表示通过各种传质方式（主要是扩散）可以提供反应所需的 H_2SO_4。在高电流密度下，$PbSO_4$ 的分布是不均匀的，沿厚度方向极板中部的 $PbSO_4$ 含量低，在靠近溶液的两个侧面含量高。这表明在电极内部，由于传质不能补充 H_2SO_4 的消耗，反应速率下降，产物减少。放电电流密度越大，反应区越向表面集中，所以大电流密度放电时电池的容量低。

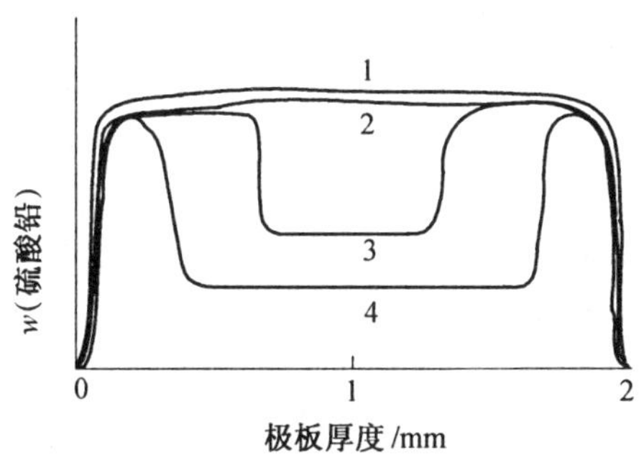

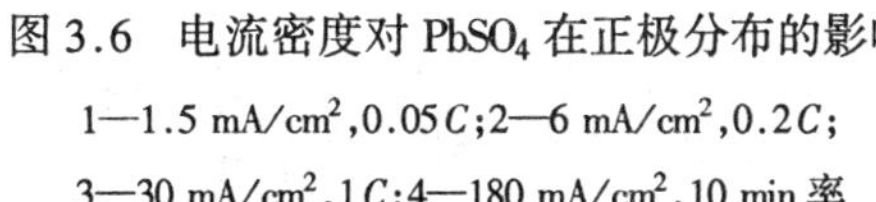

图 3.6　电流密度对 $PbSO_4$ 在正极分布的影响

1—1.5 mA/cm^2，0.05C；2—6 mA/cm^2，0.2C；

3—30 mA/cm^2，1C；4—180 mA/cm^2，10 min 率

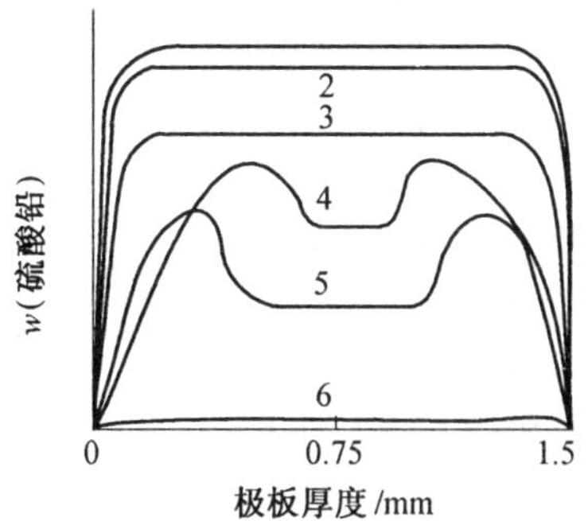

图 3.7　电流密度对 $PbSO_4$ 在负极分布的影响

1—1.5 mA/cm^2；2—6 mA/cm^2；3—30 mA/cm^2；

4—90 mA/cm^2；5—180 mA/cm^2；6—完全充电时

放电温度对放电容量的影响是，放电温度越低，电池放电容量就越低。

因为低温时 H_2SO_4 水溶液电导率降低（图 3.8），欧姆极化增大。温度降低时 H_2SO_4 水溶液的黏度增加，H_2SO_4 的扩散速度减慢，浓差极化增大。同时温度低时电化学极化也稍有增

大,所以低温时电池放出的容量低。温度越低,电池放出的容量越小;反之,温度升高,电池放出的容量也高。不过在低温时电池未放出的容量,待温度升高后仍可放出。

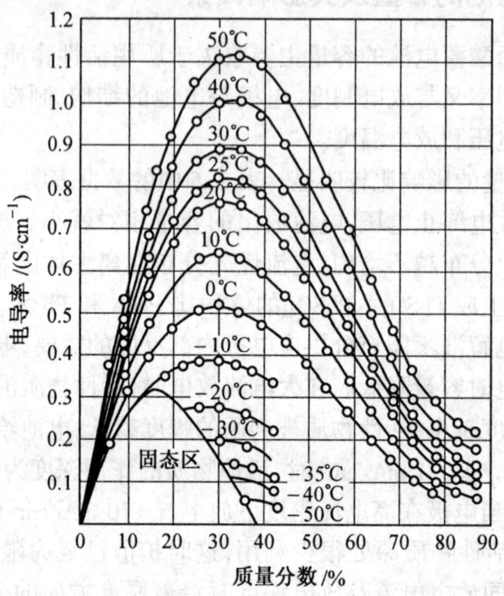

图 3.8　H_2SO_4 电导率与其质量分数及温度的关系

表 3.5　某种规格汽车电池放电倍率与放出容量的对应关系

放电率	容量/(A·h)	容量/%	放电率	容量/(A·h)	容量/%
20 h	116	100	9 min	43.2	37.2
15 h	111.6	96.2	8 min	41.8	36.5
10 h	106	91.4	7 min	40	34.5
7 h	101	87.1	6 min	38.2	32.9
5 h	96.5	83.0	5 min	36.2	31.2
3 h	87.5	75.4	4 min	34	29.3
2 h	79.5	62.5	3 min	30	25.9
1 h	66.4	57.4	2 min	24	20.7
50 min	62.8	54.1	1 min	14	12.1
40 min	59.8	51.6	0.5 min	8	6.9
30 min	55.5	47.8	0.2 min	3.5	3.0
20 min	50.2	43	0.1 min	2.0	1.7
10 min	44.8	38.6			

终止电压的选择对铅酸蓄电池的容量也有影响。一般大电流放电时,终止电压选择应低一些;反之,应选择高一些。对铅酸蓄电池来说,大电流放电时,放电容量相对额定容量少,生成 $PbSO_4$ 少,终止电压选择低一些,也不会对电池产生损害;小电流放电,放电电压达到终止电压时,能够转化的 PbO_2 几乎都转化成 $PbSO_4$,使活性物质的体积膨胀,减少极板的孔率。不适当地降低终止电压,易于出现应力,对电极不利。

电极与电池的结构、制造工艺是决定电池容量的根本因素之一。

极板几何尺寸对电池容量的影响。活性物质的量一定时,极板厚度较薄(极板的表观面积较大)时,活性物质利用率较高。因与放电率对电池容量的影响中讨论的一样,是受硫酸扩散的限制,活性物质作用的深度有限,极板的厚度增加,活性物质利用率将降低。极板高度越高,电极输出的容量就相对越小,当极板的长宽比较大时,沿高度方向板栅的电阻值就不可忽略,它会造成电流密度值上端大下端小。电池高度大时,硫酸密度也有分层现象,上端密度低,下端密度高。这些因素都影响活性物质的利用率,即都影响电池的容量。

极板的孔率、正极中 $\alpha-PbO_2$ 和 $\beta-PbO_2$ 的比例、活性物质与板栅结合的好坏、隔板的选取、添加剂的使用情况等都影响容量。

设计电池时,合理地提高活性物质的量和降低非活性物质的量是提高比能量的有效途径。

3.5.3 铅酸蓄电池的失效模式与循环寿命

由于极板种类、制造条件、使用方式有差异,最终导致蓄电池失效的原因也各异。通常普通铅酸蓄电池的失效有下述几种情况。

(1) 正极板栅的腐蚀与长大

正极板栅在蓄电池的充电过程中表面会被氧化成 $PbSO_4$ 和 PbO_2,最后导致丧失支撑活性物质的作用而使电池失效,或由于 PbO_2 腐蚀层的形成,使铅合金产生应力,致使板栅线性长大变形,这种变形超过 4%时,将使极板整体遭到破坏,活性物质与板栅接触不良而脱落。

(2) 正极活性物质软化、脱落

除板栅长大引起活性物质脱落之外,随着充放电反复进行,PbO_2 颗粒之间的结合松弛、软化,或从板栅上脱落下来。极板制造工艺、装配的松紧和充放电条件等一系列因素,都对正极活性物质的软化和脱落有影响。

(3) 负极板的不可逆硫酸盐化

铅酸蓄电池长期充电不足或过放电并长期在放电状态下储存时,其负极将形成一种粗大的、难于接受充电的 $PbSO_4$ 结晶,此现象称为不可逆硫酸盐化。轻微的不可逆硫酸盐化,尚可用一些方法使它恢复,严重时电极则失效。

(4) 早期容量损失

当用低锑或铅钙为板栅合金时,电池的循环寿命明显缩短,尤其在深循环时,在蓄电池使用的初期(大约 20 个循环)出现容量明显下降的现象,使电池失效。

铅酸蓄电池的失效是许多因素综合作用的结果,既取决于电池的内在因素,诸如活性物质的组成、晶型、孔隙率、极板结构及尺寸、板栅材料和结构、电解液浓度与数量等,也取决于一系列外在因素,如放电电流密度、放电深度、温度、维护状况和储存时间等。本节只分析主要的外部影响因素。

(1) 放电深度

放电深度系指电池放出的容量与其电池的实际容量之比。100%的放电深度指电池已经放出全部容量。铅酸蓄电池寿命受放电深度影响很大。需要蓄电池供电的设备对电池放电深度有不同的要求。为了最大限度地优化电池的设计,铅酸蓄电池可分为深循环使用、浅循环使用和浮充使用等不同规格型号。若把浅循环的电池用于深循环的方式使用时,则铅酸蓄电池会很快失效。因为具有多孔结构的正极活性物质 PbO_2 聚集体骨骼本身相互结合的强度是有限的。放电时 PbO_2 转变成 $PbSO_4$,充电时又恢复为 PbO_2,$PbSO_4$ 的摩尔体积比 PbO_2 大 95%。这样反复收缩和膨胀,就使 PbO_2 粒子之间的相互结合逐渐松弛,易于脱落。放电深度越大,收缩和膨胀的比值就越大,循环寿命就越短。另外,PbO_2 电极是按溶解沉积机理工作的,PbO_2 聚集体骨骼溶解的比例越大,它自身相互结合的强度就越小,也使循环寿命缩短。

(2) 过充电程度

过充电时有大量气体析出,这时正极活性物质要遭受气体的冲击,这种冲击会促进活性物质脱落。此外,正极板栅合金也遭受严重的阳极氧化而腐蚀。所以电池过充电时间越长、次数越多,电池使用期限越短。

(3) 电解液的浓度及温度

酸密度的增加有利于提高正极板的容量,因为酸密度的增大,有利于硫酸的扩散。但是,酸密度的增大加速了正极板栅的腐蚀速度和电池的自放电速度。故合理调配酸的密度是必要的。同样,电池的工作温度提高后,硫酸扩散速率也加快,有利于提高容量;但是过高的温度(超过 50℃),负极容易硫酸盐化、PbO_2 在硫酸中的溶解度提高,这些都会降低电池的循环寿命。

3.5.4 铅酸蓄电池的荷电保持能力

详见 3.3 节负极的相关内容。

3.5.5 铅酸蓄电池的低温充电接受能力

-20℃以下的温度对铅酸蓄电池充电是很困难的,即充电效率非常低,大部分电量都用于副反应,析出氧气和氢气。低温下为什么不容易充电?回答这一问题首先看如下实验现象:

① 两只相同规格的电池都在 -18℃下放电,放电电流一个为 15 A,另一个为 405 A,放电后匀停放 4 h,然后在 -18℃条件下充电。放电电流大的后者,其充电接受能力优于前者。

② 停放时间越短,其充电接受能力越好。

③ 放电后仍保持在低温下的电池比将电池加热在较高温度下存放一段时间,保持在低温下的充电能力要好。以上规律与电极反应的溶解沉积机理有关。

因为在低温大电流放电时生成的 $PbSO_4$ 结晶细小,而短时间停放就充电,$PbSO_4$ 颗粒还来不及合并为大颗粒,较高的比表面积有利于 $PbSO_4$ 的溶解。此外,放电后电极微孔中和电极表面附近 H_2SO_4 浓度变稀,还来不及通过扩散与主体溶液达到平衡。稀酸中,$PbSO_4$ 的溶解度较高。细粒 $PbSO_4$ 和稀 H_2SO_4 这两个因素使低温大电流放电后立即充电,可以有较好的充电接受能力。

低温下正极的充电接受能力比负极的好。同样容量的正负极片以相同的条件在 -25℃充电,负极的充电接收能力不到 40%,而正极已经超过 70%。负极的充电接收能力低与负极添加有机膨胀剂有关。实践表明,膨胀剂对放电容量越有利,其充电接收能力就越差。低温时负极充电效率低,可用溶解沉积机理解释。

充电过程中所需要的 Pb^{2+} 是由 $PbSO_4$ 溶解提供的。在低温条件下 $PbSO_4$ 的溶解度降低,Pb^{2+} 浓度降低意味着极限电流密度下降,而且低温下 $PbSO_4$ 溶解速率也下降。电极反应

消耗的 Pb^{2+} 不容易被及时补充，进一步限制了极限电流值。有机膨胀剂是吸附在活性物质 Pb 和 $PbSO_4$ 上的，有碍于 $PbSO_4$ 晶体的溶解，从而使充电接受能力降低。

3.6 铅酸蓄电池制造工艺原理

本节以涂膏式极板为例介绍加工铅酸蓄电池的工艺原理。铅酸蓄电池制造是从加工极板开始的，铅酸蓄电池正负极板的结构与加工工艺很相似。加工好后，将正负极板、隔板、壳盖等配件装配即得电池。成品电池有的已经装有硫酸电解液并充足电后出厂，有的为了便于运输和储存不带电解液出厂。

3.6.1 板栅制造

板栅是极板的骨架，它有两个主要作用：一是活性物质的载体；二是传导电流和使电流分布均匀。特别是正极活性物质 PbO_2 的导电性差，如果电流分布均匀，可以提高活性物质的利用率，防止极板的翘曲和活性物质的脱落。铅酸蓄电池中的板栅要有一定的机械强度，才能顺利地加工成极板，才能保证电池有一定的容量和寿命。板栅还要耐腐蚀，这是提高电池寿命的关键问题。为了大规模生产板栅，铅合金有良好的浇铸性能也是十分必要的。

目前铅酸蓄电池所用的板栅，一些是采用亚共晶的 Pb - Sb 合金制成的。采用 Pb - Sb 合金作板栅有如下优点：在一定 Sb 含量范围内随 Sb 含量的加大，其机械强度高，抗张强度及硬度都比钝 Pb 好；合金熔点较低，熔化温度不必很高，故加热时氧化的少；合金的流动性好，有利于浇铸成型，膨胀系数比较小。但是 Pb - Sb 合金也有不足之处，具体是耐腐蚀性能差、电阻率比纯 Pb 高。图 3.9 的 Pb - Sb 合金相图描述了 Pb - Sb 合金平衡冷却析出晶体的过程。严格讲这是一个无限慢的过程。实际生产中合金的晶析过程和平衡晶析过程是有差别的。Pb - Sb 合金系统在冶金学上的一个显著特性是，冷凝时与相平衡图的偏差较大，有较大的过冷度，这似乎是由于晶种缺乏造成的。合金冷却时，优先析出的固相不含有平衡时预期的组分——一定 Sb 含量的 α - Pb 固溶体，而是含 Sb 量极少的 Pb，几乎是纯 Pb，如图 3.10所示。这种行为对板栅出现多孔性(即疏松，俗称发白)硬度下降有显著的影响。

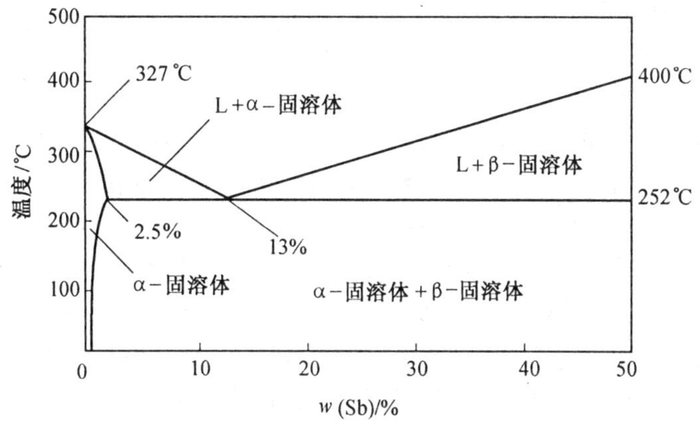

图 3.9 Pb - Sb 二元合金相图

由于板栅的多孔性、缩裂等，虽然板栅外观很好，然而使用寿命很短。小孔位于板栅内部,但几乎总是由于裂痕或沟道使小孔与板栅表面连接,终于使电解液进入板栅金属内部。通常在开始使用时,板栅内部的腐蚀还未进行;在使用一段时间后开始腐蚀,并且在短期内造成故障。

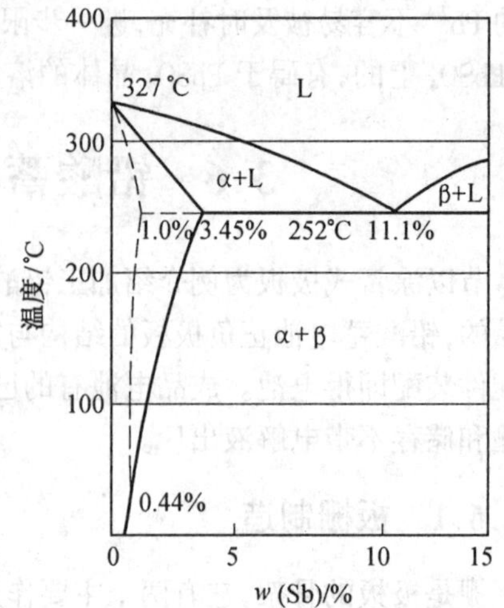

图 3.10　修正后的 Pb - Sb 合金二元相图(实际板栅铸造中的相变情况)

小孔是怎样形成的呢? 由于晶析时,首先出来的几乎是纯 Pb,为多分支的树枝状结晶,并且从模具的一边延伸到另一边。由于析出的几乎是纯 Pb,剩余的熔融物就是富 Sb 的液相,所以液相具有较低的熔点,并且充满于 Pb 枝晶的间隙中。富锑液体(通常是接近低共熔组成的质量分数为 11.1% Sb 的 Pb - Sb 合金液体)是在模具较冷的部分凝结的,由于凝结收缩,未凝结的较热部分的液体将流去补充,于是造成模腔内富锑液体的不足,使板栅最后凝结的部分就成为多孔的。板栅越厚,孔隙问题就越严重。

在冷却时,由于先析出的固相几乎是纯 Pb,因此,当温度下降至 252℃时低共熔合金开始凝固,本应同时析出 α - Pb(Sb 的质量分数为 3.45%)及 β - Sb(Pb 的质量分数为 2.5 ~ 4.5%),但由于 Sb 和 Pb 的晶体结构不同,前者属于三斜晶系,后者是面心立方晶体,因而 α - Pb可在已有的 Pb 晶面上继续生长,而 β - Sb 却难于在 Pb 晶体上形成晶核。液体的组成本来应当保持在低共熔组成直到完全凝固,但是现在析出的 Pb 多了,液态合金中 Sb 含量超过了 11.1%,这就给 β - Sb 的析出创造了条件。β - Sb 析出后,α - Pb、β - Sb 都容易析出了,于是液体组成又回到低共熔组成。整个铸件的收缩使得残余的熔融金属渗出到板栅外表面上,又由于冷凝是从表面开始的,从而产生了几乎是纯 Sb 的薄皮层,这就是 Sb 的表面偏析。低共熔合金的晶析情况,从上面的讨论可知,一旦 α - Pb、β - Sb 的晶种都具备时,它们是同时析出的,这些微晶相互交联,相互阻碍,使强度和硬度增加。在 252℃低共熔点析出的 α - Pb 组成 Sb 的质量分数为 3.45%,可是在室温平衡状态 α - Pb 中 Sb 的质量分数仅为 0.44%(见 Pb - Sb 相图)。在浇铸完的板栅冷却过程中 Sb 是来不及扩散的,依然保持 Sb 的质量分数为 3.5%。它是一个不稳定相,处于过饱和状态,搁置一段时间后从 α - Pb 相中不断析出 β - Sb,称 β_{II} 相这种析出的 Sb 控制着合金的硬度。金属 Pb 容易变形、弯曲,是因为 Pb 结晶结构内有很多易滑动的平面,使 Pb 的晶粒之间可能有一些移动,析出的 Sb 倾向于沿滑行面在晶间空间内积存,从而阻碍了变形,增强了硬度及强度。这种现象叫时效硬化。但是放置时间过长又会产生所谓的"变脆"问题,这是因为 Sb 在晶体界面上(晶间夹层)析出多了,使合金沿着晶界面方向比较脆弱,容易断裂。

合金晶粒大小直接影响板栅的耐腐蚀性能,晶粒大小部分地受浇铸板栅时冷却速度的控制。现在分析合金凝固的过程。当熔融的合金温度降低到凝固点时,就开始有晶粒析出形成新相。晶粒析出分为两步,首先形成晶核,然后是晶核的长大。当合金冷却很快、造成很大过冷度时,虽形成的结晶中心(晶核)多,但是已经形成的晶核来不及长大,所以晶粒就细小。反之冷却很慢,生成的晶核较少,而晶核成长的速度相对较快,因此得到的晶粒就比较粗大。这可以用晶核形成速度和晶体成长速度与冷却速度之间的关系来说明,如图 3.11 所示。显然,冷却速度为 2 时,晶核形成速度较小,而晶核成长速度较大,因此所得的晶粒是粗大的。当冷却速度为 3 时,晶核的形成速度与晶核成长速度都较大,这时得到的晶粒较细,且均匀、致密。

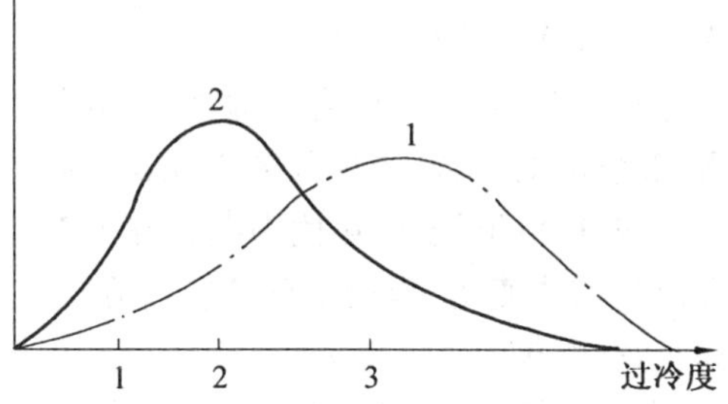

图 3.11　冷却速率对晶核形成与晶核成长速度的影响

1—晶核形成速率;2—晶体生长速率

目前电池工业主要采用 Pb－Sb－As 系列合金和 Pb－Ca－Sn－Al 系列合金。Pb－Sb－As 系列合金是由 Pb－Sb 合金发展而来。Pb－Sb 合金由于浇铸性能好而得到广泛应用,但是由于其耐蚀性差及 Sb 的溶出又限制了它的应用。降低 Sb 含量可以明显减少 Sb 的溶出,添加 As 可以提高耐蚀性。但是降低 Sb 含量及添加 As 都降低了合金的流动性,不易铸造,使合金发脆、易裂。通过添加 Sn 改善了合金的流动性。此外,还必须添加一些成核剂,例如,添加 S、Cu、Se 可以较好地解决裂隙问题。

低 Sb 合金的成核剂应该在 Pb 中有一定的溶解度、不易被氧化,当温度降低时,在 Pb 凝固之前优先凝固,优先凝固的成核剂与 Pb 形成的合金微粒可以作为 Pb 凝固时的晶种。表 3.6 给出了几种成核剂在各种温度下的溶解度。

表 3.6　Pb－Sb 合金中成核剂的溶解度

温度/℃	溶解度/[10^{-6}(g·L^{-1})]			温度/℃	溶解度/[10^{-6}(g·L^{-1})]		
	S	Se	Cu		S	Se	Cu
525	185	820	2 200	425	27	200	700
500	125	580	1 850	400	16	110	500
475	75	420	1 300	375	8	70	430
450	47	300	950	350	5	50	330

当熔融合金注入板栅模具时,与模壁接触的熔体急剧冷却。随着温度降低,在 Pb 未凝固之前成核剂迅速凝固,形成的细小颗粒悬浮在熔融液中,这些细小粒子就作为晶种开始生成 Pb 的晶粒。随着温度的降低,成核剂不断地从熔融体中析出,即新的晶种不断形成,随之就有新的晶粒生成,而不是原有晶粒的继续长大。理想的做法是联合使用多种成核剂,以保证在整个凝固过程中都有新晶种不断生成。这时,结晶过程不再是原有枝晶的长大,而是新晶粒的不断形成,晶粒的尺寸明显变小,硬度增加。由于成核剂在较高温度就形成晶种,降低了合金结晶的过冷度,有利于剩余熔体在晶粒的缝隙内充填,可获得无裂隙的铸件。这种合金铸成的板栅,由于没有或很少有富 Sb 相的晶界,不仅耐腐性能提高了,而且 Sb 从正板栅向负极活性物质的转移也很少,使低 Sb 合金板栅蓄电池水分解速率降低,可用于少维护或免维护蓄电池。作为成核剂的元素不得降低氢的超电势,因此,Ni、Mo 等元素不适宜作成核剂。S 与 Se 能与 Pb 直接反应生成 PbS 和 PbSe 晶核,是优质的成核剂。Cu 在 Pb 中的溶解度很好,一般不宜作成核剂,但若有适宜浓度的 As 存在,Cu 和 As 能反应生成 Cu_3As,可作为

成核剂。要求 S、Se、Cu、As 能在熔融合金中保持足够量，合金温度一般不能低于450℃，否则它们将成为浮渣而损失。

目前 Pb－Sb－As 合金除添加不同的成核剂外，大都含质量分数为 0.05%～0.5%的锡。含 Sb 量高的合金，质量分数为 3.5%～6.0%，含 Sb 量低的合金，质量分数为 1.5%～2.0%。

早在 20 世纪 30 年代中期就提出 Pb－Ca 合金，用于备用电源的蓄电池上。这些蓄电池以浮充方式使用，板栅中钙的质量分数为 0.03%～0,04%。因为极板很厚，故蓄电池使用时间长达 30 年。

大约从 20 世纪 70 年代开始，由于免维护电池的要求，需要具有更低的自放电速率，因而 Pb－Ca 体系被引进到铅酸蓄电池中，称为无 Sb 合金。而后逐渐改进为 Pb－Ca－Sn－Al 合金，目前是免维护铅酸蓄电池常用的成熟合金。

Pb－Ca 合金与 Pb－Sb 合金相比较，具有如下优点：

① 电阻较小。其电阻率约为 $22\times10^{-6}\ \Omega\cdot cm$，接近纯 Pb。

② 析氢超电势高。用该合金组成的蓄电池，水的分解电压高于 Pb－Sb 合金组成的蓄电池(约高 200～250 mV)，所以水的分解少，具有较好的免维护性。

③ 没有 Sb 的溶出和迁移。图 3.12 为 Pb－Ca 合金的相图。Pb－Ca 合金为沉淀硬化

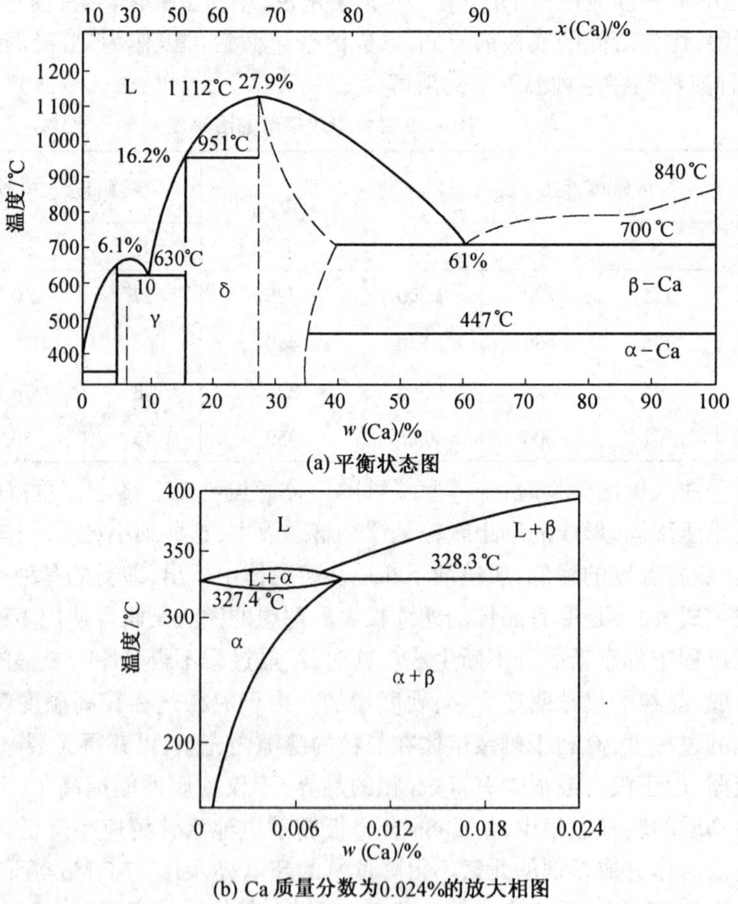

(a) 平衡状态图

(b) Ca 质量分数为0.024%的放大相图

图 3.12 钙合金相图

型,即在 Pb 基质中形成的 Pb_3Ca 金属间化合物沉淀在 Pb 基中成为硬化网络。从相图中看到,在接近 328.3℃时,钙在 Pb 中的溶解度为 0.1%,25℃时为 0.01%。硬化网络使合金具有一定的机械强度。当钙的质量分数在 0.01%以上时,既不用热处理,也无需控制凝固点,就可以产生良好的结晶颗粒,板栅表面的收缩和孔洞可以通过控制模温解决。

在过去的 20 年中,阀控式铅酸蓄电池被用到深充放电的领域中,这样 Pb－Ca 合金的缺点就突出了。其缺点是:第一,Pb－Ca 合金不适于做深放电蓄电池正极板栅材料,使用 Pb－Ca合金的 Pb 蓄电池易发生早期容量损失;第二,钙活性高易氧化,在高温铸造时易烧损,钙含量不易控制,较难获得组分稳定的合金;第三;Pb－Ca 合金强度不及 Pb－Sb 合金。基于上述问题,人们研究了多元 Pb－Ca 合金,主要添 Sn、Al、Na 等。Sn 的加入,不仅可改善合金的浇铸性能,而且由于 Sn 在合金中形成 Sn_3Ca 或 Pb_xSn_yCa 型金属间化合物沉淀,从而增强了合金的机械性能,同时也使 Pb－Ca 合金的耐蚀性能得以提高。当 Sn 的质量分数大于 1.2%时,能阻止板栅与活性物质 PbO_2 交界面上硫酸盐阻挡层的形成,大大提高了蓄电池深放电能力。但 Sn 降低了 Ca 的溶解度,从而影响了 Pb－Ca 合金的硬化过程。20 世纪 80 年代,Pb－Ca－Sn 合金的重要改进之一是 Pb－Ca－Sn 合金中加入质量分数为 0.01%～0.05%的 Al。由于铝质轻,易浮在合金液表面,保护了合金中的 Ca,减小了 Ca 的烧损,起到了控制组分和细化晶粒的作用。

为了得到组分均匀的合金,通常先配置母合金,再用母合金与 Pb 配成实用合金。板栅铸造一般采用重力浇铸。铸造模具由低碳钢或球墨铸铁加工而成。模腔的表面喷涂脱模剂。脱模剂的作用一方面利于脱模,另一方面可以调节模具不同部位的冷却速度。

3.6.2　铅粉制造

铅粉制造是电极活性物质制备的第一步,而且是很重要的一步,其质量的好坏对电池的性能有重大影响。目前制造铅粉主要有两种方法。一种是球磨法,采用的设备叫岛津式铅粉机,实际是一个滚筒式球磨机。生产过程大致是:将铅块或铅球投入球磨机中(不另外加球),由于摩擦和铅被空气中的氧氧化成氧化铅时放热,使筒内温度升高。只要合理地控制铅球量、鼓风量,并在一定的空气湿度下就能生产出铅粉(是氧化铅包裹金属铅的微粒)。另一种方法是气相氧化法,所用的铅粉机叫巴顿式铅粉机。它是将温度高达 450℃的铅液和空气导入气相氧化室,室内有一高速旋转的叶轮,它使铅液和空气充分接触,进行氧化,生成大部分是氧化铅的铅粉。将铅粉吹入旋风沉降器,以便降温并沉降较粗的铅粉。最后在布袋过滤器中分离出细粉。现在大多数国家采用前一种方法生产铅粉。

以目前在我国采用较多的岛津式铅粉机为例,简略说明生产铅粉的原理:当球磨机工作时,在转筒内的铅球受离心力的作用,随转筒一道回转,带至一定高度又在重力的作用下,下落并撞击筒内的铅球;随着筒体回转,使筒内铅球相互摩擦(也和筒壁摩擦);铅粉机转动的机械能转变为热能;在摩擦力的作用下,金属表面的晶粒发生位移;在具有一定湿度的高温空气作用下,铅的表面特别是发生位移的晶面边缘更易受到空气中氧的氧化,同时放出热量,即

$$1/2O_2 + Pb \longrightarrow PbO + 217.7\ (kJ/mol)$$

由于铅的氧化物与纯铅的性质不同,在摩擦、冲击作用下从铅表面脱落,并进一步被磨细,得到所需的铅粉。铅粉是很细的粉末,尺寸都是用微米表示。铅粉机工作时不断向转筒内鼓

入空气。鼓入的空气有两个作用:一个是不断输入氧气,另一个排出的空气带走产品铅粉和多余的热量。

生产中主要通过铅粉的氧化度、视密度、吸水率等参数来衡量铅粉的质量。

氧化度是指铅粉中含氧化铅的百分数。我们从铅粉形成的原理可知,所得铅粉颗粒表面是 PbO。当 PbO 在颗粒表面形成后,颗粒内部的铅要继续氧化就很困难了。所以很难制得氧化度为100%的铅粉。氧化度是表示铅粉组成的一个参数。颗粒越细,铅粉的氧化度也越高。由于氧化度是影响极板孔率的一个因素,如果在其他条件不变的情况下,氧化度增加,将使电池的初容量增加。一般氧化度控制在65%~80%之间。

视密度是铅粉自然堆集起来的表观密度,用 g/cm^3 表示。视密度是铅粉颗粒组成、粗细和氧化度的综合指标,一般生产中控制在 $1.65\sim2.1\ g/cm^3$。

铅粉的吸水率表示一定质量的铅粉吸水量的大小,通常用百分率表示。吸水率与铅粉的氧化度和铅粉颗粒大小有关。

3.6.3 铅膏的配制

制造铅膏是极板生产中的关键工序。正极板用的铅膏是由铅粉、硫酸、短纤维和水组成的。负极板用的铅膏是由铅粉、硫酸、短纤维、水和负极添加剂组成。合膏作业是在合膏机中进行的。合膏工艺的操作顺序是加入铅粉和添加剂,开动搅拌后先加含有短纤维的水,再慢慢加入硫酸,最后继续搅拌一段时间后将铅膏排出合膏机。合膏过程中将进行以下化学反应:

① 铅粉加水后进行的反应

$$PbO + H_2O = Pb(OH)_2$$

② 加酸时进行的反应

$$Pb(OH)_2 + H_2SO_4 = PbSO_4 + H_2O$$

③ 加酸后继续进行的反应

$$PbSO_4 + PbO = PbO\cdot PbSO_4$$

$$PbO\cdot PbSO_4 + 2PbO + H_2O = 3PbO\cdot PbSO_4\cdot H_2O$$

④ 氧化反应(合膏过程中始终进行)

$$1/2O_2 + Pb = PbO$$

制备好的铅膏中,物质主要的相组成包括 $PbO\cdot PbSO_4$、$3PbO\cdot PbSO_4\cdot H_2O$ 和 $4PbO\cdot PbSO_4$。

从 $Pb-H_2SO_4-H_2O$ 体系的电势 - pH 图来看,与 PbO 平衡的惟一稳定的硫酸盐是 $3PbO\cdot PbSO_4\cdot H_2O$。当合膏开始时,刚加入硫酸,搅拌还不充分,可能出现混合不均匀的现象,局部仍呈酸性($pH<8.24$),会生成 $PbSO_4$。由于铅膏是碱性的(放置的铅膏,pH 值为 9.3 左右),显然即使生成了 $PbSO_4$ 也是不稳定的。用 X-射线衍射法还发现在新和好的铅膏中还有 $PbO\cdot PbSO_4$(一碱式 $PbSO_4$)存在,但放置几小时后,就发现 $PbO\cdot PbSO_4$ 消失了,证明它也转变为三碱式 $PbSO_4$。在合膏过程中金属铅进一步氧化,其含量进一步降低。因此,铅膏中的主要成分是三碱式 $PbSO_4$、游离的氧化铅、少量未被氧化的铅和水。合膏时铅膏的温度高于65℃,容易生成 $4PbO\cdot PbSO_4$。

铅膏的碱性可以通过计算说明。例如,启动型正极板铅膏配方为:100 kg 铅粉(氧化度为 75%），9.63 L 硫酸（$d=1.40$），10 L 蒸馏水。首先计算硫酸与氧化铅的物质的量比，查表可知，密度为 1.40 的硫酸，质量分数为 50.0%，故得

$$n(H_2SO_4)=\frac{9.63\times1.40\times0.5\times1\,000}{98}=68.79$$

$$n(PbO)=\frac{100\times0.75\times1\,000}{223}=336.32$$

336.32/68.79 = 4.89（氧化铅的物质的量是硫酸的 4.89 倍）

由上述数值可见，在和好的铅膏中，硫酸消耗等物质量的氧化铅生成 $PbSO_4$ 后还有大量的氧化铅，所以铅膏的稳定组成包括 PbO、$3PbO\cdot PbSO_4$、$4PbO\cdot PbSO_4$。铅膏是碱性的。

合膏时进行的反应都是放热反应，反应热示于表 3.7，合膏时温度上升。高温有利于 $4PbO\cdot PbSO_4$ 生成，较低温度有利于 $3PbO\cdot PbSO_4$ 生成。$4PbO\cdot PbSO_4$ 的存在可以提高电池的寿命，而 $3PbO\cdot PbSO_4$ 的存在可以提高电池的容量。因此控制温度是重要的。

我们已知极板的孔率与电池的容量和寿命有密切的关系，而铅膏的密度和极板的孔率是密切相关的。增加铅膏中的水量和酸量都有利于提高极板的孔率，但是相应会降低活性物质的强度。含酸量大，铅膏凝固得快。

目前我国大都采用桨叶式合膏机。它的合膏槽内装有旋转的犁片状刮刀以产生搅拌作用，旋转速度比较快。铅粉自顶部装入，湿铅膏通过底部水平方向的开口放出。该装置采用水套冷却，冷却水套装在圆筒周围及大部分筒底上。此外，还装有一套强制通风的风冷设备，当铅膏温度达到一定温度时风冷的作用是明显的。这些都提高了铅膏的冷却速率。这种合膏机一次合膏时间大约 20 min，每次合膏量约 500 ~ 1 000 kg。

表 3.7　PbO、$Pb(OH)_2$ 的反应热效应

反应物	产物	反应热/($kJ\cdot mol^{-1}$)
$Pb+1/2O_2$	PbO	219.0
$PbO+H_2O$	$Pb(OH)_2$	11.0
$4PbO+PbSO_4$	$4PbO\cdot PbSO_4$	20.5
$Pb(OH)_2+PbSO_4$	$PbO\cdot PbSO_4+H_2O$	21.5
$PbO+PbSO_4$	$PbO\cdot PbSO_4$	32.6
$3PbO+PbSO_4$	$3PbO\cdot PbSO_4$	49.83
$Pb(OH)_2+H_2SO_4$	$PbSO_4+2H_2O$	161.8
$PbO+H_2SO_4$	$PbSO_4+H_2O$	172.8
$5PbO+H_2SO_4$	$4PbO\cdot PbSO_4+H_2O$	193.3
$2PbO+H_2SO_4$	$PbO\cdot PbSO_4+H_2O$	205.4
$4PbO+H_2SO_4$	$3PbO\cdot PbSO_4+H_2O$	222.6

注：表右反应热的数值是以液态 H_2SO_4 的生成热为标准态计算。

3.6.4　生极板的制造

对于涂膏式极板，生极板的制造大致包括涂填、淋酸（浸酸）、压板、表面干燥、固化等工序。

将铅膏涂到板栅上，这道工序叫涂填或涂板，通常在带式涂板机上进行。带式涂板机连

续地依次完成涂填、淋酸、压板三道工序。

淋酸是将密度为1.10~1.15的硫酸喷淋到涂好的极板表面上,形成一薄层$PbSO_4$,防止干燥后出现裂纹,也有防止极板密排时相互粘连的作用。手工操作时也有将刚涂好的极板浸入上述密度的硫酸溶液片刻,以达到同样目的,这称为浸酸。淋酸后,为了使铅膏与板栅接触紧密,具有一定的强度,需要用适当的压力压实。压力不可太大,太大会降低活性物质的孔率。这是压板工序的作用。

表面干燥旨在去掉生极板表面的部分水分,防止极板密排时相互粘连。表面干燥后铅膏的含水率应控制在9%~11%。表面干燥是在隧道式表面干燥窑中进行的。

对于管式极板,则要把铅粉灌到套管中或是把铅膏挤到套管中。前者叫灌粉,后者叫挤膏。

经过表面干燥(或手工涂板浸酸)的极板,要在控制相对湿度、温度和时间的条件下,使其失去水分和形成可塑性物质,进而凝结成微孔均匀的固态物质,此过程称为固化。经过固化的极板具有良好的机械强度和电性能。固化有下列一些作用:

① 使铅膏中残余的金属铅氧化成氧化铅,使含铅量进一步降低。例如,铅粉氧化度为75%,合膏过程中氧化度上升为80%,经过涂填上升到82%,经过表面干燥上升为85%。固化过程完成后金属铅含量为:正极应少于2%,负极应少于5%。铅含量过多对正极板有坏作用,在化成或充放循环中活性物质会脱落或蜕皮,这是由于此时铅再转变成$PbSO_4$、PbO_2的过程中体积变化大所引起的。

② 在固化过程中,铅膏继续进行碱式$PbSO_4$的结晶,在较低温度下生成$3PbO\cdot PbSO_4\cdot H_2O$,温度高于80℃时有利于$4PbO\cdot PbSO_4$的生成。

③ 通过固化使板栅表面生成氧化铅的腐蚀膜,增强板栅与活性物质的结合。

④ 在保证前三个过程顺利完成后,脱掉极板中剩余的水分。通常固化室的工艺条件分成两段:前一段控制温度、高湿度、时间,保证前三个过程顺利完成;后一段控制温度和时间,目的是脱掉极板中剩余的水分。铅的氧化和板栅的腐蚀都必须有水存在,但是过多的水不利于氧气的扩散,当然也不利于铅的氧化和板栅的腐蚀,所以控制固化过程中极板脱水的速率是重要的。

3.6.5 极板化成

极板化成是活性物质制备的最后一步,就是用通入直流电的方法使正极板上的活性物质发生电化学氧化,生成PbO_2,同时在负极板上发生电化学还原,生成海绵状铅。这个过程称为化成。

化成工序通常是在化成槽中加入相对密度为1.05的硫酸,正负极板分别做阳极和阴极进行电解。一般汽车型极板要用20~30 h才能完成。在化成的末期进行10~30 min的短时间放电(称为保护放电),使极板表面生成一薄层$PbSO_4$,可以减少负极海绵状铅与空气接触时的氧化,可以增加正极活性物质的强度,减少活性物质的脱落。经水洗后,再干燥去掉水分。如果不采取特殊的工艺措施,在干燥过程中部分金属铅(负极)会被氧化。化成好的极板称为熟极板。

1.化成时极板上的反应

化成过程中,极板上进行着两类反应:一是化学反应;二是电化学反应,它们之间既有联系又相互独立。生极板的主要组成是氧化铅和铅的碱式硫酸盐，它们都是碱性化合物。在放入盛有稀硫酸的化成槽后，正负极必然都进行如下的中和反应

$$PbO + H_2SO_4 \longrightarrow PbSO_4 + H_2O$$

$$3PbO \cdot PbSO_4 \cdot H_2O + 3H_2SO_4 \longrightarrow 4PbSO_4 + 4H_2O$$

$$PbO \cdot PbSO_4 + H_2SO_4 \longrightarrow 2PbSO_4 + H_2O$$

随着反应物的消耗，中和反应的速度逐渐减慢。当反应物消耗完了时中和反应就停止了。在通常情况下中和反应大约需要整个化成时间的一半或者短一些。当通入直流电时，在正负极上分别进行电化学氧化和电化学还原反应。

正极板在化成初期进行如下的电化学氧化反应

$$PbO + H_2O \longrightarrow \alpha - PbO_2 + 2H^+ + 2e^-$$

$$3PbO \cdot PbSO_4 \cdot H_2O + 4H_2O \longrightarrow 4\alpha - PbO_2 + 10H^+ + SO_4^{2-} + 8e^-$$

$$PbO \cdot PbSO_4 + 3H_2O \longrightarrow 2\alpha - PbO_2 + 6H^+ + SO_4^{2-} + 4e^-$$

铅膏是碱性的，从电势－pH图可知，上述反应物的氧化要比 $PbSO_4$ 的氧化容易，所以优先进行。上面提到的由中和反应生成的 $PbSO_4$ 在化成的初期暂不参加反应。从电势－pH图上还可以看出，氧气在极板深处是不可能析出的(因为极板深处的pH值高，氧的平衡电极电势比 PbO_2 的平衡电极电势正)，所以化成的电流效率较高。随着化学反应和电化学反应的进行，氧化铅和铅的碱式硫酸盐不断减少，$PbSO_4$ 不断增加，pH值也逐渐下降，使下列反应得以进行

$$PbSO_4 + 2H_2O \longrightarrow \beta - PbO_2 + 4H^+ + SO_4^{2-} + 2e^-$$

化成前期，PbO_2 是在碱性、中性或弱酸性介质中生成的，主要是 $\alpha - PbO_2$；后期是在酸性介质中生成的，所以主要是 $\beta - PbO_2$。在化成的后期，正极上还大量析出氧气，即

$$2H_2O \longrightarrow O_2\uparrow + 4H^+ + 4e^-$$

从电势－pH图上也可以看出，在酸性介质中氧的平衡电极电势比 PbO_2 的平衡电极电势负，所以氧的析出是可能的。

通电化成时，负极上进行下列电化学反应

$$PbO + 2H^+ + 2e^- \longrightarrow Pb + H_2O$$

$$3PbO \cdot PbSO_4 \cdot H_2O + 6H^+ + 8e^- \longrightarrow 4Pb + SO_4^{2-} + 4H_2O$$

当反应物(氧化铅、铅的碱式硫酸盐)明显减少时，电极上将进行，即

$$PbSO_4 + 2e^- \longrightarrow Pb + SO_4^{2-}$$

随着 $PbSO_4$ 量的下降，极化增大，负极电势进一步降低，氢将析出，即

$$2H^+ + 2e^- \longrightarrow H_2\uparrow$$

上列反应有可能进行，在电势－pH图上也是一目了然的。

综上所述，在化成的前半期既有氧化铅和铅的碱式硫酸盐的中和反应，也有其参加的电化学反应，而在后半期主要是 $PbSO_4$ 的电化学氧化和还原，并伴随着氧气和氢气的析出。

2.化成时槽电压及电极电势的变化

图3.13给出的是化成时槽电压变化的一个例子，其图3.13(a)反映了化成槽端电压(也称槽压)随时间的变化，图3.13(b)反映了正负极相对于镉电极的电极电势(也称镉压)随时间的变化。

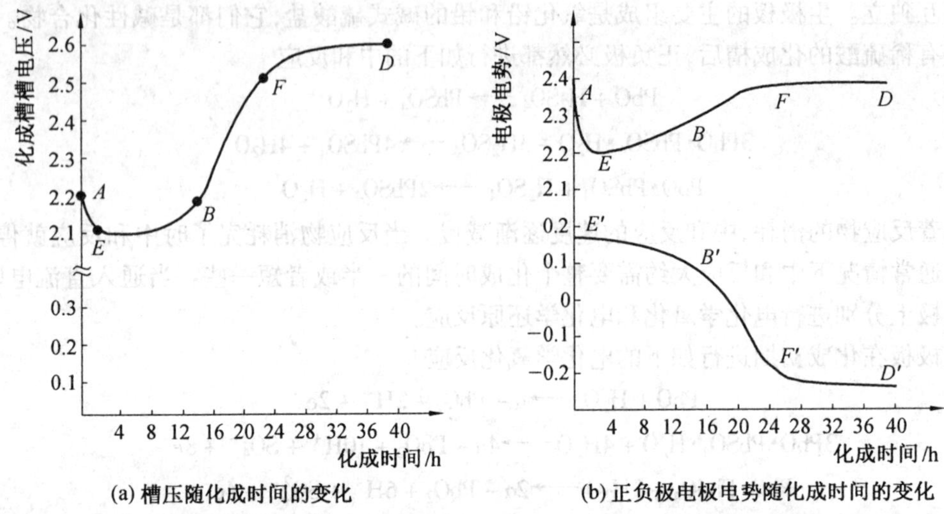

(a) 槽压随化成时间的变化　　(b) 正负极电极电势随化成时间的变化

图 3.13　化成时槽电压、正负极电极电势随时间的变化

从图 3.13 中可以看出，三条曲线都可以分为 *AB*(化成前期)和 *BD*(化成后期)两段。还可以看出，在化成前期，槽电压的变化和正极电极电势的变化规律相似，在化成中后期，槽电压的变化和负极电极电势的变化规律相似。因此，可以说在前期是正极电极电势的变化对槽电压的变化起主导作用，而在中后期则是负极起主导作用。具体分析如下。

AE 段为化成初期。正极形成 PbO_2 的过程首先受其晶核形成的控制。PbO_2 晶核的形成比较困难，需要较高的过电势。过电势的数值列于表 3.8，这就是造成正极在开始时有较大过电势的原因。所以点 *A* 明显高于点 *E*。虽然全部铅膏都可能转变为 PbO_2，但是氧化铅不导电，这就决定了开始形成的 PbO_2 晶核只能出现在靠近板栅的地方。换言之，化成开始时真正起作用的电极面积是很有限的，随着 PbO_2 含量的增加，真正起作用的电极面积才不断增加，导致真实电流密度下降，过电势降低，这就是 *AE* 段下降的原因。相反，负极在化成时生成物是 Pb，化成又是从板栅筋处开始的。栅筋是 Pb - Sb 合金，因此海绵状 Pb 可以在现有的 Pb 表面上生长，不存在晶核形成困难的因素。又由于 Pb^{2+} 还原为 Pb 这个过程的可逆性好，过电势就小，所以开始电压比较平稳。*EB* 段比较平稳。*BF* 段为什么变化较大呢？因为此时反应物 $PbSO_4$ 的量已渐渐减少了，所以正负极的过电势都不同程度地增加，造成了氢和氧的析出。由于氢在铅上析出的过电势值较大，所以负极电势偏移得就明显。

表 3.8　PbO_2 晶核形成的过电势

电　　极	$PbSO_4$/Pb 电极	PbO/Pb 电极	Pt 电极
PbO_2 晶核形成过电势/mV	500	700	200

3. 化成时极板中铅膏变化的显微镜观察

可以用显微镜观察极板中铅膏逐渐变化的情况。图 3.14(a)是正极板在密度为 1.05 的 H_2SO_4 溶液中化成的情况。可以看出，首先在栅筋最接近溶液处开始化成，生成 PbO_2，然后这个 PbO_2 区向内部扩展。值得注意的是，该区并不是纯 PbO_2 区，而是 PbO_2 网络区。最后 PbO_2 区向表面的 $PbSO_4$ 层扩展，因为表面的 $PbSO_4$ 结晶较粗大，较难转化成 PbO_2。在化成过程中，网络中包围的 PbO_2 和 $PbSO_4$(化学反应的产物)也逐渐转变为 PbO_2，当然这个过程是在中后期进行的。

图3.14(b)给出的是在相对密度等于1.05的H_2SO_4溶液中负极板化成的情况。可以看到,化成虽然也从栅筋开始,但是铅区是先沿表面扩展的。当铅区盖住表面后,才向铅膏内部进展。最后铅区扩展到全极板。由此可见,在化成时正极板与负极板的变化规律是不一样的。

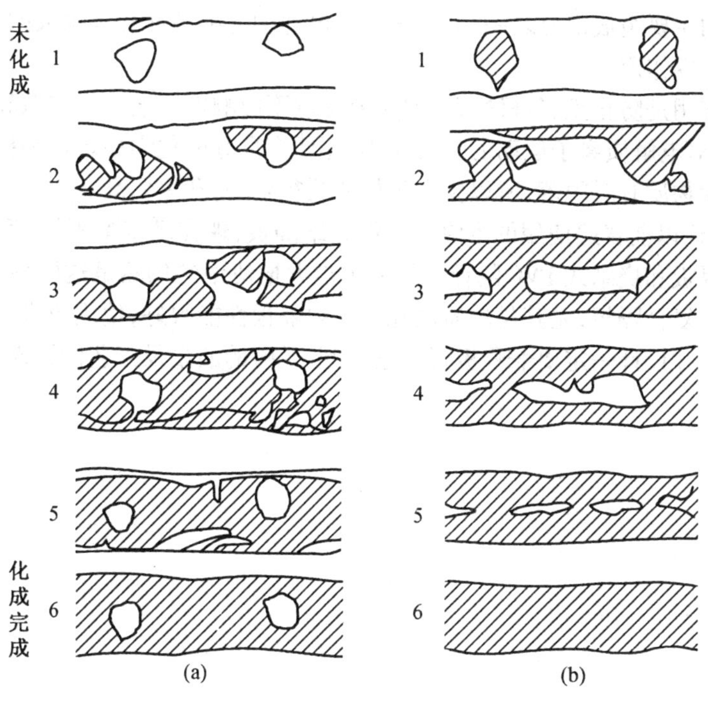

图3.14 模板化成时铅膏变化的显微镜观察

(a) 正极板(阴影区为PbO_2)根据尺寸143 mm×135 mm×1.8 mm(14 A·h),铅膏含酸量45 g/mL的铅粉,铅膏密度为3.6 g/mL,化成液相对密度为1.15,化成电流密度为5 mA/cm^2。

(b)负极板(阴影区为铅),牵引正极板为285 mm×180 mm×40 mm,铅膏含酸量为45 g/mL铜膏的,化成相对密度为1.05,化成流量为1.89 mL/g的铅膏,化成电流密度为5 mA/cm^2,有$BaSO_4$及膨胀剂。

4.干荷电极板的化成

通常化成好的负极板在干燥过程中约有50%的金属铅被氧化,它基本处于非荷电状态。采用这种极板装配的电池,在使用前必须要进行初充电。铅酸蓄电池出厂时通常不带酸,使用前再加酸。为了新电池加酸后能立即工作,装配电池的负极板在干燥过程中不允许被氧化。防止铅被氧化的措施有多种,目前我国大都采用浸渍法。化成后水洗至中性的极板浸入一定浓度的硼酸溶液中,在海绵状铅的表面生成偏硼酸铅[$Pb(BO_2)_2$],它不溶于水,保护铅不被氧化。但是它溶于酸,所以不影响电池的正常工作。浸甘油的道理与其相似,具体是在铅的表面生成甘油酸铅。此外也有采用惰性气氛干燥法处理极板,即以不完全的燃烧(空气中的氧被全部消耗掉而燃气过剩)来产生热的惰性气体,用它来干燥极板。目前的文献中还报道了一些方法,由于未被广泛采用,这里不再介绍。

采用电池化成是另一种工艺路线,即将生极板先装配成电池再注电解液通电化成。

3.6.6 电池装配

将熟极板按正负极板间必须配有隔板、正负极板相间排列的原则,将正负极与隔板配成极群,通常极群的边板是负极板。通过钎焊将同名电极连接在一起,并配有极柱。将极群与电池壳盖组合成电池。

隔板是电池的主要组成部分之一,其质量对蓄电池的各种特性都有很大的影响,在某些情况下甚至起决定性作用。

隔板的主要作用是防止正、负极短路,但又要尽量不影响电解液自由扩散和离子的电迁移,也就是说隔板对电解质离子运动的阻力要小,还要有良好的化学稳定性和机械强度。电池工作时正极活性物质有时脱落,所以要求隔板的孔径要小,孔率要高。

20 世纪 60 年代以前普遍使用的木隔板和纸纤维隔板,现在已基本不用;后来较普遍使用的是微孔橡胶隔板和烧结式 PVC 隔板。目前国内大量使用的仍然是这两种隔板,有些厂家也使用玻璃纤维复合隔板,尤其是软质微孔聚乙烯隔板性能很好,使用越来越普遍。

电池的几何尺寸设计一定要兼顾极板的紧装配、足够的酸量及工艺的可操作性。

第 4 章 镉 – 镍蓄电池

4.1 概 述

镉 – 镍(Cd – NiOOH)蓄电池的表达式为

$$(-)\ Cd \mid KOH(或\ NaOH) \mid NiOOH\ (+)$$

Cd – NiOOH 蓄电池的负极活性物质为海绵状金属镉，正极活性物质为羟基氧化镍(NiOOH)，电解质溶液为 KOH 或 NaOH 水溶液，属于碱性电池。

Cd – NiOOH 蓄电池是 1899 年问世的，由于它具有独特的优点，因此得到了快速发展。我们可以将其 100 多年的发展历史概括为 4 个阶段：

① 20 世纪 50 年代以前，主要是有极板盒式电池，也称为袋式或盒式电池，主要用于牵引、启动、照明。它是把正极和负极活性物质分别装在由穿孔的镀镍钢带做成的扁盒子里做成的。这种电池有很多优点，如可防止活性物质脱落，延长使用寿命等。但由于活性物质是装在盒子里的，不可避免地存在一些缺点，如内阻较大、不适合大电流放电等。

② 20 世纪 50 年代，研制出了烧结式电池。它是用镍粉加发孔剂压制成型，然后烧结成基板(骨架)，再用浸渍的方法把活性物质添加到基板微孔中做成的。它克服了有极板盒式电池内阻大、活性物质利用率低的缺点，具有机械强度高、可大电流放电的优点，主要用于坦克、飞机、火箭等各种引擎的启动。

③ 20 世纪 60 年代，研制出了密封 Cd – NiOOH 蓄电池，它是最先研制成为密封蓄电池的电化学体系。由于密封，它可以以任意位置工作，不需维护，这就大大扩大了 Cd – NiOOH 蓄电池的应用范围。烧结式密封 Cd – NiOOH 蓄电池同时具有可以大电流放电的优点，可以用于导弹、火箭和航天系统的电源，例如，人造地球卫星能源系统大部分是太阳能电池和全密封 Cd – NiOOH 蓄电池匹配使用。

④ 20 世纪 80 年代，研制成功了新型的纤维式、发泡式 Cd – NiOOH 蓄电池。与烧结式电池相比，纤维式和发泡式电池的生产工艺简单、生产效率高、活性物质填充量大、电池容量可提高 40% 以上。同时期，黏结式 Cd – NiOOH 蓄电池也得到了很大发展。

Cd – NiOOH 蓄电池最突出的特点是使用寿命长。据放电深度和放电率不同，循环次数可达几千甚至上万次，总的使用寿命可达 8 ~ 25 年，人造卫星用 Cd – NiOOH 蓄电池在浅充放条件下可循环 10 万次以上，密封 Cd – NiOOH 蓄电池循环寿命可达 500 次以上；另外，Cd – NiOOH蓄电池自放电小、使用温度范围广、耐过充过放、放电电压平稳、机械性能好。但活性物质利用率低、成本较高、负极镉有毒；电池长期浅充放循环时有记忆效应。

Cd – NiOOH 蓄电池根据结构及制造工艺的不同，可分为有极板盒式电池和无极板盒式电池两大类。根据密封方式的不同，可分为开口型、密封型、全密封型。有极板盒式电池是开口的，无极板盒式电池既可以是开口的，也可以是密封的。从输出功率不同，可以分为低倍率型、中倍率型、高倍率型和超高倍率型。

Cd－NiOOH 蓄电池可用做铁路列车的照明、信号灯电源、矿灯及一些部门的储备及应急电源。还广泛应用于现代军事武器、航海、航空及航天事业。密封 Cd－NiOOH 蓄电池作为便携式电源可应用于各个领域。

4.2　Cd－NiOOH 蓄电池的工作原理

4.2.1　成流反应

Cd－NiOOH 蓄电池在 KOH 水溶液中充放电循环时,进行如下反应

$$Cd + 2NiOOH + 2H_2O \underset{充电}{\overset{放电}{\rightleftharpoons}} 2Ni(OH)_2 + Cd(OH)_2 \tag{4.1}$$

电极反应为

正极　$$2NiOOH + 2e^- + 2H_2O \underset{充电}{\overset{放电}{\rightleftharpoons}} 2Ni(OH)_2 + 2OH^- \tag{4.2}$$

负极　$$Cd + 2OH^- \underset{充电}{\overset{放电}{\rightleftharpoons}} Cd(OH)_2 + 2e^- \tag{4.3}$$

由电池总反应式(4.1)可知,电解质 KOH 不参加反应,只起导电作用。但由于有水参加反应,所以电解液量不能太少。

4.2.2　电极电势与电动势

由电极反应式(4.2)、(4.3)及能斯特方程可计算正负极的电极电势。

正极　$$2NiOOH + 2H_2O + 2e^- \underset{充电}{\overset{放电}{\rightleftharpoons}} 2Ni(OH)_2 + 2OH^- \tag{4.4}$$

$$\varphi(NiOOH/Ni(OH)_2) = \varphi^{\ominus}(NiOOH/Ni(OH)_2) + \frac{RT}{2F}\ln\frac{[a(H_2O)^2]}{[a(OH^-)^2]} \tag{4.5}$$

$$\varphi^{\ominus} = 0.49\ V$$

负极　$$Cd + 2OH^- \underset{充电}{\overset{放电}{\rightleftharpoons}} Cd(OH)_2 + 2e^- \tag{4.6}$$

$$\varphi(Cd(OH)_2/Cd) = \varphi^{\ominus}(Cd(OH)_2/Cd) - \frac{RT}{2F}\ln[a(OH^-)^2] \tag{4.7}$$

$$\varphi^{\ominus} = -0.809\ V$$

由公式 $E = \varphi_+ - \varphi_-$ 可计算电动势,即

$$E = \varphi(NiOOH/Ni(OH)_2) - \varphi(Cd(OH)_2/Cd) =$$

$$\varphi^{\ominus}(NiOOH/Ni(OH)_2) - \varphi^{\ominus}(Cd(OH)_2/Cd) + \frac{RT}{F}\ln a(H_2O)$$

设　$$E^{\ominus} = \varphi^{\ominus}(NiOOH/Ni(OH)_2) - \varphi^{\ominus}(Cd(OH)_2/Cd)$$

$$E = E^{\ominus} + \frac{RT}{F}\ln a(H_2O) \tag{4.8}$$

由式(4.8)可知,电动势 E 除与 $E^{\ominus}$ 有关外,还与水在碱溶液中的活度有关。

在标准条件下(25℃,所有参加反应的组成的活度都为 1),根据热力学关系,Cd－NiOOH 蓄电池的标准电动势为

$$E^{\ominus} = -\frac{\Delta G^{\ominus}}{nF} = 1.229\ V \tag{4.9}$$

Cd－NiOOH 蓄电池的电动势 E 与电池反应的焓变(ΔH)之间的关系,可以用吉布斯－亥姆霍兹方程式来描述,即

$$E = \frac{\Delta H}{nF} - T\left(\frac{\partial E}{\partial T}\right)_p \tag{4.10}$$

结合 $\Delta G^{\ominus} = \Delta H^{\ominus} - T\Delta S$,可以得到温度对电动势的影响,即

$$\left(\frac{\partial \Delta G}{\partial T}\right)_p = -nF\left(\frac{\partial E}{\partial T}\right)_p = -\Delta S \tag{4.11}$$

因为 ΔS 为负值,所以电池的温度系数也是负的,即

$$\left(\frac{\partial E}{\partial T}\right)_p = \frac{\Delta S}{nF} = -0.5\ \text{mV/℃} \tag{4.12}$$

电池的温度系数是负值,表示电池的电动势随温度的变化而变化,温度升高,电动势反而降低。另外,由热力学关系式,等温情况下,可逆反应的热效应为

$$Q_R = T\Delta S = zFT\left(\frac{\partial E}{\partial T}\right)_p \tag{4.13}$$

从电池电动势的温度系数为正或负,可以确定可逆电池在工作时是吸热还是放热。Cd－NiOOH蓄电池的温度系数为 －0.5 mV/℃,放电时,这个电池反应的热效应不能全部转变为电能,除一部分转变为电能外,还有一部分以热的形式释放到环境之中。而在充电时,电池还会吸收一部分环境中的热量转化为电能。

4.3 氧化镍电极的工作原理

4.3.1 氧化镍电极的反应机理

有关氧化镍电极的工作原理解释比较多。一般认为,氧化镍电极的活性物质为 NiOOH,放电产物为 $Ni(OH)_2$,这些化合物已被 X－射线研究方法所证实。

氧化镍电极与二氧化锰电极相同,属于 p 型氧化物半导体电极。它与金属电极不同,具有半导体电极的特性,是通过电子脱离正离子后形成的带正电荷的空穴进行导电的。

氧化镍晶格中存在着超化学计量的离子,相当于 $Ni(OH)_2$ 晶格中一定数量的 OH^- 被 O^{2-} 所代替,同时,同一数量的 Ni^{2+} 被 Ni^{3+} 所代替,$Ni(OH)_2$ 晶格中离子的分布如图 4.1 所示。O^{2-} 离子相对于 OH^- 离子少了一个质子,称为质子缺陷,用 $\square_{H^+}$ 表示,Ni^{3+} 相对于 Ni^{2+} 少了一个电子,称为电子缺陷(有时也称为空穴),用 $\square_{e^-}$ 表示。

当 $Ni(OH)_2$ 晶体与电解液接触时,在两相界面上产生双电层,如图 4.2 所示。溶液中的质子 H^+ 与固相中的 O^{2-} 离子定向排列,起着决定电势的作用。当充电时,$Ni(OH)_2$ 通过电子和空穴导电。充电即阳极极化时,Ni^{2+} 失去电子成为 Ni^{3+},电子向电极深处转移,同时电极表面晶格中的 H^+ 通过界面双电层的电场进入溶液,与溶液中的 OH^- 作用生成 H_2O,如图 4.3 所示。其反应可表示为

$$H^+(\text{固}) + OH^-(\text{液}) \longrightarrow H_2O(\text{液}) + \square_{H^+(\text{固})} + \square_{e^-(\text{固})} + e^- \tag{4.14}$$

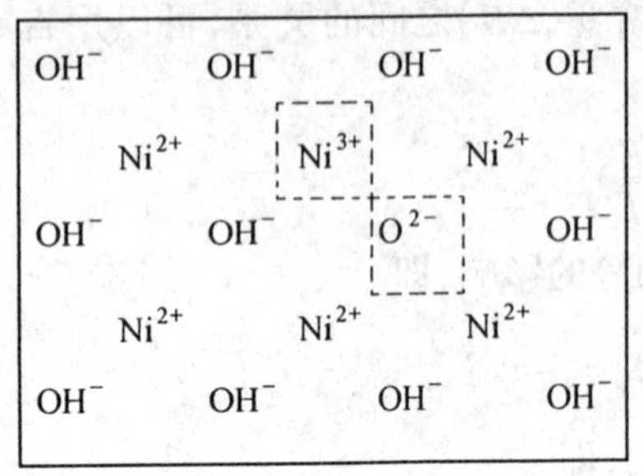

图 4.1　$Ni(OH)_2$ 晶格中离子分布示意图

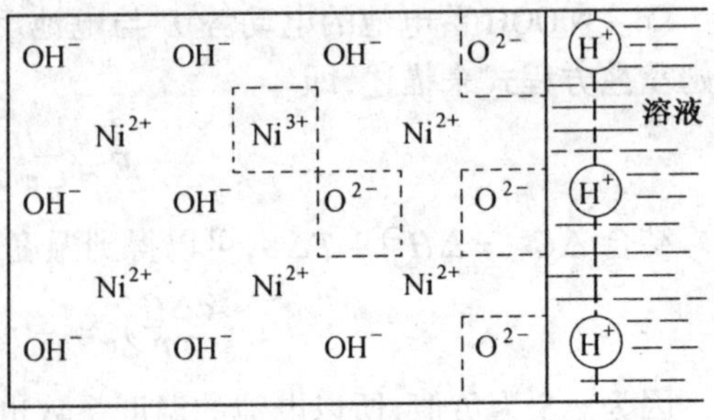

图 4.2　$Ni(OH)_2$ 电极－溶液界面双电层的形成

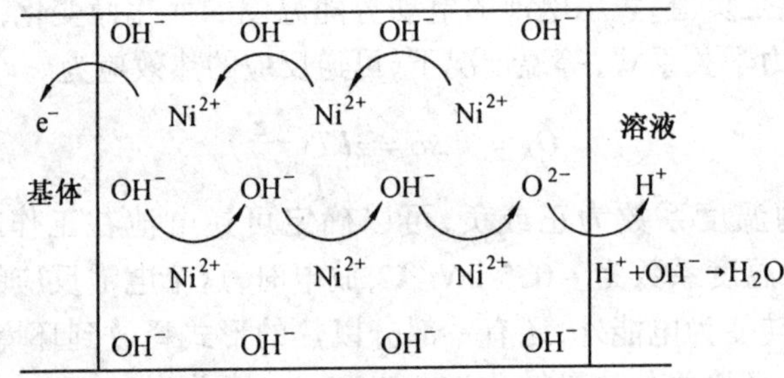

图 4.3　氧化镍电极充电过程

如式(4.14)表示，固相中的质子 H^+ 与液相中的 OH^- 作用，在液相中生成水 H_2O，同时固相中产生一个质子缺陷 $\square_{H^+}$（即 O^{2-}）及电子缺陷 $\square_{e^-}$（即 Ni^{3+}）。式(4.14)与 $Ni(OH)_2$ 充电的电极反应一致，即

$$Ni(OH)_2 + OH^- \longrightarrow NiOOH + H_2O + e^- \tag{4.15}$$

由于电化学反应是发生在界面双电层附近的，所以式(4.14)的反应是在电极表面层上发生的。这时，表面层中质子 H^+ 浓度降低，从而与氧化物电极内部的质子 H^+ 产生浓度梯度，引起质子从电极深处向表面层扩散，也相当于 O^{2-} 向电极深处扩散。由于质子 H^+ 在固相中的扩散速率相对很小，因此固相扩散速率将会小于电化学反应速率，造成表面层中质子浓度不断降低。根据动力学公式

$$i_A = K\, a(H^+)\, a(OH^-) \exp\left(\frac{\beta \varphi F}{RT}\right) \tag{4.16}$$

式中　$a(OH^-)$——液相 OH^- 活度；

$a(H^+)$——氧化物表面层质子 H^+ 活度；

i_A——阳极反应速率；

φ——双电层电势。

由于表面层中 H^+ 的活度不断下降，若要使得反应速率维持不变，则电极电势会不断升高，因而产生了固相浓差极化，使充电时阳极电势升高。在极限情况下，表面层中质子浓度降低到零，这时表面层中的 NiOOH 几乎全部转化为 NiO_2，反应方程式为

$$NiOOH + OH^- \longrightarrow NiO_2 + H_2O + e^- \tag{4.17}$$

由于电极电势的升高，此时电极电势 φ 已能够使溶液中的 OH^- 氧化，发生反应

$$4OH^- \longrightarrow O_2\uparrow + 2H_2O + 4e^- \tag{4.18}$$

由此可知，在充电过程中，镍电极上会有 O^{2-} 析出。此时，并不表示充电过程已全部完成，因为这时电极内部仍有 $Ni(OH)_2$ 存在。在充电不久镍电极上就会开始析氧，这是镍电极的一个特点。在极限情况下，表面层中生成的 NiO_2 并非以单独的结构存在于电极中，而是掺杂在 NiOOH 晶格中。所以，有人把 NiO_2 看成是 NiOOH 化学吸附氧的结果。也有人认为，此时电极上的析氧过程是因为发生了 NiO_2 的分解，产生 O_2，即

$$2NiO_2 + H_2O \longrightarrow 2NiOOH + \frac{1}{2}O_2\uparrow \tag{4.19}$$

放电时，进行着与充电过程正好相反的反应。这时，溶液中的质子越过界面双电层电场进入固相，在表面层中占据质子缺陷，与 O^{2-} 结合生成 OH^- 离子。同时固相中的 Ni^{3+} 离子与从外电路得到的电子结合成为 Ni^{2+} 离子。总的结果，液相提供了一个质子 H^+，产生一个 OH^-，固相少了一个质子缺陷 $\square_{H^+}$ 及一个电子缺陷 $\square_{e^-}$，多了一个质子 H^+，反应可表示为

$$H_2O(液) + \square_{H^+(固)} + \square_{e^-}(固) \longrightarrow H^+(固) + OH^-(液) \tag{4.20}$$

式(4.20)与镍电极放电反应一致，即

$$NiOOH + H_2O + e^- \longrightarrow Ni(OH)_2 + OH^- \tag{4.21}$$

随着式(4.20)反应的进行，H^+ 进入固相表面层，占据了质子缺陷，使得表面层中 H^+ 增多（O^{2-} 浓度降低），这样就发生了质子向电极深处的扩散。同样，由于固相中扩散速率很小，引起了较大的浓差极化，使阴极电势不断变负。因为质子在固相中的扩散缓慢，因此，在电极深处的 NiOOH 还没有完全还原为 $Ni(OH)_2$ 时，放电电压就会降到终止电压，这样就使得氧化镍电极的利用率受到限制。因而氧化镍电极中活性物质利用率受放电电流大小的影响，并与质子在固相中的扩散速率有关。

根据镍电极充放电测量结果，有关氧化镍电极详细作用机理的解释是很复杂的，目前为人们所接受的反应是

$$\beta-NiOOH + H_2O + e^- \underset{充电}{\overset{放电}{\rightleftharpoons}} \beta-Ni(OH)_2 + OH^- \tag{4.22}$$

NiOOH 及 $Ni(OH)_2$ 是在一般充放电过程中存在的物质，但在异常的循环条件下及不同的电解质溶液中可得到其他形式结构的物质，如图 4.4 所示。在过充电时，β－NiOOH 会变成 γ－NiOOH 和 NiO_2。由表 4.1的数据可知，γ－NiOOH 的密度小于 β－$Ni(OH)_2$ 的密度，活性物质发生膨胀，多次循环会使电极的结构开裂、掉粉，影响电极容量和循环寿命。γ－NiOOH 放电后将转变成 α－$Ni(OH)_2$，使体积膨胀更加严重。但是 α－$Ni(OH)_2$ 不稳定，在碱溶液中很快转化成 β－$Ni(OH)_2$。

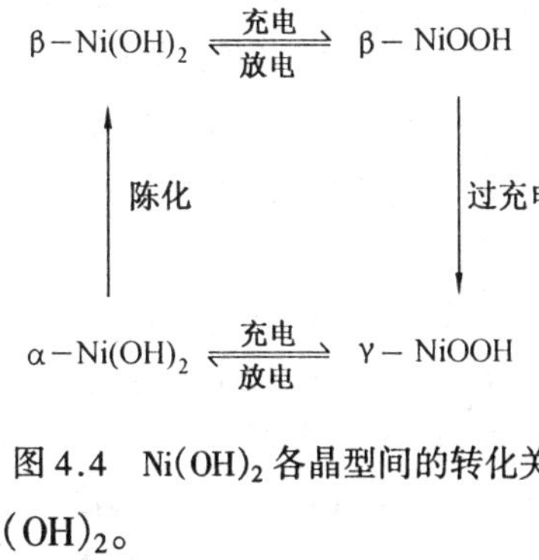

$$\beta-Ni(OH)_2 \underset{放电}{\overset{充电}{\rightleftharpoons}} \beta-NiOOH$$

陈化（α－$Ni(OH)_2$ → β－$Ni(OH)_2$）　过充电（β－NiOOH → γ－NiOOH）

$$\alpha-Ni(OH)_2 \underset{放电}{\overset{充电}{\rightleftharpoons}} \gamma-NiOOH$$

图 4.4　$Ni(OH)_2$ 各晶型间的转化关系

表 4.1　不同晶型 $Ni(OH)_2$ 的氧化态、密度和晶胞参数

晶　型	Ni 的平均氧化态	密度/($g\cdot cm^{-3}$)	a_0/nm	c_0/nm
α－$Ni(OH)_2$	+2.25	2.82	0.302	0.76～0.85
β－$Ni(OH)_2$	+2.25	3.97	0.312 6	0.460 5
β－NiOOH	+2.90	4.68	0.281	0.486
γ－NiOOH	+3.67	3.79	0.282	0.69

4.3.2　氧化镍电极的充放电曲线

氧化镍电极的充放电曲线如图 4.5 所示，曲线 1 为氧化镍电极的放电曲线。虚线是充电后经过一段时间搁置后的放电曲线。

由曲线 1 可知，充完电立即放电，电势为 0.6 V 左右，经短时间放电后，下降到 0.48V 左右，这是因为刚充完电的镍电极上有 NiO_2 存在，电势较高，首先进行的是 NiO_2 的放电反应，反应方程式为

$$NiO_2 + H_2O + e^- \longrightarrow NiOOH + OH^- \tag{4.23}$$

随着反应的进行，NiO_2 的浓度逐渐减小，电极电势也逐渐下降。如果充完电放置一段时间，因为 NiO_2 是不稳定的物质，就会自动反应而被消耗掉，反应方程式为

$$2NiO_2 + H_2O \longrightarrow 2NiOOH + \frac{1}{2}O_2\uparrow \tag{4.24}$$

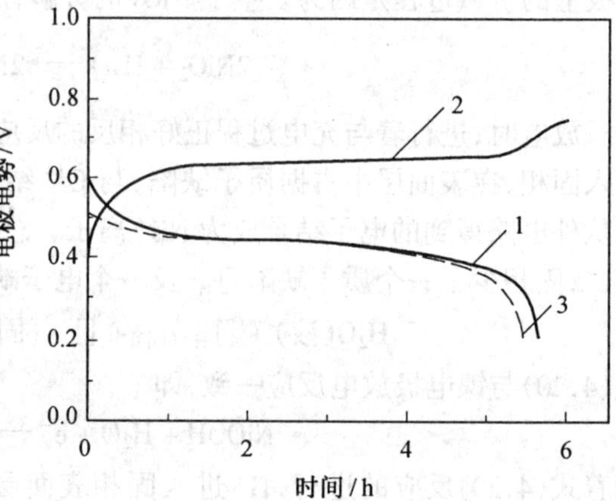

图 4.5　氧化镍电极的充放电曲线

1—氧化镍电极的放电曲线；2—氧化镍电极的充电曲线；3—搁置后的放电曲线

因此，放电曲线前段呈虚线部分，即开始放电时，就在稍低的电势下进行。

放电曲线的中间段放电电压非常平稳，它是镍电极放电的主要阶段，也就是我们通常所说的正极反应

$$NiOOH + H_2O + e^- \xrightarrow{\text{放电}} Ni(OH)_2 + OH^- \tag{4.25}$$

从以上分析可知，充完电后的镍电极活性物质中含有不稳定的 NiO_2，如不迅速利用，搁置起来，NiO_2 会自动分解，损失掉一部分能量。在放电过程中真正起作用的是 NiOOH。

放电时，电池工作电压的变化主要是由于镍电极的电势变化引起的。由于负极的容量远远大于镍电极的容量，所以放电时负极电势变化很小，正极电势稍有变化，就会引起电池工作电压的变化。

曲线 2 为充电曲线。开始时，电极电势上升很快，到 0.65 V 左右电极电势比较平稳。随着充电的进行，电极上开始有少量氧气析出，电势有所上升。析出的氧气逐渐增多，电势也逐渐升高，最后突跃到 0.75 V 左右，这时全部充电电流用于氧气的产生。充电时的实际电势要比 $\varphi(NiOOH/Ni(OH)_2)$ 高得多，这主要是前面所讲的固相浓差极化造成的。

由于氧化镍电极的半导体性质，它的导电性能不好，同时由于工作时受固相中质子扩散速率控制，因此，充放电反应进行得很不彻底，氧化镍电极的充电效率、放电深度、活性物质利用率都较低。如果提高镍电极中氧化物的导电性和质子在固相中的扩散速率，就可以改善电极的充电效率和放电深度，提高活性物质的利用率。

半导体的导电率和固相中物质的扩散速率不仅与温度有关，还与半导体晶格中存在的晶格缺陷有关。对于半导体，加入少量添加剂就可明显改变半导体的性能。因此，在氧化镍电极中，我们可以通过加入一定的添加剂来改善它的电化学性质。对氧化镍电极，有利的添

加剂有 LiOH,一般作为电解液添加剂使用。此添加剂在充放电过程中逐渐进入 $Ni(OH)_2$ 晶格中,可以提高氧析出的过电势,有利于改善充电效率,但影响放电深度。$Ba(OH)_2$ 也有类似的作用。添加 Co 能提高放电深度,但降低氧析出的过电势,即影响充电效率。Co 的添加方式有 Co 粉、$Co(OH)_2$、CoO 等,它们先溶解在碱溶液中,再扩散沉积在 $Ni(OH)_2$ 颗粒的表面,在充电后会变成 CoOOH。由于 CoOOH 的导电性非常好,因而改善了电极的导电性。将 Co、Li、Ba 等配合使用时,可使得充电效率和放电深度都得到提高,而且互不干扰,它们的加入,也可提高电池的寿命和容量。另外,对氧化镍电极有利的添加剂还有 Mn、Hg、Al、Zn 等。

Fe 也会降低对氧化镍电极氧析出过电势,降低充电效率,但是 Fe 并不能增加放电深度,所以 Fe 是有害的杂质。Mg 的晶格和 $Ni(OH)_2$ 相似,因此 Mg 能深入 $Ni(OH)_2$ 晶格替代 Ni,降低容量。Ca 和 Si 也会降低 $Ni(OH)_2$ 容量。当有 Si 存在时,氧化镍电极在循环开始容量就明显下降。Ca 的不利影响随着循环次数增加会越来越大。

4.4 镉电极的工作原理

4.4.1 反应机理

Cd-NiOOH 蓄电池的负极活性物质为海绵状金属 Cd,放电产物是难溶于 KOH 溶液的 $Cd(OH)_2$,属于六方晶系。负极的电极反应式为

$$Cd + 2OH^- \underset{充电}{\overset{放电}{\rightleftharpoons}} Cd(OH)_2 + 2e^- \tag{4.26}$$

有关负极的反应机理说法较多,但基本上可以归纳为两类,即直接氧化机理和溶解沉积机理。

1.直接氧化机理

这种观点认为,$Cd(OH)_2$ 难溶于 KOH 溶液,而 Cd^{2+} 在碱溶液中的溶解度为 10^{-15} mol/L,这样少的离子要在双电层附近发生电化学反应是很困难的,因此,反应不可能是在液相中进行,Cd 的氧化是在固相中直接进行的。

2.溶解-沉积机理

这种观点认为,反应是完全可以在液相中进行的。放电时 Cd 阳极氧化后以 $Cd(OH)_3^-$ 的形式进入溶液的,然后再形成 $Cd(OH)_2$ 沉积在电极上。实验表明,镉电极放电时,氧化深度和电解液浓度存在一定的依赖关系,而且反应是在溶液中进行的。$Cd(OH)_3^-$ 在碱液中的溶解度为 9×10^{-5} mol/L,这样大的浓度可以使电极反应迅速进行。反应机理如下。

镉电极放电时,首先发生 OH^- 的吸附,即

$$Cd + OH^- \longrightarrow Cd-OH_{吸附} + e^- \tag{4.27}$$

这一吸附作用,在更高的阳极电势下,进一步氧化

$$Cd + 3OH^- \longrightarrow Cd(OH)_3^- + 2e^- \tag{4.28}$$

当界面上溶液过饱和时,$Cd(OH)_2$ 就沉积出来,即

$$Cd(OH)_3^- \longrightarrow Cd(OH)_2\downarrow + OH^- \tag{4.29}$$

生成的 $Cd(OH)_2$ 是附着在电极表面上的,由于 $Cd(OH)_2$ 疏松多孔,因此不妨碍溶液中 OH^- 继续向电极表面扩散,对反应速率的影响并不明显,电极的放电深度仍比较大,活性物质利

用率较高,即使在有极板盒式电池中,活性物质利用率仍可达到40%左右。

镉电极在放电过程中,其过电势逐渐增大,因此放电电势逐渐变正。极化的产生主要是由于中间产物的积累而造成的,也就是由于 Cd^{2+} 的迁移阻力造成的。

4.4.2 镉电极的钝化

镉电极是不易钝化的金属,因此,镉电极的低温性质比较好,但是在较高的过电势下镉电极也将发生钝化。这时,金属表面产生一层很薄的钝化膜,一般认为这层膜是 CdO,它阻碍了金属的正常溶解。如果放电电流密度太大、温度较低、电解液浓度较小时,都容易引起镉电极钝化。关于 CdO 的生成有两种观点:一种观点认为是由 $Cd(OH)_2$ 脱水而成,即

$$Cd(OH)_2 \longrightarrow CdO + H_2O \tag{4.30}$$

第二种观点认为,CdO 是由 Cd 吸附氧生成的,即

$$Cd + O \longrightarrow Cd - O_{吸附} \tag{4.31}$$

另外,由于海绵状镉有着很大的比表面,而充放电循环过程中镉的重结晶使镉电极真实表面积不断收缩,极化增大,导致发生钝化。这是影响电池性能的重要因素。

为防止钝化,需要在活性物质中加入表面活性剂或其他添加剂,起到分散作用,阻止海绵镉结晶时聚集和收缩,产生大的晶体;同时起到改变镉结晶的晶体结构作用。在实际生产中,一般加的是苏拉油或25号变压器油。

为了提高电流密度,还可以加入 Fe、Co、Ni、Ag、In 等作为添加剂。Fe、Co、Ni 可提高电极的放电电流密度。Fe 和 Ni 的作用主要是控制中间生成物在固相中的积累,因而可以降低放电过程的过电势。Ag、In 可提高电子导电性。一般在开口电池中加入 Fe 或其氧化物,在密封电池中加入 Ni 或其氢氧化物。

对镉电极有害的杂质有 Tl、Ca、Al 等。Tl 可使 Cd 晶体长大,表面变得平坦,减小海绵状金属 Cd 的真实表面积,导致电极迅速钝化,丧失活性。Ca 影响镉电极的还原。

4.4.3 镉电极的自放电

镉电极的自放电很小。镉若发生自溶解,应进行下列共轭反应

$$Cd + 2OH^- \longrightarrow Cd(OH)_2 + 2e^- \qquad \varphi^{\ominus}(Cd(OH)_2/Cd) = -0.809\ V \tag{4.32}$$

$$2H_2O + 2e^- \longrightarrow H_2\uparrow + 2OH^- \qquad \varphi^{\ominus}(H_2O/H_2) = -0.828\ V \tag{4.33}$$

镉电极氧化的标准电极电势比氢析出的标准电极电势要正 20 mV,所以上述共轭反应不能自发进行,即镉在碱液中不会自发地溶解而析氢。我们在实际中观察到的镉电极的自放电是氧对海绵状金属镉的化学氧化而造成的。

4.5 密封 Cd - NiOOH 蓄电池

4.5.1 密封原理

Cd - NiOOH 蓄电池与铅蓄电池一样,在储存和使用时,都不可避免地有气体产生。因此,电池上需要有特殊结构的气孔,以便气体的排出。气体逸出时,会带出电解液,腐蚀设

备,而且要经常补加电液。由于电解液容易发生碳酸盐化,降低电解液的电导率,影响电池的性能及寿命,因此需要经常更换电解液。

如果将电池密封起来,就可以做到无电解液泄漏,无气体析出,无碳酸盐化问题,电池不需维护和更换,并可以任意姿态工作。这将大大扩大电池的使用范围。

为了使用方便,各类电池都力求做到密封,而真正做到电池密封是非常困难的。电池实现密封最重要的条件是要防止储存时产生气体和消除工作时产生的气体。研究表明,实现电池密封必须解决三个问题:

① 负极在电解液中稳定,不能自动溶解而析出氢气;负极物质过量,使正极在充电完全而产生氧气时,负极上仍有未充电的活性物质存在,保证负极上不会由于过充电而析出氢气;正极上产生的氧气易于在负极上被还原,即负极活性物质可以吸收正极上生成的氧气。

② 有一定的气室,便于氧气迁移。

③ 采用合适的隔膜,便于氧气通过,促进氧气快速向负极扩散。

Cd-NiOOH 蓄电池完全可以满足以上要求。从4.4节分析可知,由于镉电极的标准电极电势比氢的标准电极电势要正 20 mV,镉电极在碱液中不发生自溶解而析氢,同时由于氢在镉上析出的过电势较高($\eta \approx 1.05$ V),因此,在充电过程中,只要适当控制充电电流密度和温度等条件,镉电极上就不会析出氢气,镉电极充电效率较高。另外,负极是海绵状金属镉,与氧具有很强的化合能力,正极充电或自放电产生的氧气,只要扩散到负极,就很容易与 Cd 进行化学反应或电化学反应而被吸收掉。

化学反应

$$2Cd + O_2 + 2H_2O \longrightarrow 2Cd(OH)_2 \tag{4.34}$$

或电化学反应

$$2Cd + 4OH^- \longrightarrow 2Cd(OH)_2 + 4e^- \tag{4.35}$$

$$O_2 + 2H_2O + 4e^- \longrightarrow 4OH^- \tag{4.36}$$

Cd-NiOOH 蓄电池是最早被研制成功的密封蓄电池,并且可以做成全密封结构。

4.5.2 密封措施

要使 Cd-NiOOH 蓄电池真正实现密封,在设计和使用中应采取以下措施。

1.负极的容量大于正极的容量

负极的容量大于正极的容量就是使负极始终具有未充电的物质存在,我们把负极容量大于正极容量那部分过剩的物质称为充电储备物质。正负极活性物质的容量比的一般要求为负极容量/正极容量=1.3~2.0。对于不同用途的电池,综合考虑电池的性能,正负极活性物的容量比也要作相应的改变。为了确保安全可靠,比例应适当大一点;为了提高电池的比能量,比例可以适当降低一些。

充电时,电解液用量及镉电极孔隙率对电池内氧气压力的影响如图4.6所示。这样,当正极充完电,即 $Ni(OH)_2$ 全部转变为 NiOOH 后,负极仍有部分 $Cd(OH)_2$ 存在,即负极始终处于未充足电的状态。这时,负极就不会有氢气产生。当正极充电和过充电时产生的氧气可与负极海绵状镉发生反应而被消除。由于此反应又生成了 $Cd(OH)_2$,使得负极总是处于未充足电的状态。我们把这种充电保护作用又称为镉氧循环。

2.控制电解液用量

由于 H_2O 参与成流反应,因此电解液量不能太少,否则会影响电池性能和寿命。但是电解量也不能太多,因为电解液量过多易使电极处于淹没状态,减小氧气与负极镉化合的反应面积;同时也淹没隔膜透气孔,使氧气向负极扩散受阻;而且电解液多,使得电池内部气室减少。因此,要严格控制电解液用量,一般是在不影响电池性能的前提下,电解量要尽量少。最适宜的用量,应由实验确定。

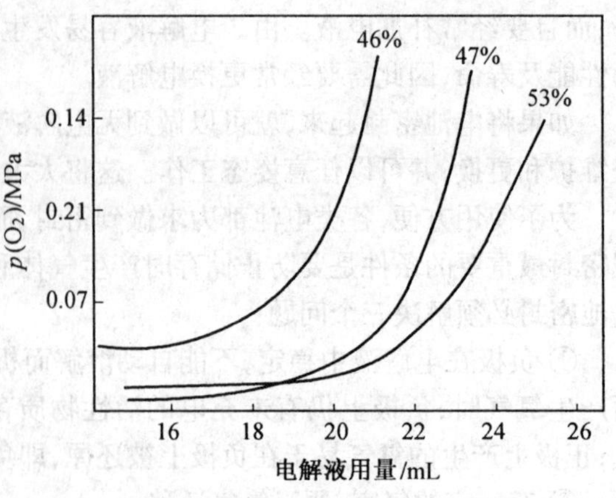

图 4.6　电解液用量及镉电极孔隙率对电池内氧气压力的影响

3.采用微孔隔膜

要求隔膜吸液能力强,化学性质稳定,韧性和强度好,耐压、耐冲击振动。隔膜既要能保持电解液,又要给氧气扩散提供微孔通道。隔膜的微孔孔径小,能使气体透过,但可以防止活性物质的微小颗粒穿透隔膜和枝晶生长。隔膜要尽量薄,以降低电池内阻,同时可以缩短氧气扩散路径,便于气体扩散,还可以给活性物质提供更多的空间。密封烧结的 Cd – NiOOH 蓄电池隔膜如表 4.2 所示。

表 4.2　密封烧结 Cd – NiOOH 蓄电池隔膜

类　型	组　成	单层湿厚度/mm	总厚度/mm	应　用
单层	尼龙毛毡	0.27	0.27	圆柱式电池
	纤维素毡	0.20	0.20	
	聚丙烯毛毡	0.22	0.22	
双层	尼龙毛毡	0.15	0.30	矩形电池
	尼龙毛毡	0.15		
	纤维素毛毡	0.11	0.26	
	尼龙编织物	0.15		
三层	尼龙编织物	0.09	0.30	扣式电池
	纤维素毛毡	0.12		
	尼龙编织物	0.09		
	氯乙烯 – 丙烯腈共聚毡	0.06	0.22	
	纤维素毛毡	0.10		
	氯乙烯 – 丙烯腈共聚毡	0.06		

4.采取多孔薄型镍电极和镉电极,实现紧密装配

采取紧密装配,以减少极间距离,有利于氧气从正极向负极顺利扩散。多孔镉电极可以增大负极表面积,有利于氧气吸收。

5.采用反极保护

在电池组串联使用时，即使单体电池型号相同，串联电池组中也总会存在着一个相对容量小的电池，这只容量较低的电池决定了整个电池组的容量。电池组放电时，这只容量最小电池的容量最先放完电，如果整个电池组仍在放电，这时这只电池就会被强制过放电。放电曲线如图4.7所示。

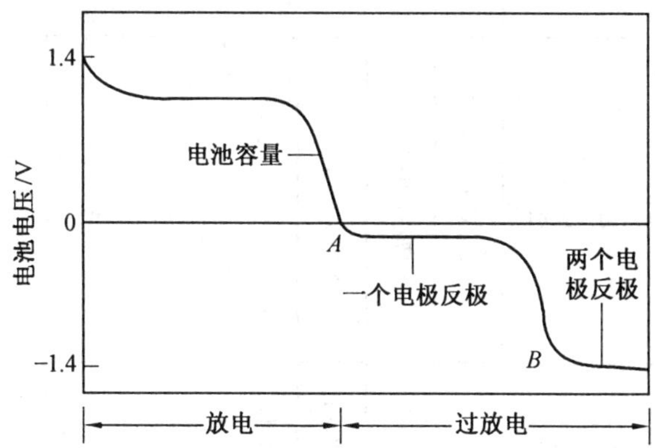

图4.7 串联Cd－NiOOH电池组中容量最小的电池的放电与过放电曲线

第一阶段为正常放电，当放电至点 A 时，电池电压下降到0 V，正极容量已经放完。由于负极容量过剩，负极上仍有未放电的活性物质存在。在第二阶段中，电压急剧下降到－0.4 V，这时负极继续发生氧化反应，正极则发生水的还原，生成氢气，正负极上的反应为

负极 $$Cd + 2OH^- \longrightarrow Cd(OH)_2 + 2e^- \tag{4.37}$$

正极 $$2H_2O + 2e^- \longrightarrow 2OH^- + H_2\uparrow \tag{4.38}$$

放电至点 B，负极容量也被放完。电池电压急剧下降到－1.52～－1.6 V，如图中第三阶段，这时负极发生 OH^- 的氧化而生成氧气，即

$$4OH^- \longrightarrow 2H_2O + O_2\uparrow + 4e^- \tag{4.39}$$

单体电池在过充电时会发生水的分解，在正极上生成氧气，负极上生成氢气。在过放电时，也会发生水的分解，在正极上生成氢气，负极上生成氧气，两极发生的反应正好与过充电时相反，因此称为“反极充电”。

由上可知，发生反极充电时，正负极分别生成氢气和氧气。这对于密封电池是非常危险的，这会使电池内压急剧上升，而且氢气和氧气同时产生，容易引起爆炸。为了消除或避免反极充电，除了在使用时严格禁止过放电外，还可以采取反极保护措施。反极保护的方法有两类，正极中加入反极物质，或电池中加入辅助电极，使产生的气体在辅助电极上进行再化合反应。

目前国内普遍采用的是在正极加入反极物质 $Cd(OH)_2$，在正常充放电时，$Cd(OH)_2$ 是非活性物质不参加反应，当发生过放电时，正极中的 $Cd(OH)_2$ 代替水在正极上还原，其反应为

$$Cd(OH)_2 + 2e^- \longrightarrow Cd + 2OH^- \tag{4.40}$$

在正极上发生 $Cd(OH)_2$ 的还原，防止氢气的产生。同时，产生的Cd又可与负极过放电产生的氧气形成镉氧循环，这样即使电池处于反极充电，电池内部也不会发生气体积累，造成电

池内压过大。Cd－NiOOH 蓄电池在正常充放电、过充电、过放电过程中的电极反应与气体流动示意图见图 4.8。

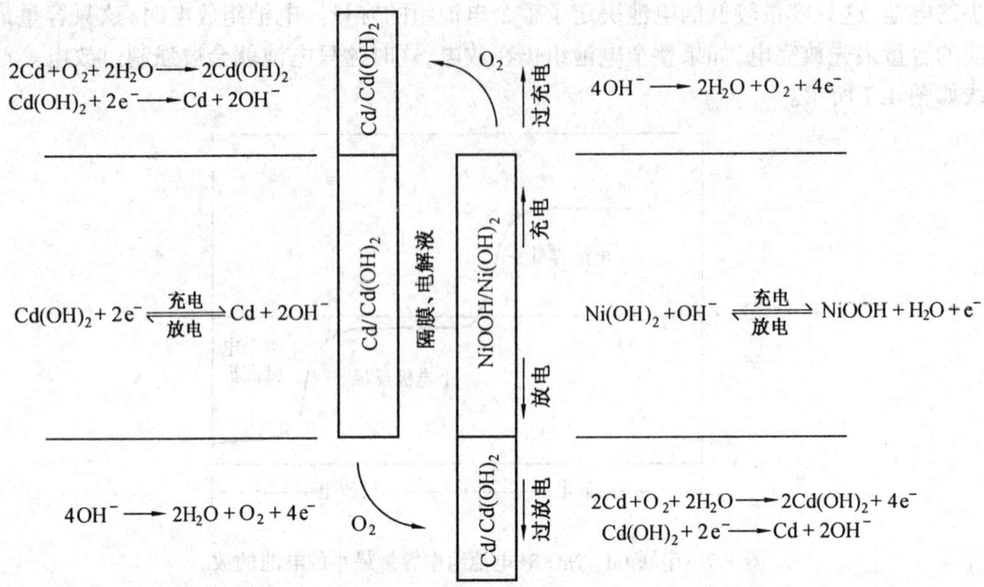

图 4.8 Cd－NiOOH 密封蓄电池正负极反应与氧气流动示意图

6.使用密封安全阀

为防止电池内部因意外而出现高内压，密封电池一般都设有安全装置－安全阀。当电池内部压力超过规定临界压力时，安全阀自动开启，使气体放出，保证安全。安全阀有不同的结构，但从功能上讲，大致分为两类，即永久开启式和再闭式。永久式安全阀在达到给定压力后一旦打开，就永远处于开启状态。再闭式安全阀开启后，放出气体，当压力降低到临界值以下时，气阀自动恢复原位，重新密封。

7.正确使用和维护电池

为保证电池具有良好的性能，延长使用寿命，首先要严格充放电制度。在充电时，要保证充电末期氧气的生成速率不超过氧气的再化合速率，这样才能避免电池内部气体的大量产生。实现这点可采用常规阶段法充电，即开始用大电流（如 3 小时率电流），到后期改为 10 小时率继续充电。目前还发展了许多充电控制方法，例如，压力控制、温度控制、电压控制、容量控制等。

要严格禁止过放电。尽管密封电池采取了反极保护措施，但是如果长期过放电，氢气会从正极析出，造成电池内部压力增大，最后迫使电池密封打开，降低电池寿命。

由于温度对电池性能有一定的影响，高温会促使镍电极析氧速率加快，低温时电解液电阻率降低，内阻增大，因此，在一些对电池性能有严格要求的场合（如人造卫星上使用的密封 Cd－NiOOH 蓄电池），为保证高度可靠的电池性能，对于使用温度要求严格控制，有时需要加热或散热。

密封 Cd－NiOOH 蓄电池具有许多优点，如中小电流放电时，电压平稳、内阻小、无需维护等。它可以作为便携式电源广泛用于工具、摄影、玩具、家用电器或作为应急照明、报警、计算机存储器备用电源等。但是不宜用大电流充电，循环寿命较开口式短。

4.6 Cd-NiOOH蓄电池的电性能

Cd-NiOOH蓄电池的开路电压约为1.3 V,额定电压为1.2 V,平均工作电压为1.20~1.25 V。

4.6.1 充放电曲线

图4.9是开口式Cd-NiOOH蓄电池的充放电曲线。由图可知,充电开始时,电池电压为1.3 V左右,随着充电的进行,电压慢慢上升到1.4~1.5 V,并稳定较长时间,电压一超过1.55 V,电解液中水开始电解,产生气体,电压开始急剧上升,到末期,正负极上都开始析出气体,电池电压达到1.7~1.8 V。

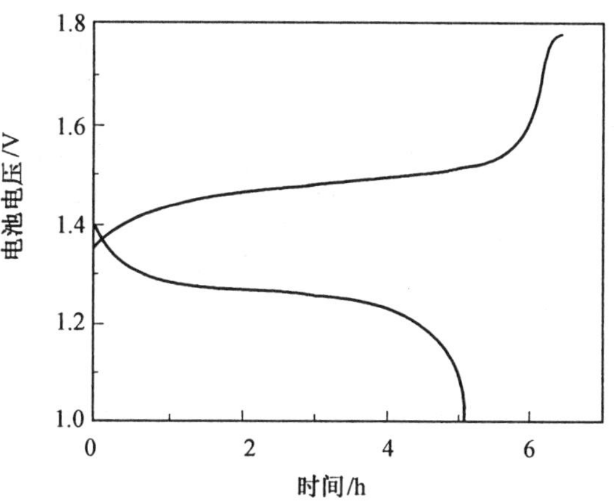

图4.9 Cd-NiOOH蓄电池的充放电曲线

放电曲线比较平稳,只是在放电终止时突然下降。如果电池充完电,放置一段时间再放电,放电曲线的初期会有所变化,这是由于前面所讲的镍电极中充电时生成的NiO_2不稳定,容易进行自放电的结果。

Cd-NiOOH蓄电池的充电终止电压一般规定为1.6 V左右。放电终止电压的规定与放电率有关,一般在1.0 V左右,较高放电率时,可以设定较低的放电终止电压。对开口式Cd-NiOOH蓄电池来讲,它对过充、过放有一定的耐受能力。但密封Cd-NiOOH蓄电池则要严格充放电制度。密封Cd-NiOOH蓄电池的充电曲线与开口的也有一定差异。密封Cd-NiOOH蓄电池的充电曲线如图4.10所示。

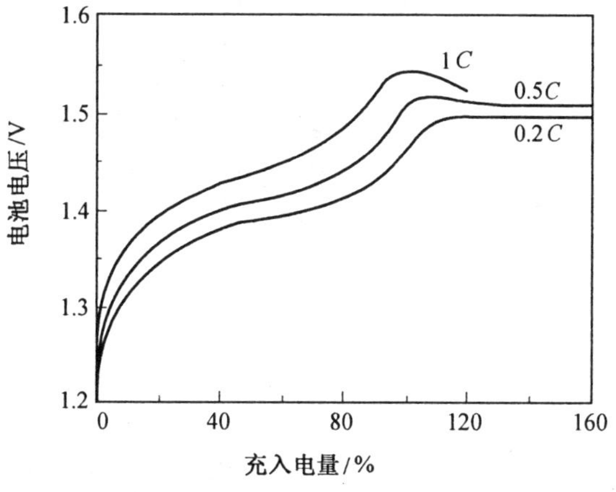

图4.10 密封Cd-NiOOH蓄电池充电曲线

从图4.10可以看出,密封Cd-NiOOH蓄电池的充电曲线上没有电压急剧上升的第二个阶段。这是由于负极容量过量较多,在正常充电条件下,即使在充电后期,负极上也不会有H_2析出;在充电曲线上有一个电压最高点,这是由于刚要充足电时,在正极上有O_2生成,这时电池充电电压最高,然后电压稍有下降。这是由于充电时正极上生成的O_2在负极上被海绵隔复合,反应放出大量的热,使电池温度升高,而温度升高会使电池电压降低。

电池放电容量与活性物质的利用率、放电率、温度、电解液的浓度及电极结构有关。一般情况下,正极活性物质利用率为70%左右,负极为75%~85%。烧结式电极中活性物质利用率更高些。

对于任何化学电源,其容量都受放电温度和放电倍率的影响,如图 4.11 和图 4.12 所示。Cd – NiOOH 蓄电池对放电率及温度敏感性比铅酸蓄电池要小。因此,Cd – NiOOH 蓄电池可以大电流放电,有极板盒式电池以 $5C_s$ 放电时,仍可给出额定容量的 60%,而开口烧结式电池则可以高达 $20C_s$ 的脉冲电流放电。一般有极板盒式及密封 Cd – NiOOH 蓄电池适用于中小电流放电,开口烧结式电池适用于高倍率放电。

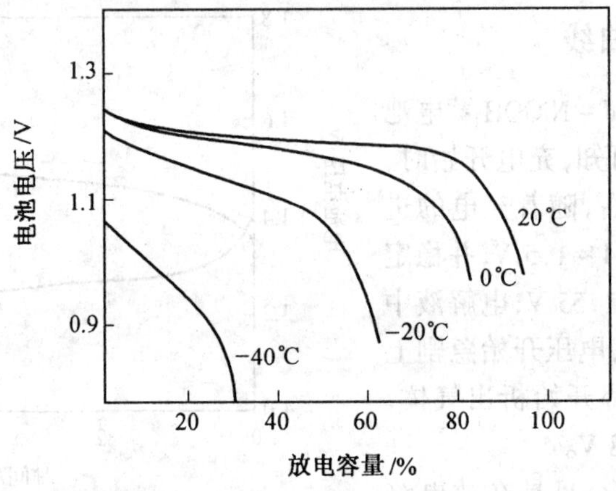

图 4.11 密封 Cd – NiOOH 蓄电池在不同温度下的放电曲线($0.5C_s$)

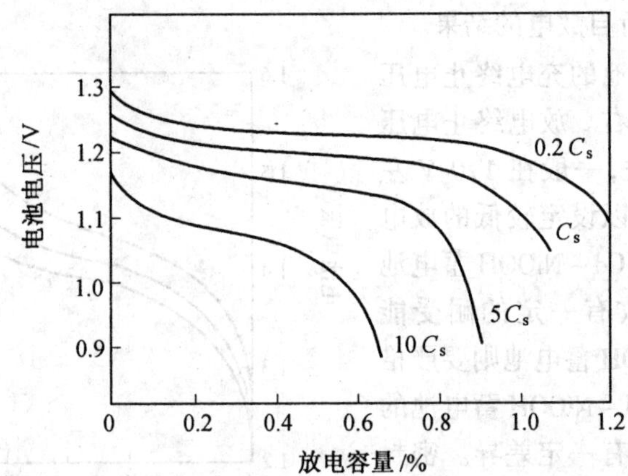

图 4.12 密封 Cd – NiOOH 蓄电池不同放电倍率时的放电曲线(额定容量 1.2 A·h)

Cd – NiOOH 蓄电池的温度范围很广(– 40 ~ + 50℃)。由于镉电极不易钝化,所以低温性能较好,但是由于低温下,电解液的电阻升高,使得容量下降。反之,升高温度可使容量增加,但温度超过 50℃时,会造成电池性能恶化。高温使得正极上的析氧过电势降低,正极充电不完全;Cd 的溶解会随着温度的上升而增大,并加速向负极板外侧迁移,甚至迁移到隔膜中,形成镉枝晶,导致短路;而小颗粒的 Cd 结晶优先溶解,会促进形成大颗粒晶粒,降低负极活性;高温还会加速镍基板腐蚀和隔膜氧化,导致电池失效。密封 Cd – NiOOH 蓄电池由于采用密封结构,使温度范围有所限制,工作温度一般在 5 ~ 25℃之间,但在 – 20 ~ + 30℃之间仍可获得较好的工作特性。

KOH 溶液在密度为 1.30 g/cm^3 附近电导率较大,因此,电解液的密度一般控制在 1.30 g/cm^3,此时放电容量最大。

4.6.2 记忆效应

电池长期进行浅充放循环后再进行深放电时,表现出明显的容量损失和放电电压的下降,经数次全充放电循环后,电性能还可以得到恢复,这种现象称为记忆效应。例如,低地球轨道卫星用电池一般以 25% 放电深度放电,在较理想的工作温度下,可以有 30 000 ~ 40 000 次循环寿命,但经常表现出电压和容量达不到额定要求,从而影响整机供电。随着循环次数增加或温度升高,记忆效应更加明显;同时,当过充电量减小或放电率增加时,记忆效应增加程度更大。

目前,产生记忆效应的原因还不完全清楚。扫描电镜分析结构表明,发生记忆效应的镉电极比正常镉电极中的大颗粒 $Cd(OH)_2$ 多。有极板盒式电池很少发生记忆效应。当前还没有完全防止记忆效应产生的,但是可以采用再调节法消除记忆效应。例如,可以用 2 ~ 3 小时率放电至电池电压为 1.0 V,然后进行全充放电,电池放电电压和放电容量可以提高。如果定期通过一个电阻以 100 小时率或更小电流放电至较低的终止电压,则几乎可以恢复到全容量。

4.6.3 循环寿命

Cd－NiOOH 蓄电池的循环寿命是很长的,可达 3 000 ~ 4 000 个周期,总的使用寿命可达 8 ~ 25 年。放电条件(放电深度、温度、放电倍率等)对电池的循环寿命影响很大,尤其是放电深度直接影响电池的循环寿命,减小放电深度,可使循环寿命大大延长。密封 Cd－NiOOH 蓄电池比开口式电池寿命要短,在控制使用和控制充电条件下,可达到 500 次以上全放电。

4.6.4 自放电

Cd－NiOOH 蓄电池充电后储存初期,自放电较严重,这是因为 NiO_2 和吸附 O_2 不稳定造成的。经过 2 ~ 3 天后,Cd－NiOOH 蓄电池的自放电几乎停止,这是因为镉电极在碱溶液中的平衡电极电势比氢的平衡电极电势正,而且氢在镉上的析出过电势很大,因而负极不发生镉的溶解而析氢,仅有 O_2 对 Cd 的化学氧化而引起很小的自放电。

在高温下储存时,电池的自放电较严重。自放电速率还与电解液组成有关,当 KOH 溶液中含有 LiOH 时,自放电速率降低。

4.7 Cd－NiOOH 蓄电池的制造工艺

根据电极的结构,可将电极分为有极板盒式电极(或袋式电极)、烧结式电极、发泡式电极、黏结式电极、纤维式电极等。由于电极的结构不同,它们的制造工艺和性能也不同。

4.7.1 活性物质的制备

活性物质的电化学活性直接影响电池的性能,因此,活性物质的制备在电池生产中具有关键性的作用。Cd－NiOOH 蓄电池生产中所需的正极物质为 $Ni(OH)_2$,负极物质为 CdO、

$Cd(OH)_2$、电解镉粉等。将它们以适当的方式充填到基板上,经化成后,就制成了极板。

1.正极活性物质的制备

目前,国内各生产厂家普遍采用化学方法制备 $Ni(OH)_2$。传统的工艺流程如图 4.13 所示。

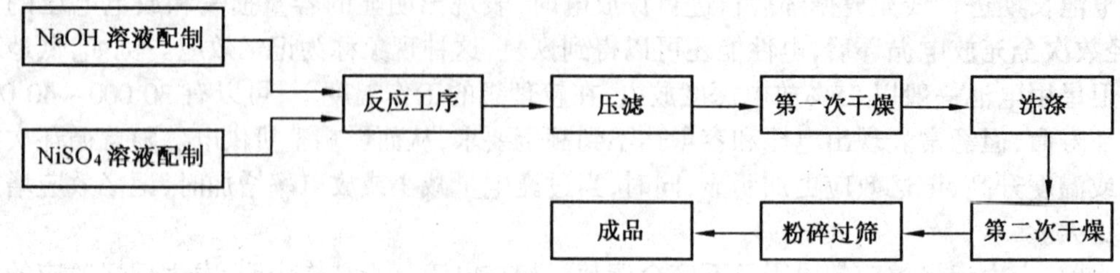

图 4.13　$Ni(OH)_2$ 生产工艺流程

在制造过程中,为保证活性物质的质量,必须严格控制各工序的工艺条件。

① 原材料杂质含量不允许超过规定值。必须对原材料进行检验,并且避免反应过程中引入杂质。

② 严格控制沉淀反应条件。生成 $Ni(OH)_2$ 的反应方程式为

$$NiSO_4 + 2NaOH \longrightarrow Ni(OH)_2\downarrow + Na_2SO_4 \tag{4.41}$$

式(4.41)的反应必须在碱性条件下进行,若在中性或弱酸性条件下,$NiSO_4$ 与 NaOH 的反应产物将是碱式 $NiSO_4$,即

$$2NiSO_4 + 2NaOH \longrightarrow Ni_2(OH)_2SO_4\downarrow + Na_2SO_4 \tag{4.42}$$

碱式 $NiSO_4$ 为不溶于水的沉淀物,它带走了大量的 SO_4^{2-},使得 $NiSO_4$ 不能充分被利用。为使式(4.41)顺利进行,反应必须始终在碱性条件下进行。一般采用将 $NiSO_4$ 溶液以喷淋的形式加入不断搅拌的 NaOH 溶液中,以防止局部反应区内 pH 值降得太低。为了保证反应过程中和反应结束后溶液 pH 值始终为碱性,一般使碱过量 5% ~ 10%。

反应的 pH 值、温度及陈化时间对 $Ni(OH)_2$ 的活性有很大影响。

③ $Ni(OH)_2$ 的压滤。因为 $Ni(OH)_2$ 为胶体沉淀物,其中包含大量水及 Na_2SO_4 和 NaOH。为使 $Ni(OH)_2$ 分离出来,需将沉淀物在板框压滤机上进行压滤 10 ~ 12 h,使滤饼中含水量为 48% ~ 58%。

④ 第一次干燥。目的是破坏胶体结构,使得 SO_4^{2-} 在洗涤时易除去;另外,使水分蒸发,获得多孔结构的 $Ni(OH)_2$。干燥采用蒸气作热源,干燥温度为 110 ~ 140℃,蒸汽压力为 54 ~ 69 kPa,时间为 7 h。干燥后水分的质量分数不大于 8%。

应特别注意,干燥温度若超过 200℃,$Ni(OH)_2$ 将会部分分解为 NiO,其电化学活性很低。温度过低,则干燥速率太慢,且不易干燥透,不能很好地破坏胶体结构,达不到干燥的目的。

⑤ 洗涤。目的是洗去 SO_4^{2-},洗涤用水必须是软化水,通入蒸汽加热,洗涤温度控制在 70 ~ 80℃,并不断搅拌,时间约 6 h。洗涤后 SO_4^{2-}/Ni 的量小于 1%,可使用质量分数为 10% 的 $BaCl_2$ 溶液进行检查。

⑥ 第二次干燥。目的是除去吸附水,干燥温度为 80 ~ 120℃。干燥后 $Ni(OH)_2$ 呈浅绿色,水分的质量分数不大于 6.5%。

⑦ 粉碎过筛。将第二次干燥后的 $Ni(OH)_2$ 粉碎，过 40 目筛。

以上为传统的 $Ni(OH)_2$ 的制备工艺。目前，随着 Cd - NiOOH 蓄电池的不断发展，特别是氢 - 镍电池的出现，对镍电极提出了高容量、高活性的要求。为提高 $Ni(OH)_2$ 的电化学活性，人们进行了大量的研究工作。据文献报道，$Ni(OH)_2$ 的电化学活性与其晶体结构以及晶体中含有的结晶水、添加剂的掺杂等因素有关，而这些因素又与 $Ni(OH)_2$ 的制备工艺有很大关系。目前，人们提出了多种制备高活性 $Ni(OH)_2$ 的工艺，有代表性的是高活性球形 $Ni(OH)_2$的制备。

球型 $Ni(OH)_2$ 具有密度高、放电容量大的优点，是具有适度晶格缺陷的 $\beta - Ni(OH)_2$。目前制备的方法有氨催化液相沉淀法、高压合成法等，其中氨催化液相沉淀法具有工艺流程短、设备简单、操作方便、过滤性能好、产品质量高等优点。氨催化液相沉淀法是在一定温度下，将一定浓度的 $NiSO_4$、NaOH 和氨水并流后连续加入反应器中，调节 pH 值使其维持在一定数值，不断搅拌，待反应达到预定时间后，经过过滤、洗涤、干燥，即可得球形 $Ni(OH)_2$ 粉末。影响球形 $Ni(OH)_2$ 工艺过程的主要因素是溶液 pH 值、镍盐和碱的浓度、温度、反应时间、加料方式和搅拌强度等。为了改善球形 $Ni(OH)_2$ 的性能，常在反应体系中加入 Co、Zn、Li 等元素。

2. 负极活性物质的制造

负极活性物质是海绵状金属 Cd。通常金属 Cd 的制备首先制备 CdO，再用 CdO 制造镉电极，在电池化成时将 CdO 转化为金属镉，也可以直接制造海绵状镉。

(1) CdO 的制造

CdO 的制备是通过金属 Cd 的升华、氧化制得的。熔融状态的金属 Cd 升华为 Cd 蒸气，在空气中氧的作用下，被氧化成 CdO，其颜色为浅棕红色至棕红色。

(2) 海绵状镉的制造

通常采用电解法制造海绵镉。具体是在电解槽内加入含有镉盐的酸性溶液，选择合适的溶液温度和电流密度，通电后，在阴极上就可得到海绵状镉的沉积物。

为了使电解正常进行而且又不带入杂质，通常对阳极、阴极的材料和形状有一定的要求。阳极是用纯的镉棒或镉球，将阳极放入钛篮中，并且套上布袋以防止阳极泥进入溶液，阴极采用平板状的镍或不锈钢。

将阴极上沉积出的海绵镉用不锈钢刀刮下，经水洗后，放入托盘并送入 70 ~ 100℃烘箱中干燥 6 ~ 8 h，然后过 20 目筛。

4.7.2 有极板盒式电极的制造

将正负极活性物质分别填充到镀镍的穿孔钢带做成的扁平封闭盒子里，把这些扁盒子叠放在一起制成电极，称为有极板盒式电极，用这种正极和负极配合制成的电池就是有极板盒式电池。它是现有各种类型的 Cd - NiOOH 蓄电池中最古老、最成熟的一种。有极板盒式电极结构坚固，性能可靠，循环寿命和储存寿命长，制造成本较低，但是比能量也较低。由于电极的穿孔面积仅占 10% ~ 30%，所以电阻较大，而且正极物质在循环过程中有膨胀的倾向,极间距离不能太小,一般需保持 1.0~1.5 mm,同时极板也不能做得很薄,因此,这种电池不适合大电流放电。增大钢带孔率,有利于降低电池内阻,提高电池放电倍率。

图 4.14 是现代有极板盒式电池的剖面图。正极由活性物质 $Ni(OH)_2$ 和导电组分石墨以及添加剂 Ba、Co 的化合物组成。负极物质是 $Cd(OH)_2$ 或 CdO 与 Fe 或 Fe 的化合物,有时还由 Ni 或 Ni 的化合物以及 25 号变压器油组成。隔板使用硬橡胶棍或聚丙烯注射而成的隔板栅,电池壳可以使用薄钢板冲压而成,并经镀镍处理,或者使用 ABS、聚丙烯、尼龙等塑料注射成型。

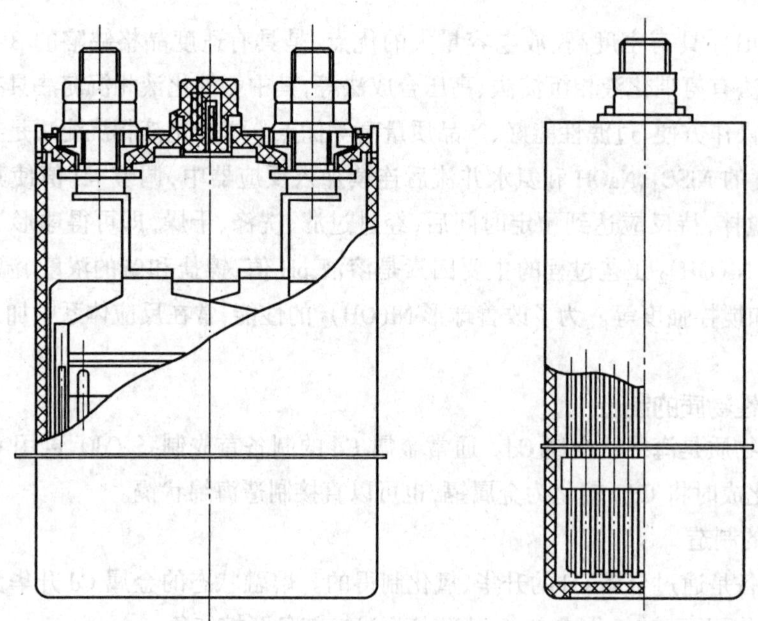

图 4.14　有极板盒式电池的结构

活性物质既可以被压成片状填条,填充在已成一定形状的穿孔带里,也可以以粉状直接填充到已成一定形状的穿孔带里,用一系列滚轮把上下钢带扣合在一起形成极板条。许多极板条又相互扣合形成长长的电极薄板,并且在极板上压出条纹,以提高电极强度,并且使活性物质与穿孔钢带紧密接触。然后按照需要的长度冲切成电极毛坯,将边框和正负极极耳焊接在电极毛坯上,这样就制成了电极。根据电池放电倍率的不同,极板厚度有所不同(1.5~5 mm)。有极板盒式电极的结构和制造流程如图 4.15 和图 4.16 所示。

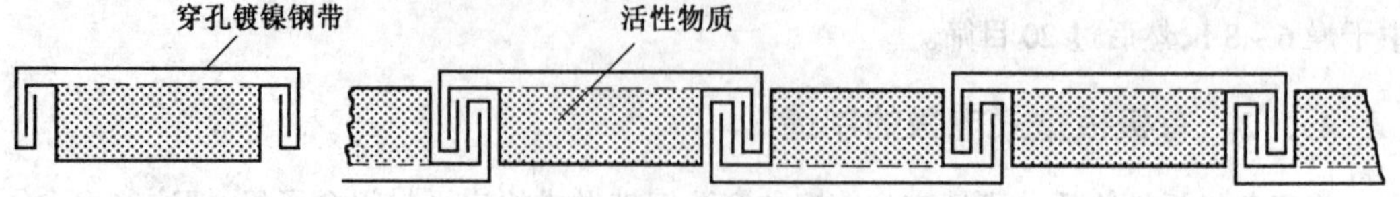

图 4.15　有极板盒式电极的结构

这些电极用螺栓连接或焊成电极组,极性相反的电极相互交错插在一起,并插入隔板使正负极彼此绝缘。将电极组插入塑料或镀镍钢板的电池壳里,并注意保持一定的松紧度,然后经封口、储液、化成、总装等工序,即制成成品电池。

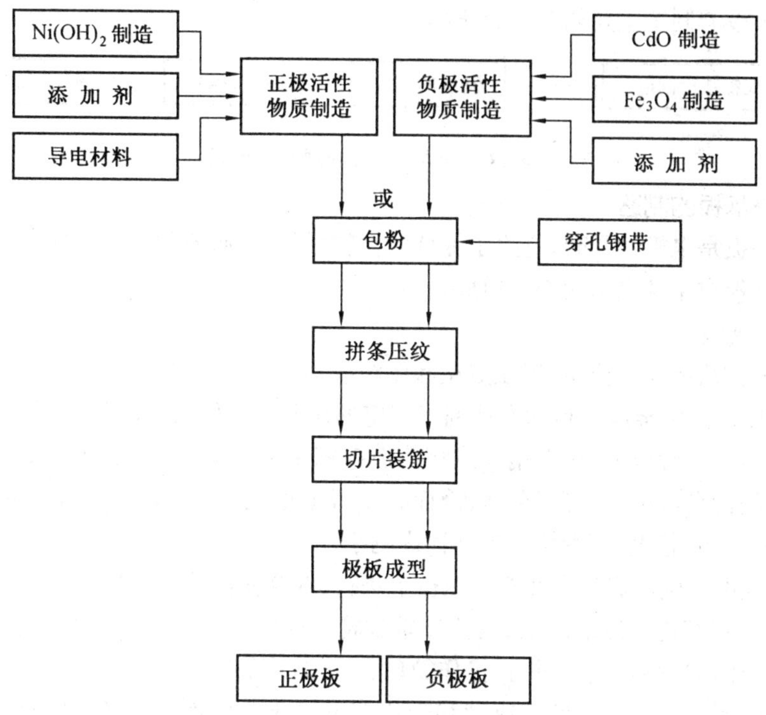

图 4.16　有极板盒式电极生产流程图

4.7.3　烧结式电极的制造

图 4.17 是烧结镍基板的扫描电子显微镜照片，烧结式电极就是将活性物质填充在烧结镍基板的微孔中而制备出的电极。

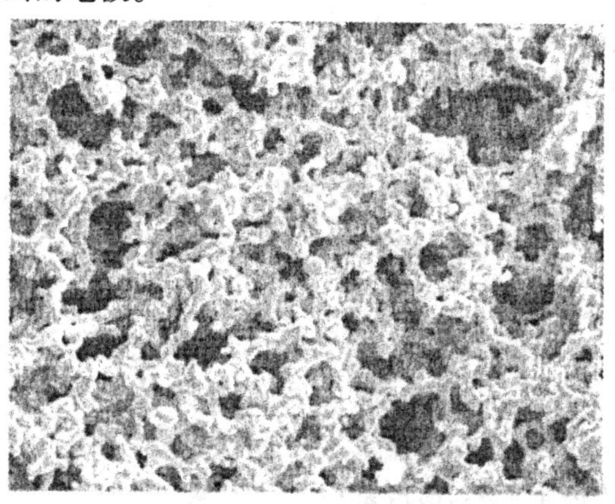

图 4.17　烧结镍基体的放大照片

烧结式电极克服了有极板盒式电极不能大电流放电的缺点。这种电极可以做得很薄，极间距离很小，所以内阻降低，比较适合大电流放电，且温度适应范围广（－40～＋50℃）、机械强度好，但是耗镍量大、制造工艺复杂、生产成本较高。若正负极板都采用烧结式极板，这种电池称为全烧结式电池。由于我国镍资源比较少，所以有时电池的负极不用烧结式，仅正极为烧结式极板，这种电池称为半烧结式电池。

烧结式极板的制造主要如图 4.18 所示。

图 4.18 烧结式极板的制造流程图

1.多孔镍基板的制造

多孔镍基板是电极的骨架,它除了保持活性物质外,还起着收集与传导电流的作用。基板的制造由基板成型及烧结两部分组成。

(1) 基板成型

基板成型方法有模压成型、辊压成型和湿法成型。

① 模压成型。将金属镍粉和发孔剂以一定的比例混合均匀,根据设计用量将混合好的粉料放在模具内,以镍丝网、镀镍钢丝或穿孔镀镍钢带为骨架,加压成型。发孔剂一般采用碳酸氢铵。发孔剂在高温下可以分解,因而在基板上形成一定形状的孔隙。模压成型的生极板几何尺寸稳定、精度高、受粉末流动性影响小。

② 辊压成型。辊压成型是在双辊压机上进行,混合粉借助于自身质量及混合粉与辊子之间的摩擦力,连续进入压缩区压成实体,即形成生极板。生极板尺寸由骨架、轧辊间距和下粉量决定。辊压成型可连续进行,操作简单,生产效率高。

③ 湿法成型(拉浆法)。模压成型和辊压成型属于干法制造极板,干法制造由于粉尘大、劳动条件差及粉料混合不均匀,因此人们又提出了拉浆法,即湿法成型。此法克服了干粉法的缺点,并且适合于连续的机械化、自动化生产。这种方法是由法国萨福特(SAFT)公司在 1960 年研制成功的。由这种方法制造的基板微孔孔径小、比表面积大、活性物质利用率高,可提高电池的比能量。湿法成型生产工艺简单、自动化程度高,其生产过程包括和浆、刮浆和烘干三部分。

和浆:将镍粉与羧甲基纤维素钠(CMC)水溶液混合均匀,制成镍浆。加入一定量的消泡剂,可以消除混合时带进去的空气,为了进一步提高孔率,可以加入一定量的草酸铵、碳酸镍等造孔剂。

刮浆:拉浆法使用的骨架一般为穿孔镀镍钢带,孔率为 35% ~ 40%,钢带厚度为 0.05 ~ 0.10 mm,镀层厚度为 5 μm。穿孔镀镍钢带连续通过镍浆槽,钢带的两侧随即粘满镍浆,再经过一对刮刀或刮板使镍浆具有一定厚度。

烘干:目的是使刮浆后的镍带失去水分。烘干是湿法生产极板的重要工序,一般采用立式红外干燥箱,炉内温度分为三段:下段温度为 140℃,中段温度为 220℃,上段温度为 190℃,烘干速度为 0.6 ~ 0.7 m/min。镍带是自下而上进行的,入炉时温度不能过高,否则 CMC 水溶液失去黏性,使镍浆下坠,造成基板厚度不均匀。然后炉温逐渐升高,使得极板中水分缓慢失去,以防水分蒸发过快,造成极板龟裂。烘干后基板仍含有质量分数为 10%左右的水分,目的是使基板有一定的柔软性,经过导向轮时不至于产生裂纹。

湿法制造基板的基本装置如图 4.19 所示。

(2) 烧结

经过烧结,基板中原来松散的镍粉颗粒彼此熔接在一起,使基板具有一定的强度,而且发孔剂在烧结时,受热分解,使基板具有一定的孔率。

压制成型的基板一般采用卧式烧结炉进行烧结。具体方法是将基板放入烧结舟中，一层碳板，一层基板叠放，在最上面的碳板上，压上一块适当质量的铁板，防止烧结时基板变形。湿法成型的基板一般采用立式烧结炉进行烧结，与前段工序连续进行，如图 4.19 所示。烧结炉内温度始终保持基板的烧结温度，基板运动方向由上而下，即在烧结炉内经过预热、烧结、冷却三个阶段。预热阶段使造孔剂分解挥发，并使基板内外达到一定的温度，以便烧结均匀。烧结阶段使镍粉颗粒连接部分熔接，提高极板导电性和强度。冷却阶段使基板由高温冷却到室温，冷却速率应缓慢，保证能使基板收缩时不出现龟裂，保证基板柔软性好。

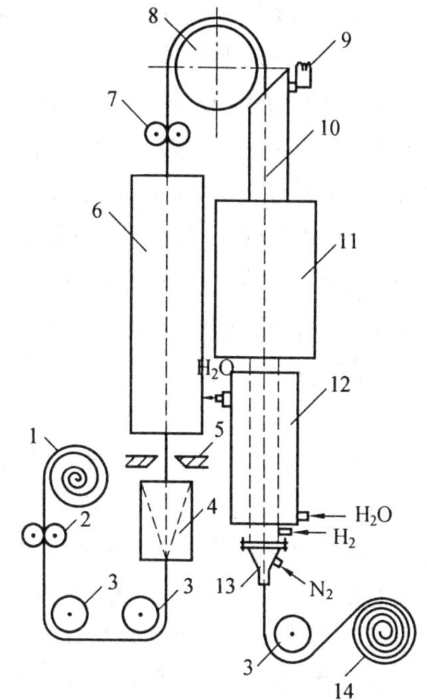

图 4.19　湿法生产基板的基本装置图

1—冲孔镍带骨架；2—平整骨架碾压机；3—导向轮；4—镍浆斗；5—刮刀；6—干燥炉；7—碾压；8—导向轮；9—点火管；10—防爆炉盖；11—烧结段；12—冷却段；13—密封炉尾；14—卷绕轮

为防止镍氧化，烧结应在惰性气体或还原性气体的气氛中进行。目前一般在液氨分解的 H_2 和 N_2 混合气氛中进行。

对于烧结基板的要求是孔率大、比表面积大、孔径大小适当且分布均匀、导电性好、机械强度高、厚度均匀。影响基板质量的因素很多，如黏合剂量、造孔剂量、镍粉的粒度大小及均匀性等，烧结条件直接影响其质量，其中最主要的是烧结时间和温度。一般提高烧结温度，增加烧结时间，能提高基板的化学稳定性、机械强度和导电性，但孔率降低。

烧结的工艺条件与使用的镍粉种类有关，烧结温度一般为熔点的 2/3 左右，一般控制在 800～1 150℃之间，时间为 5～25 min。

正常基板的孔率为 80%～85%，影响孔率的因素有镍粉的表观密度、烧结时间和烧结温度。工厂一般采用如下公式计算孔率，即

$$孔率=\frac{(W_{后}-W_{前})/\rho_1}{W_{前}/\rho_2+(W_{后}-W_{前})/\rho_1}\times 100\% \tag{4.43}$$

式中　$W_{前}$——浸煤油前的极板质量；

$W_{前}$——浸煤油后的极板质量；

ρ_1——煤油的密度(0.8 g/cm^3)；

ρ_2——金属镍的密度(8.9 g/cm^3)。

2.多孔镍基板的浸渍及碱化

浸渍就是将活性物质充填到镍基板微孔中的过程。浸渍的方法有化学浸渍和电化学浸渍。

(1) 化学浸渍

利用化学转换使活性物质沉积在基板的微孔中的方法为化学浸渍。化学浸渍又分为静

态浸渍及真空浸渍。静态浸渍是在常压下进行,一般需几昼夜;真空浸渍是在抽真空或减压下进行,一般只需几十分钟。

正极浸渍的溶液为 $Ni(NO_3)_2$ 水溶液,将极板浸入 $Ni(NO_3)_2$ 的水溶液中,使 $Ni(NO_3)_2$ 渗入基板中。$Ni(NO_3)_2$ 水溶液的密度为 1.6 ~ 1.7 g/cm³;pH = 3 ~ 4,pH 不能太低,否则基板容易被腐蚀;温度为 70 ~ 110℃,温度太高电极容易变酥;浸渍时间随基板厚度不同而不同,一般为 1 ~ 8 h,真空浸渍需要的时间更短。

基板浸渍后,淋干溶液,放入 50 ~ 70℃的干燥箱中,使 $Ni(NO_3)_2$ 结晶出来。然后再浸入 KOH 水溶液中进行碱化,溶液密度为 1.19 ~ 1.21 g/cm³,温度为 60 ~ 70℃,碱化时间为 1 ~ 4 h,发生的化学反应为

$$Ni(NO_3)_2 + 2KOH \longrightarrow Ni(OH)_2 + 2KNO_3 \tag{4.44}$$

这时在基板微孔中生成了 $Ni(OH)_2$,将碱化过的基板用蒸馏水或去离子水洗涤,水温为 40 ~ 50℃,洗去 OH^- 和 NO_3^-,洗至中性。另外,洗涤时应先刷去基板表面附着的 $Ni(OH)_2$。洗涤后放入 80 ~ 110℃的烘干箱中干燥,时间为 1 ~ 4 h。

以上整个过程为:浸渍→结晶→碱化→洗涤→干燥。这样的循环需要重复几次,才能使基板内活性物质的量达到设计要求。

负极浸渍:方法与正极基本相同,浸渍液为 $Cd(NO_3)_2$ 或 $CdCl_2$,浸渍可在常温下进行。

(2) 电化学浸渍

电化学浸渍是利用电解的方法,使 $Ni(OH)_2$ 或 $Cd(OH)_2$ 沉积在基板内。在浸渍时,以金属镍或镉作阳极,以基板作阴极,在微酸性的硝酸镍或硝酸镉溶液中,通直流电,使 $Ni(OH)_2$ 或 $Cd(OH)_2$ 在基板的微孔中沉积出来。基本原理是:在酸性介质中,NO_3^- 会在阴极上还原,发生下列化学反应

$$NO_3^- + 10H^+ + 8e^- \longrightarrow NH_4^+ + 3H_2O \qquad \varphi^{\ominus}(NO_3^-/NH_4^+) = +0.88\ V \tag{4.45}$$

由于反应(4.25)消耗大量 H^+,阴极区 pH 值上升,当阴极区的 OH^- 浓度和 Ni^{2+} 或 Cd^{2+} 浓度达到了氢氧化物的溶度积时,就会发生 $Ni(OH)_2$ 或 $Cd(OH)_2$ 的沉淀,即

$$Ni^{2+} + 2OH^- \longrightarrow Ni(OH)_2 \downarrow \tag{4.46}$$

$$Cd^{2+} + 2OH^- \longrightarrow Cd(OH)_2 \downarrow \tag{4.47}$$

在酸性介质中,阴极上还可能发生如下化学反应

$$2H^+ + 2e^- \longrightarrow H_2 \uparrow \tag{4.48}$$

氢在镍电极上析出的过电势较小,当通电后,就可观察到 H_2 在阴极上不断析出,这个反应也促进了氢氧化物的沉淀。随着氢氧化物的不断沉积,使得电极面积不断减小,真实电流密度增大,造成阴极极化,使阴极电势不断变负。在电化学浸渍 $Ni(OH)_2$ 的过程中,阴极还可能发生 Ni^{2+} 还原为金属 Ni,使基板表面发黑。为降低和避免副反应的发生,人们提出了脉冲电流浸渍法。

电化学浸渍后的电极还要进行水洗和干燥。这种浸渍过程的基板腐蚀小、生产周期短,而且电化学活性高。

3.极板的化成

化成就是经过几次充放电过程,使正负极上的物质转化为具有电化学活性的物质。另外,经过化成,可清除掉与电极表面结合不牢的浮粉,使活性物质的结晶微细化,晶格缺陷和

真实表面积增大。

化成可以将正负极片装成电池进行开口化成,也可以将正负极片配以辅助电极分别进行化成。化成时使用的电解液一般为 KOH 水溶液,少数情况下也有使用 NaOH 水溶液的。在电解液中加入一定量的 LiOH,电液的密度为 1.19~1.23 g/cm³。电解液装入后,要使极板浸泡 2~6 h,使电解液渗透到电极内部。然后按规定工艺条件进行充放电循环,一般要进行一次或多次充放电循环。化成结束后,取出电极,冲洗干净,在 50~60℃干燥箱中干燥后即可进行装配。

负极板经过化成、烘干后,要在 25 号变压器油中浸泡一段时间,然后在通风橱内晾干。

对于湿法生产的箔式电极,可以采用连续式化成方法,如图 4.20 所示。连续式化成是使极板依次通过几组充、放电槽、水洗槽和烘干炉,化成时电流经导电辊传至电极带。

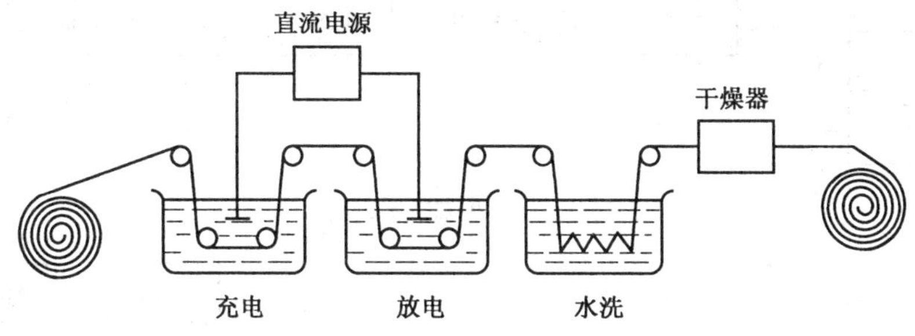

图 4.20 连续式化成示意图

4.7.4 黏结式电极

黏结式电极是将黏结剂与电极活性物质、导电组分、添加剂等混合,然后黏合在集流网上制成的。这种制造极板的方法生产周期短、生产设备简单、耗镍量少、成本低。根据不同的生产要求,既可生产单个电极,也可连续生产。使用黏结式电极电池的容量高,中倍率放电性能好,但是大电流放电及快充性能较差。

黏结镍电极中要使用高活性的 $Ni(OH)_2$,导电剂选用镍粉、石墨、乙炔黑等,常用的添加剂有 Co、Ba、Zn、Li、Cd 等。黏结镍电极中使用的黏结剂可以采用聚四氟乙烯、聚乙烯、聚乙烯醇、羧甲基纤维素钠等,根据所使用的黏结剂不同,有不同的黏结方式,主要有成膜法、热挤压法、刮浆法等。

黏结式镉电极中活性物质一般使用 CdO、海绵状金属 Cd 混合使用,制备工艺有干式模压法和湿式拉浆法。

干式模压法:将 CdO、海绵 Cd、25 号变压器油、$Ni(OH)_2$ 等混合均匀,再加入质量分数为 3%CMC 水溶液,混匀后粉碎过筛,按照需要量放入模具中,放入镀镍切拉网作为导电骨架,以加压成型。

湿式拉浆法:先将 CdO 和海绵 Cd 混合均匀,加入添加剂 25 号变压器油、维尼纶纤维等与黏结剂质量分数为 3%CMC 水溶液混合成浆状,使穿孔的镀镍钢带连续通过盛有浆料的容器,使钢带的两侧黏满浆料,经刮刀刮平并调整厚度,然后加热烘干,并经滚压、裁片,制得成品电极。拉浆法生产黏结式镉电极被广泛应用。

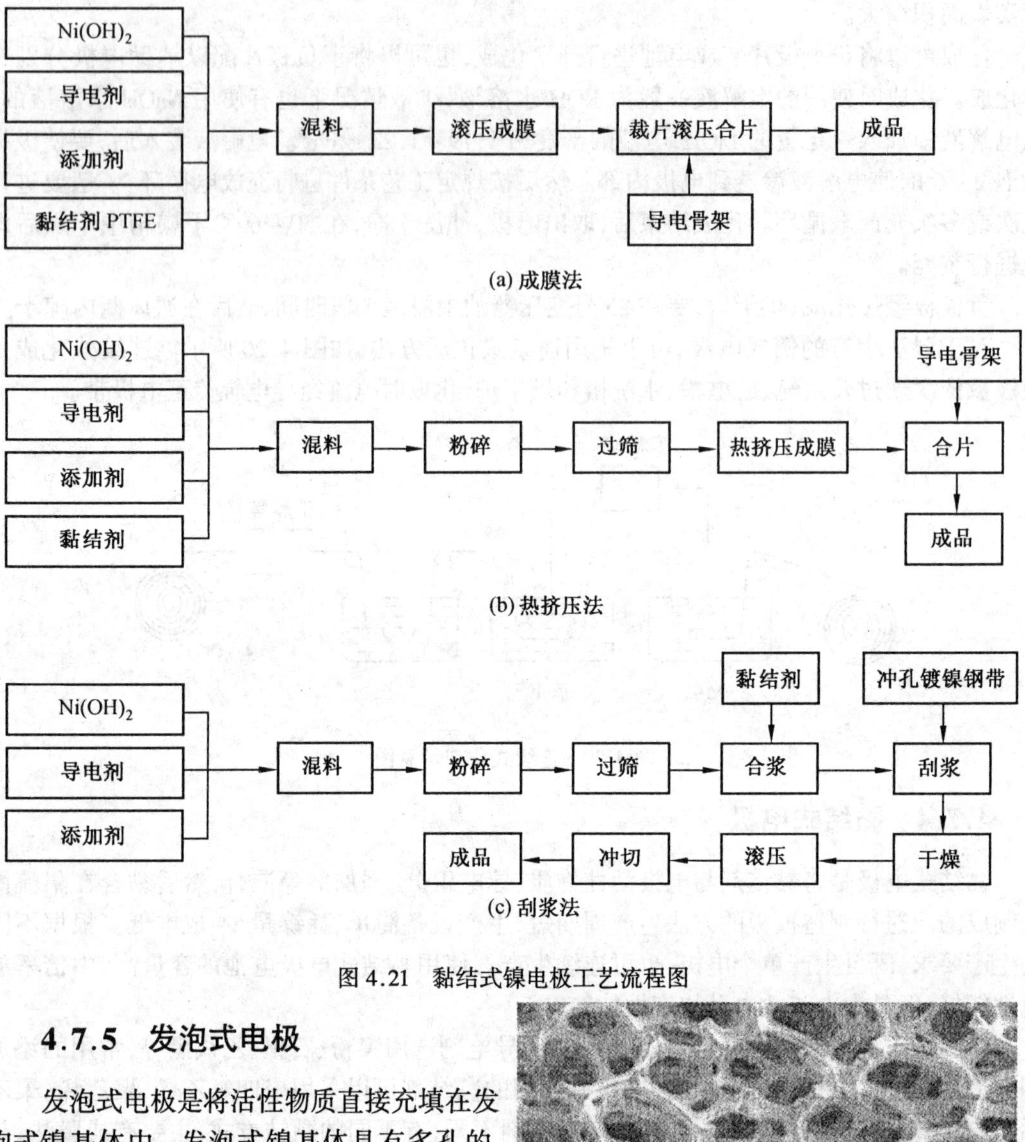

$Ni(OH)_2$
导电剂
添加剂
黏结剂 PTFE
→ 混料 → 滚压成膜 → 裁片滚压合片 → 成品
导电骨架 → 裁片滚压合片

(a) 成膜法

$Ni(OH)_2$
导电剂
添加剂
黏结剂
→ 混料 → 粉碎 → 过筛 → 热挤压成膜 → 合片 → 成品
导电骨架 → 合片

(b) 热挤压法

$Ni(OH)_2$
导电剂
添加剂
→ 混料 → 粉碎 → 过筛 → 合浆 → 刮浆 → 干燥 → 滚压 → 冲切 → 成品
黏结剂 → 合浆
冲孔镀镍钢带 → 刮浆

(c) 刮浆法

图 4.21　黏结式镍电极工艺流程图

4.7.5　发泡式电极

发泡式电极是将活性物质直接充填在发泡式镍基体中。发泡式镍基体具有多孔的三维网状结构，比表面大，孔率达 97%，孔径约 400 ~ 500 μm，而且强度和韧性也较好。与烧结式相比，由于其孔率高、孔径大，所以活性物质的充填量增大，充填方式也简单。图 4.22 是发泡式镍基体的扫描电子显微镜照片。

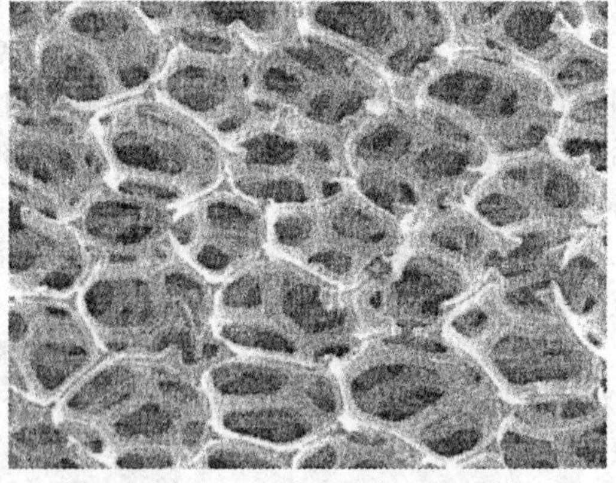

图 4.22　发泡镍电极基体的放大照片

制备发泡式镍基体时，首先将泡沫塑料进行表面金属化处理，常用化学镀镍，然后用电镀镍加厚，最后进行热处理，其目的是除去泡沫塑料基体、镍粉还原与烧结、发泡镍基板的退火处理，以提高基体的韧性和强度。其基本工艺流程如图 4.23 所示。这实际上主要是一个非金属材料的电镀过程，各工序的工艺条件的控制直接影响着镍基体的质量。

图4.23　发泡式镍基板工艺流程图

在泡沫塑料材料电镀前，材料的前处理非常重要，其目的是使其表面金属化。金属化的方法可以采用化学镀镍，也可以采用真空镀镍。采用含有超细碳粉的导电胶处理泡沫塑料表面也可以达到同样的目的。下面简要介绍化学镀法的工艺概况。

工艺流程依次是化学粗化、敏化、活化、化学镀镍，然后进行电沉积镍。

(1) 粗化

粗化是非金属材料电镀中的关键工序，其作用是使非金属材料表面呈微观粗糙，增加镀层与基体的结合力；另一方面是增大其亲水性。化学粗化的实质是对其表面进行氧化、刻蚀。粗化液常采用强氧化剂溶液。

常见的粗化液如铬酐-硫酸型：

CrO_3　　200～400 g/L

H_2SO_4　　200～350 g/L

温度　　20～70℃

时间　　3～10 min

另外还有高锰酸钾型和重铬酸钾型。

(2) 敏化

敏化是继粗化之后又一重要工序，每化可使非金属表面吸附一层容易氧化的物质，以便在活化时被氧化，在制品表面上形成“催化膜”。常用的敏化剂为 $SnCl_2$，也可将敏化与活化合为一步进行。

(3) 活化

活化是在非金属表面产生一层具有催化作用的金属层，作为化学镀时氧化还原反应的催化剂，也就是使敏化后的塑料表面与含有贵金属离子的溶液相接触，贵金属离子被二价锡离子还原成金属微粒，吸附在非金属表面，作为化学镀的催化活性中心。在化学镀镍中常用的是氯化钯型活化液。将活化与敏化合为一步的方法称为直接活化法。一般采用胶体活化液，常见配方为

$PdCl_2$　　0.1～1 g/L

$SnCl_2$　　1～70 g/L

HCl　　10～200 mL/L

Na_2SnO_3　　0.2～7 g/L

添加剂　　适量

活化后，还应进行还原或解胶处理，以加速化学镀，并且避免污染化学镀的溶液。

(4) 化学镀镍

化学镀镍是一个化学还原过程，通过还原剂使金属离子还原成金属而沉积在非金属材料表面，要求镀层有良好的结合力和均匀性。在发泡镍电极制备时常用化学镀镍液，配方为

$NiSO_4 \cdot 6H_2O$　10～30 g/L

$Na_2H_2PO_2$　　10～30 g/L

$Na_3C_6H_5O_7$　5～20 g/L

NH_4Cl　10～50 g/L

pH　8～9

化学镀镍后，还要将电镀镍加厚。

电镀镍，电镀镍是在化学镀镍的泡沫塑料的基体上进行电沉积镍加厚，常用工艺规范为：

$NiSO_4 \cdot 6H_2O$　200～300 g/L

$NiCl_2$　30～50 g/L

H_3BO_3　30～40 g/L

糖精　0.6～1 g/L

添加剂　适量

pH　4～6

温度　40～55℃

电流密度　0.2～3 A/dm²

电镀时间　根据不同情况而定

(5) 热处理

经过热处理，烧除泡沫塑料，提高电镀镍层的柔韧性、强度及表面平整性。为防止镍表面氧化，热处理应在还原性气氛中进行，一般是在 H_2 和 N_2 的混合气氛中进行，同时需要控制热处理温度。

在发泡镍基体上可直接填充活性物质。目前常用的方法是将活性物质与添加剂、导电组分、黏合剂等混合成浆料；用机械的方法涂在发泡式基体上，经干燥、压制而成。由于这种基体孔率、孔径大，活性物质填充量增大，所以由这种电极制造出的电池容量高，且能够快速充电。由于活性物质填充方便，添加剂的加入较为容易，因此，有利于改善电池性能，产品质量较易控制，生产工艺也不复杂。这种电极目前受到了电池行业的普遍欢迎。

近年来，又出现了一种干粉填充工艺。将活性物质与添加剂、导电组分等混合均匀，使发泡镍基体连续通过混合物料，同时使用刷粉机将物料直接填充到发泡镍的孔中，然后用一台对辊机通过辊子的挤压作用将填充了活性物质的发泡镍电极挤压成型，然后在含有黏结剂的溶液中稍加浸泡，使电极内浸入一定量的黏结剂，再将其烘干得到成品电极。这种电极的制备工艺简单，可以连续生产，生产效率高，可改善电极的均匀性。

泡沫式正极的制造工序十分重要，要注意以下四点：

① 选择具有较高活性并同时具有较高松装密度的 $Ni(OH)_2$。普通 $Ni(OH)_2$ 松装密度约为 1.18 g/cm³，国内一些厂家生产的球形 $Ni(OH)_2$ 松装密度超过了 1.68 g/cm³。

② 正极选用聚四氟乙烯作黏结剂。聚四氟乙烯受碾压后形成纤维网状结构，对活性物质起到了有效的包容和粘结作用，增加了电极强度，延长了电极寿命。应注意聚四氟乙烯的用量，用量太少时黏结效果差，用量太多时电极内阻增大。一般用量在4%左右。

③ 加入适量导电剂。如镍粉或石墨粉，用量为正极物质的9%左右。

④ 采用 Co 作添加剂。加入适当的 Co 元素，能有效地提高电极容量，防止电极膨胀，延长电极寿命。泡沫式负极要使用氧化度高、活性高的 CdO 粉，选择合适的黏结剂。

4.7.6　纤维式电极

纤维式电极是在纤维式镍基体上充填活性物质而制得的电极，纤维式镍基体是一种由镍纤维组成的网状结构的毡状基体，既可以用于制作镍电极，也可以用于制作镉电极。图 4.24 是典型的纤维镍基体的扫描电子显微镜照片。

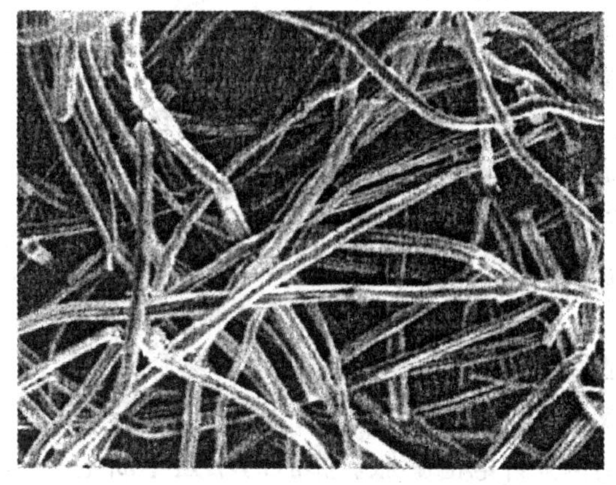

图 4.24　纤维镍电极基体的放大照片

国内外有关这类基体的制备方法有多种，具有代表性的有：

① 以碳纤维为基础，在碳纤维上电镀镍，然后再加工成一定厚度的纤维镍基体。

② 将高频切削得到的镍纤维均匀分布成毡片，在还原性气氛中烧结得到烧结状的纤维镍基体。

③ 以塑料纤维毡为基础，通过化学镀镍、电镀镍加厚制得纤维状镍基体。

④ 将镍粉或氧化镍粉加黏结剂调浆，从微孔喷丝头挤成纤维，在高温下除去黏结剂后，在还原性气氛中烧结得到烧结状的纤维镍基体。

在纤维式基体上可以用电化学的方法，也可以用机械充填的方法将活性物质充填进去。这种基体孔率大、导电性好、韧性好、可绕性好、生产工艺简单、耗镍量小、可以大规模连续化生产。因此用这种方法制备的电池容量高、体积小、质量小。但镍纤维容易造成电池正负极微短路，导致自放电大。

4.7.7　电沉积镉电极

电沉积镉电极制造工艺简单、生产周期短、活性物质利用率高，电极比容量高。目前用电沉积法可以制备 Cd、Zn 等高活性电池的负极，电沉积电极的制备是采用网状基体，在金属氯化物溶液中进行恒电流沉积。

电沉积镉电极可以采用 $CdCl_2$ 溶液，小的电流密度和低溶液浓度有利于电沉积出较细的金属微粒，但 $CdCl_2$ 溶液浓度太低时，会造成阴极区 Cd^{2+} 的缺乏，必要时可以加导电盐。过高的温度和过大的电流密度会造成附着力差的疏松物质。以冲孔镀镍钢带为阴极，使钢带以一定速度连续移动，钢带依次经过电沉积海绵 Cd、一次滚压、一次烘干、浸渍镍盐、二次烘干、二次滚压、剪切而得到成品电极。

4.7.8　密封 Cd - NiOOH 蓄电池的制造

密封 Cd - NiOOH 蓄电池属于无极板盒式电池，既有全烧结的、半烧结的电极，也有发泡式和黏结式的电极。极板的制造方法与开口式电池基本相同。在化成时，要先开口化成，然后甩去游离电解液再进行封口。封口后，根据情况，可以再进行一次充放电循环，也可以在电池装配后，直接封口，然后化成。

密封电池的结构有几种，最普通的是圆柱形，其容量范围为 0.07 ~ 10 A·h，小型扣式电池的容量为 0.02 ~ 0.5 A·h，另外还有长方形和椭圆形电池。

电池根据极板的结构不同,圆柱形又有箔式和平板式的。平板式的极板为长方形平板,正负极相间,中间以隔膜隔开,电池外壳与负极相连,盖与正极相连。

箔式电池的极板为带状,正负极之间用隔膜隔开,卷绕成卷状装入电池壳。负极焊在壳上,正极焊在顶盖上。箔式电池剖面图如图 4.25 所示。

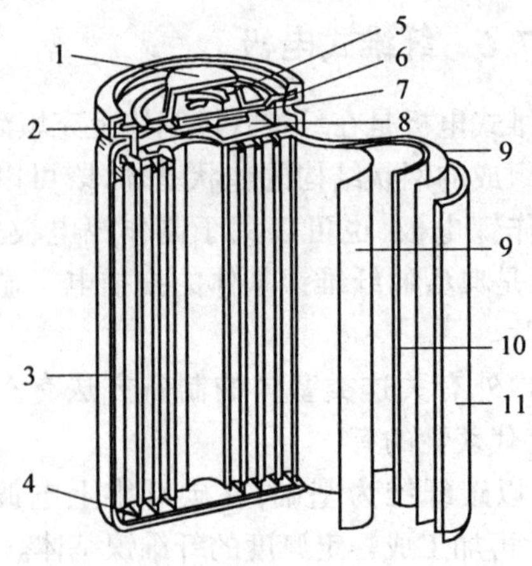

图 4.25　箔式电池剖面图蓄电池结构

1—正极端子;2—密封圈;3—电池壳;4—负极集电体;5—弹簧;6—压板;7—阀片;8—正极集电体;9—隔膜;10—正极板;11—负极板

扣式电池通常由压成式极板组成。活性物质在模具中压成圆片,然后装配成夹层状。扣式电池没有安全装置,其结构允许电池膨胀。膨胀时不是中断电气连接就是打开密封,以缓解异常情况下的超压。其结构如图 4.26 所示。

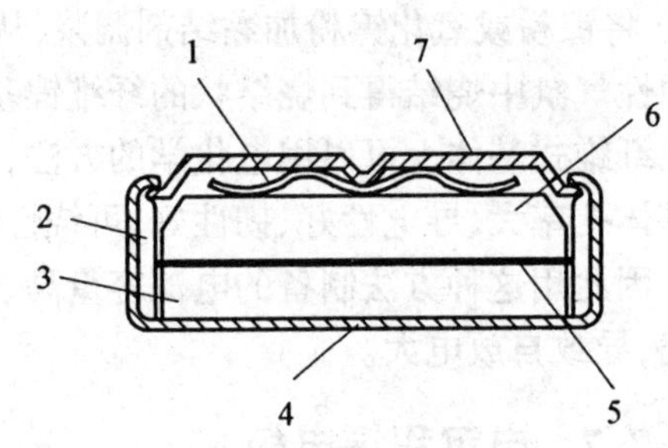

图 4.26　扣式电池结构

1—弹簧片触点;2—绝缘密封垫圈;3—正极;4—电池壳;5—隔膜;6—负极;7—电池盖

长方形密封电池结构类似于开口方形电池,但是具有密封电池所要求的特性和相应的结构。

Cd－NiOOH 蓄电池还可以制造成全密封电池,即电池使用时既不泄漏电解液,也无气体释放,称为气密封电池。全密封 Cd－NiOOH 蓄电池对电池壳体材料有特殊要求,一般用不锈钢或优质镀镍钢板做电池壳体。全密封 Cd－NiOOH 蓄电池封口是用金属陶瓷封接,可采用电子束焊、弧焊和激光焊的封焊方法。

第5章　氢－镍电池

5.1 概　述

20世纪60年代发展起来的全密封Cd－NiOOH蓄电池是第一代空间储能电池，它与太阳能电池方阵联用，可作为空间飞行器的电源。在实际应用过程中，发现Cd－NiOOH电池是卫星寿命的限制因素之一，全密封Cd－NiOOH电池的比能量与放电深度也满足不了使用要求。20世纪70年代中期，美国、前苏联、西欧、中国等相继在燃料电池和全密封Cd－NiOOH电池的技术基础上发展了氢－镍电池（H_2－NiOOH电池），称为第二代空间蓄电池。其正极仍采用Cd－NiOOH电池的烧结镍电极，负极是以镍网为骨架、支撑着聚四氟乙烯（PTFE）黏结式氢电极，它以活性炭为载体，Pt、Pd等贵金属为催化剂，负极活性物质是电池内预先充入的大量氢气，电池内部压力一般在3～11 MPa之间，电池可以反复的充电和放电。由于电池内压高，通常称此类电池为高压H_2－NiOOH电池。高压H_2－NiOOH电池克服了Cd－NiOOH电池在放电深度、使用寿命等方面的不足，具有较高的比能量，循环寿命长，耐过充、过放能力强，以及可以通过氢压来指示电池荷电状态等优点。美国在1977年首次将此种电池用做美国海军技术卫星Ⅱ（NTS－2）的储能电源，电池的实际工作性能良好，1983年发射的国际通信卫星Ⅴ号也使用了H_2－NiOOH电池。由于此类电池的负极使用了贵金属催化剂，电池成本高；电池内部氢气压力高，增加了电池密封的难度；壳体需要用较重的耐压容器，降低了电池的比能量；电池自放电大；还可能因氢气泄漏而出现安全问题，限制了它的应用，高压H_2－NiOOH电池目前仅应用于空间技术等特定的场合。

为了降低H_2－NiOOH电池的压力，人们致力于研究储氢材料。储氢材料又被称为吸氢材料，它们能够可逆地吸放氢气。自20世纪70年代起，降低储氢材料吸氢压力的努力有了突破性的进展，用储氢材料替代贵金属催化剂，并将电极制造工艺做了相应的改进，作为H_2－NiOOH电池的负极，降低了电池体系内部的工作压力。M. W. Earl和J. Dunlop发现，在1.55 A·h的H_2－NiOOH镍电池中，放入5.29 g $LaNi_5$，经充电后，电池的氢压只有6×10^5 Pa。

在20世纪80年代又出现了以储氢合金为负极、$Ni(OH)_2$为正极，KOH溶液为电解液的金属氢化物－镍电池（MH－NiOOH电池），相对于H_2－NiOOH高压电池，它又被称为低压MH－NiOOH电池。由于其负极活性物质氢以原子态的形式储存于储氢材料中，所以又被称为氢原子电池。该类电池优于Cd－NiOOH电池与高压H_2－NiOOH电池，具有高能量密度、耐过充、放电能力强，无毒及不使用贵金属等优点。

MH－NiOOH电池与Cd－NiOOH电池比较，二者的结构相同，只是所使用的负极不同，Cd－NiOOH电池使用海绵状的镉为负极，而MH－NiOOH电池使用储氢合金为负极材料。表5.1是几种二次电池的比能量。

表 5.1 几种二次电池的比能量

电池系列	质量比能量/($W\cdot h\cdot kg^{-1}$)		体积比能量/($W\cdot h\cdot L^{-1}$)	
	理论值	实际值	理论值	实际值
$Pb-PbO_2$	161	30 ~ 40	720	50 ~ 100
Cd – NiOOHOOH	209	35 ~ 50	751	70 ~ 140
H_2 – NiOOHOOH	378	45 ~ 70	273	30 ~ 40
$LaNi_5H_6$ – NiOOHOOH	275	50 ~ 60	1 134	150 ~ 200

MH – NiOOH 电池被称为环保绿色电池，1985 年荷兰菲利浦公司首先研制成功，1990 年以后日本、欧美各国 MH – NiOOH 电池已实现产业化，目前我国 MH – NiOOH 电池的生产能力已超过几亿只。随着电子、通信事业的迅速发展，MH – NiOOH 电池的市场迅速扩大，电动车大容量方形 MH – NiOOH 电池的开发，将是一个更为巨大的市场。高容量、污染小、寿命长的绿色 MH – NiOOH 电池将是 21 世纪应用最广的高能电池之一。

5.2 高压 H_2 – NiOOH 电池

5.2.1 高压 H_2 – NiOOH 电池的工作原理

H_2 – NiOOH 电池的表达式为

$$(-)\ Pt, H_2 \mid KOH(\text{或 } NaOH) \mid NiOOH\ (+)$$

电池负极活性物质为 H_2，正极为活性物质 NiOOH，电解液为 KOH 或 NaOH 水溶液。

负极反应 $$\frac{1}{2}H_2 + OH^- \underset{\text{充电}}{\overset{\text{放电}}{\rightleftharpoons}} H_2O + e^- \qquad \varphi^{\ominus}(H_2O/H_2) = -0.828\ V \tag{5.1}$$

正极反应 $$NiOOH + H_2O + e^- \underset{\text{充电}}{\overset{\text{放电}}{\rightleftharpoons}} Ni(OH)_2 + OH^- \qquad \varphi^{\ominus}(Ni(OH)_2/NiOOH) = +0.49\ V \tag{5.2}$$

电池反应 $$NiOOH + \frac{1}{2}H_2 \underset{\text{充电}}{\overset{\text{放电}}{\rightleftharpoons}} Ni(OH)_2 \qquad E^{\ominus} = 1.318\ V \tag{5.3}$$

当电池充电进行到正极的 $Ni(OH)_2$ 向 NiOOH 转化完成时，正极的阳极过程发生水的电解，正极析出 O_2，负极析出 H_2，电池进入过充电状态，发生以下化学反应

镍电极反应 $$2OH^- \longrightarrow \frac{1}{2}O_2 + H_2O + 2e^- \qquad \varphi^{\ominus}(O_2/OH^-) = 0.401\ V \tag{5.4}$$

氢电极反应 $$2H_2O + 2e^- \longrightarrow 2OH^- + H_2 \qquad \varphi^{\ominus}(H_2O/H_2) = -0.828\ V \tag{5.5}$$

电池反应 $$H_2O \longrightarrow \frac{1}{2}O_2 + H_2 \qquad E^{\ominus} = 1.229\ V \tag{5.6}$$

负极本身是贵金属 Pt、Pd 为催化剂的多孔电极，对 H_2 和 O_2 复合生成 H_2O 有良好的催化作用，因此正极上析出的 O_2 扩散到氢电极表面，在催化剂的作用下，与负极上析出的 H_2 反应生成 H_2O。

气体化学复合

$$\frac{1}{2}O_2 + H_2 \longrightarrow H_2O \tag{5.7}$$

O_2 还可能在负极上发生电化学反应

$$\frac{1}{2}O_2 + H_2O + 2e^- \longrightarrow 2OH^- \tag{5.8}$$

复合反应速率非常快,电池内部 O_2 分压很低。从电极反应看,连续过充电并不发生水的总量和 KOH 浓度的变化。表明 H_2 - NiOOH 电池具有耐过充电能力。

当 H_2 - NiOOH 电池放电进行到正极的 NiOOH 还原成 $Ni(OH)_2$ 的过程结束,H_2 将在正极上析出,电池进入过放电状态,过放电的电极反应为

镍电极反应　$$2H_2O + 2e^- \longrightarrow 2OH^- + H_2 \tag{5.9}$$

氢电极反应　$$2OH^- + H_2 \longrightarrow 2H_2O + 2e^- \tag{5.10}$$

在过放电时,正极进入反极状态,析出 H_2,氢电极上仍然进行 H_2 催化氧化生成水的过程,电池总反应的净结果为零,因而电池内部不会因 H_2 积累造成内部压力升高。过放电反应也不会造成 KOH 溶液浓度和水量变化,同样表明 H_2 - NiOOH 电池具有耐过放电能力。

5.2.2　高压 H_2 - NiOOH 电池结构

H_2 - NiOOH 电池的负极为氢电极。负极活性物质 H_2 并不是储存于电极本体,而是储存在整个单体电池的壳体中。壳体要能有效地储存气体,又要承受相当大的气压。因此,壳体一般选择为两端呈半球状的圆柱筒体。H_2 - NiOOH 单体电池由镍电极、氢电极、隔膜、电解液、压力容器等部分组成,单体电池剖面结构如图 5.1 所示。

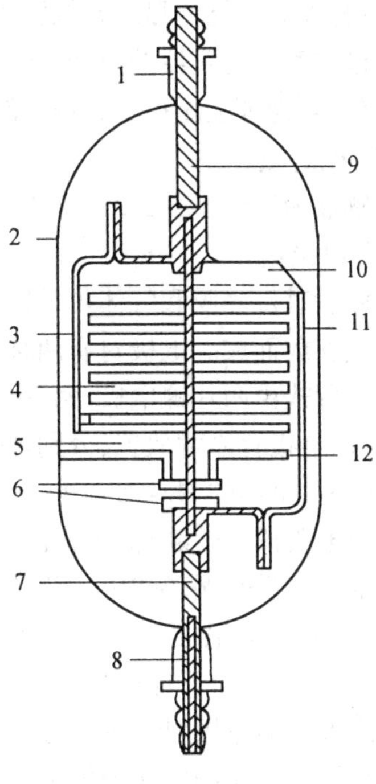

图 5.1　H_2 - NiOOH 单体电池剖面结构示意图

1—密封件;2—压力容器;3—正汇流条;4—电极组;5—下压板;6—绝缘垫圈;7—负极柱;8—注入孔;9—正极柱;10—上压板;11—负汇流条;12—焊接圈

(1) 压力容器

压力容器是两端为半球形的圆柱筒体,一般预先加工成两段,装配电池时将壳体焊接在一起。材料为高强度的镍基合金 Inconel718,强度好,抗氢脆和抗应力腐蚀能力强,能承受压力变化。压力容器的安全系数是最高工作压力的数倍,一般应不小于 3 倍。壳体两端突出部分与极柱配合,采用塑压密封件或金属陶瓷封接件使端口密封,极柱也可以安排在同端。

(2) 镍电极

这里的镍电极与 Cd - NiOOH 电池中的类似,所不同的是,H_2 - NiOOH 电池的镍电极采用电化学浸渍的烧结式电极,$Ni(OH)_2$ 浸渍量为 1.6 g/cm^3。电化学浸渍使活性物质在多孔基板的孔壁表面分布均匀,可降低活性物质与基板间的电阻,提高活性物质利用率和电池循环寿命。电化学浸渍使基板受腐蚀程度降低,有利于保持电极尺寸稳定,强度较好。镍电极形状有环形和圆盘形,如图 5.2 所示。

一种是环形,导线从中间大孔内通向极柱。另一种是切掉两个侧边的圆盘形,中间也有一个小孔,是为了电池装配方便,切掉侧边是为了在电池壳中留出正极汇流条和负极汇流条的空间。

(3) 氢电极

氢电极与燃料电池氢电极基本相同，是聚四氟乙烯黏结的铂催化电极。电极催化层由聚四氟乙烯和含 Pt 催化剂的活性炭混合而成，提供了气液固三相界面；防水层由一层聚四氟乙烯薄膜组成，能够防止氢电极被电解液淹死，并且使 H_2 和过充电产生的 O_2 能够通过它进入到催化层的三相界面发生反应。中间是一片镍网，既是电极骨架，又是集流网。

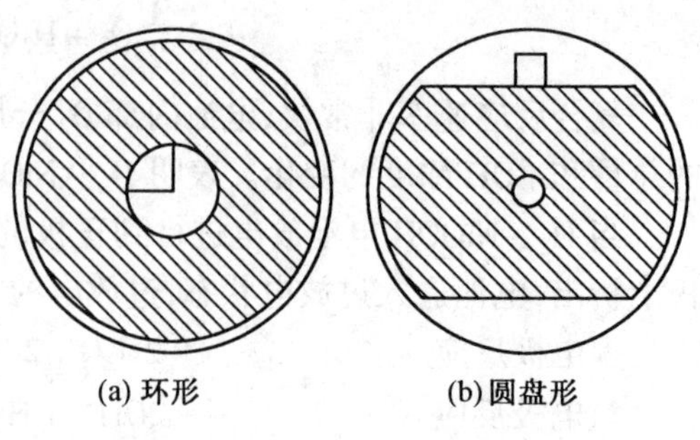

图 5.2　镍电极形状

(4) 隔膜

用于 H_2 – NiOOH 电池的隔膜有石棉膜和氧化锆布，它们都具有热稳定性和润湿性好的特点，电解液保持能力强。石棉膜不透气，因此在充电和过充电时镍电极上析出的 O_2 要先进入电极组和压力容器的空间，再扩散进入负极催化层的三相界面与 H_2 复合生成水。氧化锆布的化学、物理性能稳定，具有储存电解液的作用，能够透过气体，称为双功能隔膜。

(5) 电解液

电解液为密度 1.3 g/cm^3 的 KOH 水溶液，其中添加了一定量的 LiOH。

(6) 电极组

正极、负极、隔膜和气体扩散网以一定形式堆叠，称为电极对，整个极群由若干个电极对按顺序叠安放而成。电极对有两种组成形式，即背对背式和重复循环式。

背对背式由两片镍电极、两片氢电极、两片隔膜和一片气体扩散网组成，如图 5.3(a)所示，两片镍电极背靠背放置，分别通过两片隔膜与两片氢电极对应，两片氢电极之间有一层气体扩散网，早期的 H_2 – NiOOH 电池都采用这种结构形式。隔膜采用石棉膜时，电池在充电和过充电阶段，在镍电极上析出的 O_2 从两片镍电极之间的缝隙赶出，绕过隔膜进入 H_2 气室与其复合。重复循环式由一片镍电极、一片隔膜和一片氢电极(包括气体扩散网)构成，如图 5.3(b)所示，镍电极中析出的 O_2 直接通过气体扩散网，在氢电极表面与 H_2 复合，O_2 扩散经过的路径短，复合反应面积大。

一定数量的电极对通过中心连杆、上压板、下压板等紧固件组装成电极组整体，再通过焊接圈牢固地安装固定在壳体中。在实际电池中，除了每个电极组使用一个压力容器的装配方式外，还有多个串联的电极组共用一个压力容器的装配方式。

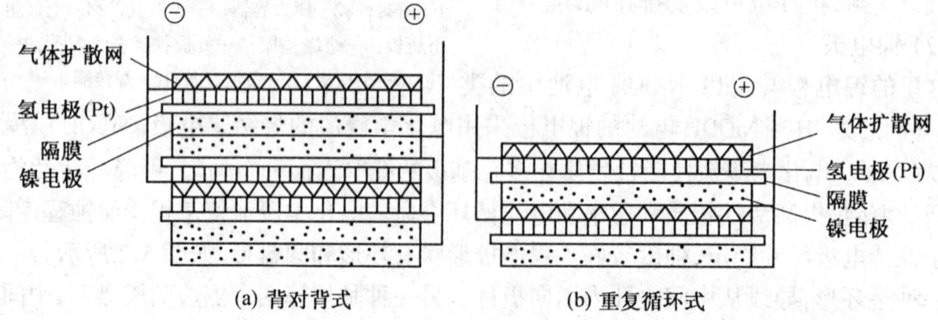

图 5.3　H_2 – NiOOH 电池中电极对排列形式

5.2.3　高压 H_2－NiOOH 电池的电性能

1.高压 H_2－NiOOH 电池的充放电性能

高压 H_2－NiOOH 电池的标准电动势为 1.318 V。充放电曲线分别如图 5.4 和图 5.5 所示，充电电压范围在 1.40～1.50 V，放电电压范围在 1.20～1.30 V，电压平稳，与 Cd－NiOOH 电池工作电压相近。

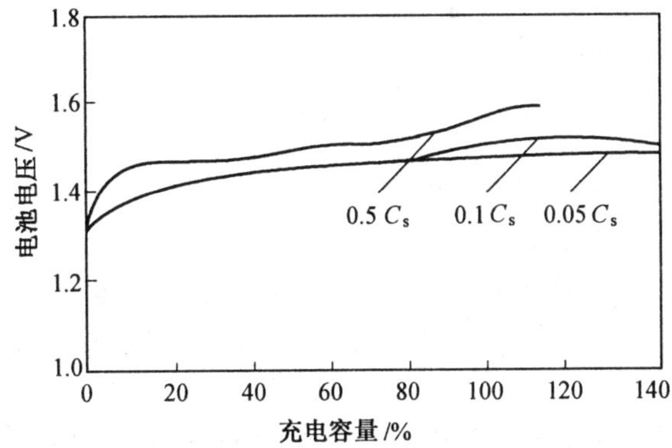

图 5.4　不同充电倍率的高压 H_2－NiOOH 电池充电曲线（额定容量 20 A·h）

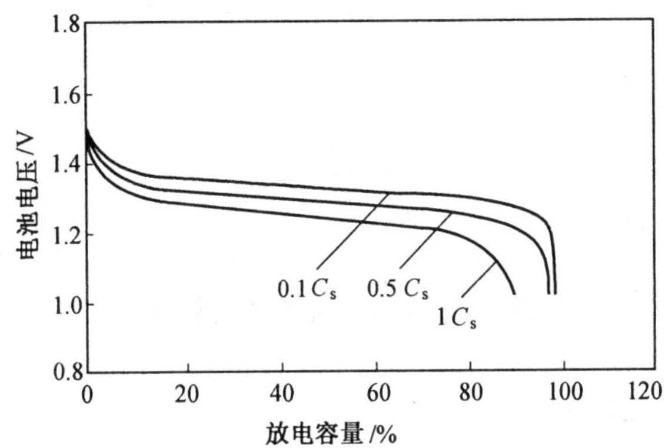

图 5.5　不同放电倍率的高压 H_2－NiOOH 电池放电曲线（额定容量 20 A·h）

高压 H_2－NiOOH 电池在放电过程中放热，充电过程中吸热，过充电时又变为放热。由于负极的活性物质是 H_2，充电时产生 H_2，放电时消耗 H_2，因而 H_2 压力在充放电的过程中是不断变化的，而气体压力与电池荷电状态有直接关系，可以通过检测电池内压的变化指示电池的容量。

2.自放电特性

图 5.6 是高压 H_2－NiOOH 电池在不同温度下的自放电曲线。从图 5.6 可知，20℃时的自放电速率比 0℃时大 1 倍。

自放电速率可以从测定电池在搁置后的容量得出，也可以从测定电池搁置过程中氢压的减小得出。氢压是电池容量的直接指示，自放电速率正比于 H_2 压力。

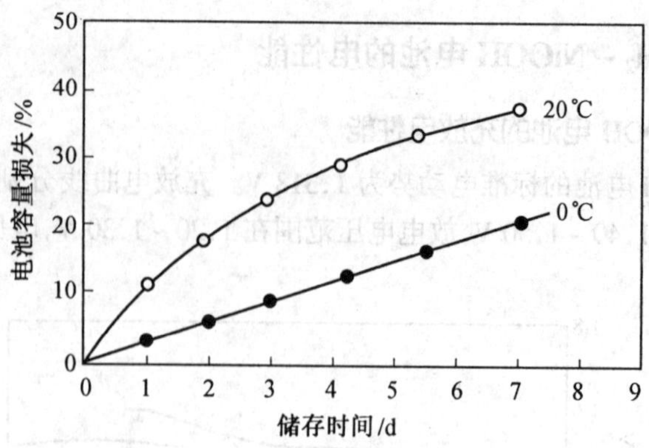

图 5.6　高压 H_2 – NiOOH 自放电曲线

3. 电池工作寿命

高压 H_2 – NiOOH 电池工作寿命长是其突出的优点。单体电池工作寿命结束的标志是放电工作电压下降到 1 V 以下。导致电池工作寿命结束及失效的主要因素是:

(1) 镍电极膨胀

活性物质随循环进行而不断膨胀和收缩,最终导致烧结镍基板解体。镍电极膨胀还会挤出隔膜中吸附的电解液,导致电池干涸失效。

(2) 密封壳体泄漏

负极活性物质 H_2 密封在电池壳体中,如果电池密封壳体发生泄漏,就会导致 H_2 损失,电池性能下降或不能工作。

(3) 电解液再分配

电解液再分配是指在充电和过充电时都会产生气体,,电解液随气体传递离开电极和隔膜,因而造成电解液再分配,影响电池寿命。

5.3　MH – NiOOH 电池

MH – NiOOH 电池是用储氢合金电极代替高压 H_2 – NiOOH 电池中的氢电极的一种新型 MH – NiOOH电池。

1984 年开始,荷兰、日本、美国都致力于研究开发储氢合金电极。1988 年,美国 Ovonic 公司,1989 年,日本松下、东芝、三洋等电池公司先后开发成功 MH – NiOOH 电池,并开始大规模商业化生产。

我国于 20 世纪 80 年代末研制成功电池用储氢合金,1990 年研制成 AA 型 MH – NiOOH 电池,容量在 900 ~ 1 000 mA·h。在国家 863 计划的推动下,取得了长足的进步,现在已有数十个厂家大批量生产 MH – NiOOH 电池,电池容量也有了大幅度提高。

5.3.1　MH – NiOOH 电池的工作原理

MH – NiOOH 电池以金属氢化物为负极,氧化镍电极为正极,KOH 溶液为电解液。MH – NiOOH 电池正常充放电时进行如下反应

正极反应　$$Ni(OH)_2 + OH^- \underset{放电}{\overset{充电}{\rightleftharpoons}} NiOOH + H_2O + e^- \tag{5.11}$$

负极反应
$$M + H_2O + e^- \underset{放电}{\overset{充电}{\rightleftharpoons}} MH + OH^- \tag{5.12}$$

电池反应
$$NiOOH + MH \underset{充电}{\overset{放电}{\rightleftharpoons}} Ni(OH)_2 + M \tag{5.13}$$

充电时，正极上的 $Ni(OH)_2$ 转变为 NiOOH，在储氢合金电极表面的水分子还原成氢原子，氢原子吸附在电极表面上形成吸附态的 MH_{ab}，吸附态的氢再扩散到储氢合金内部而被吸收，形成固溶体 $\alpha-MH$。当溶解于合金相中的氢原子越来越多，氢原子将与合金发生反应，形成金属氢化物 $\beta-MH$。氢在合金中的扩散较慢，扩散系数一般都在 $10^{-7} \sim 10^{-8}$ cm/s，扩散成为充电过程的控制步骤。这个过程可以表示为

$$M + H_2O + e^- \longrightarrow MH_{ab} + OH^- \tag{5.14}$$

$$MH_{ab} \longrightarrow \alpha - MH \tag{5.15}$$

$$\alpha - MH \longrightarrow \beta - MH \tag{5.16}$$

还可能存在副反应

$$2MH_{ab} \longrightarrow 2M + H_2 \uparrow \tag{5.17}$$

放电时，NiOOH 得到的电子转变为 $Ni(OH)_2$，金属氢化物（MH）内部的氢原子扩散到表面而形成吸附态的氢原子，再发生电化学氧化反应生成水。氢原子的扩散步骤仍然成为负极放电过程的控制步骤。

过充电时，由于正极上可以氧化的 $Ni(OH)_2$ 都变成了 NiOOH（除了活性物质内部被隔离的 $Ni(OH)_2$ 之外），这时 OH^- 失去电子生成 O_2，O_2 扩散到负极，在储氢合金的催化作用下得到电子生成 OH^-。

正极反应
$$4OH^- \longrightarrow 2H_2O + O_2 + 4e^- \tag{5.18}$$

负极反应
$$2H_2O + O_2 + 4e^- \longrightarrow 4OH^- \tag{5.19}$$

正极产生的 O_2 也可能与负极产生的 H_2 复合成水。

过放电时，正极上可被还原的 NOOH 已经消耗完了（MH－NiOOH 电池一般设计为负极容量过量），这时 H_2O 便在镍电极上还原，生成 H_2，而负极上仍然发生 H_2 的电化学氧化生成 H_2O。

正极反应
$$2H_2O + 2e^- \longrightarrow 2OH^- + H_2 \tag{5.20}$$

负极反应
$$2OH^- + H_2 \longrightarrow 2H_2O + 2e^- \tag{5.21}$$

这样 H_2 在镍电极上生成，又在储氢合金电极上消耗掉，这时电池总反应的净结果为零。但是电池中镍电极出现了反极现象，镍电极电势反而比氢电极电势更小。

MH－NiOOH 电池在正常充放电及过充电过放电过程中的电极反应与气体流动示意图见图 5.7。

在电池反应中，储氢合金担负着储氢和在其表面进行电化学反应的双重任务。在过充和过放过程中，由于储氢合金的催化作用，可以消除产生的 O_2 和 H_2，从而使电池具有耐过充、过放电的能力。但随着充放电循环的进行，储氢合金逐渐失去催化能力，电池内压会逐渐升高。

为了限制负极析氢，保证氧的复合反应，消除 O_2 压力，设计电池时，负极容量过量，电池

容量由正极限制。

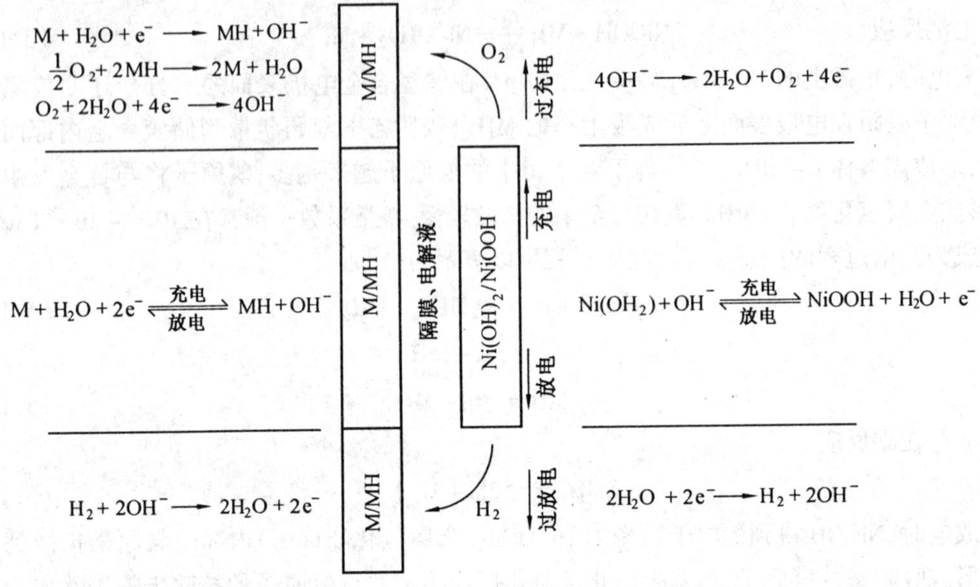

图 5.7 MH－NiOOH 电池正负极反应与气体流动示意图

5.3.2 MH－NiOOH 电池的特点

MH－NiOOH 电池使用了储氢合金作为负极，因而有许多独特的优点：

① 能量密度高，是 Cd－NiOOH 电池的 1.5～2 倍；

② 电池电压为 1.2～1.3 V，与 Cd－NiOOH 电池相当，具有可替换性；

③ 可快速充放电，低温性能好；

④ 可密封，耐过充、过放电能力强；

⑤ 无毒，无环境污染，不使用贵金属；

⑥ 无记忆效应。

5.4 储氢合金电极

储氢合金属于金属氢化物。自从 20 世纪 60 年代后期荷兰菲利浦公司和美国布鲁克海文国家实验室分别发现 $LaNi_5$、TiFe、Mg_2Ni 等金属间化合物的储氢特性以后，世界各国都在竞相研究开发不同的金属储氢材料。它们在常温常压下能够与氢反应，成为金属氢化物，通过加热或减压可以将储存的氢释放出来，通过冷却或加压又可以再次吸收氢。图 5.8 比较了 H_2、液氢、金属氢化物中的氢密度和氢含量。

可以看出，金属氢化物的氢密度比 H_2 和液态氢还要高，因而可用于储氢，MH－NiOOH 电池也具有高的能量密度。

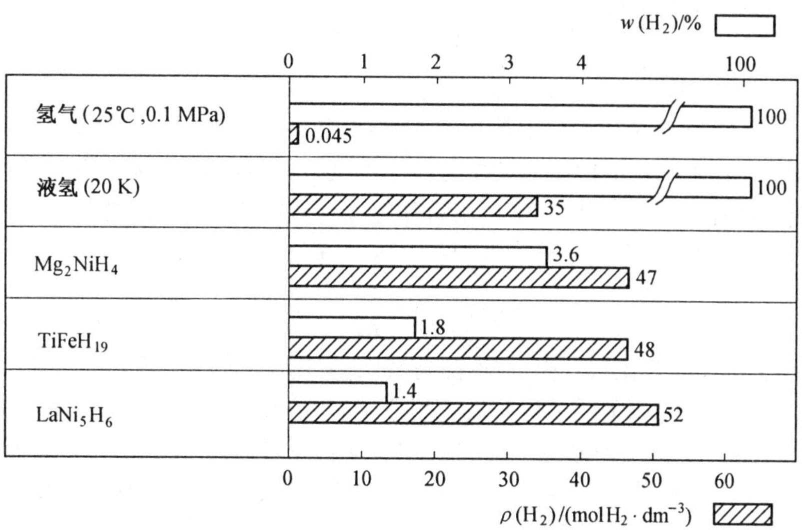

图 5.8　H_2、液氢、金属氢化物的氢密度与含氢率

5.4.1　储氢合金的热力学原理

在一定的温度和压力下，储氢合金与气态氢可逆反应生成氢化物

$$M + \frac{y}{2}H_2 \rightleftharpoons MH_y + Q \tag{5.22}$$

储氢合金吸收氢时要放出热量，这个反应可逆性很好，反应速率很快，整个过程可以分为三步进行：

① 在合金吸氢的初始阶段形成固溶体(α 相)，合金结构保持不变，即

$$M + \frac{x}{2}H_2 \longrightarrow MH_x \tag{5.23}$$

② 固溶体进一步与氢反应，生成氢化物相(β 相)

$$MH_x + \frac{y-x}{2}H_2 \longrightarrow MH_y + Q \tag{5.24}$$

③ 进一步增加氢压，合金中的氢含量略有增加。

储氢合金吸收和释放出氢的过程，最方便的表示方法是压力－组成－等温线，即 $p-c-T$ 曲线，如图 5.9 所示。合金吸收的氢原子占据金属晶格中的空隙位置，其密度取决于 H_2 的压力，根据 Gibbs 相律，温度一定时，反应有一定的平衡压力。

当温度不变时，从点 0 开始，随着氢压的增加，合金吸收 H_2，形成固溶体(α 相)，随着体系中氢分压的增加，α 相吸收的氢浓度不断提高，

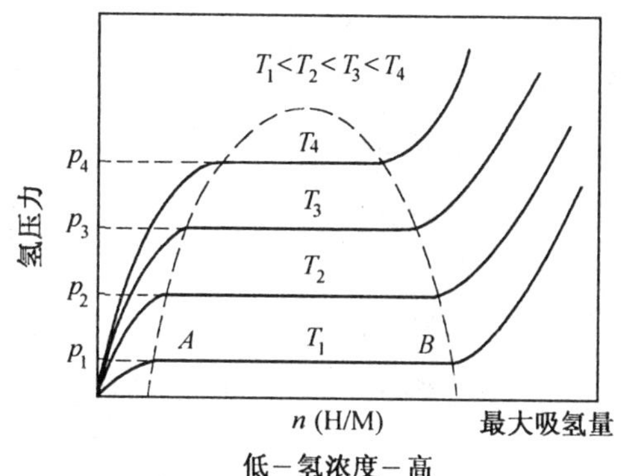

图 5.9　金属氢化物的 $p-c-T$ 曲线

处于合金相的氢原子浓度与平衡氢压的平方根成正比，即

$$c(H^+) = K \cdot [p(H_2)]^{1/2}$$

其中　K——比例常数。

点 A 对应于氢在合金中的极限溶解度。到达点 A 后，α 相再吸收 H_2，生成氢化物相，即 β 相。在 AB 段，α 相与 β 相并存，氢的平衡压力不变。AB 段呈平直状，称为平台区，相应的平衡压力，称为平台压力。温度对平台压力和组成有较大影响，随着温度的升高，氢的平台压力升高，两相区的吸氢量下降。温度和平台压力符合 Vant't Hoff 公式

$$\ln p(H_2) = \frac{\Delta H}{RT} - \frac{\Delta S}{R}$$

到达点 B 后，α 相全部转化为 β 相，如再提高氢压，氢化物中的氢仅有少量增加。

金属氢化物释放氢原子的过程与吸收氢原子过程相反。在分解过程中，氢的分压是不变的。随着氢原子浓度的降低，氢原子从金属氢化物相转化到 α 相，并在以后分解过程中氢原子浓度随着氢分压的降低而降低。对于一个理想过程，氢的吸收与释放过程中的平台氢分压是相等的。实际上，不同的金属或储氢合金有着不同程度的滞后现象发生。一般认为，这与合金氢化过程中金属晶格膨胀引起的晶格间应力有关。$MnNi_5$ 和 TiFe 储氢合金氢化物的滞后程度较大。可以采用添加某些过渡金属元素或添加少量过渡金属产生非化学计量组成来大幅度降低金属氢化物的滞后现象。

储氢合金的平台压力对其应用是很重要的。在 MH－NiOOH 电池中，储氢合金平台压力太大，其热力学稳定性越差，释放氢越易发生，用这种材料制作的电池放电反应容易进行，不过充电时电池的内压也越高。另外，氢分压过大会引起严重的自放电。但是，氢分压也不能过低，否则，吸收氢后，金属氢化物难于分解，影响电池的高倍率放电性能。热效应对金属氢化物的应用也很重要。一些利用储氢金属或合金吸收或放出氢时放热与吸热的特点制造的热泵，对金属氢化物的热效应有严格的要求。表 5.2 列出了某些 AB_5 型合金储氢合金的热力学性质

表 5.2　稀土－镍基储氢合金氢化物热力学性质

合　金	t/℃	平台压力/MPa	$-\Delta H(H_2)/(kJ \cdot mol^{-1})$
$LaNi_5$	25	0.19	30.2
$La_{0.8}Nd_{0.2}Ni_5$	25	0.31	30.2
$La_{0.8}Gd_{0.2}Ni_5$	25	0.48	30.2
$LaNi_4Co$	50	0.22	40.3
$LaNi_{4.6}Al_{0.4}$	20	0.016	36.5
$LaNi_{4.6}Sn_{0.4}$	20	0.0076	38.6
$LaNi_{4.6}Si_{0.4}$	30	0.07	35.7
$MmNi_5$	20	1.3	26.5
$MmNi_{4.5}Cr_{0.5}$	20	0.48	25.6
$MmNi_{4.5}Mn_{0.45}Zr_{0.05}$	50	0.4	33.2

5.4.2 储氢合金中氢的位置

储氢合金吸收氢后，氢进入合金晶格中，合金晶格可看成容纳氢原子的容器。典型的金属氢化物晶格结构有面心立方(FCC)、体心立方(BCC)和六方密集堆积(HCP)晶格。在面心立方晶格、体心立方晶格中，六配位的八面体晶格间位置和四配位的四面体晶格间位置是氢稳定存在的两个位置，金属晶格的晶格间位置列于图 5.10 中。

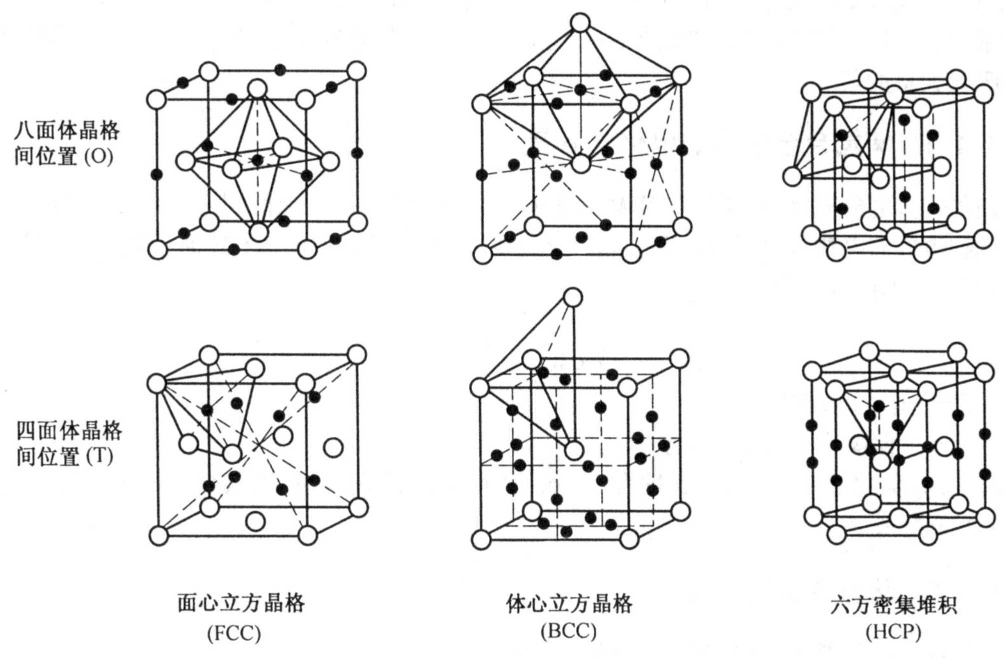

图 5.10　金属晶格中的晶格间位置

○—金属原子；●—氢原子

氢原子在晶格中的实际位置与金属原子半径有关。对于母体金属为面心立方晶格的场合，若金属原子半径小，如 Ni、Cr、Mn、Pd 等，氢原子在八面体晶格间位置(O 位置)；在母体金属为体心立方晶格的场合，如 V、Nb、Ta 等，氢原子进入四面体晶格间位置(T 位置)；在母体金属为六方密集堆积晶格的场合，即原子半径大的金属，如 Zr、Sc、Y、稀土元素等，氢主要进入其四面体晶格间位置(T 位置)。通常这些位置只是被部分占有，进入晶格间的氢，简单的称为氢原子，但其电子状态和原子状态并不相同，氢原子不是存在于某一个点上，而是在图 5.10 所示的晶格间位置的周围一定范围内存在。

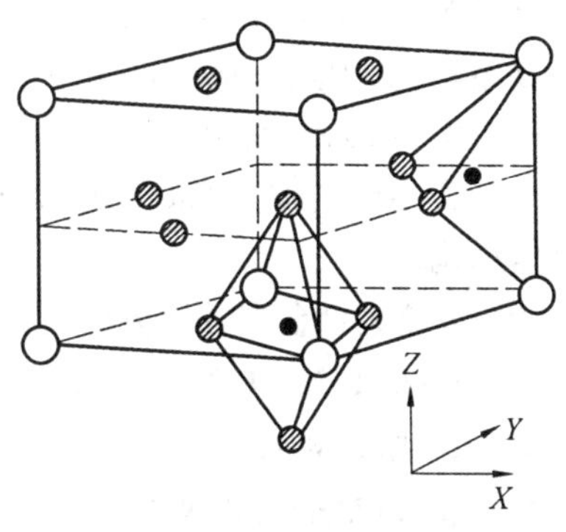

图 5.11　$LaNi_5$ 中氢原子的位置

○—La；　◍—Ni；　●—H

图 5.11 的储氢合金 $LaNi_5$，在 $z=0$ 和 $z=1$ 的面上，各用 4 个 La 原子和 2 个 Ni 原子构

成一层,在 $z=\frac{1}{2}$ 的面上由 5 个 Ni 原子构成一层。当吸收氢原子时,2 个 La 和 2 个 Ni 原子形成四面体晶格间位置(T 位置),4 个 Ni 和 2 个 La 形成八面体晶格间位置(O 位置)。因此,吸收氢后,在 $z=0$ 面上,氢占有 3 个位置,在 $z=\frac{1}{2}$ 的面上,氢也占 3 个位置,所以当氢原子进入 $LaNi_5$ 的全部晶格间位置后,形成 $LaNi_5H_6$。氢原子的进入,使 $LaNi_5$ 晶格膨胀 23%。金属晶格被扩宽,导致晶格变形,形成微裂纹,甚至粉化。

由于金属或金属间化合物的晶格间有很多位置,能吸收大量的氢。金属晶体中原子排列非常紧密,氢原子进入到晶格间隙中,使氢也处于致密的填充状态,因而储氢合金能够致密的吸收大量的氢。

5.4.3 储氢合金电极的电化学容量

储氢合金电极充电时,储氢材料 M 每吸收一个氢原子,相当于得到一个电子,因此,金属氢化物电极的电化学容量取决于金属氢化物 MH_x 中含氢量 x(x = H/M 原子比)。根据法拉第定律,其理论容量为

$$C_t=\frac{xF}{3.6M} \quad (\text{m·A·h/g}) \tag{5.25}$$

式中 F——法拉第常数;

M——储氢材料的摩尔质量。

对 $LaNi_5$ 储氢合金,最大吸氢量为 $x=6$。因此可以计算 $LaNi_5$ 储氢合金的理论容量为 $C_t=372$ m·Ah/g。

5.4.4 储氢合金的分类

储氢合金种类繁多,分类方法主要有下列两种:

(1) 按储氢合金组分分类

稀土类:如 $LaNi_5$,$LaNi_{5-x}A_x$(A = Al,Mn,Co,Cu 等),$MmNi_5$(Mm 为混合稀土)等;

钛系类:如 TiNi,Ti_2Ni 等;

镁系类:如 Mg_2Ni,Mg_2Cu 等;

锆系类:如 $ZrMn_2$。

稀土类晶体结构为 $CaCu_5$ 型六方晶体,钛、镁、锆系分别为正方晶系、四方晶系和 Laves 相晶体结构。

(2) 按储氢合金中各组分的配比分类

AB_5 型:如 $LaNi_5$,$LaNi_{5-x}A_x$,$MmNi_5$;

AB_2 型:如 $ZrMn_2$;

A_2B 型:如 Mg_2Ni,Ti_2Ni 等;

AB 型:如 TiNi 等。

目前已开发的储氢合金有稀土系、锆系、钛系、镁系四大系列。但实际用于 MH - NiOOH 电池的主要有稀土系、钛系两大类。

典型的储氢合金 $LaNi_5$ 具有 $CaCu_5$ 型晶型结构,是一种立方晶格的点阵结构,在 20℃下,能与 6 个氢原子结合,生成具有立方晶格的 $LaNi_5H_6$。由于 $LaNi_5$ 中的 La 吸氢后发生位

置偏移,使晶格的 a 轴产生不同的变化。因此,$LaNi_5H_6$ 为变形的立方晶体结构。AB_5 型合金制成的吸氢量大、平台压力适中、滞后小、电极活化快,大电流放电性能好,是目前应用最多的 MH - NiOOH 电池用储氢合金。AB_2 型合金储氢量大,但电极活化困难,大电流放电能力较差,自放电较大。

现在已发现具有可逆储氢性能的氢化物有 1 000 余种,但并不是所有的储氢合金都可以作 MH - NiOOH 电池的负极材料,用作电池的储氢合金必须满足以下条件。

① 储氢量大,且容易活化,平台压力在 101.325 ~ 101 325 Pa 之间,氢化物的生成热 ΔH 小于 6.226×10^4 J/mol;

② 储氢合金对氢的阳极氧化有电催化作用;

③ 在氢的阳极氧化电势范围内,储氢合金有抗氧化的能力;

④ 在碱性电解质溶液中,合金的化学性能稳定,耐腐蚀;

⑤ 在反复充放电过程中,储氢材料的结构和性能保持稳定;

⑥ 在较宽的温度范围内,电化学容量变化小;

⑦ 原材料来源丰富,价格便宜,无污染。

能够满足上述条件的储氢合金有以 $LaNi_5$ 和 $MmNi_5$ 为主的稀土系和 TiNi、Ti_2Ni、$Ti_{1-x}ZrNi_x$ 等钛系,锆系 Laves 相储氢合金电极和非晶态的 Mg - NiOOH 储氢合金电极正在研究之中。

5.4.5　储氢合金的制造

通常使用的合金制造方法是熔炼法。将按照配比称量的物料置于坩埚中,使用电弧炉或真空感应炉,在 Ar 气氛保护或真空状态下熔炼成合金。

真空感应炉有电磁搅拌作用,有利于成分均匀,且合金成分易于控制,操作简单。但是对坩埚要求严格,一般采用致密型 $A1_2O_3$、MgO 和 ZrO_2 陶瓷坩埚,使用坩埚带入的杂质的质量分数小于 0.08%。

多组分合金经电弧炉或感应熔炼炉熔炼铸锭后,由于冷却速率不够大,会造成某些组分的偏析,从而对合金的吸氢性能造成不利影响。为了克服这些不利影响,提高合金的吸放氢性能,往往采用热处理办法。所谓热处理就是将大块铸锭合金放入真空高温炉中,在真空或氩气气氛下加热至一定温度并保温一定时间,使合金成分均匀的过程。多数研究认为,热处理是改善储氢合金吸放氢性能的有效途径之一。其作用是:

① 消除合金结构应力;

② 减少组分偏析,特别是减少 Mn 的偏析,使合金均质化;

③ 使倾斜的 $p-c-T$ 曲线平台平坦化并降低平台压;

④ 提高吸氢量;

⑤ 提高循环寿命等。

因此多数生产工艺中采用热处理。

MH - NiOOH 电池负极活性物质用的储氢合金通常要求粉碎到 200 目以下,一般采用氢碎法或机械粉碎法。

机械粉碎是将不锈钢球与熔炼成的储氢合金按照一定的比例加入不锈钢制的桶中,以一定速率转动,使储氢合金与球相互碰撞、冲击、研磨而达到粉碎的一种方法。这种方法受球磨时间、球料比、转速、球的直径等因素影响,应先将大块合金粉碎成直径 1 mm 左右的小合金颗粒再放入球磨机中细磨。为防止储氢合金粉氧化,通常使用惰性气体保护,还可以加入甲苯等混料湿磨,以防止物料结块或黏附在球或桶上。研磨后干燥除去甲苯,筛分得合金粉。

氢粉碎法是利用储氢合金吸氢后体积膨胀,放氢后体积收缩,使合金表面产生很多裂纹,促进合金的进一步膨胀和破裂的特点,最终得到合金粉末。先将合金放人密封耐压容器内,通入 1 ~ 2 MPa 高纯 H_2,然后升高温度至 150℃,抽真空 15 min,排出合金中的氢,经几次循环就可粉化成粉料,筛分得电池用合金粉。应注意,合金在急速吸氢时温度上升可能较快,应注意均匀散热,防止自燃。

机械粉碎的合金粉颗粒形状不规则,大小不均匀,比容量低,电化学活性差。氢化粉碎的合金粉则容量较高,活化也快,但是需要耐高压设备,氢排不净时合金容易发热,不利于大规模应用。

5.4.6　储氢合金电极的制造

储氢合金电极的性能与电极制造工艺有密切关系。储氢合金电极制造涉及负极活性物质、导电集流体、添加剂、黏结剂等组分的最佳组合。目前已在生产上应用的储氢电极制造方法有黏结法、泡沫电极法和烧结法等几种。

粘结式储氢合金电极的制造是先将储氢合金粉与导电剂、添加剂、黏结剂等调成浆状,导电剂可以用镍粉或石墨粉,黏结剂常用 PTFF、CMC、PVA、SBR 等,使镍丝网或冲孔镀镍钢带连续通过浆料,控制涂浆的厚度,烘干后,使用对辊机将其压薄整型,测量电极厚度符合要求后,就可以切片、包装,得到成品电极。

泡沫式储氢合金电极的制造是先将储氢合金粉与导电剂、添加剂、黏结剂等混合后,填充在发泡镍或发泡铜基体的微孔中,经干燥、压制、冲切后,得到成品电极。制造方法又可分为湿法和干法两种。干粉填充法除可以将上述的合金粉填入泡沫镍内,还可以将合金粉与金属切拉网一起在对辊压力作用下滚压成电极。

烧结法制造储氢合金电极的工艺分为粉末烧结法和低温烧结法。

粉末烧结法是将储氢合金粉压制成型,在真空中于 800 ~ 900℃下烧结 1 h,冷却过程通入 H_2,制成氢化物电极。也可将合金粉加到泡沫镍网中加压后,在真空中于 800 ~ 900℃下烧结 1 h,制得孔率为 10% ~ 30%的储氢电极。

制备钛 - 镍合金时,把氢化钛(TiH_2)与羰基镍粉混匀,加到泡沫镍中加压后,在真空中于 910℃下烧结 1 ~ 2 h,制成多孔钛 - 镍合金储氢电极。

低温烧结法是在储氢合金粉中加入黏结剂,压制成所需尺寸的电极,然后在 300 ~ 500℃下烧结成电极,这种电极内阻小,可大电流放电。

5.4.7　储氢合金电极的性能衰减

MH - NiOOH 电池在充放电过程中,储氢合金电极性能会逐渐下降。一般认为,性能恶化的模式主要有:

(1) 合金的微粉化及表面氧化扩展到合金内部

储氢材料在经过多次的充电、放电循环后,由于氢的多次吸收与释放,储氢合金的晶格反复膨胀与收缩,引起储氢合金材料破裂成更细的粉末,这种现象被称为储氢材料的粉化。

虽然细粉的表面积大,有利于氢的吸收,但细粉颗粒间的接触不良,使整个材料粉体的导热、导电率下降,同时在重复的吸放氢过程中,细粉倾向于自动填实或致密化,从而影响了电极的动力学性能,造成电极性能的下降。

储氢材料的氧化主要发生在稀土类材料上。采用含 La 的稀土储氢材料,易于发生 La 的氧化。采用多元吸氢合金,在充放电过程中,氢的吸收与释放使储氢材料的晶格反复膨胀和收缩。由于合金中各组成部分的晶格尺寸的不同,导致某些元素在储氢材料表面的富集,即出现合金元素的偏析。不仅所偏析的合金元素易被腐蚀(即发生氧化),而且使储氢材料失去合金的性质,从而使储氢合金电极的循环寿命下降。合金颗粒由于反复循环而造成的破裂又产生了很多新的表面,这些新鲜表面随后又会发生氧化过程,使得氧化过程向合金颗粒的内部延伸,造成电极性能的进一步衰减。

(2) 储氢合金电极的自放电

储氢合金电极自放电有两方面的原因:一是制作电极的合金选用不当,即使在室温下,氢也会从金属氢化物中释放出来;另一种是储氢合金中某种金属元素的化学性质在碱液中或 O_2 氛中不稳定,易被腐蚀。C. Iwakra 把自放电划分为可逆自放电与不可逆自放电两种。可逆自放电是由于环境压力低于电极中金属氢化物的平衡氢压,H_2 就从电极中脱附出来,逸出的氢还会与正极活性物质 NiOOH 反应,生成 $Ni(OH)_2$,导致容量的下降。可逆自放电可以通过再充电复原。不可逆自放电主要是由于储氢合金的化学或电化学方面的原因引起的。自放电程度的高低一般与温度有关,温度升高,会加剧自放电速率。一般减少自放电的方法有:吸氢合金材料的表面改性;选择适当合金使氢的平衡压力在较宽的温度范围内低于电池内压;采用非透气性膜阻止 H_2 与正极活性物质的作用,实用中可采用半透膜或离子交换膜。

5.4.8　储氢合金的表面处理技术

储氢合金的表面特性对电极的活化、在电解液中的腐蚀与氧化、电催化活性、高倍率充放电性能以及循环寿命等有很大影响,为了提高储氢电极的性能,通常采用储氢合金表面处理技术,常用的有化学处理法和微包覆处理法。

1. 化学处理法

化学处理法有酸、碱及氟化物处理法。对稀土系含 Co 合金(如 $MmNi_{4.55}A1_{0.3}Co_{0.15}$ 合金粉),可将合金粉先浸入 1 mol/L 的 HNO_3 中数分钟,然后转入 7 mol/L 的 KOH 溶液中加热到 80℃,浸泡 0.5 h,使合金表面出现多孔富镍层,提高循环寿命;也可将合金粉浸入高温浓碱中数小时,然后洗涤、烘干制成电极。

AB_5 或 AB_2 型 Laves 相合金经氟化处理后,容量增大,循环寿命延长,温度性能提高。

2. 微包覆处理法

用化学镀的方法可以在合金粉表面包覆一层厚度为微米级的金属膜,一般可包覆一层 Cu、Ni、Ni – Co、Cr 或 Pd 金属膜。包覆前对合金粉进行活化与敏化处理,以增加包覆膜与合金粉表面的结合力。包覆 Cu 主要用甲醛水溶液作还原剂,包覆 Ni 用次亚磷酸钠作还原剂。

微包覆技术的优点是增加合金电极的导电、导热性,提高合金表面的催化能力,提高合金表面的抗氧化能力,改善快速充、放电性能,减少充放电过程合金粉末从电极表面脱落,抑制氢原子结合成 H_2,并阻止氢从合金表面逸出。

5.5　MH – NiOOH 电池的性能

MH – NiOOH 电池结构与 Cd – NiOOH 电池结构基本相同。正极为氧化镍电极，负极为储氢合金电极，隔膜一般为无纺布，常用聚丙烯或聚酰胺纤维为原料。

圆柱形 MH – NiOOH 电池外壳为镀镍钢筒，并兼作负极，电池盖帽为正极引出端，装有安全排气装置。方形 MH – NiOOH 电池的外壳可以使用镀镍钢壳，也可以使用尼龙塑料壳。

MH – NiOOH 电池的特点是能量密度高，无记忆效应，耐过充过放能力强，无污染，被称为绿色电池。

5.5.1　MH – NiOOH 电池充放电特性

MH – NiOOH 电池充电曲线与 Cd – NiOOH 电池相似，如图 5.12 所示，但充电后期 MH – NiOOH 电池充电电压比 Cd – NiOOH 电池低。充电速率对充电电压有明显的影响，充电速率快，充电电压高。

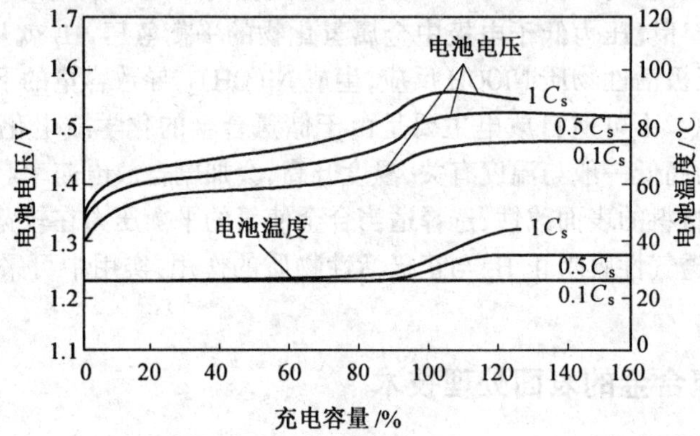

图 5.12　MH – NiOOH 电池充电曲线

MH – NiOOH 电池的放电电压与 Cd – NiOOH 电池相似，但放电容量几乎是 Cd – NiOOH 电池的 2 倍。电池放电容量和电压与放电条件有关，如放电倍率，环境温度等。一般放电倍率越大，放电容量与放电电压越低，如图 5.13 所示。

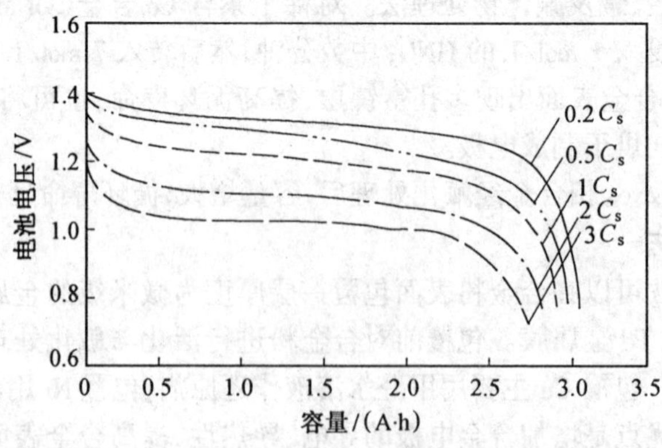

图 5.13　MH – NiOOH 电池的放电曲线(额定容量 3 A·h)

为了实现电池密封，设计 MH – NiOOH 电池时，容量设计由正极限制，负极容量过剩。

5.5.2　温度特性

图 5.14 是不同的环境温度下,电池电压与充电容量的曲线。可见,在各种环境温度下,当充电容量接近标称容量的 75% 时,由于正极电势升高开始析氧,使得电池电压升高,充电容量达到标称容量的 100% 时,电池电压达最大值。随后,由于电池内部氧的复合放热,电池温度升高,导致电池电压的降低。引起这种现象的原因是 MH – NiOOH 电池电压有一个负的温度系数。

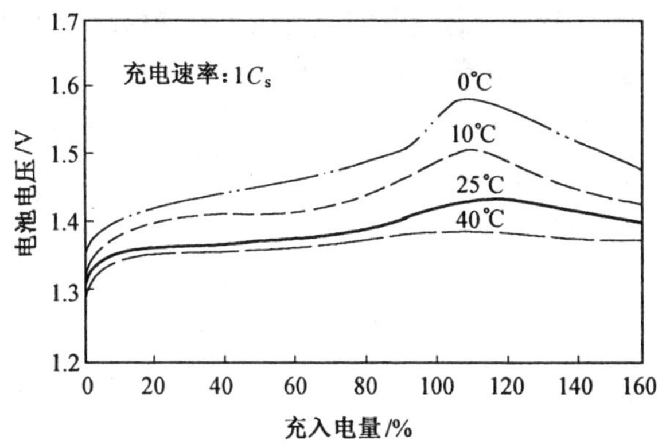

图 5.14　不同温度下 MH – NiOOH 电池的充电曲线

环境温度不同,虽放电倍率相同,但放电电压不同。随着放电倍率提高,温度对放电容量的影响越来越显著,特别是在低温条件下放电时,放电容量下降更明显,如图 5.15 所示。

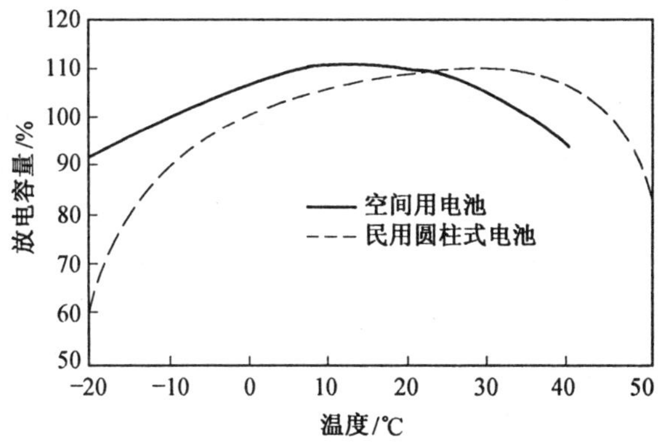

图 5.15　MH – NiOOH 电池在不同温度下的放电容量百分比

5.5.3　自放电特性

MH – NiOOH 电池的自放电比 Cd – NiOOH 电池大。引起电池自放电的因素很多,其中储氢合金的组成、使用温度、电池的组装工艺是主要因素。温度越高,自放电越大。

储氢合金的析氢平台压力偏高,则吸收的 H_2 易从合金中逸出,与 NiOOH 反应,从而引起电池的自放电。为此,要求储氢合金的析氢平台压力在 10^{-4} ~ 1 MPa 之间。

MH – NiOOH 电池自放电引起的容量损失是可逆的。长期储存的 MH – NiOOH 电池,经过三次小电流充放电循环后可使电池容量恢复。

5.5.4　循环寿命

密封 HM－NiOOH 电池在充电－放电循环过程中,容量降低的历程包括下列几个步骤:

① 在电池环境中,由于稀土元素、Mn 元素的热力学不稳定性被氧化,使储氢合金丧失储氢能力。

② 在充电放电循环中,在合金粉末的表面形成的 $La(OH)_3$ 增加,不利于合金吸收 H_2。所以,电池内 H_2 的分压会在内部气体总压力中逐渐上升。

③ 当电池的内压高于密封的通气孔的固定压力时,就会发生气体的泄漏,随着电解液数量的减少,内部阻抗增大,容量降低,电池的循环寿命下降。

第 6 章　锌 - 氧化银电池

6.1 概　述

锌 - 氧化银电池(或简称为 Zn - AgO 电池)的表达式为

$$(-)\ Zn \mid KOH(或 NaOH) \mid AgO\ (或 Ag_2O)\ (+)$$

锌 - 氧化银电池的负极为金属锌,正极为银的氧化物(AgO 或 Ag_2O),电解质溶液为 KOH 或 NaOH 的水溶液。Zn - AgO 电池也属于碱性电池,它可以制成一次电池,也可以制成可充电的蓄电池。

早在 1800 年,伏特的 Zn - AgO 电堆研究就奠定了 Zn - AgO 电池的雏形。1883 年,出现了第一个完整的碱性 Zn - AgO 原电池的专利。1899 年,Jungner 制成了烧结式银电极,并推出了有实用价值的 Zn - AgO 电池。

由于 Zn - AgO 电池有着许多吸引人的优点,使人们对此一直很感兴趣。但是在其后的几十年间,人们做了大量的研究工作,都没有大的突破,主要原因有两点:一是氧化银微溶于碱,并由正极向负极迁移;二是整体锌电极易发生钝化,不能大电流放电。直到 1941 年,法国的 Henry Andre 用赛璐玢半透膜作为 Zn - AgO 电池的隔膜,延缓氧化银的迁移,同时也防止锌枝晶的形成,还采用了多孔锌电极,防止了锌的钝化,使 Zn - AgO 电池可以大电流放电。这就使得 Zn - AgO 电池具有了实用性,促使 Zn - AgO 电池迅速发展。

Zn - AgO 电池具有一系列优点:

① 质量比能量和体积比能量高,是目前批量生产的蓄电池中最高的,质量比能量可达 100 ~ 300 W·h/kg,体积比能量可达 180 ~ 220 W·h/L,是铅酸蓄电池的 2 ~ 4 倍;

② 比功率很高,可以高速率放电,且在大电流放电时,容量下降不多;

③ Zn - AgO 电池放电电压非常平稳。另外 Zn - AgO 电池的自放电小,并具有良好的机械强度。但是 Zn - AgO 电池的缺点是成本高、寿命短、高低温性能不太理想。

一次 Zn - AgO 电池主要制作成 5 ~ 250 mA·h 的扣式电池应用在助听器、手表、计算器等电子装置中,虽然银的价格较贵,但是由于 Zn - AgO 电池比容量高,因而仍得到广泛应用。一次 Zn - AgO 电池的正极通常是由一价氧化银粉添加少量石墨压制而成的,负极由锌粉压制而成,电解液为饱和锌酸盐的 KOH 水溶液。

二次 Zn - AgO 电池以其高比能量和高比功率著称,同样由于价格问题,主要应用在对电池性能有特殊要求,但又不计较成本的场合,比如军事和宇航技术方面。在军事技术中,Zn - AgO电池可应用于水下鱼雷发射及水雷、特殊试验艇、深潜救护艇等,在宇航技术中,可作为火箭、导弹、人造卫星、宇宙飞船等上的电源,在直升机、喷气飞机上使用 Zn - AgO 电池作启动和应急电源。二次 Zn - AgO 电池的不足之处是,循环寿命低,只有 10 ~ 200 次深充放循环;另外,价格比较昂贵。

Zn - AgO 电池的分类方法有多种:按工作方式,可分为一次电池和二次电池;按储存状态,可分为干式荷电态电池和干式放电态电池;按结构,可分为密封式电池和开口式电池;按外形,可分为矩形电池和扣式电池;按激活方式,可分为人工激活电池和自动激活电池;按放电倍率,可分为高倍率电池、中倍率电池和低倍率电池。这几种分类方法可以概括如下:

- Zn – AgO 电池
  - 一次电池
    - 扣式电池(非储备式湿荷电态电池)
    - 储备电池
      - 人工激活电池
      - 自动激活电池
  - 二次电池
    - 干式荷电态电池
    - 干式放电态电池

6.2 Zn – AgO 电池的工作原理

6.2.1 成流反应

Zn – AgO 电池正极上进行的反应是 AgO 还原为金属 Ag,反应分两步进行,即

$$2AgO + H_2O + 2e^- \longrightarrow Ag_2O + 2OH^- \tag{6.1}$$

$$Ag_2O + H_2O + 2e^- \longrightarrow 2Ag + 2OH^- \tag{6.2}$$

负极 Zn 在碱性介质中所进行的反应与电解液的组成和用量有关。在 Zn – AgO 电池中,电解液是用 ZnO 所饱和的,且电解液用量很少。在这种条件下,锌电极放电时所进行的反应为

$$Zn + 2OH^- \longrightarrow Zn(OH)_2 + 2e^- \tag{6.3}$$

或

$$Zn + 2OH^- \longrightarrow ZnO + H_2O + 2e^- \tag{6.4}$$

电池的总反应是上述电极反应之和,分别将式(6.1)与式(6.3)、式(6.1)与式(6.4)、式(6.2)与式(6.3)、式(6.2)与式(6.4)相加,可得

$$Zn + 2AgO + H_2O \longrightarrow Zn(OH)_2 + Ag_2O \tag{6.5}$$

$$Zn + 2AgO \longrightarrow ZnO + Ag_2O \tag{6.6}$$

$$Zn + Ag_2O + H_2O \longrightarrow Zn(OH)_2 + 2Ag \tag{6.7}$$

$$Zn + Ag_2O \longrightarrow ZnO + 2Ag \tag{6.8}$$

以上反应是 Zn – AgO 电池放电时的总反应,对二次 Zn – AgO 电池充电反应是上述过程的逆反应。

6.2.2 电极电势及电动势

结合能斯特方程,根据正负极的电极反应,可分别写出其电极电势表达式。

从电极反应可知,电极电势与碱液中的 OH^- 的活度有关。对应于式(6.1),其电极电势为

$$\varphi(AgO/Ag_2O) = \varphi^{\ominus}(AgO/Ag_2O) - \frac{RT}{T}\ln a(OH^-) \tag{6.9}$$

对应式(6.2),有

$$\varphi(Ag_2O/Ag) = \varphi^{\ominus}(Ag_2O/Ag) - \frac{RT}{T}\ln a(OH^-) \tag{6.10}$$

对应式(6.3),有

$$\varphi(Zn(OH)_2/Zn)=\varphi^{\ominus}(Zn(OH)_2/Zn)-\frac{RT}{T}\ln a(OH^-) \tag{6.11}$$

对应式(6.4),有

$$\varphi(ZnO/Zn)=\varphi^{\ominus}(ZnO/Zn)-\frac{RT}{T}\ln a(OH^-) \tag{6.12}$$

从电池总反应式可知,电池电功势仅与标准电极电势有关,而与 OH^- 活度无关。因此,我们可从标准电极电势直接计算电动势,即

$$E=\varphi_{+}^{\ominus}-\varphi_{-}^{\ominus} \tag{6.13}$$

由于 Zn - AgO 电池的电池总反应比较复杂,其电池电动势也较复杂,做每一个电池反应都对应于一个电动势。

对于正极,二价银还原为一价银的标准电极电势为

$$\varphi^{\ominus}(AgO/Ag_2O)=0.607\ V$$

一价银还原为金属银反应的标准电极电势为

$$\varphi^{\ominus}(Ag_2O/Ag)=0.345\ V$$

对于负极,当产物为 $Zn(OH)_2$ 时,$Zn(OH)_2$ 有不同的结晶变体,它们对应的 $\varphi^{\ominus}$有所不同,其中最稳定的为 ε - $Zn(OH)_2$,其标准电极电势为

$$\varphi^{\ominus}(\varepsilon-Zn(OH)_2/Zn)=-1.249\ V$$

当负极产物为 ZnO 时,其标准电极电势为

$$\varphi^{\ominus}(ZnO/Zn)=-1.260\ V$$

则式(6.5)所对应的电动势为

$$E=\varphi^{\ominus}(AgO/Ag_2O)-\varphi^{\ominus}(Zn(OH)_2/Zn)=1.856\ V$$

式(6.6)所对应的电动势为

$$E=\varphi^{\ominus}(AgO/Ag_2O)-\varphi^{\ominus}(ZnO/Zn)=1.867\ V$$

式(6.7)所对应的电动势为

$$E=\varphi^{\ominus}(Ag_2O/AgO)-\varphi^{\ominus}(Zn(OH)_2/Zn)=1.594\ V$$

式(6.8)所对应的电动势为

$$E=\varphi^{\ominus}(Ag_2O/AgO)-\varphi^{\ominus}(ZnO/Zn)=1.605\ V$$

由以上各电池反应的电动势可看出,由于锌电极反应产物不同时,其标准电极电势不同,但是数值相差很小。而氧化银的还原分为两步,相对应 AgO 还原为 Ag_2O 的电池反应的电动势在 1.86 V 附近,相对应 Ag_2O 还原为 Ag 的电池反应的电动势在 1.6 V 附近。也就是说,Zn - AgO 电池在工作时会出现两个电压坪阶,即一个高坪阶电压和一个低坪阶电压,这是 Zn - AgO 电池所特有的电压特性。在实际工作时,随放电率等工作条件的不同,电池的两个坪阶电压分别在 1.70 V 及 1.5 V 左右波动。在高放电率下,电压的高阶部分可以减小或消失。

6.3 锌负极

金属锌的电极电势比较负,电化当量较小,在碱性溶液小的交换电流密度很大,j^0 大约

等于 200 mA/cm²,电极过程的可逆性好,极化小,具有很好的放电性能。但是在碱性溶液中,放电电流密度大时,片状锌电极很容易钝化,使得电池不能正常工作,因而在碱性溶液中,一般使用多孔电极。

前面已经指出,锌在碱性溶液中的反应产物与电解液的组成和用量有关,在大量电解液中,锌电极的反应生成可溶性锌酸盐

$$Zn + 4OH^- \longrightarrow Zn(OH)_4^{2-} + 2e^- \tag{6.14}$$

在碱液被锌酸盐所饱和及 OH^- 很少时,锌电极反应按下式进行

$$Zn + 2OH^- \longrightarrow Zn(OH)_2 + 2e^- \tag{6.15}$$

或

$$Zn + 2OH^- \longrightarrow ZnO + H_2O + 2e^- \tag{6.16}$$

在 Zn－AgO 电池中,碱液为锌酸盐所饱和,而且电解液的用量较少,所以锌电极反应是按式(6.15)和式(6.16)进行的。对于片状锌电极来讲,式(6.15)和式(6.16)只能在很小的电流密度下工作,否则将发生锌的阳极钝化,使得电池不能正常工作。下面,我们首先讨论锌的钝化现象。

6.3.1 锌的阳极钝化

图 6.1 是锌电极恒电流阳极溶解时,电极电势随时间变化的典型曲线。

由图 6.1 可见,刚开始时,锌电极正常溶解,极化很小,但是当时间达到点 t_p 以后,电极电势向正方向剧变,这时锌的阳极溶解过程受到很大的阻滞,使电池不能继续工作。这种阳极溶解反应受到很大阻滞的现象称为阳极钝化。

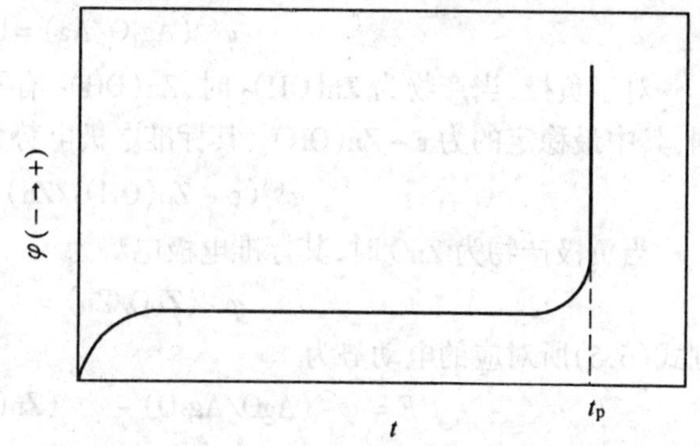

图 6.1 锌电极恒电流阳极溶解的典型电势－时间曲线

通过实验发现,影响锌电极阳极钝化的因素很多,其中主要是锌电极的工作电流密度及电极与电解液界面上物质的传递速率。

在锌电极发生恒电流阳极极化时,存在着一个临界电流密度 j_c,当阳极工作电流密度小于 j_c 时,不论阳极极化时间多长,锌电极都不会发生钝化;当工作电流密度大于 j_c 时,才会发生钝化现象。锌电极阳极溶解电流密度越大,达到钝化所需的时间越短。锌电极达到钝化所需的时间与工作电流密度间存在下列关系

$$(j - j_c)t_p^{1/2} = K \tag{6.17}$$

式中 K——在实验条件下的常数;

t_p——发生钝化时的时间;

j_c——不发生阳极钝化的最大允许通过的工作电流密度。

此外,我们将锌电极放置在电解池的不同位置,可以看到物质传递条件对钝化的影响。若将锌电极水平放置在电解池底部,由于锌酸盐的密度比碱溶液大,容易积累于电极表面,这时电极表面溶液中的物质传递主要靠扩散。实验测得,这时临界电流密度最小,锌电极最易钝化。若将锌电极水平放置在电解池顶部,这时物质传递除扩散外,由于重力的作用,锌酸盐会离开电极表面向下形成对流,这就加速了物质的传递过程,这时测得的临界电流密度

最大，即锌最不易钝化。如果将锌电极垂直安放，则情况居中。对于扩散过程，由于 $Zn(OH)_4^{2-}$ 离子比 OH^- 离子的扩散系数小一个数量级，因此主要受 $Zn(OH)_4^{2-}$ 离子的扩散控制。

此外，通过分析锌电极钝化时，其电极表面附近的电解液组成，发现这时电极表面附近电解液组成几乎均为

$$\frac{c(Zn(OH)_4^{2-})}{c(OH^-)}=0.16 \tag{6.18}$$

这个比值比 ZnO 在 KOH 溶液中的溶解度大得多，说明在钝化时，锌电极表面溶液中，锌酸盐是过饱和的。

以上实验结果告诉我们，凡是促使电极表面电解液中锌酸盐含量过饱和及 OH^- 离子浓度降低的因素都将加速锌电极的钝化。增加电流密度，实际上加速了锌酸盐的产生和 OH^- 的减少，也就是导致了电极表面附近锌酸盐的积累和 OH^- 的缺乏，锌电极易于钝化。如果降低物质传递速率，实际上也是使得电极表面附近的锌酸盐不能及时离开而造成锌酸盐积累。电流密度与物质传递的影响其实质是一样的。

图 6.2 是锌于 6 mol/L 的 KOH 溶液中，在不同的条件下的恒电势阳极极化曲线。在曲线的 *ab* 段，锌电极处于活化状态，阳极溶解过程极化很小，过电势与电流密度关系服从塔菲尔公式，到达点 *b* 以后，电极开始钝化，随着电极电势向正方向移动，电流密度迅速下降，到达点 *c*，电极已经完全钝化，在 *cd* 段，锌电极处于比较稳定的钝化状态，这时电流密度很小，而且与电势无关，当电极电势极化到点 *d* 以后，由于到达 OH^- 离子放电的电势，电极表面开始进行新的反应，即 O_2 的析出。

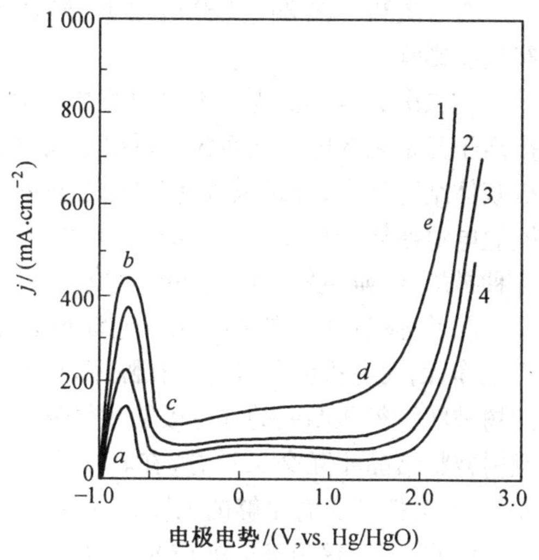

图 6.2　锌在 6 mol/L KOH 中的阳极极化曲线

1—6 mol/L KOH，搅拌；2—6 mol/L KOH，不搅拌；3—6 mol/L KOH，饱和 ZnO 搅拌；4—6 mol/L KOH，饱和 ZnO，不搅拌

从图 6.2 我们可以看到，当电解液被 ZnO 饱和及不搅拌电解液的情况下，锌电极加速钝化。对应于一定的实验条件，锌电极具有一个临界电流密度，超过此电流密度值，锌电极就开始进入钝态，这与上面得到的结果是一致的。

由以上讨论可知，电极表面附近溶液中锌酸盐的饱和及 OH^- 浓度的降低是导致锌电极钝化的关键，而前者的直接结果是生成固态电极反应产物 ZnO 或 $Zn(OH)_2$。

有关锌的阳极钝化机理，还是一个正在研究的课题。目前对于室温下浓碱溶液中锌阳极钝化原因的研究表明，疏松的、黏附在电极表面的 ZnO 或 $Zn(OH)_2$ 不是锌电极钝化的原因，锌电极表面紧密的 ZnO 吸附层才会促使锌电极钝化。一般认为，在锌电极发生阳极溶解时，首先生成锌酸盐。随着它的浓度增加达到饱和，开始在锌电极表面生成 ZnO 和 $Zn(OH)_2$，但它们是漂浮地、疏松地黏附在电极表面上，这种成相膜不影响锌的正常溶解，不是导致钝化的直接原因。但是它们减少了电极的有效面积，增大了真实电流密度，同时使得

电极表面的传质过程变得困难，增大了极化，使得电极电势正移。当电势正移到吸附 ZnO 的生成电势时，锌电极表面就会生成紧密的 ZnO 吸附层，使锌的阳极溶解受到阻滞而导致钝化。这就是锌在碱液中的钝化机理。

为了防止钝化的产生，就必须减小真实电流密度，加速物质传递速率。而在电池中，改变物质传递条件是不可能的。因此，改变电极结构，减小锌电极表面的真实电流密度，就成为一项重要任务。使用多孔锌电极，电极上的真实电流密度就大大减小，电化学极化也会明显减小，也明显减小了电极钝化的可能性。

多孔电极的出现，为解决锌电极的钝化做出了很大的贡献，使得电池的比功率、比能量大大提高。多孔锌电极不仅在 Zn – AgO 电池而且在锌 – 空气电池等电池系列中也起到了很大的作用。但我们设计电池时也应注意，一方面要提高孔率、孔径应增大比表面；另一方面又要考虑到其孔径、孔率的增大会使电极的机械强度降低，且比表面的增大与其效果并不成正比。所以，我们要综合多方面因素，选择最佳方案来进行设计。

6.3.2 电沉积锌的阴极过程

在一次和二次 Zn – AgO 电池中，都会遇到电沉积锌的阴极过程，它对电极和电池性能有重要影响。

在二次 Zn – AgO 电池充电过程中，当负极表面的 ZnO 全部被还原以后，溶液中的锌酸盐离子开始在锌电极表面放电析出金属锌，这时容易形成树枝状的锌枝晶。这种枝晶与电极基体结合不牢，容易脱落，使电池容量降低。此外，它还会引起电池内部正负极短路，大大缩短电池循环寿命，对 Zn – AgO 蓄电池非常有害。因而 Zn – AgO 蓄电池充电时，常常采取各种措施，以避免发生锌枝晶的生成。

相反，储备式一次 Zn – AgO 电池没有循环寿命的问题，但要求锌负极能在大电流密度下工作，因而电极应具有高的孔隙率，还要求电极具有一定的机械强度。用电沉积方法制备的树枝状锌粉压制成的锌电极能很好满足这些要求，因为树枝状锌粉具有很大的比表面，并且树枝状结晶相互交叉重叠，在较小压力下就可加压成型，接触良好，孔率可高达 70% ~ 80%，而电极还具有足够的强度，导电性能良好。

因此，掌握锌阴极电沉积的规律，以适应一次和二次 Zn – AgO 电池的不同要求，是很有必要的。

对于 Zn – AgO 电池，如上所述，锌阴极电沉积的重要问题是锌的结晶形态。实验表明，当从碱性锌酸盐溶液中电沉积锌时，锌的结晶形态受过电势的影响很大，如果在浓的锌酸盐溶液、低电密度下电沉积（即过电势较低）时，容易得到苔藓状态或卵石状的锌结晶，而在高电流密度下电沉积，电极表面锌酸盐离子浓度很贫乏的情况下（即过电势较高时），容易得到树枝状的锌结晶。

一般影响电沉积枝晶成长的主要因素有下列三个方面：

① 电极过程的电化学极化；

② 反应物的物质传递条件；

③ 溶液中表面活性剂的含量。

当电沉积过程电化学极化足够大时，不仅在电极表面一些活性部位（如晶格的扭曲变形等部位）进行电沉积，在比较完整的结晶表面也可能生成结晶晶核，进行电沉积过程。因此当电化学过电势比较大时，结晶的成长比较均衡，不容易得到树枝状结晶（此时不考虑浓差极化）。

但是，当在高电流密度下电沉积，或者反应物的传递比较困难的时（这相当于一次或二次 Zn - AgO 电池所遇到的电沉积锌的条件），电极表面附近溶液中反应物非常贫乏，这时物质传递的影响变得十分严重，即浓差极化很大。此时溶液中反应离子扩散到电极表面的突出处，要比扩散到电极表面其他部位更为容易，从而促使形成树枝状结晶，

极端的情况是在极限扩散条件下进行电沉积，如图 6.3 所示。假如在晶体基底上有一个螺旋形晶体，它的顶端曲率半径很小（如 $r = 10^{-6}$ cm），这时溶液中反应离子（如锌酸盐离子）向电极表面呈球形扩散，扩散方程式中的扩散层厚度将由曲率半径 r 所代替，当电化学反应速率足够快、电极过程处于极限扩散控制时，电沉积的极限电流密度为

$$i_d = \frac{nFDC^0}{r} \tag{6.19}$$

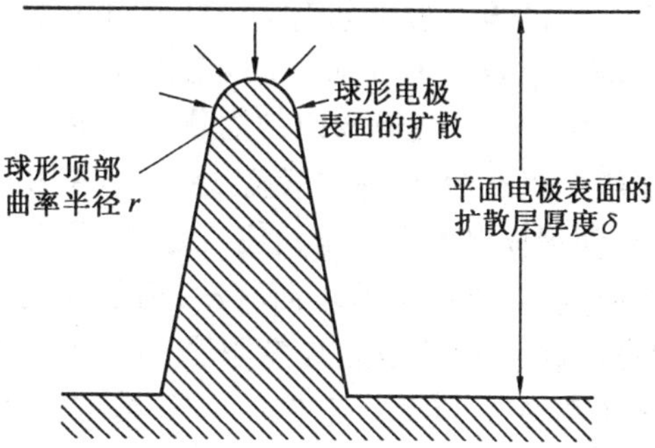

图 6.3　锌枝晶的生长

因为 $r \ll \delta$，所以在螺旋形结晶顶峰处的电流密度比附近平面上各点大得多，它就会不断向前成长，生成树枝状结晶。

这种浓差极化的影响，往往在过电势中占主导地位，决定着电沉积过程的结晶形态。

当溶液中含有某些表面活性剂或抑制剂时，它们会吸附或成长在结晶表面的活性部位，阻滞枝晶成长。如在碱性锌酸盐溶液中含有少量铅离子时，铅将和锌共沉积，改变锌的晶形，抑制枝晶的成长。

因此，可以通过电流密度、溶液组成、温度等因素，控制电沉积过程的结晶条件，以得到符合要求的锌的结晶。

6.4　氧化银电极

6.4.1　充放电曲线

Zn - AgO 电池的正极活性物质为银氧化物：一价氧化物 Ag_2O 与二价氧化物 AgO（三价银的氧化物 Ag_2O_3 不稳定），这些氧化物的性质决定了氧化银电极的充放电特性。由 6.2 节可知，在 Zn - AgO 电池中，氧化银电极进行的反应为

$$2AgO + H_2O + 2e^- \underset{\text{充电}}{\overset{\text{放电}}{\rightleftharpoons}} Ag_2O + 2OH^- \tag{6.20}$$

$$Ag_2O + H_2O + 2e^- \underset{\text{充电}}{\overset{\text{放电}}{\rightleftharpoons}} 2Ag + 2OH^- \tag{6.21}$$

放电时，首先是 AgO 还原为 Ag_2O，即式(6.20)，然后是 Ag_2O 还原为金属 Ag，即式(6.21)。充电时，首先是金属 Ag 被氧化为 Ag_2O，然后 Ag_2O 被氧化为 AgO。不论是放电过程还是充电过程，都要通过中间产物 Ag_2O 的步骤，反应是分两步进行的。每个反应都对应于一个电极电势。因此，反映在氧化银电极充放电曲线上，就会出现两个电势坪阶，如图 6.4

所示。这种电势特性是氧化银电极所特有的。

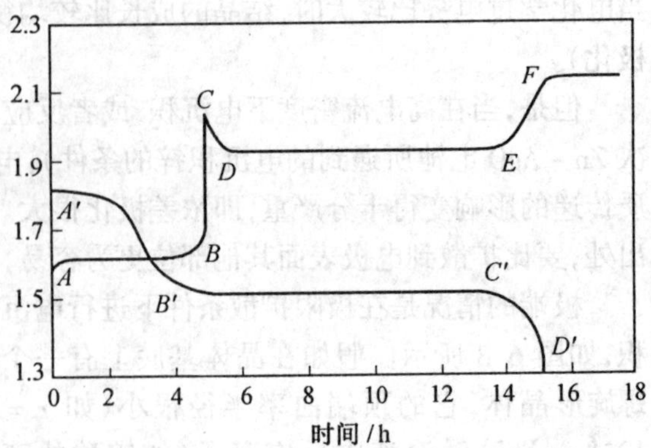

图 6.4　氧化银电极充放电曲线(电势相对于锌电极)

1—充电曲线;2—放电曲线

充电曲线的第一个电势坪阶 *AB* 段对应于金属 Ag 被氧化为一价银的氧化物 Ag_2O,电极电势约为 1.60~1.64 V。开始时,反应在金属 Ag 和电解液界面上进行。随着反应的进行,Ag_2O 的量不断增加。由表 6.1 可知,Ag_2O 电阻率大于 Ag 的电阻率,使得欧姆内阻剧增。又由于银电极逐渐被 Ag_2O 覆盖,反应面积减小,使得充电的真实电流密度增大,导致极化增大,电极电势正向移动,到了一定程度,即点 *B*,上述反应急剧停止,电势急剧增大,到达 AgO 的生成电势,即点 *C*,这时的电势可高达 2.00 V。点 *B* 之后,开始进行 Ag_2O 氧化为 AgO 的反应,由于 AgO 的电阻率小于 Ag_2O,使得电极导电性能有所改善,因此,电势稍有下降(点 *D*)。这个充电阶段对应于充电曲线上的第二个坪阶,同时发生的还有金属 Ag 直接氧化生成 AgO 的反应。

$$Ag + 2OH^- \longrightarrow AgO + H_2O + 2e^- \tag{6.22}$$

表 6.1　银及其氧化物的电阻率

物　质	Ag	Ag_2O	AgO
电阻率/(Ω·m)	1.59×10^{-8}	1×10^{6}	$(10\sim15)\times10^{-2}$
密度/($g\cdot cm^{-3}$)	10.9	7.15	7.44

此后,在整个 *DE* 段进行着 AgO 生成的反应,由于生成的 AgO 导电性较好,*DE* 段电极电势非常稳定,一般在 1.90~1.95 V 之间。随着反应的进行,反应物逐渐减少,电极的氧化反应到了一定深度(点 E)以后,上述的 AgO 生成的反应变得困难了,电势迅速正移 0.2~0.3 V(*EF* 段),达到氧的析出电势,发生析氧反应,这时充电结束。

$$4OH^- \longrightarrow 2H_2O + O_2\uparrow + 4e^- \tag{6.23}$$

充电完毕后,电极上有 Ag_2O 和 AgO,还有未被氧化的金属 Ag 存在。整个氧化银电极充电的总容量,相当于 Ag 完全被氧化为 AgO 所需电量的 60%~65%,或相当于金属 Ag 氧化为 Ag_2O 所需电量的 120%~130%。

放电曲线上同样存在两个电势坪阶。第一个坪阶(*A'B'*)为 AgO 还原为 Ag_2O,当用低电流密度放电时,起始点(点 *A'*)电极电势约在 1.80 V 左右。随着放电过程的进行,由于 Ag_2O 的电阻率大于 AgO 的电阻率,同时由于反应面积不断减少,使阴极电势向负方向移动,当达到 Ag 的生成电势时(*B'*),开始进行 Ag_2O 还原为 Ag 的反应,同时还有 AgO 直接还原为 Ag 的反应

$$AgO + H_2O + 2e^- \longrightarrow Ag + 2OH^- \tag{6.24}$$

这时,放电曲线进入第二个坪阶 *B'C'* 段,放电电压十分平稳,一般在 1.55 V 左右,这是银电极放电的主要阶段,占总容量的 70%左右。当电极上活性物质基本消耗完时,电势急剧下降,对应于 *C'D'* 段。

从氧化银电极的充放电曲线可知，氧化银电极放电时，出现两个电压坪阶，相当于 Zn – AgO 电池放电时的“高阶电压段”和“平稳电压段”。

1.高阶电压段

在实际中发现，高阶电压段在高倍率放电时不明显，甚至消失，原因在大电流密度放电时，极化较大，使电势迅速负移，很快就达到了 Ag 的生成电势。但是在小电流长时间放电时，高电压阶段的存在就成为突出的问题，一般高阶电压段占总放电容量的 15% ~ 30%。对于电压精度要求高的场合(如导弹、卫星用电源等)，有时要设法消除掉。消除高阶电压段的方法有以下几种：

① 预放电。使用前，先用一定的电流放电至平稳电压段。

② 还原方法。用加热分解或葡萄糖溶液使电极表面的 AgO 还原为 Ag_2O。

显然，这两种方法造成了部分能量的损失，使容量白白浪费掉一部分。

③ 采用不对称交流电或脉冲充电。此方法可以很好地消除高阶电压段，并提高电池容量，但是此方法比较复杂，而且放电电流密度小于 5 mA/cm^2 时，仍然出现高阶电压。

④ 在电解液中加入卤素离子 Cl^-、Br^- 或 I^-。一般在质量分数为 40% 的 KOH 溶液中加入 40 g/L 的 KCl，可使高阶电压明显消除，并适当增加电池容量。它们抑制高阶电压段的机理目前还不太清楚，有人认为，在充电时 Cl^- 可被氧化为 ClO_3^-，ClO_3^- 在 AgO 上吸附而使得高阶电压段被消除。也有人认为，Cl^- 在充电后与 AgO 形成高电阻的配合物，对氧化银放电时的高阶电压起了抑制作用。这是目前广泛采用的方法。

2.平稳电压段

从放电曲线可以看出，氧化银电极在这一阶段的放电电压十分平稳。原因是放电产物金属 Ag 的电阻率比它的氧化物的电阻率小得多，随着 Ag 的生成，电极的导电性能大大改善，欧姆极化减小。其次，Ag 的密度比它的氧化物大，因此，当还原为 Ag 时，活性物质体积收缩，电极的孔率增加，改善多孔电极的性能，不仅放电电压平稳(低电压坪阶放出总容量的 70%，而电压变化不超过 2%)，而且也使得活性物质的利用率提高。

3.比较充电与放电时的高电压阶段

从充放电曲线上可看到，充电曲线上的高坪阶段的长度明显大于放电曲线上的高坪阶段的长度。充电时高坪阶段对应的是 AgO 的生成，而放电时高坪阶段对应的是 AgO 的还原，两者长度不同的原因在于：

① 放电时高坪阶段所进行的是 AgO 还原为 Ag_2O 的反应，而充电时所进行的不仅有上述反应的逆反应，而且还有 Ag 直接氧化为 AgO 的反应。因此，放电时每个银原子给出的电量比充电时每个银原子消耗的电量要少。

② 放电时高坪阶段的放电产物是 Ag_2O，而 Ag_2O 的电阻率较大，由于 Ag_2O 的生成，使继续进行反应变得困难。因此，参加反应的 AgO 的量比实际含量要少。

③ 电池在充电状态搁置时，由于发生下列反应，使活性物质消耗，即

$$Ag + AgO \longrightarrow Ag_2O \tag{6.25}$$

$$2AgO \longrightarrow Ag_2O + \frac{1}{2}O_2 \tag{6.26}$$

由于以上原因，使得充电曲线的高坪阶段长度大于放电曲线高坪阶段的长度。

4.氧化银电极可以大电流放电,但是充电时必须使用小电流

在充电阶段,由 Ag 氧化生成 Ag_2O,由于 Ag_2O 的电阻率大,而且密度比 Ag 小得多,因此表面生成一层绝缘的致密钝化膜,对 Ag^+ 或 O^{2-} 的透过有很大阻力,为使充电完全,必须采用低充电倍率,即氧化银电极的充电能力很低。当放电时,由 AgO 还原生成 Ag_2O,由于 AgO 与 Ag_2O 的密度相差不多,所以虽然 Ag_2O 的电阻率大,但是表面不致生成致密的钝化膜,电极可以大电流放电。

6.4.2 氧化银电极的自放电

氧化银电极在荷电状态湿储存时,会发生自放电而丧失部分容量,其原因是 Ag_2O 的化学溶解及 AgO 的分解。

Ag_2O 在碱液中有一定的溶解度,以配离子 $Ag(OH)_2^-$ 的形式存在于溶液中,溶解度随 KOH 溶液的浓度而变化,如图 6.5 所示。在 6 mol/L 的 KOH 溶液中,Ag_2O 的溶解度达到最大值,约为 2.4×10^{-4}mol/L。

AgO 在碱溶液中的溶解度与 Ag_2O 类似,这可能是因为 AgO 在碱溶液中分解为 Ag_2O,溶液中没有发现 Ag^{2+} 离子存在。

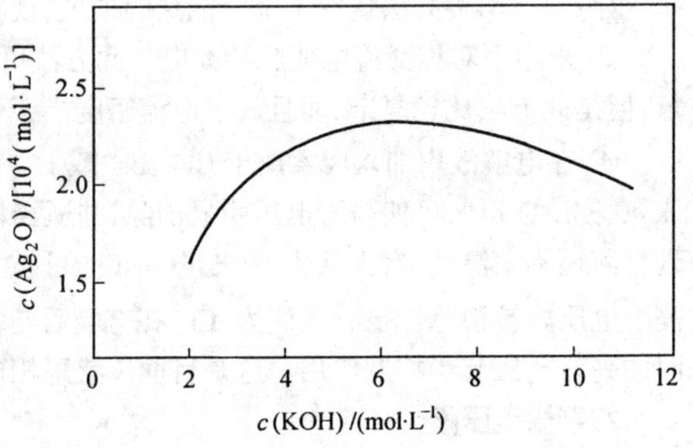

图 6.5　Ag_2O 在 KOH 溶液中的溶解度

在充电时,发现溶液中还有黄色的 $Ag(OH)_4^-$ 存在,它的溶解度远大于 Ag_2O。比如在 12 mol/L 的 KOH 溶液中,$Ag(OH)_4^-$ 的溶解度达到 3.2×10^{-3} mol/L,而 Ag_2O 的溶解度仅为 2×10^{-4} mol/L。

如果仅以溶解度来说,即使以 $Ag(OH)_4^-$ 的溶解度达到 3.2×10^{-3} mol/L 计算,也仅相当于 Ag 的质量浓度为 0.35 g/L,这对于氧化银电极的容量损失是很小的。关键的问题是溶解在电解液中的这种胶体银的迁移,是危害 Zn－AgO 电池寿命的重要因素。胶体银会向负极迁移,并在隔膜上沉积,还原为细小的黑色金属银颗粒,随着充放电循环和使用时间的延长,隔膜自正极到负极逐层被氧化破坏,最终导致电池短路失效。这种破坏作用随着胶体银浓度的升高而加速,所以 Zn－AgO 二次电池最好在低温下以放电态搁置。

Ag_2O 在干燥和室温下是稳定的,25℃时的氧平衡压力仅为 34.66 Pa,180℃时才达到 101.325 kPa(1 个大气压)。AgO 虽然在室温下是稳定的,但是它很容易受热分解,温度升高,分解速率增大。当 AgO 与 KOH 溶液接触时,分解速率加快。

AgO 的分解有两种形式,包括固相分解和液相分解。

固相分解
$$Ag + AgO \longrightarrow Ag_2O \tag{6.27}$$

液相分解
$$2AgO \longrightarrow Ag_2O + \frac{1}{2}O_2 \tag{6.28}$$

有人认为,液相反应是由一对共轭反应所组成,即

$$2AgO + H_2O + 2e^- \longrightarrow Ag_2O + 2OH^- \tag{6.29}$$

$$2OH^- - 2e^- \longrightarrow H_2O + \frac{1}{2}O_2\uparrow \tag{6.30}$$

由于 O_2 在 AgO 上析出的过电势很高，AgO 分解的速率受析出氧气这一步骤控制，在室温下这种自放电反应速率很小。

AgO 分解速率随温度的升高和 KOH 溶液浓度的增大而增大，如图 6.6 所示。在室温下，AgO 在 KOH 溶液中的分解速率很缓慢。

总之，在 Zn - AgO 电池中，氧化银电极的自放电与负极锌相比是很小的。但是由于 $Ag(OH)_2^-$、$Ag(OH)_4^-$ 的迁移及强氧化作用，对于 Zn - AgO 电池的寿命有很大的影响，故在电池设计上，应予以足够的重视。

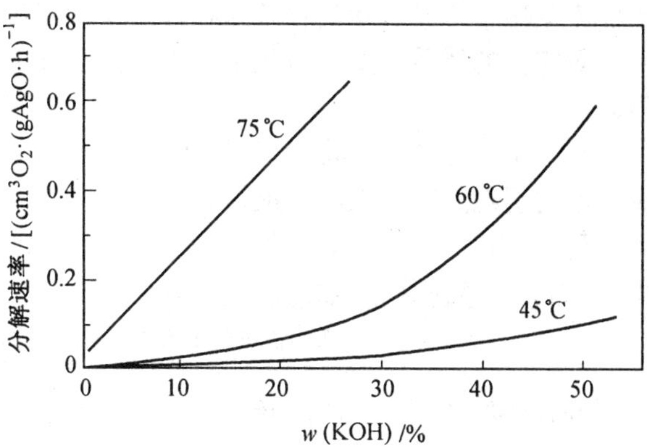

图 6.6　AgO 在 KOH 溶液中的分解速率

6.5　Zn - AgO 电池的电性能

6.5.1　放电特性

Zn - AgO 电池的特点是放电电压平稳。由图 6.7 可以看到，放电电压(低坪阶段)十分平稳，放电倍率对其平稳性影响很小，在大电流放电时，仍能输出大部分能量，且对工作电压影响不大。同时，在高倍率放电时，电压的高坪阶段基本消失。

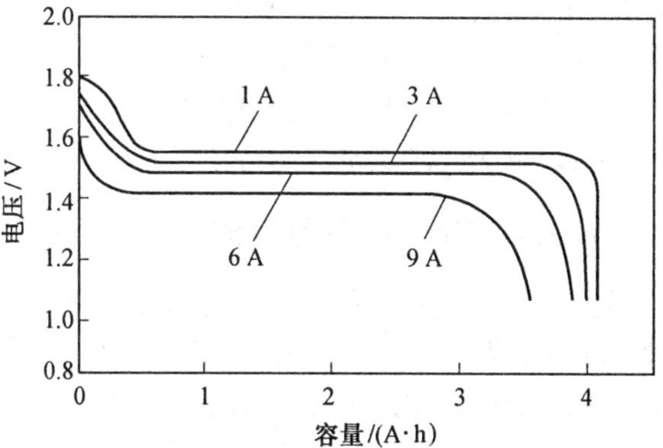

图 6.7　Zn - AgO 电池不同放电电流的放电性能
(电池容量 3 A·h，环境温度 30℃)

温度对 Zn - AgO 电池的放电特性有很大影响，由图 6.8 可以看出，随温度降低，电池内阻增加，放电电压降低，同时放电时间缩短。在低温下放电时，高坪阶电压段不明显，甚至消失。在低温下以中高倍率放电时，因为要克服电池内阻而消耗能量，使得电池开始时，工作电压较低，随着放电的进行，电池内部发热，工作电压又逐渐升高，趋于正常。放电温度过高，则电池寿命缩短，甚至不能正常工作。

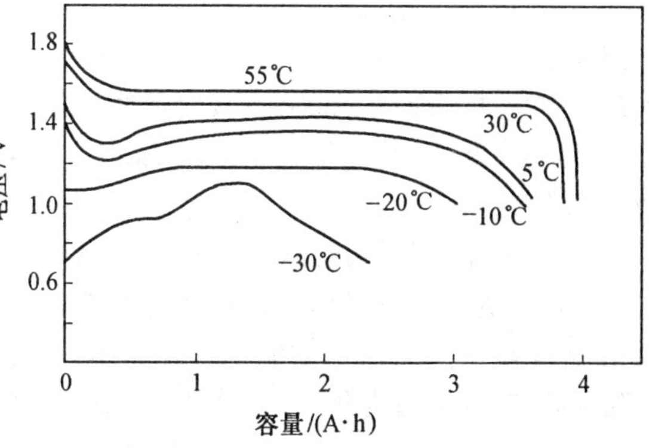

图 6.8　Zn - AgO 电池不同温度的放电性能
(放电倍率 $2C_8$)

Zn - AgO 蓄电池的理论比容量大。正负极活性物质利用率也较高，在 5 ~ 10 小时率下放电，它的正极活性物质利用率达 70% ~ 75%，负极活性物质利用率达 80% ~ 85%，这是因为正极极化很小，且放电过程中生成了导电性良好的 Ag，负极则采用了不易钝化的粉状多孔锌电极。而且 Zn - AgO 电池电解液用量少，导电骨架与外壳等零件的质量在整个电池中所占的比例较小，电池装配紧凑，体积小，质量小，比能量较高。

Zn - AgO 电池具有高比功率，这是它的另一个重要特点。比功率大，表示它可以在大电流放电时仍然具有较大的比能量。

另外，由于 Zn - AgO 电池的充电效率高，电池内阻小，工作电压较高，活性物质利用率高，因而它的输出效率也较大，见表 6.2。

表 6.2　几种蓄电池的开路电压、工作电压以及容量和能量输出效率

电池种类	开路电压/V	平均工作电压/V	容量效率/%	能量效率/%
Cd - Ni	1.44	1.20 ~ 1.25	75 ~ 88	55 ~ 65
Fe - Ni	1.48	1.25 ~ 1.30	70 ~ 80	50 ~ 60
铅酸	2.0 ~ 2.1	1.95 ~ 2.05	80 ~ 90	65 ~ 75
Zn - AgO	1.85	1.50	95 以上	80 ~ 85

Zn - AgO 电池正极和负极上都会发生自放电。锌电极上的自放电速率明显高于氧化银电极，由于电池结构和制造技术的不同，自放电速率也不一样。一次扣式电池常温下存放一年时间容量仍应保持锌电池容量的 90%，二次电池在 20℃储存三个月容量下降大约 15%。与锌电极相比，氧化银电极的自放电速率在常温下非常缓慢，但是它的溶解产物对隔膜寿命有很大影响，所以在延长电池寿命方面，应采取相应的措施。

6.5.2　Zn - AgO 蓄电池的循环寿命

Zn - AgO 电池的循环寿命很短，在深放电循环时(80% ~ 100%放电)，高倍率 Zn - AgO 电池的循环寿命只有 10 ~ 50 次，低倍率 Zn - AgO 电池有 100 ~ 150 次。浅放电时，循环寿命都相应有所提高，比 Cd - NiOOH 蓄电池及铅酸蓄电池相比，循环寿命要低得多，其主要原因是锌电极在循环过程中的容量损失及隔膜损坏造成电池短路。

(1) 锌负极在循环过程中的容量损失

经过一定次数的充放电循环后，锌电极往往发生变形，几何面积减小，顶部及边缘的活性物质减少或消失，电极底部却增厚，如图 6.9 所示。电极变形的结果使得电极表面积减小，真实电流密度增大，不仅电极容量降低，而且过电势增大，容易产生锌枝晶，造成电池短路。

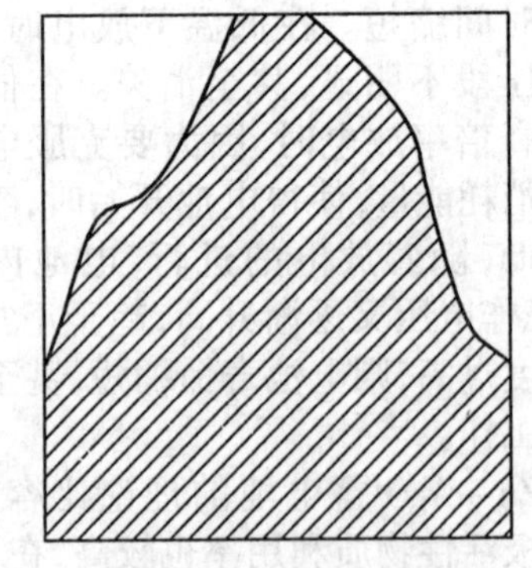

图 6.9　锌电极变形示意图

锌电极变形和锌枝晶的生成是二次锌电池中的普遍问题，造成锌电极变形的原因主要有两方面：一是溶解在电解质溶液中的氧使锌发生腐蚀。由于溶解的氧比较容易到达电极的顶部与边缘处，所以这些地方优先发生腐蚀；二是锌电极的放电产物 ZnO 或 $Zn(OH)_2$ 在碱液中有一定的溶解度，因而可以在溶液中迁移。充电时，锌不能在原来溶解的地方沉积。由于锌酸盐的密度较大，容

易沉积在电池的底部,造成电池的上下部锌酸盐浓度不同,因而锌电极的上下两部分形成被锌电极短路的浓差电池,使得锌在电极顶部溶解,底部沉积。同时由于锌酸盐在底部的积累,使得放电时,锌电极上部易于溶解;而充电时,下部则易于沉积。

当电解液中 ZnO 溶解量比较少时,一般随着电池充放电电流和放电深度的增大,锌电极的变形更加严重。

为了防止锌电极的变形,采用紧装配结构,尽可能减小电解液用量,电解液用 ZnO 饱和,这样锌电极的反应产物在电解液中的溶解量就会减少。紧装配还可以减小电池体积和质量,增强极板机械强度。但是由于电解液用量减少,会使锌电极提前钝化,降低电池容量,必须在电极结构上加以考虑。

为防止锌电极变形,还可以使锌电极尺寸略大于正极,或使锌电极容易发生腐蚀的顶部或边缘加厚。

另外,还有其他因素会造成锌电极容量降低。锌电极表面细小的锌粉在放电时优先溶解,留下颗粒较大的锌粉,充电时就成为锌沉积的晶核。随着充放电循环进行,小颗粒的锌粉逐渐转变为大颗粒的锌粉,使锌电极表面逐渐聚结,比表面减小,而使容量逐渐降低。锌粉与电极骨架结合不牢,造成活性物质脱落,也是造成电极容量降低的原因之一。

高放电率的 Zn - AgO 蓄电池往往容量下降很快。高放电率的情况下,电池内部温度较高,使 Zn 在 KOH 溶液中的腐蚀速率加快,负极活性物质减少,电解液中锌酸盐浓度加大。放电结束后,电池内部温度降低时,锌电极表面沉积出 $Zn(OH)_2$ 或 ZnO,使电极真实表面积减小,容量下降。

在锌电极活性物质中加入少量聚四氟乙烯(PTFE)作黏结剂,对保持电极容量有较好效果。PTFE 形成惰性骨架,可以有效地防止充放电循环时活性物质的脱落和迁移。某些添加剂能延长锌电极的循环寿命,某些非离子型的表面活性剂(Emul - phogene E - 610)在 KOH 溶液中强烈吸附于锌电极表面,防止了锌结晶团聚结块,并使充电时锌结晶均匀分布。曾提出用脉冲直流电充电或叠加交流电等方法,抑制枝晶的生长,但是需要复杂的充电设备和充电条件,使实际应用受到限制。

(2) 隔膜损坏

Zn - AgO 电池电极紧装配,正负极间距很小,而且 Zn - AgO 电池的正负极的工作特性对电池隔膜也有特殊的要求。作为 Zn - AgO 电池的隔膜要满足下列条件:

① 隔膜应在 - 50 ~ + 80℃的温度范围内耐强碱溶液的腐蚀。

② Zn - AgO 电池正极活性物质和它的分解产物氧气以及 Ag_2O 溶于电解液中生成的 $Ag(OH)_2^-$,对隔膜都具有氧化作用。特别是温度升高时,腐蚀更加严重,所以隔膜对强氧化性氧化银、O_2、$Ag(OH)_2^-$ 等要保持稳定。

③ 具有良好的吸收和保持电解液的能力。Zn - AgO 电池结构一般为紧装配,自由电解液量很少,所以要求隔膜能吸收和保持一定的电解液,供电极反应需要,而且由于 Zn - AgO 电池大多数用于飞机、导弹、卫星等特殊场合,要求当处于很大重力加速度的时候,仍能保持足够的电解液,使电池能正常工作。

④ 隔膜在电解液中有一定的膨胀度,以实现电池紧装配,且能防止负极活性物质的脱落,一般厚度要增加到原来的 2 ~ 3 倍。

⑤ 充电终止时,锌电极上容易产生锌枝晶,可能穿透隔膜,使电池短路,因此要求隔膜

具有一定的抗锌枝晶穿透能力。

⑥ 能阻止银和氧化银向负极迁移。

⑦ Zn－AgO 电池的特点是高速率放电,要求隔膜电阻要小。

目前还没有找到能完全满足上述条件的理想隔膜,电池常常由于隔膜损坏,电极短路而结束寿命。现在应用最广泛的隔膜是水化纤维素隔膜,水化纤维素隔膜损坏的原因主要是:

① 隔膜被氧化。氧化银在 KOH 溶液中有一定的溶解度,尤其在充电时,生成的溶解产物 $Ag(OH)_2^-$、$Ag(OH)_4^-$ 具很强的氧化性,它们从正极区向负极区迁移。经过隔膜时,使水化纤维素遭受强烈的氧化,发生解聚损坏。$Ag(OH)_2^-$、$Ag(OH)_4^-$ 离子被还原为金属 Ag 会沉积在隔膜中,当金属银在隔膜中的沉积达到一定量之后,就会使电池短路而损坏。在高温下,隔膜的破坏更加严重,因而在高功率工作情况下和在经常处于充电态储存的 Zn－AgO 蓄电池中,常常由于隔膜损害而缩短寿命。

② 锌枝晶的穿透。Zn－AgO 蓄电池在充电末期及过充电时,锌电极上的 ZnO 已经完全被还原,溶液中的锌酸盐开始还原沉积出 Zn。由于存在较大的浓差极化,这时锌电极易生成锌的枝晶,甚至可以在隔膜微孔中生长,并最终穿透隔膜。而且隔膜在使用中由于碱溶液和银离子的化学作用,其结构也在逐渐破坏,失去原有的强度和致密性,抗枝晶穿透的能力逐渐降低。随着锌枝晶的增长,最后会穿透隔膜,导致电池短路。

另外,水化纤维素隔膜虽然具有一定的耐碱性,但由于长期在 Zn－AgO 电池的 KOH 电解液中,受到氧化剂的不断作用,其耐碱性逐渐下降,最后也会导致解聚而损坏。

由上面讨论可以看出,隔膜损坏的原因随使用条件不同而不同。在高放电率的电池中,隔膜经常处于高温条件下,氧化物的腐蚀作用就成为隔膜损坏的主要原因。另外,如果电池经常过充电,则锌枝晶的穿透就成为隔膜损坏的主要原因。

为延长隔膜寿命,首先应该合理使用和维护电池,比如充电电压不要超过 2.05 V,避免过充电,长期搁置时应以放电态储存。

对于 Zn－AgO 电池中适用的隔膜材料,国内外进行了大量的研究。由于一种隔膜难以同时满足 Zn－AgO 电池对隔膜的各项要求,因而常常采用复合隔膜的组合形式。一般先在锌电极和银电极上包裹辅助膜,辅助膜要求吸收电解液能力好。在银电极上包裹的辅助膜常采用惰性的尼龙布、尼龙纸、尼龙毡或石棉膜等,它将银电极和主隔膜分隔开,可防止主隔膜氧化。锌电极片上包裹的辅助膜是耐碱棉纸,它还能增加锌电极的机械强度。主隔膜采用的有机隔膜有接枝膜、水化纤维素膜等,水化纤维素膜的应用最广泛,它对电解液中 $Ag(OH)_2^-$ 或银的胶体颗粒通过的阻力较大,同时具有足够的离子导电性,对锌枝晶也有一定阻力。

6.6 Zn－AgO 电池的制造工艺

用途不同 Zn－AgO 电池在结构及制造工艺上也有所不同。下面简要介绍几种目前使用较广的 Zn－AgO 电池的制造方法。

6.6.1 电极制备

1.锌负极的制造

制造锌电极最广泛采用的是压成式、涂膏式及电沉积式三种方法。

(1) 涂膏式锌电极

将 ZnO 粉、Zn 粉、添加剂按比例混合均匀,再加入适量黏结剂,调成膏状,涂于银网骨架上,模压成型。加入 Zn 粉是为了改善导电能力,充电时使 ZnO 易于转化为具有电化学活性的 Zn。添加剂一般为 HgO,以减小锌电极的自放电,由于汞对环境和人身的危害性,目前很多人在研究替代汞措施,并取得一定进展。涂膏式锌电极制备的具体工艺如下。

以质量分数为 65% ~ 75% ZnO、质量分数为 35% ~ 25% Zn 粉、质量分数为 1% ~ 4% HgO 的配比混合均匀,然后加入一定量的聚乙烯醇水溶液,调成膏状。在铺有棉纸的模具内,以银网为骨架,根据电极容量和活性物质利用率,称取一定量的锌膏进行涂片,Zn - AgO 电池中一般使锌电极容量过量。将锌电极用耐碱棉纸包好,然后将包有棉纸的电极在室温下晾干或在 40 ~ 50℃下干燥到一定程度,再将极板放入模具内,在 40 ~ 100 MPa 下加压,然后在 50 ~ 60℃下烘干。

这种极板可直接用于干式放电态 Zn - AgO 电池中作为负极板。若用于一次电池或荷电态电池,则需进行化成。

化成是在质量分数为 5% 的 KOH 溶液中,使用镍或不锈钢作为辅助电极,电极在电解液中浸泡一定时间后,以 $j = 15\ mA/cm^2$ 的电流密度充电,充电时间以全部 ZnO 还原为金属 Zn 计算。化成后,经洗涤至中性,经快速干燥,在真空干燥箱中储存备用。还可以将锌电极与银电极配对,在化成槽中以电池的形式充电或充放电。

(2) 压成式锌电极

将电解锌粉与质量分数为 1% ~ 2% 的 HgO 及质量分数为 1% 的聚乙烯醇粉混合均匀,在模具内放入耐碱棉纸及导电网,然后将一定量混合锌粉放入模具,在 40 ~ 50 MPa 的压力下压制成型。

另一种方法是将锌粉在模具内以银网为骨架,在 10 ~ 15 MPa 压力下压制成型后,再在高温炉中进行烧结,烧结温度和升温速率会影响电极片的质量。

用电解锌粉制造的压成式锌电极电化学活性较好,工艺简单,不需化成,就可直接装电池,适用于高速率放电的一次电池。涂膏式锌电极的活性物质循环性能好,往往用于二次电池。

(3) 电沉积式锌电极

电沉积式锌电极是在电解槽中,将锌沉积到金属骨架上,然后将得到的极板干燥、滚压,达到所要求的厚度和密度。制造过程中需要注意防止锌电极的氧化。

2.银电极的制造

制备高比表面积的银电极的方法大致有:烧结式、涂膏式、压成式以及烧结树脂黏结式等。本节主要介绍烧结式和压成式银电极。

(1) 烧结式银电极

烧结式银电极是目前 Zn - AgO 电池中应用较多的方法。将质量分数为 35% 的 $AgNO_3$ 溶液缓慢地滴入密度为 1.3 g/cm^3 的 KOH 溶液中,生成 Ag_2O 沉淀,即

$$2AgNO_3 + 2NaOH \longrightarrow Ag_2O\downarrow + 2NaNO_3 + H_2O \tag{6.31}$$

KOH 溶液中 KCl 的质量分数为 0.2%，KCl 可防止形成胶体溶液，便于沉淀和过滤。另外，Ag_2O 沉淀的同时，生成少量 AgCl，后者可消除或缩短放电时的高坪阶电势段。Ag_2O 沉淀经过滤，并洗涤到无 NO_3^- 和 OH^-，在 80℃下烘干，研磨后过 40 目筛。为了使热还原过程反应迅速和防止银粉结块，应在每 100 g 的 Ag_2O 粉中加入 5～10 mL 密度为 1.1 g/cm^3 的 KOH 溶液，搅拌均匀后过筛，然后平铺在银盘中，在 450～480℃的高温炉中加热 15～25 min，使之还原为金属 Ag，取出冷却后，再将 Ag 粉研细，过 40 目筛，储存于棕色瓶中备用。

$$2Ag_2O \xrightarrow{450\sim480℃} 4Ag + O_2\uparrow \tag{6.32}$$

按设计要求，取一定量的活性 Ag 粉，铺于模具内，并放入银网骨架，在 40～60 MPa 的压力下压制成型，然后在 400～500℃的高温炉中烧结 15～20 min，取出冷却后，即可用于装配电池。

如用于一次电池或干荷电电池，则需进行化成。化成时用镍或不锈钢作辅助电极，电解液中 KOH 的质量分数为 5%。由于银电极的充电能力差，为使金属 Ag 充分转化为 AgO，必须采用低电流密度化成。化成后，经洗涤、干燥，就可用于装配电池。银电极的化成也可采用与锌电极配对的形式进行充电。

(2) 过氧化银(AgO)粉末压成式银电极

过氧化银粉末压成式银电极是用 AgO 粉末和黏结剂按比例混合均匀，干燥后，过 40 目筛。称取一定量的混合粉，放入模具中，以银网为骨架，在 30～40 MPa 压力下直接压制成型。

过氧化银的制备是用化学方法。首先将 85～90℃的 KOH 溶液倒入 85～90℃的 $AgNO_3$ 溶液中，反应过程中保持强烈的搅拌，反应生成 Ag_2O 沉淀，即

$$2AgNO_3 + 2KOH \longrightarrow Ag_2O\downarrow + 2KNO_3 + H_2O \tag{6.33}$$

将 $K_2S_2O_8$ 粉末很快倒入上述反应的生成物中，加热至溶液沸腾，发生的反应为

$$Ag_2O + K_2S_2O_8 + 2KOH \longrightarrow 2AgO\downarrow + 2K_2SO_4 + H_2O \tag{6.34}$$

保持沸腾 15～20 min，使氧化反应充分进行，且使过量的 $K_2S_2O_8$ 分解。将生成的 AgO 沉淀洗涤，然后过滤、干燥，过 60～80 目筛备用。

这种方法制得的银电极即使在低放电率时，也不会出现高坪阶电势。但由于循环寿命不好，一般用于一次电池。

6.6.2　电解液

电解液是电池的主要组成之一，Zn－AgO 电池的电解液为 KOH 溶液，个别情况下为 NaOH 水溶液。由于 KOH 的导电性能比 NaOH 好，所以高倍率电池一般都用 KOH，但是 NaOH 的盐析及爬碱发生率低，所以一些低倍率、长寿命的扣式电池有时也用 NaOH 水溶液作电解液。

不同温度时，KOH 溶液的电导率与浓度的关系见图 6.10，不同浓度 KOH 溶液的冰点曲线见图 6.11。KOH 溶液质量分数在 25%～30%时的电导率最高，而质量分数在 30%～32%时的冰点最低，但是质量分数在 30%的 KOH 溶液中，Zn－AgO 电池的循环寿命比较低。多孔电极内活性物质得不到充分利用，电池容量随循环进行下降的较快。在较稀的 KOH 溶液

中，水化纤维素膜的溶胀更严重，湿拉强度变差，抗锌枝晶穿透能力减弱。增加 KOH 溶液的浓度，溶液黏度增大，溶液中的 $Ag(OH)_2^-$ 扩散速率减慢，隔膜被破坏的速率也减慢，而且稀 KOH 溶液中，锌负极的溶解速率也会较快。综合考虑电解液的导电性能、活性物质在电解液中的特性、电池的循环寿命、利用率等各方面因素，一般 KOH 的质量分数为 40% 比较合适。

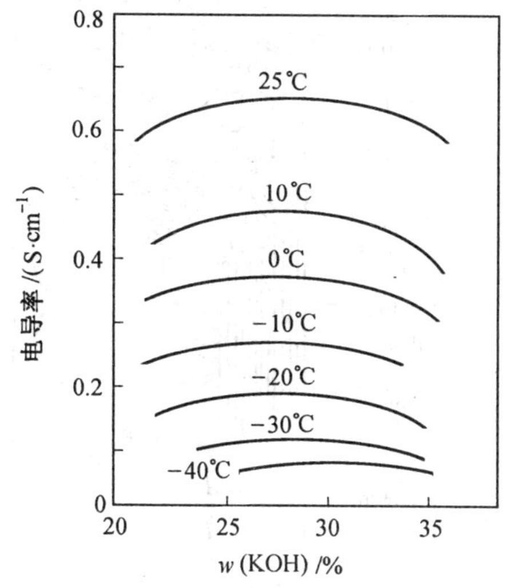

图 6.10 不同温度时 KOH 溶液的电导率与 KOH 质量分数的关系

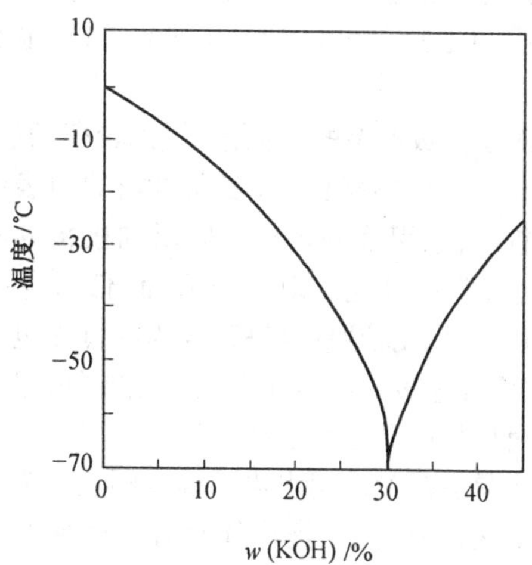

图 6.11 KOH 溶液的冰点与 KOH 质量分数的关系

为了提高电池的比能量，特别是提高二次 Zn－AgO 电池的循环寿命，防止容量降低，提高电池寿命，必须严格控制电解液用量，但电解液又不能太少，否则也会降低容量，影响寿命，电解液的实际用量是通过实验确定的。为防止锌负极的自放电和放电产物的大量溶解，电解液要用 ZnO 饱和。

在低倍率长寿命的电池中，为延长电池寿命，一般加入 Cr、Li 添加剂，如 K_2CrO_4 和 LiOH。

在充电时，溶液中的 CrO_4^{2-} 离子被负极的锌还原为 CrO_2^- 离子

$$2CrO_4^{2-} + 4OH^- + 3Zn \longrightarrow 2CrO_2^- + 3ZnO_2^{2-} + 2H_2O \tag{6.35}$$

CrO_2^- 离子迁移到正极区，与正极溶解下来的 $Ag(OH)_2^-$ 离子进行反应

$$CrO_2^- + 3Ag(OH)_2^- \longrightarrow CrO_4^{2-} + 3Ag + 2H_2O + 2OH^- \tag{6.36}$$

使 $Ag(OH)_2^-$ 在还未迁移到隔膜之前就被还原，因而可减少 $Ag(OH)_2^-$ 对隔膜的氧化破坏作用，延长隔膜和电池寿命。

饱和锌酸盐的电解液在搁置过程中，会自动析出 ZnO 或 $Zn(OH)_2$ 胶状沉淀，沉积在锌电极的表面，加速锌电极钝化。加入 Li^+ 可以大大减缓这种锌酸盐的老化过程。

Cr、Li 添加剂的加入，可以延长 Zn－AgO 电池的寿命，但是高温下，这种作用显著减弱，而且这些添加剂的加入使电解液电阻率加大，高放电率时工作电压有所降低。因此，这种电解液只适用于长寿命、低放电率的 Zn－AgO 蓄电池。

此外，应严格控制对电池有害的杂质(即铁、碳酸盐等)，以降低自放电速率和延长电池寿命。

6.6.3　电池装配

1.Zn－AgO 蓄电池

Zn－AgO 蓄电池最普遍的是方形电池，电池结构见图 6.12。Zn－AgO 蓄电池的极片为紧装配，正负极之间依靠隔膜相互紧密压紧，间隙很小，电池装配的松紧度约为 70%～80%，自由电解液量很少。

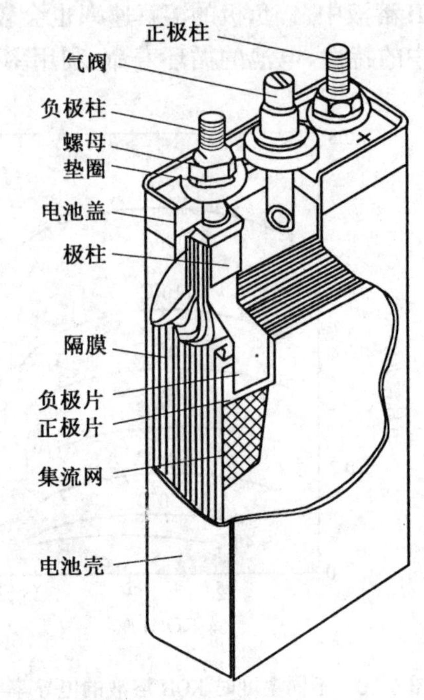

图 6.12　方形 Zn－AgO 蓄电池结构

对于高放电率的电池，采用比较薄的极板，因为在高放电率的条件下，多孔电极的内表面利用率比较差，采用薄的极板可以增加极板的实际工作面积，降低极化。对于长寿命、低放电率的电池，可以采用比较厚的极板，因为在低放电率的条件下，多孔电极的内表面利用率比较好，采用厚的极板可以提高电池的容量。

主隔膜一般采用水化纤维素隔膜。为防止氧化银电极的氧化，正极片外套有一层尼龙布作为辅助隔膜，锌电极则包耐碱棉纸，用来吸收电解液和保持极板的机械强度。

在包好隔膜的成对负极片之间，加入一片包好尼龙外套的正极片，再在负极片的外侧放一片正极片，这样使正负极片相互交错组成极群。为了使氧化银电极充分利用，极群的两侧均为负极片。

将正负极的银丝极耳分别与蓄电池盖上相应的镀银极柱焊接，然后将极群放入电池壳，密封顶盖，拧紧气塞，即为成品电池。装配好的 Zn－AgO 电池出厂时不带电解液，电极处于荷电状态(也有的为放电状态)，使用前加入电解液即可工作。放电态的电池加入电解液后，要先经过 2～3 次充放电循环进行化成。

2.储备式 Zn－AgO 电池

储备式 Zn－AgO 电池中，电极以荷电态装配于电池中，不加入电解液，电池可以长时间保存，且性能不会有大的变化。使用前，自动注入电解液进行激活，电池在很短时间内就可以进入工作状态。图 6.13 是一种泡囊式激活电池的激活原理示意图。储备式 Zn－AgO 电池主要用于导弹、鱼雷以及其他航天装置中，可以满足随时处于战备的需要。这种电池要求能高倍率放电，而且具有高比能量和高比功率。

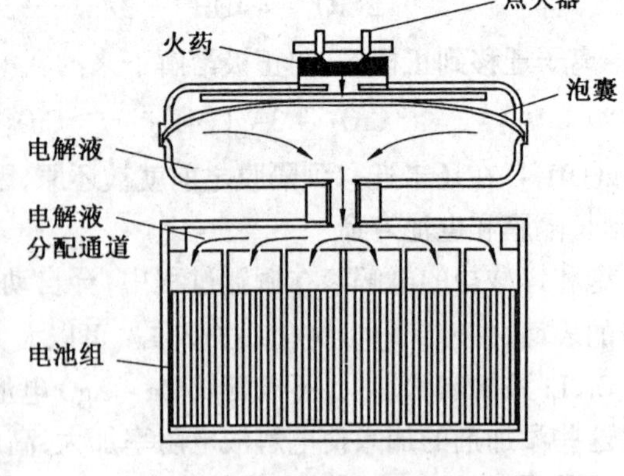

图 6.13　泡囊式激活原理示意图

储备式 Zn－AgO 电池的特点是需要在极短的激活时间内(一般在 0.5 s 以内)电池电压立刻正常。为了使电池组在短时间内激活，Zn – AgO 电池必须具有一套附加的激活装置，如电解液储存器、气体发生器（或高压气体）以及信号系统等。在储备式 Zn – AgO 电池中，对隔膜的主要要求是具有高吸湿性和低的电阻率，对耐氧化、长寿命、防枝晶穿透能力并无要求。正极采用烧结式银电极，并经过电解化成处理，或使用化学法制备的氧化银制造的极板，负极一般使用电沉积式锌电极，或使用0.05 ~ 0.1 mm 厚的穿孔锌箔。为满足高放电率的要求，储备式 Zn – AgO 电池的电极孔率较高，极板也比较薄，并常在极板上压有凹槽，以利于激活时电极润湿及排出气体。

3. 扣式 Zn – AgO 电池

扣式 Zn – AgO 电池是目前生产数量最大、应用最广泛的一种 Zn – AgO 电池，其结构示意图见图 6.14。电池壳体是用机械引申方法得到的钢壳，然后镀镍，或用镍 – 钢 – 镍复合带引申制成。电池盖通常用铜 – 不锈钢 – 镍三层复合带制成，有些大电流放电的电池壳外侧镀金。密封圈同时还起到正负极间的绝缘作用。

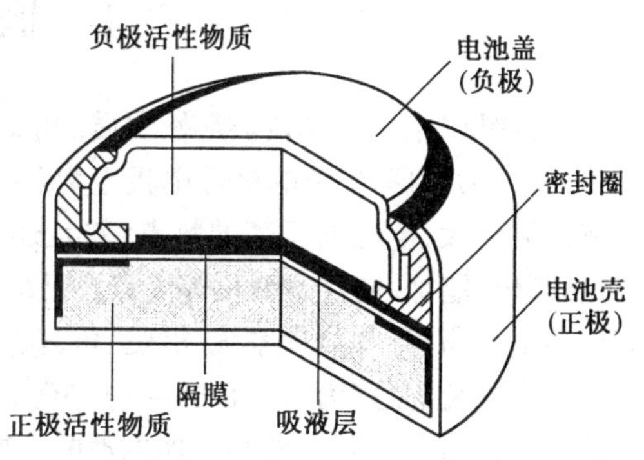

图 6.14　扣式 Zn – AgO 电池的结构

扣式电池中的银电极一般是由一价银的氧化物 Ag_2O 及胶体石墨以 95:5 的比例放入球磨机中研磨，然后经辊压、过筛，最后在打片机上打制成圆片状正极片。因为二价银的氧化物 AgO 在碱液中热稳定性较差，而且扣式电池使用的场合对电池的电压要求高，不允许有高坪阶电压。若有 AgO，则必须严格消除高阶电压。随着对 Zn – AgO 电池的进一步研究，目前已发现可通过加入添加剂改善 AgO 的稳定性，通过重新设计正极结构可解决高阶电压段，使用在 AgO 颗粒上包覆一层 Ag_2O 的方法可有效消除高阶电压，也可以在 AgO 电极和隔膜之间再加上一层 Ag_2O 层。另外，通过脉冲化成所得到的银电极也可解决上述问题，但还尚未广泛应用于扣式电池。

对于扣式 Zn – AgO 电池的锌负极，有很多方法制备。如采用锌粉式负极，是将汞齐化锌粉加上黏结剂，经混合、干燥、过筛后，按一定量加入装配好密封圈的电池壳中，滴加电解液后进行电池装配的。也可采用压片式锌电极，将汞齐化锌粉在模具中压成片状电极，装入电池。还可采用膏式锌电极，将汞齐化锌粉加入电解液，调成锌膏，挤入电池壳中。

隔膜可采用聚乙烯接枝膜、水化纤维素膜和玻璃纸多层复合膜，靠近负极一侧加一层尼龙毡吸收电解液。

第 7 章 锂电池

7.1 概 述

锂电池是以金属锂作负极活性物质的电池总称。锂是已知的金属元素中具有最轻的相对原子质量(6.94)和最负的标准电极电势(-3.045 V)的元素,因此,以锂为负极组成的电池具有比能量大、电池电压高的特点,并且还具有放电电压平稳、工作温度范围宽(-40~50℃)、低温性能好、储存寿命长等优点。已应用于心脏起搏器、电子手表、计算器、录音机、无线电通信设备、导弹点火系统、潜艇、鱼雷、飞机及一些特殊的军事用途。目前有六个系列已实现了商品化,分别为 $Li-I_2$、$Li-Ag_2CrO_4$、$Li-(CF_2)_n$、$Li-MnO_2$、$Li-SO_2$ 和 $Li-SOCl_2$ 电池。表 7.1 列出 D 型锂电池与其他电池的性能。

表 7.1 D 型锂电池与其他电池的性能

电 池	比能量/($W·h·kg^{-1}$)	比功率/($W·kg^{-1}$)	开路电压/V	工作温度/℃	储存寿命(20℃)/a
$Zn-MnO_2$	66	55	1.5	-10~55	1
$Zn-MnO_2$(碱性)	77	66	1.5	-30~70	2
$Zn-HgO$	99	11	1.35	-30~70	>2
$Li-SO_2$	339	110	2.9	-40~70	5~10
$Li/SOCl_2$	550	550	3.7	-60~75	5~10

一次锂电池的比能量高于 $Zn-AgO$、$Zn-NiOOH$、$Cd-NiOOH$、$Pb-PbO_2$、$Zn-Mg$、碱性 $Zn-MnO_2$ 电池。比功率比 $Zn-MnO_2$ 电池好,但高倍率放电特性不及 $Cd-NiOOH$ 和 $Zn-AgO$ 电池。

图 7.1 列出几种一次电池放电曲线的比较,从中可以看出锂电池的部分特点。

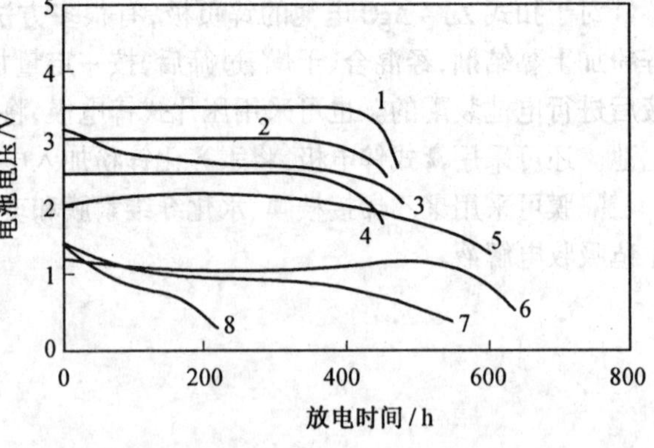

图 7.1 锂电池与其他原电池放电曲线的比较

1—$Li-SOCl_2$ 电池,30 mA 放电;2—$Li-SO_2$ 电池,30 mA 放电;3—$Li-MnO_2$ 电池,30 mA 放电;4—$Li-(CF)_n$ 电池,27 mA 放电;5—$Li-CuS$ 电池,20 mA 放电;6—$Zn-HgO$ 电池,30 mA 放电;7—$Zn-MnO_2$(碱性),30 mA 放电;8—$Zn-MnO_2$ 电池,30 mA 放电

锂电池的湿储存寿命长。锂电池在湿储存期间因为在锂表面形成一层致密的钝化膜而阻止金属锂进一步腐蚀。

锂电池安全性是特别值得重视的一个问题。在短路或重负荷条件下,某些有机电解质锂电池及非水无机电解质锂电池都有可能发生爆炸。通常认为爆炸是由于反应产生的热使电池温度升高，一方面促使电池中某些反应加速，另一方面锂电极表面某些点超过锂的熔点(180℃)，使局部锂熔化造成热失控。某些无机盐本身也有爆炸性(如 $LiClO_4$)，另外隔膜分解也是电池爆炸的原因之一。

防止锂电池爆炸的措施是在电池内安装透气片，当达到一定温度(如 100℃)或一定压力(如 3.5 MPa)时，透气片破裂，气体逸出，防止电池爆炸。但这种方法会使有毒气体或腐蚀气体外逸，造成污染。有的在单体电池内安装保险丝，也有的在隔膜上镀一层石蜡状材料，当温度超过一定值时，蜡状物质熔融堵塞隔膜孔道，造成放电终止，防止电池爆炸。

有些锂电池引起爆炸的原因至今仍不十分清楚。短路、强迫过放电、充电等都可能引起爆炸，必须慎重对待。

锂电池分类有不同的方法。按可否充电，分一次锂电池和二次锂电池。如按电解质的种类，分为有机电解质和无机电解质锂电池。锂电池通常按电解质性质分类。

1.锂有机电解质电池

锂有机电解质电池是以常温下为液态的有机溶液作电解质溶剂的电池，如 $LiClO_4$ 的 PC(碳酸丙烯酯)溶液。

电池的表达式为

$$(-)\ Li \mid Li^+, X^-, \text{有机溶剂} \mid \text{正极}\ (+)$$

工业上已应用的这类电池有 $Li-SO_2$、$Li-MnO_2$ 电池等。

$Li-SO_2$ 电池　　$(-)\ Li \mid LiBr-AN+PC+SO_2 \mid C(+)$

$Li-MnO_2$ 电池　　$(-)\ Li \mid LiClO_4-PC+DME \mid MnO_2(C)(+)$

2.锂无机电解质电池

电解质常温下为液态的无机非水溶液。常用的无机电解质有 $LiAlCl_4$ 的 $SOCl_2$(亚硫酰氯)溶液和 SO_2Cl_2(硫酰氯)溶液。

电池的表达式为

$$(-)Li \mid Li^+, X^-, \text{液态正极活性物质(兼作溶剂)} \mid C(+)$$

例如，锂-亚硫酰氯电池和锂/硫酰氯电池。

$Li-SOCl_2$ 电池　　$(-)\ Li \mid LiAlCl_4-SOCl_2 \mid C(+)$

$Li-SO_2Cl_2$ 电池　　$(-)\ Li \mid LiAlCl_4-SO_2Cl_2 \mid C\ (+)$

3.固体电解质电池

电解质为 Li^+ 传导的固体电解质。

电池的表达式为

$$(-)\ Li \mid Li^+, X^-, \text{固体电解质} \mid \text{固态正极活性物质}\ (+)$$

例如，$Li-I_2$ 电池，即 $Li-I_2$ 电池。

$$(-)\ Li \mid LiI \mid I_2-P2VP\ (+)$$

4.锂熔盐电池

电解质在常温下为固态，高温下为液态的无机盐。

例如，LiCl 和 KCl 的低共熔体。

电池的表达式为

$(-)\ Li(Al) \mid 4Li^+, X_1^-, X_2^-$，(高温) $\mid$ 固态正极活性物质(金属或碳集流体) $(+)$

例如，锂-二硫化铁电池，即 $Li-FeS_2$ 电池

$$(-)\ Li \mid LiCl-LiCl \mid FeS_2(+)$$

表 7.2 列出了锂电池的类型和性能。

表 7.2　锂电池的类型和性能

	电池名称	电池分类	电池组成			开路电压/V	工作电压/V	比能量/(W·h·kg^{-1})	
			正极	电解质	负极			理论	实际
一次电池	有机电解质电池	锂 - 聚氟化碳电池	$(CF_x)_n$	$LiClO_4$ - PC	Li	3.14	2.6	3 280	320
		锂 - 聚氟化四碳电池	$(C_4F)_n$	$LiAsF_6$ - PC - THF	Li	3.14	2.9	2 019	154
		锂 - 氯化银电池	AgCl	$LiAlCl_4$ - PC	Li	2.84	2.5	600	66
		锂 - 二氧化锰电池	MnO_2	$LiClO_4$ - PC + DME	Li	3.5	2.8	768	300
		锂 - 五氧化二钒电池	V_2O_5	$LiAsF_6$ + $LiBF_4$ - MF	Li	3.5	3.2	477	57
		锂 - 三氧化钼电池	MoO_3	$LiAsF_6$ - MF	Li	3.3	2.6	656	200
		锂 - 氧化铜电池	CuO	$LiClO_4$ - PC + DME	Li	2.4	1.5	913	300
		锂 - 二氧化硫电池	SO_2	LiBr - SO_2 + AN + PC	Li	2.95	2.7	1 114	280
		锂 - 硫化铜电池	CuS	$LiClO_4$ - THF + DME	Li	3.5	1.8	1 100	250
		锂 - 二硫化铁电池	FeS_2	$LiClO_4$ - PC + THF	Li	1.8	1.5	720	150
		锂 - 铬酸银电池	Ag_2CrO_4	$LiClO_4$ - PC	Li	3.35	3.0	520	178
		锂 - 铋酸银电池	$AgBiO_3$	$LiClO_4$ - DIO	Li	1.8	1.5	195	90
	无机电解质电池	锂 - 亚硫酰氯电池	$SOCl_2$	$LiAlCl_4$ - $SOCl_2$	Li	3.65	3.3	1 460	450
	固体电解质电池	锂 - 碘电池	$P_2V_P \cdot nI_2$	LiI	Li	2.8	2.78	1 900 W·h·L^{-1}	650 W·h·L^{-1}
	高温电池	锂 - 二硫化铁电池	FeS_2	LiCl - KCl(450℃)	LiAl	2.53	1.7	650	100
二次电池	有机电解质电池	锂 - 二硫化钛电池	TiS_2	$LiAsF_6$ - 2MeTHF	Li	2.5	2.1	564	120
		锂 - 硫化铜电池	CuS	$LiAsF_6$ - THF	Li	3.5	1.8	1 100	90
		锂 - 十三氧化六钒电池	V_6O_{13}	$LiAsF_6$ - 2MeTHF	Li	3.0	2.2	636	159
		锂 - 二氧化硫电池	SO_2	$LiGaCl_4$ - AN + SO_2	Li	2.95	2.7	1 114	165
	固体电解质电池	锂 - 二硫化钛电池	TiS_2	LiI - Al_2O_3	LiSi	2.4	—	564	—

7.2 锂电池的组成

锂电池由负极、正极和电解液三大部分组成。

7.2.1 锂负极

表7.3列出了常用负极材料的性能。从表中可知,锂只是在体积比能量方面不及铝、镁等金属,但铝的电化学性能差,无法作为良好的电池负极材料,镁的实际工作电压比较低。而锂具有良好的电化学性能和机械延展性。锂的密度很小,仅为水密度的一半。锂能与水发生剧烈反应,生成 LiOH 和 H_2,所以锂电池生产过程必须保持十分干燥,通常在1%～2%相对湿度的环境中才能可靠的操作。锂是良导体,电池中锂的利用率高达100%。制造电池的锂要求纯度在99.9%以上。杂质允许的质量分数是:$w(Na_2O)<0.015\%$,$w(K)<0.01\%$,$w(Ca)<0.06\%$。锂电极通常做成片状。

锂电极制备方式主要有三种:

① 片式。将两片锂片用滚轮压在银网、铜网或镍网的两面,加压黏合。

② 涂膏式。将锂粉(小于20 μm)、镍粉(大于10 μm)、羧甲基纤维素(质量分数为2%二甲亚砜溶液)混合物的矿物油悬浮液涂在镍网上,加压成型。

③ 电镀式。在 $LiAlCl_4$ 电解液中电镀,加些染料(如若明丹染料等),可以使镀层牢固而不脱落。

表7.3 常用负极材料的性能

负极材料	原子量	$\varphi^{\ominus}$/V	$\rho/(g\cdot cm^{-3})$	熔点/℃	化合价	电化当量		
						$(A\cdot h\cdot g^{-1})$	$[g\cdot(A\cdot h)^{-1}]$	$(A\cdot h\cdot cm^{-3})$
Li	6.94	-3.05	0.54	180	1	3.86	0.259	2.08
Na	23.0	-2.7	0.97	97.8	1	1.16	0.858	1.12
Mg	24.3	-2.4	1.74	650	2	2.20	0.454	3.8
Al	26.9	-1.7	2.7	659	3	2.93	0.325	8.1
Fe	55.8	-0.44	7.85	1 528	2	0.96	1.04	7.5
Mn	65.4	-0.76	7.1	419	2	0.82	1.22	5.8
Cd	112	-0.40	8.65	321	2	0.48	2.10	4.1

7.2.2 正极物质

锂电池的正极物质种类繁多,构成了庞大的锂电池系列。对正极物质的要求是能与锂电极匹配,可以提供较高电压的物质。正极物质应有较高的比能量和对电解液有相容性,即与电解液不起反应或不溶解。正极物质最好能导电,对导电性不好的物质可添加一定量的导电添加剂,如石墨等。常用的正极材料有 SO_2、$SOCl_2$、(CF_x)、CuO、MnO_2 等。表7.4列出常用锂一次电池的正极材料。

表 7.4　常用锂一次电池的正极材料

正极材料	相对分子质量	化合价变化	ρ/(g·cm⁻³)	理论电化当量/			电 池 反 应	单位电池理论值	
				(A·h·g⁻¹)	(A·h·cm⁻³)	[g·(A·h)⁻¹]		E/V	W_t'/(W·h·kg⁻¹)
SO_2	64	1	1.37	0.419	—	2.39	$2Li+2SO_2 \longrightarrow 2Li_2S_2O_4$	3.1	1 170
$SOCl_2$	119	2	1.63	0.450	—	2.22	$4Li+2SOCl_2 \longrightarrow 4LiCl+S+SO_2$	3.65	1 470
SO_2Cl_2	135	2	1.66	0.397	—	2.52	$2Li+SO_2Cl_2 \longrightarrow 2LiCl+SO_2$	3.91	1 405
Bi_2O_3	466	6	8.5	0.35	2.97	2.86	$6Li+Bi_2O_3 \longrightarrow 3Li_2O+2Bi$	2.0	640
$Bi_2Pb_2O_5$	912	10	9.0	0.29	2.64	2.41	$10Li+Bi_2Pb_2O_5 \longrightarrow 5Li_2O+2Bi+2Pb$	2.0	544
$(CF)_n$	31	1	2.7	0.86	2.32	1.16	$nLi+(CF)_n \longrightarrow nLiF+nC$	3.1	2 180
$CuCl_2$	134.5	2	3.1	0.40	1.22	2.50	$2Li+CuCl_2 \longrightarrow 2LiCl+Cu$	3.1	1 125
CuF_2	101.6	2	2.9	0.53	1.52	1.87	$2Li+CuF_2 \longrightarrow 2LiF+Cu$	3.54	1 650
CuO	79.6	2	6.4	0.67	4.26	1.49	$2Li+CuO \longrightarrow Li_2O+Cu$	2.24	1 280
$Cu_4O(PO_4)_2$	458.3	8	—	0.468	—	2.1	$8Li+Cu_4O(PO_4)_2 \longrightarrow Li_2O+2Li_3PO_4+Cu$	2.7	—
CuS	95.6	2	4.6	0.56	2.57	1.79	$2Li+CuS \longrightarrow Li_2S+Cu$	2.15	1 050
FeS	87.9	2	4.8	0.61	2.95	1.64	$2Li+FeS \longrightarrow Li_2S+Fe$	1.75	920
FeS_2	119.9	4	4.9	0.89	4.35	1.12	$4Li+FeS_2 \longrightarrow 2Li_2S+Fe$	1.8	1 304
MnO_2	86.9	1	5.0	0.31	1.54	3.22	$Li+Mn^{IV}O_2 \longrightarrow Mn^{III}O_2(Li^+)$	3.5	1 005
MoO_3	143	1	4.5	0.19	0.84	5.26	$2Li+MoO_3 \longrightarrow Li_2O+Mo_2O_5$	2.9	525
Ni_3S_2	240	4	—	0.47	—	2.12	$4Li+Ni_3S_2 \longrightarrow 2Li_2S+3Ni$	1.8	755
$AgCl$	143.3	1	5.6	0.19	1.04	5.26	$Li+AgCl \longrightarrow Li_2Cl+Ag$	2.85	515
Ag_2CrO_4	331.8	2	5.6	0.16	0.90	6.25	$2Li+Ag_2CrO_4 \longrightarrow Li_2CrO_4+2Ag$	3.35	515
$AgV_2O_{5.5}$*	297.7	3.5	—	0.282	—	—	$3.5Li+AgV_2O_{5.5} \longrightarrow Li_{3.5}AgV_2O_{5.5}$	3.24	655
V_2O_5	181.9	1	3.6	0.15	0.53	6.66	$Li+V_2O_5 \longrightarrow LiV_2O_5$	3.4	490

7.2.3 电解液

锂与水作用会剧烈反应引起爆炸。所以,锂电池的电解液采用非水电解液。电解液分为有机电解液和非水无机电解液。

1.有机电解质溶液

有机电解质是由有机溶剂加上无机盐溶质组成的。其相应的电池称为有机电解质溶液电池。

新型高能锂有机电解质电池的电解质与一般化学电源的电解质不同,是由有机溶剂和无机盐溶质组成的电解液,通常简称有机电解质。电解液组成的特殊性也给电池性能带来了某些特殊性。从某种意义上来说,有机电解质对锂电池起着决定性作用。为此,首先应对有机电解质有所了解,而锂电池对有机电解质的要求应从溶剂和溶质两方面加以考虑。

(1) 对有机溶剂的要求

① 有机溶剂对锂电极应是惰性的,在电池放电时不与正负极发生电化学反应。有机溶剂分子中,如果有活泼的氢原子,或者溶剂中含有杂质水,它们就要与锂电极反应。所以,应当除去杂质水,并避免使用含有活泼氢原子的有机酸、醇、醛、酮、胺、酰胺等有机溶剂。

含氮不饱和脂肪族化合物,在有锂存在时,会发生聚合反应。但选用二甲基甲酰胺、乙腈等溶剂并用 $LiClO_4$ 作溶质时,对锂是稳定的。所以采用这些有机化合物作溶剂时,必须选用 $LiClO_4$ 作溶质,构成锂有机电解质电池。

② 有机溶剂应具有较高的介电常数和较小的黏度。一般化学电源的电解质溶液是水溶液,其电导率大约在 0.1 ~ 1.0 S/cm 范围,而有机电解质溶液的电导率只有水溶液的 1/10 ~ 1/100,因而造成电池的欧姆压降较大。表 7.5 列出一些有机电解质溶液的电导率。影响有机电解质溶液电导率的因素很多,其主要作用的是有机溶剂的介电常数 ε 和它的黏度 η。众所周知,溶液的电导率和单位体积中的离子数目以及离子迁移速度之乘积成正比。单位体积中的离子数取决于电解质的溶解度和它的电离程度。在介电常数为 ε_r 的溶剂中,相距 r 的两个静电荷(Q_1、Q_2)间的作用力可表示为

$$F = \frac{Q_1 \cdot Q_2}{4\pi\varepsilon_0\varepsilon_r r^2} \tag{7.1}$$

式中 ε_r——溶剂的相对介电常数;

ε_0——真空中的介电常数;

Q_1、Q_2——电解质盐的正负离子;

F——Q_1 和 Q_2 间的作用力。

从式(7.1)中可见,ε_r 大的溶剂,离子间的相互作用力小,离子容易离解。水在 25℃下的介电常数为 78.5,而大部分有机溶剂的介电常数都比水小得多,所以电解质在有机溶剂中的电离度比水中的小。

表 7.5　一些有机电解质溶液的电导率

电导率/($S\cdot cm^{-1}$) 溶剂 电解质	乙腈	硝基甲烷	二甲基甲酰胺	二甲亚砜	γ-丁内酯	碳酸丙烯酯	水
$LiClO_4$	0.029	0.010	0.019	0.014	0.010	0.004 9	—
KPF_6	0.018	—	0.025	—	0.005 4	0.007 8	0.044
$NaPF_6$	—	—	—	—	0.013	0.006 8	—
$LiBF_4$	—	—	—	—	0.008 4	0.004	—
$NaBF_4$	—	—	0.015	—	—	0.003 4	0.065
$LiAlCl_4$	—	0.042	—	—	—	0.009 2	—
$AlCl_3$	0.023	0.015	0.046	—	0.04	0.003 5	—
LiCl	0.004	—	0.008 6	—	0.0007	0.000 3	0.071
LiBr	—	—	0.018	—	—	—	—
KF	—	—	0.000 5	—	—	0.000 03	0.061
KI	—	—	0.022	—	—	0.000 52	0.11
KCNS	0.022	—	0.021	0.008 8	0.011	0.006 0	—
$(C_4H_9)_4NI$	—	—	0.11	—	—	0.004 5	0.002 2

* 溶液浓度为 1 $mol\cdot L^{-1}$;溶解度较小者,为饱和溶液。

一般来说,在介电常数小于 10 的溶剂中离子离解比较困难。表 7.6 列出某些有机溶剂的结构和介电常数的值,从表中可以看到,在常温下碳酸丙烯酯的介电常数最大。因此,碳酸丙烯酯是至今用得最广的一次锂电池的有机溶剂。

但是介电常数并不是选择有机溶剂要考虑的惟一因素。实际上有许多介电常数较小的有机溶剂也可以作为锂电池的有机溶剂使用,这与某些有机化合物的结构特点有关系。实践证明某些有机溶剂虽然介电常数很小,但分子结构中具有能提供一对或几对自由电子的氧、氮原子,它们就能使锂离子溶剂化或发生配合作用,形成一层溶剂保护层,从而使电解质盐容易离解。如表 7.6 中的四氢呋喃就属于这类溶剂,在锂电池中已得到应用。

此外,溶剂的黏度对离子的迁移速度有直接影响。黏度越大,离子迁移的阻力越大,电导越小。由于介电常数与溶解度和电离度有关,而黏度又与离子迁移速度有关,因此,常用 ε/η 的值作为有机溶剂的一个重要性质。η_0 表示无限稀时溶剂的黏度。ε/η 大,则用这种溶剂制成的有机电解质溶液的电导率一般较大。如表 7.6 中乙腈的 $\varepsilon/\eta_0 = 110$ 比其他有机溶剂高得多,制成的有机电解质溶液的电导率也相对高些。

③ 要求有机溶剂的沸点要高,例如在 150℃以上,而熔点要低,例如在 -40℃以下,这样可使锂电池有较宽的工作温度范围。

表 7.6　某些有机溶剂的结构和介电常数

有机溶剂	结　构	介电常数 ε (25℃)	黏度 η/ [10^{-2}(Pa·s)]	ε/η
碳酸乙烯酯 (EC)	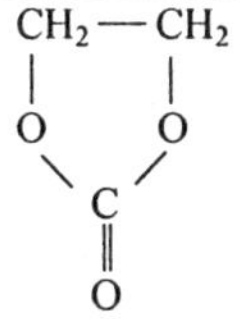 CH_2—CH_2 (O—C(=O)—O 环)	89.1(40℃)	固体(常温)	—
碳酸丙烯酯 (PC)	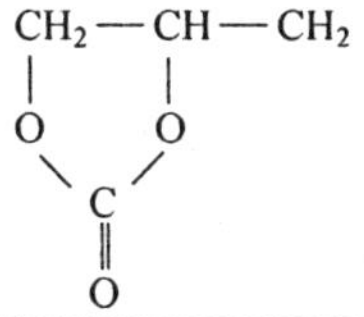 CH_2—CH—CH_2 (O—C(=O)—O 环)	64.4	2.54	2 535
二甲亚砜 (DMSO)	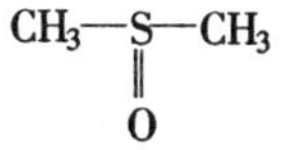 CH_3—S(=O)—CH_3	46.4	1.1	4218.2
γ-丁内酯 (γ-BL)	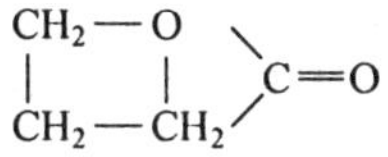 CH_2—O—C(=O)—CH_2—CH_2 (环)	39.1	1.73	2 260
乙腈 (AN)	CH_3—CN	38	0.335	1 134
二甲基甲酰胺 (DMF)	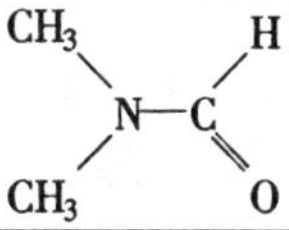 $(CH_3)_2$N—CH=O	36.71	0.802	457.7
乙酰氯 (ACC)	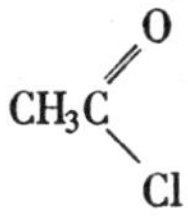 CH_3C(=O)Cl	15.8(22℃)	—	—
氯碳酰甲酯 (CLMC)	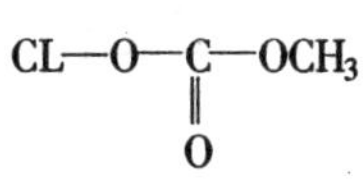 CL—O—C(=O)—OCH_3	13	—	—
甲酰甲酯 (MF)	$HCOOCH_3$	8.5(20℃)	—	—
四氢呋喃 (THF)	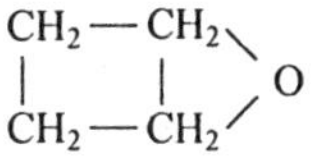 CH_2—CH_2—O—CH_2—CH_2 (环)	7.4	0.4	185

(2) 对有机电解质中溶质的要求

① 要求溶质与电极活性物质不起化学反应;在较宽的电势范围内比较稳定;在电池放电时不与两极发生电化学反应。

② 在有机溶剂中溶解度高,容易离解。无机盐在有机溶剂中溶解度高,易离解,可以增加电解质的导电性。一般来讲,晶格能小的可溶性盐类容易溶解和离解。晶格能与正负离子晶格半径总和成反比。离子越大,晶格能越小,离子间相互作用力减弱,容易电离,同时也

容易迁移,因此要选正负离子半径总和最大的盐类。对于锂电池来说,正离子(Li^+)已确定,故只需选择负离子即可。例如,ClO_4^- 与 Cl^- 相比,ClO_4^- 晶格半径大,同时 $LiClO_4$ 在有机溶剂中溶解度也大,所以 $LiClO_4$ 作为溶质要比 LiCl 的性能好。

如果无机盐负离子相同,则正离子体积决定其溶解度。一般来说,溶解度以 K^+、Na^+、Li^+ 的顺序增长。正离子体积越小,溶剂化作用越强,溶解度也就越大。在选择有机溶剂和溶质时,除按照上述要求选择外,还要注意溶液浓度对有机电解质溶液电导的影响。有机电解质溶液的质量浓度和电导的关系与水溶液的质量浓度和电导的关系相同,也出现一个电导率最高的浓度点,如图 7.2 给出的高氯酸锂在不同有机溶剂中的质量浓度和该溶液电导率之间的关系。出现电导率最高点的原因:一方面是由于浓度高时,单位体积中离子数目增多,使电导率提高;另一方面是由于浓度增大,使离子间、离子与溶剂之间的作用力加强,降低了离子的迁移速度,从而使电导率下降。因此有机电解质溶液出现了电导率的最高点。

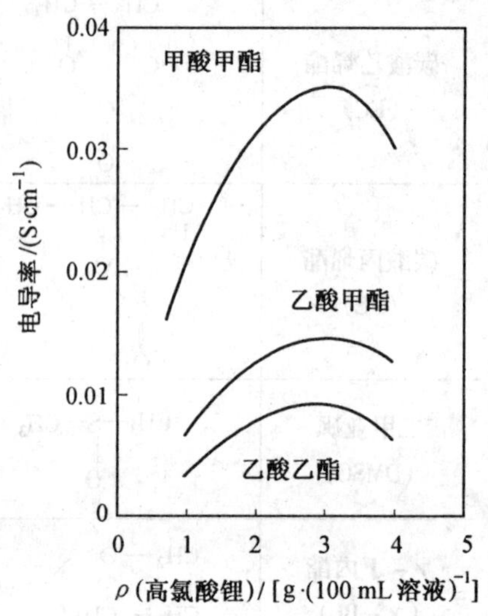

图 7.2　不同高氯酸锂质量浓度在几种有机溶剂中的电导率

为了得到性能更佳的有机电解质,还可以把不同性能的有机溶剂进行搭配组成混合溶剂。通常是把高介电常数、高黏度的碳酸丙烯酯和 γ - 丁内酯,以及低介电常数、低黏度的四氟呋喃和 1,2 - 二甲氧基乙烷进行混合使用,这样可以得到性能优于单一溶剂的混合溶剂。也可以把粘度小或介电常数大的一种溶剂加到所选溶剂中,组成混合溶剂。例如,碳酸乙烯酯的介电常数很大,在 40℃时是 89.1,但在常温下它是固体。如果把它与碳酸丙烯酯混合起来,其混合溶剂的介电常数和配制的电解质溶液的电导率均大于单一的碳酸丙烯酯,而其黏度却增加很少,如表 7.7 所示。

表 7.7　碳酸丙烯酯与碳酸乙烯酯混合溶剂的性能

溶　剂	电导率/$(S\cdot cm^{-1})$	介电常数	黏度/$[10^{-2}(Pa\cdot s)]$
碳酸丙烯酯	7.3×10	64	2.5
碳酸丙烯酯 + 碳酸乙烯酯(3:2)	8.96×10	74.6	2.52
碳酸丙烯酯 + 碳酸乙烯酯(1:4)	10.5×10	87.2	2.55
碳酸乙烯酯	—	固体	固体

有机溶剂中的杂质对锂电极的性能有很大的影响,因此必须提纯有机溶剂。在有机溶剂中,主要的杂质成分是水。水与锂电极发生反应

$$Li + H_2O \longrightarrow LiOH + \frac{1}{2}H_2 \tag{7.2}$$

在锂电极表面生成 LiOH 薄膜,并放出氢气。薄膜的组成随 H_2O 含量的不同而异,可能是 Li_2O、LiOH 或 $LiOH\cdot H_2O$。这层薄膜是造成锂有机电解质电池有滞后现象的主要原因。

有机溶剂一旦混入水,电池活性物质的稳定性就要受到破坏。水分在 5×10^{-4} mol/L 以下,对 Li 电极的极化特性几乎没有影响,但对于长寿命的电池来说,水分必须降低到 30×10^{-5} mol/L 以下。

有机溶剂中还有少量其他杂质,如碳酸丙烯酯中含有少量环氧丙烯、丙二醇、丙烯醇、丙醛等,可达 1/1 000,提纯后可大部分除去。

蒸馏法是最常用的提纯有机溶剂的方法。如在 117℃,133.3 Pa 真空精馏之后再进行气流提馏,可使碳酸丙烯酯的水分减至 $5\times10^{-6}\sim1\times10^{-5}$ mol/L,并除去低沸点杂质,进一步用分子筛脱水,还可使水分子减至 1.5×10^{-6} mol/L。

若在蒸馏的同时加脱水剂,其脱水效果比单独用脱水剂提纯或单独用蒸馏法提纯都好。常用的脱水剂有 CaO、MgO、LiCl 和锂粉。脱水效果与振荡时间有关。

如果溶剂中含有某些难除去的杂质,如碳酸丙烯酯中含丙二醇,乙腈中含丙烯腈等,最好用色谱法提纯。

下面介绍几种代表性有机溶剂的提纯方法。

① 碳酸丙烯酯。加入 5 A 分子筛放置一昼夜后,在有 CaO 存在下进行减压蒸馏(133.3~199.95 Pa,65~70℃)

② 四氢呋喃。这种溶剂接触空气就可能生成过氧化物,为了分解这种物质而加入 NaOH 或 KOH(10 g/L)后放置一周。再加入 Na 回流 12 h 后,在 65℃下常压蒸馏,根据需要可再次蒸馏。

③ γ-丁内酯。用 K_2CO_3 干燥后,在 665~1 333 Pa(36~38℃)的条件下减压蒸馏。

2.无机非水电解质

无机非水电解液有 $LiAlCl_4$ 的 $SOCl_2$(亚硫酰氯)溶液和 $LiAlCl_4$ 的 SO_2Cl_2(硫酰氯)溶液。这两种电解液中的无机溶剂既是溶剂,又充当正极活性物质。

$LiAlCl_4$ 由 $AlCl_3$ 和无水 LiCl 在 300℃熔融反应制得。$AlCl_3$ 经过升华提纯,无水 LiCl 由 $LiCl\cdot H_2O$ 真空干燥制成。

$SOCl_2$ 和 SO_2Cl_2 溶剂加亚磷酸三苯酯和金属锂片回流,然后精馏提纯。

将 $LiAlCl_4$ 与 $SOCl_2$ 和 SO_2Cl_2 配成无机非水电解质溶液。

7.3 Li-MnO_2 电池

7.3.1 概述

Li-MnO_2 电池的比能量可达 200 W·h/kg 和 W·h/L,电压为 3 V,是锂电池中拥有最大市场的商品电池,一般做成扣式或圆柱形,目前正在发展矩形大容量电池。日本汤浅公司研制的矩形 Li-MnO_2 电池之容量为 1 000 A·h。

Li-MnO_2 电池以 Li 为负极。正极活性物质是经专门热处理过的电解 MnO_2 粉末。电解质为 $LiClO_4$ 溶解于 PC 和 1,2-DME 混合有机溶剂中。Li-MnO_2 电池的表达式为

$$(-)\ Li\ |\ LiClO_4, PC+DME\ |\ MnO_2(c)\ (+)$$

负极反应

$$Li \longrightarrow Li^+ + e^- \tag{7.3}$$

正极反应 $$MnO_2 + Li^+ + e^- \longrightarrow MnOOLi \tag{7.4}$$

电池反应 $$Li + MnO_2 \longrightarrow MnOOLi \tag{7.5}$$

反应结果，Li^+进入 MnO_2 晶格中，在 MnOOLi 中的 Mn 是 +3 价。

Li - MnO_2 电池正极制作有粉末压成式和涂膏式。粉末压成式是将 MnO_2 粉、碳粉、合成树脂黏合剂的混合物加压成型；涂膏式是把 MnO_2 粉、碳粉、黏合剂调成膏状，涂在集电体上，进行热处理制成薄式电极。电解液采用碳酸丙烯酯(PC)和乙二醇二甲醚，即二甲氧基乙烷(DME)，以 1:1 混合，溶质为 1 mol/L 的 $LiClO_4$。

正极制作时，MnO_2 粉的热处理是关键。在 Li - MnO_2 电池中，α - MnO_2 性能最差，γ - MnO_2 较差，β - MnO_2 较好，γ - β - MnO_2 性能最好。图 7.3 为各种晶形 MnO_2 的放电特性。图 7.4 表示各种温度热处理的 MnO_2 的放电特性，图中表明 MnO_2 的热处理温度采用 300 ~ 350℃，可以获得 γ - βMnO_2。

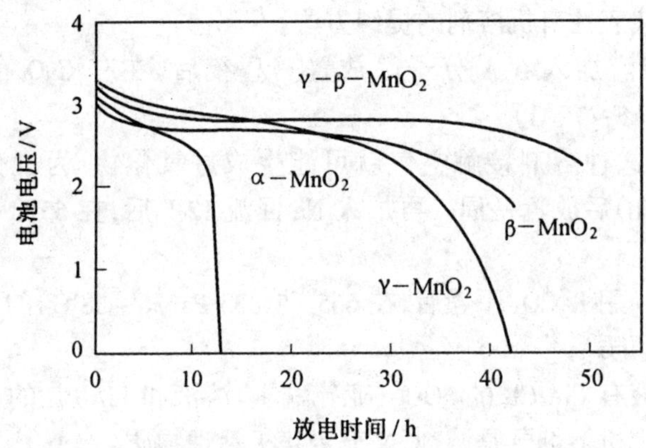

图 7.3 不同晶型 MnO_2 的放电特性

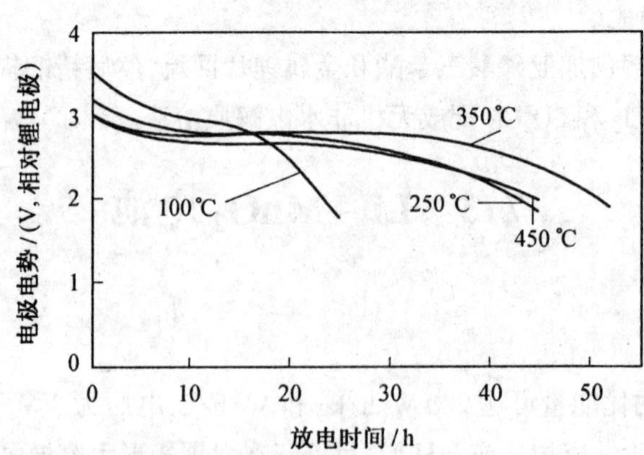

图 7.4 各种温度热处理 MnO_2 的放电特性

Li - MnO_2 电池有扣式、圆筒式和方形三种，外形结构如图 7.5 所示。扣式电池是小容量电池，圆筒和方形可制成大容量电池。

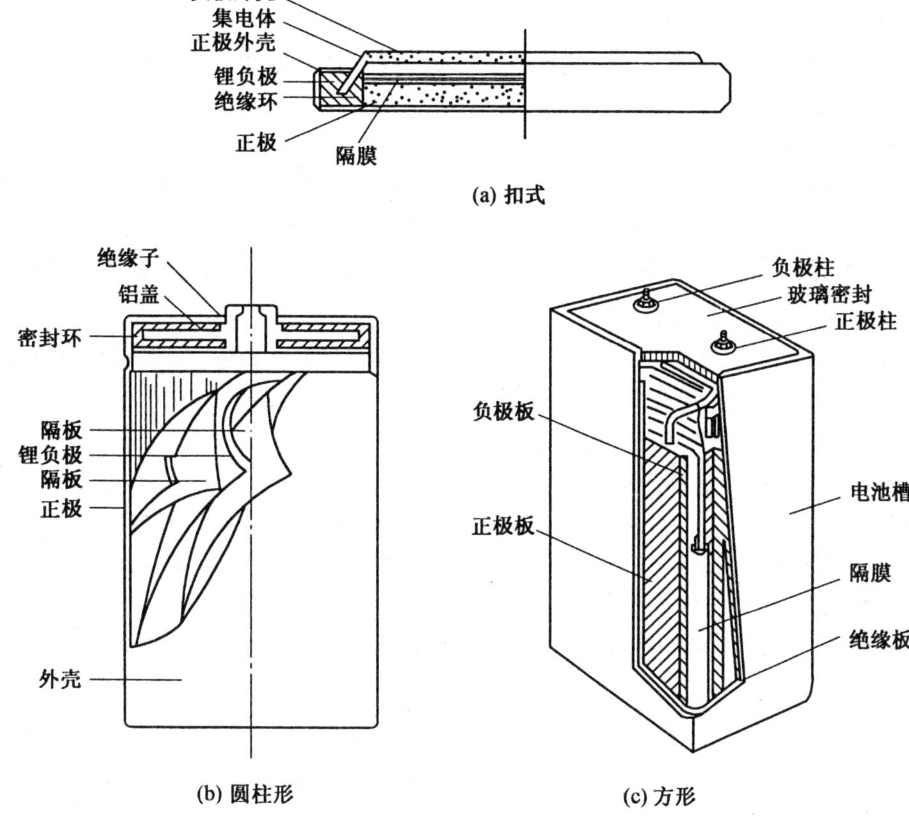

图7.5 Li - MnO_2 电池结构

7.3.2 Li - MnO_2 电池制造工艺

Li - MnO_2 电池制造主要包括锂负极制备、MnO_2 正极制备、电解液配制和电池装配等工序。

1.锂负极制备

扣式 Li - MnO_2 电池用的锂负极,是在相对湿度小于2%的手套箱中,将锂带冲压成规定的圆片,放在玻璃口瓶中备用。

2.MnO_2 正极制备

最适合作 Li - MnO_2 电池正极的锰粉应是 $\gamma-\beta$ 型的 MnO_2。而一般的电解二氧化锰(EMD)或化学二氧化锰粉(CMD)含有相当多的 α 相和 γ 相 MnO_2 及少量水分。因此,一般采用煅烧方法脱水并转化成 $\gamma-\beta$ 混合晶型的 MnO_2。

煅烧方法是在高温炉中,控制温度约360℃,恒温数小时,自然冷却,即可得 $\gamma-\beta$ 混合晶型的 MnO_2。

MnO_2 正极制备可采用压成式或涂膏式。压成式是将煅烧过的 MnO_2 粉与乙炔黑混合,加入适量纯水,加热、冷却后添加一定量的PTFE(聚四氟乙烯)乳液搅均、烘干、过筛后,在钢模内加压成型,并套上支撑环,置于干燥器内备用。压成式正极一般适用于扣式电池。

涂膏式是把 MnO_2 和导电剂加黏结剂调成膏，涂在集流骨架上，进行热处理制成薄形电极。这种电极适合于作矩形电池的正极。

对用于圆筒形的卷绕式电池，常采用滚压法制备 MnO_2 电极，将配制好的正极膏加热，置于导电网的两侧经对辊机滚压而成。

3.电解液配制

Li – MnO_2 电池所用电解液是将 $LiClO_4$ 溶于 PC(碳酸丙烯酯)与 DME(乙二醇二甲醚)的混合有机溶剂中，为保证电解液的性能，必须对 $LiClO_4$、PC、DME 进行提纯处理。

$LiClO_4$ 脱水。将含有结晶水的 $LiClO_4$ 首先放在干燥箱中烘干，直至变成白色粉末，然后转入真空干燥箱中，控制温度 120℃，直至完全脱水为止。

PC、DME 提纯采用蒸馏法。PC 沸点高(241℃)，常用减压蒸馏。当压力降到 666 Pa 时，PC 沸点降至 100℃左右，蒸馏 PC 的操作是将锂带放入磨口三颈瓶中，注入 PC，接入减压蒸馏系统，抽真空，用油浴加热到 120℃，直至蒸馏结束，弃去初、末馏分。将蒸出的中间馏分收集在磨口瓶中，再放入锂带除去微量水备用。

DME 沸点低(85.2℃)，可用常压蒸馏法提纯，一般控制油浴温度为 100℃。

电解液配制是在干燥空气环境中进行，以配制 1 mol/L $LiClO_4$ – PC + DME 电解液为例。称取 106.5 g $LiClO_4$ 粉末加入 PC 与 DME 质量比为 1:1 的混合溶剂中，直至满 1 000 mL 为止，放入少许光亮锂带以除去微量水分。一般水的质量分数应小于 0.005%。

4.电池装配

锂电池装配都在手套干燥箱或干燥室内进行。扣式电池装配是将锂负极放在负极盖内，用冲头使锂片与集流网密合，在上面放上一张隔膜片。将正极片放在电解液内浸泡少许时间后放在隔膜之上，扣上电池壳，封口。

7.3.3 Li – MnO_2 电池特性

Li – MnO_2 电池的开路电压约为 3.5 V，工作电压为 2.9 V，终止电压为 2.0 V，约为 Zn – MnO_2 干电池的 2 倍，比能量可达 250 W·h/kg 及 500 W·h/L 以上，约为铅酸蓄电池的 5～7 倍。

从 Li – MnO_2 电池的负荷特性看，其性能比 Li – SO_2 电池和 Li – $SOCl_2$ 电池差，而与 Li – $(CF_x)_n$ 等电池相近。图 7.6 为 Li – MnO_2 电池不同电流密度下的放电曲线。

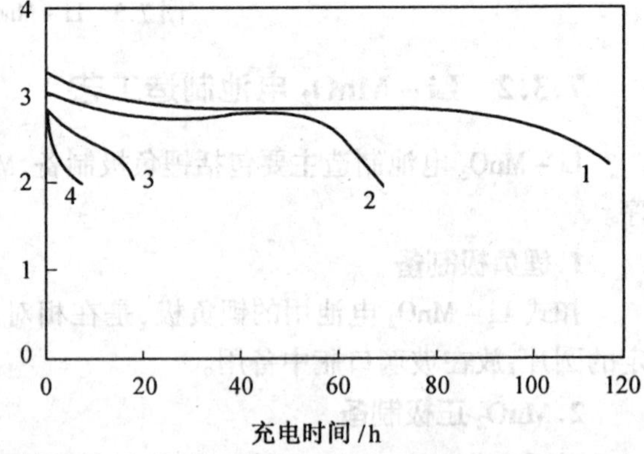

图 7.6 Li/MnO_2 电池恒电流放电曲线

1—0.6 mA/cm^2；2—1 mA/cm^2；

3—3 mA/cm^2；4—5 mA/cm^2

Li – MnO_2 电池工作温度范围宽(– 20～50℃)，一般来讲，温度对放电容量影响较小。

Li – MnO_2 电池储存性能好，自放电小，储存 1 年容量下降 7%～8%，一些大容量的 Li – MnO_2电池，可以做到每年容量下降率仅 1%。因为 MnO_2 在碳酸丙烯酯和二甲氧基乙烷混合溶剂中的溶解度很小，仅在 1×10^{-6}以下，所以 MnO_2 是稳定的高能量密度的有机电解质体系的正极材料。

$Li-MnO_2$ 电池储存和放电过程中无气体析出，与 $Li-SO_2$ 电池和 $Li-SOCl_2$ 电池等具有液态正极活性物质电池相比，不会因活性物质分解引起电池内压增大。即使偶尔短路，也不会损坏电池，所以安全性好。

因此，中、小容量的 $Li-MnO_2$ 电池适合于作袖珍电子计算机、电子打火机、照相机、助听器、小型通信机的电源。大容量的 $Li-MnO_2$ 电池是应用于军事方面的理想电源。

7.4 $Li-SO_2$ 电池

$Li-SO_2$ 电池是1971年公开专利发明的，其特点是高功率输出，低温性能较好，适合于军用。现在已有许多国家生产。该电池是一种性能优良的一次电池，能广泛用于通信机、导弹点火系统、声纳浮标、存储器及微处理机、信号灯、闪光灯、照相机等领域。

7.4.1 概述

$Li-SO_2$ 电池都是圆筒卷绕式结构。正极是压在铝网骨架上的聚四氟乙烯(PTFE)和碳黑的混合物，正极活性物质 SO_2 以液态形式加入电解液中；负极是厚度约0.38 mm锂片，滚压在铜网上。

电解质溶液采用碳酸丙烯酯(PC)和乙腈(AN)的混合溶剂，电解质为1.8 mol/L的LiBr，隔膜是多孔聚丙乙烯。

电池的表达式为

$$(-)\ Li \mid LiBr-AN, PC, SO_2 \mid C(+)$$

电池反应

$$2Li+2SO_2 \longrightarrow Li_2SO_2O_4\text{(连二亚硫酸锂)} \tag{7.6}$$

7.4.2 Li/SO_2 电池制造工艺

圆筒形卷式 $Li-SO_2$ 电池结构如图7.7所示。

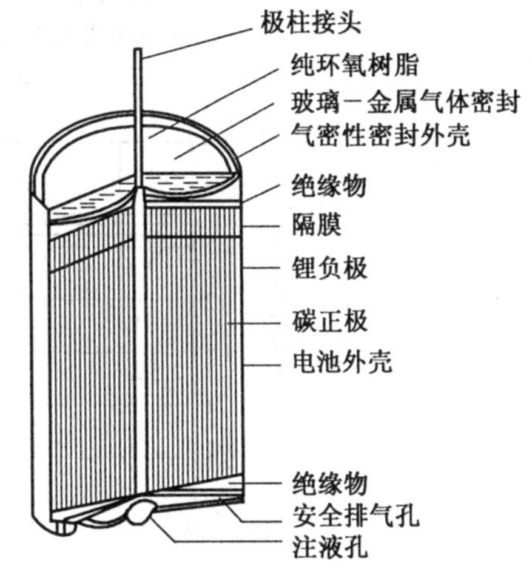

图7.7 $Li-SO_2$ 电池结构

电池制造的主要工序是：锂负极成型、多孔碳正极制作、电解液配制等。

1.多孔碳正极制作

多孔碳电极适用于作为吸收正极活性物质 SO_2 的载体。电极的制法是按质量比 m(乙炔黑)：m(PTFE乳液)=90:10，再加适量乙醇混合调成膏状，均匀涂布在铝网上，碾压成厚度约0.9 mm、孔隙率80%的正极，经干燥除去乙醇。

2.电极芯绕制

将多孔碳电极、锂负极片、多孔聚丙烯隔膜(0.025 mm厚)或聚丙烯毡卷绕成电芯，插入镀镍的钢电池壳。

3.电解液配制和注液

电解液用PC经减压蒸馏净化，AN用常压蒸馏净化，LiBr经真空干燥脱水。

在干燥空气环境中,配成物质的量浓度为 1.8 mol·L^{-1}LiBr 熔液。方法是按液体的体积比 $V(SO_2):V(PC):V(AN)=23:3:10$ 配制,先将 PC、AN 加入特制搅拌罐内混合,再加入无水 LiBr,注入液态 SO_2,完全搅拌混匀后,用泵打入注液系统向电池注入电解液,用氩弧焊将电池焊封。

7.4.3 Li－SO_2 电池特性

Li－SO_2 电池是目前研制的有机电解液电池中综合性能最好的一种电池,其特点是比能量高、电压精度高、储存性能好。

Li－SO_2 电池的开路电压为 2.95 V,终止电压为 2.0 V,放电电压高,且放电曲线平坦,如图 7.8 和图 7.9 所示。

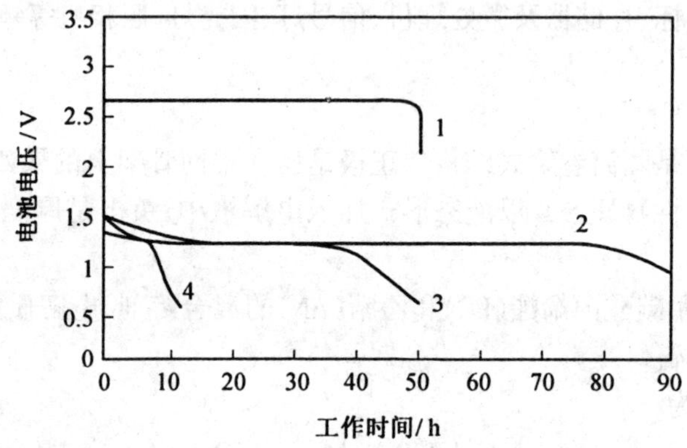

图 7.8　21℃ 200 mA 放电条件下,D 型 Li－SO_2 电池与其他原电池的放电曲线

1—Li－SO_2 电池;2—锌－汞电池;3—碱性锌－锰电池;4—锌－锰干电池

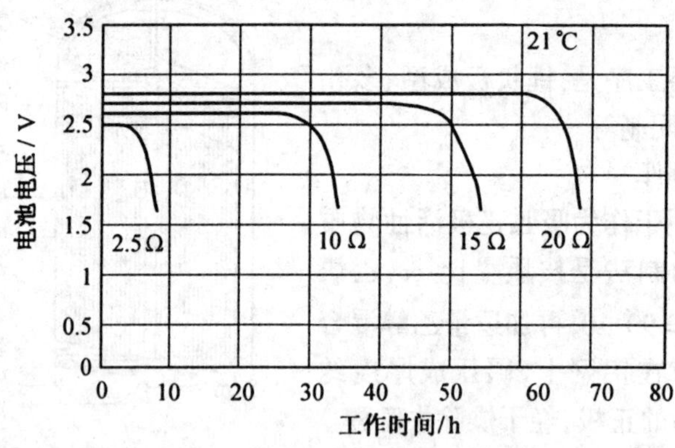

图 7.9　D 型 Li－SO_2 电池在不同负荷下的放电特性

Li－SO_2 电池比能量为 330 W·h/kg(520 W·h/L),比普通锌和镁电池高 2～4 倍。而且低温性能好,普通一次电池组在低于 －18℃时均不能工作,Li－SO_2 电池组在 －14℃时仍能输出其室温容量的 50%左右。

Li－SO_2 电池比功率高,可以大电流放电。从高至 2 小时率到低输出连续放电长至 1～

2 年的范围内都具有有效的放电性能，甚至在极端的放电负荷下，都具有良好的电压调节性能。图 7.10 给出 Li－SO_2 电池的高放电率特性。

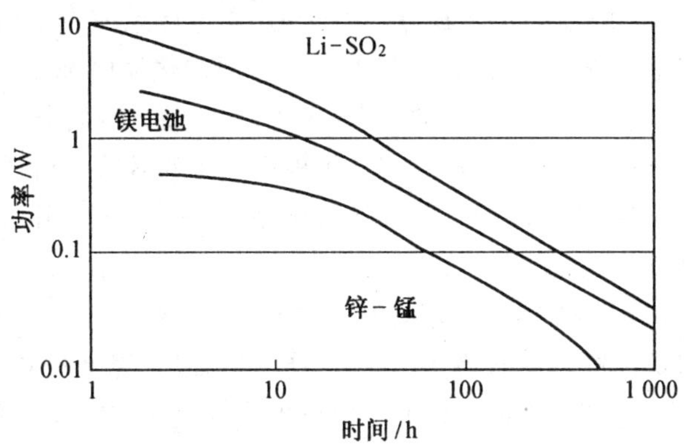

图 7.10 Li－SO_2 电池的高放电率特性

（D 型电池，21℃）

Li－SO_2 电池工作温度范围宽，在－54～70℃温度范围工作时，其放电曲线平坦，显示了良好的低温放电特性。这主要是因为 Li－SO_2 电池的有机电解质溶液电导较高，且随温度的变化电导下降不大。

Li－SO_2 电池的内阻较小。比其他的锂有机电解质的电池内阻小。D 型 Li/SO_2 电池的内阻约为 0.1 Ω，因此，可以大电流放电。特别是在低温下，该系列电池在小于 3～4 mA/cm^2 电流密度下工作，仍能获得最大的比能量。

Li－SO_2 电池储存寿命长。大多数一次电池在搁置时，由于阳极腐蚀，电池副反应或水分散失使得电池容量大大下降。一般来说，这些一次电池在搁置时温度不能超过 50℃，如果长期搁置还需制冷。而 Li－SO_2 电池可以在 21℃下储存 5 年，其容量只下降 5%～10%，同时随着储存期的延长，容量下降率大大降低。Li－SO_2 电池储存性能优异的原因：一方面在于 Li－SO_2 电池是密闭结构；另一方面在于在储存期间锂电极表面生成了一层薄膜而使其得到了保护。

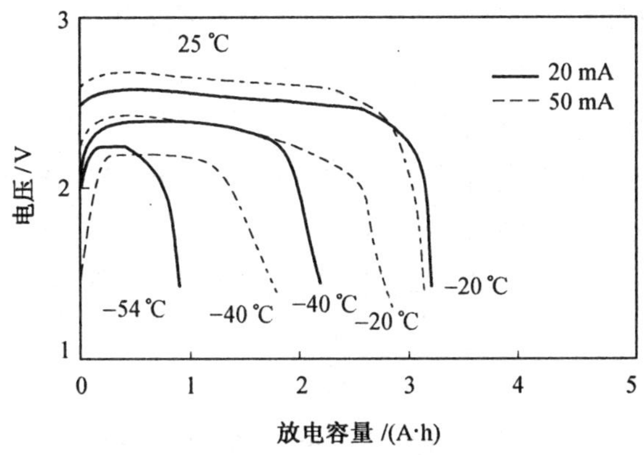

图 7.11 Li－SO_2 电池的放电曲线及滞后现象

Li－SO_2 电池的另一特点是电压滞后现象，自放电产物 $Li_2S_2O_4$ 在负极表面形成保护膜，阻止了自放电的继续进行,但也造成了放电时的电压滞后现象。低温放电或大电流放电时,电压滞后更为明显。滞后时间一般只有几秒钟。

安全性差是 Li – SO_2 电池的主要缺点。Li – SO_2 电池如果使用不当,会发生爆炸或 SO_2 气体泄漏。爆炸原因是由于短路,较高负荷放电或外部加热使电池温度升高,反应加速,从而产生更多的热量,使电池温度达到锂的熔点(180℃);高温下溶剂挥发,反应产生的气体形成较高压力;电池内存在不挥发的有机溶剂。正极放电产物有硫,正极活性物质中的碳粉在高温下会燃烧。当缺乏 SO_2 时,锂和乙腈及锂和硫都会发生反应放出大量的热,隔膜中的无机和有机材料会分解,这些因素都可能引起爆炸。

防止 Li – SO_2 电池爆炸的措施研究较多,具体有:采用透气片,当电池达到一定温度(如100℃)或一定压力(如 3 430 kPa)时透气片破裂,使气体逸出,电池不致爆炸。但逸出的 SO_2 气体具有强腐蚀性,而且有毒,这种措施不是很理想;采用锂阳极限制(锂与 SO_2 的化学计量约为 1:1)。保证了在电池的整个寿命过程中都有 SO_2 存在,以保证锂不与电池的其他成分起化学反应。因为缺乏 SO_2 的情况下,多余的锂与乙腈之间发生反应放出大量热,引起 LiS_2O_4 分解,此外,锂也与硫发生反应放出大量热,造成电池爆炸;选用稳定的溶剂和减小硬性的添加剂也是防止爆炸的一种措施,已发现乙腈:碳酸丙烯酯为 90:10 或乙腈:醋酸酐(体积比)为 90:10 有较好的防止电池在高放电率滥用条件下爆炸的效果。

7.5 Li – $(CF_x)_n$ 电池

7.5.1 概述

Li – $(CF_x)_n$ 电池称为锂聚氟化碳电池。

电池的表达式为

$$(-)\ Li \mid LiClO_4 - PC \mid (CF_x)_n\ (+)$$

Li/$(CF_x)_n$ 电池以 Li 为负极,固体聚氟化碳为正极($0 \leqslant x \leqslant 1.5$)。$(CF_x)_n$ 是碳粉和氩气冲淡的氟气在 400 ~ 500℃反应产生的夹层化合物,反应方程式为

$$2nC(s) + nxF_2 \longrightarrow 2(CF_x)_n(s) \tag{7.7}$$

$(CF_x)_n$ 是灰色或白色固体,在 400℃空气中不分解,在有机电解液中稳定,氟原子在石墨六角环状的脊式排列的行间结合,两平行行间距离为 0.73 nm。对于表面积大的碳粉,有一部分氟呈吸附状态,其余为共价化学结合。

电解液通常可采用 $LiAsF_6$ – DM – SI(亚硫二甲脂)或 $LiBF_4$ – γ – BL + THF 或 $LiBF_4$ – PC + 1,2 – DME。

负极反应
$$nLi \longrightarrow nLi^+ + ne^- \tag{7.8}$$

正极反应
$$(CF_x)_n + ne^- \longrightarrow nC + nF^-\ (x=1) \tag{7.9}$$

电池反应
$$nLi + (CF)_n \longrightarrow nLiF + nC \tag{7.10}$$

LiF 沉积在正极,碳起导电作用。

7.5.2 Li-$(CF_x)_n$ 电池的制造

Li-$(CF_x)_n$ 电池有扣式、圆柱形和针形。圆柱形电池负极是将0.13~0.64 mm厚的锂片压在展延的镍网上。正极是将活性物质$(CF_x)_n$与质量分数为5%左右的炭黑及黏合剂制成膏状后涂在栅网上,加压成型。也可将混合物直接压在栅网上成型,干燥。

以R14卷式圆柱形电池为例。正极组成按质量比$m((CF_x)_n)$:m(石墨):m(乙炔黑):m(黏结剂)=30:50:5:15混合,黏结剂为苯乙烯-丁二烯橡胶的甲苯熔液。隔膜为非编织的聚丙烯膜。电解质溶液为1 mol/L $LiBF_4$-γ-丁内酯。

将负极片、隔膜、正极卷在一起,插入到外壳圆筒中,注入电解液,加盖,卷边,封口。

7.5.3 Li-$(CF_x)_n$ 电池性能

Li-$(CF_x)_n$ 电池的开路电压为2.8~3.3 V,工作电压为2.6 V;放电电压平稳,其电池放电曲线及电池内阻的变化如图7.12所示;电池理论比能量为2 260 W·h/kg,圆柱形电池实际比能量为285 W·h/kg和500 W·h/L,约为Zn-MnO_2干电池的5~10倍;Li-$(CF_x)_n$电池在储存过程中无气体析出,自放电极微,常温下是储存1年容量损失小于5%。这主要是由于聚氟化碳是一种化学稳定和热稳定的材料;安全性能好,不存在腐蚀性气体;Li-$(CF_x)_n$电池比功率较低,只适用于小电流工作;低温性能仍比较差,在-10℃下放电所获得的容量仅为45℃时的一半;成本较高。

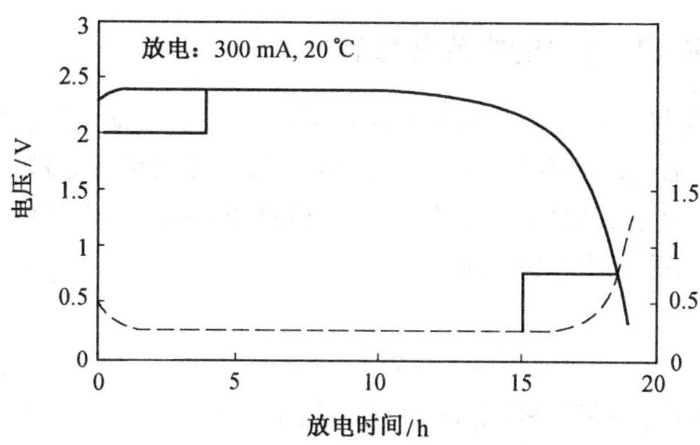

图7.12 圆筒形锂-氟化碳电池的典型放电曲线及放电过程中的内阻变化曲线

目前,扣式Li-$(CF_x)_n$电池已用作电子手表、袖珍计算器的电源。针状Li-$(CF_x)_n$电池与发光二极管匹配,在钓鱼时作为发光浮标。功率较大的电池,如日本松下生产的BR-P2由两节BR-2/3 A串联而成,容量为1 200 mA·h,电压6 V,用于照相机,作为自动卷片、测光等电源。表7.8列出Li-$(CF_x)_n$电池主要性能。

表 7.8 Li－$(CF_x)_n$ 电池的主要性能

IEC 型号	电池型号	尺寸/mm		V/ cm^3	m/ g	C/ (mA·h)	W′/	
		d	h				$(W\cdot h\cdot kg^{-1})$	$(W\cdot h\cdot L^{-1})$
BR－435	针杆式	4.19	35.8	0.49	0.9	40	110	205
BR－2025	扣式	20	2.0	0.63	2.3	90	98	355
BR－2325	扣式	23	2.5	1.04	3.1	150	120	360
BR2/3 A	圆柱式	16.7	33.3	7.29	13.5	1 200	220	410
BR－C	圆柱式	26	50	26.5	47	5 000	265	470

7.6 Li－$SOCl_2$ 电池

7.6.1 概述

在非水无机电解质电池中，Li－$SOCl_2$ 电池性能超过有机电解质电池中性能最好的 Li－SO_2 电池。Li－SO_2Cl_2 电池与 Li－$SOCl_2$ 性能接近。

1971 年美国 GTE 公司开始研制 Li－$SOCl_2$ 电池。目前，我国、美国、法国、以色列等国家已有 Li－$SOCl_2$ 电池商品。D 型高倍率电池，其放电电流高达 3 A，电压为 3.2 V，容量为 12 A·h，比能量为 396 W·h/kg，是目前世界上比能量最高的一种电池。电池容量可以由几百 mA·h 做到 20 000 mA·h。

7.6.2 Li－$SOCl_2$ 电池的组成和结构

Li－$SOCl_2$ 电池负极是在充氩气的手套箱中将锂箔压制在拉伸的镍网上制成的。正极活性物质 $SOCl_2$ 溶液加入锂后在氩气中回流，回流时加入亚磷酸三苯酯，与杂质生成高沸点化合物，然后蒸馏提纯除去杂质和水。将正极活性物质和碳、石墨粉和 PTFE 乳状液混合，然后滚压到镍网上，在真空中恒温干燥。

电池为

$$(-)\ Li \mid LiAlCl_4 - SOCl_2 \mid C(+)$$

电解液是 $LiAlCl_4$－$SOCl_2$ 溶液。$SOCl_2$ 既是电解质的溶剂，又是正极活性物质。$LiAlCl_4$ 是将 LiCl 加入到化学计量的 $AlCl_3$ 中或直接从其熔盐中制成，对于激活式 Li－$SOCl_2$ 电池，常用无水 $AlCl_3$ 作为电解质。

隔膜采用非编织的玻璃纤维膜。

电池反应为

$$4Li + 2SOCl_2 \longrightarrow 4LiCl + S + SO_2 \tag{7.11}$$

放电产物 SO_2 部分溶于 $SOCl_2$ 中，S 大量析出，沉积在正极碳黑中，LiCl 是不溶物。

这种电池的负极锂与 $SOCl_2$ 接触时会发生如下反应

$$8Li + 3SOCl_2 \longrightarrow 6LiCl + Li_2S_2O_4 + S_2Cl_2 \tag{7.12}$$

或

$$8Li + 3SOCl_2 \longrightarrow 6LiCl + Li_2SO_3 + 2S \tag{7.13}$$

由于产物 LiCl 形成致密的保护膜，阻碍了反应的继续进行，又由于它还是固体电解质膜允许离子通过,所以不妨碍锂电极的正常阳极溶解。

Li - $SOCl_2$ 电池一般采用金属/玻璃或金属/陶瓷绝缘的全密封结构。

7.6.3 Li - $SOCl_2$ 电池性能

Li - $SOCl_2$ 电池的开路电压为 3.65 V,电池放电电压高且放电曲线平稳。电解液使用 1.8 mol/L $LiAlCl_4$ 的 $SOCl_2$ 溶液。当放电电流密度为 1 mA/cm^2 时,电池电压为 3.3 V,并且在 90%以上电池容量范围内电压保持不变。图 7.13 为 D 型 Li - $SOCl_2$ 电池在 25℃下的低速率放电曲线。

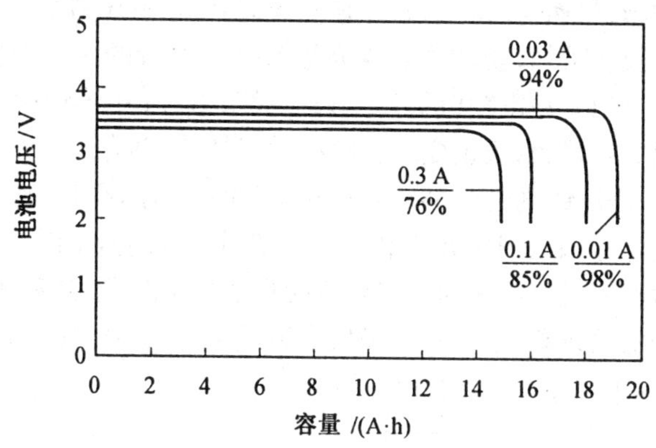

图 7.13 D 型 Li - $SOCl_2$ 电池在 25℃下的低速率放电曲线

Li - $SOCl_2$ 电池具有高比能量和中等比功率。正极采用聚四氟乙烯黏结的多孔碳电极时,电池在室温及中、低等放电率下性能优良。例如,以电流密度 1 mA/cm^2 放电时,其比能量大于 500 W·h/kg;以电流密度 10 mA/cm^2 放电时,其比能量大于 400 W·h/kg;电池能量的 98%都是在 3 V 以上输出的。

Li - $SOCl_2$ 电池工作温度范围宽,可以在 - 50 - + 60℃范围工作。但低温下容量下降较大,在 - 50℃时容量下降了室温的 40% ~ 50%。图 7.14 给出 Li - $SOCl_2$ 电池在不同温度下的电压 - 电流极化曲线,由图可见,低温时放电曲线略有倾斜。

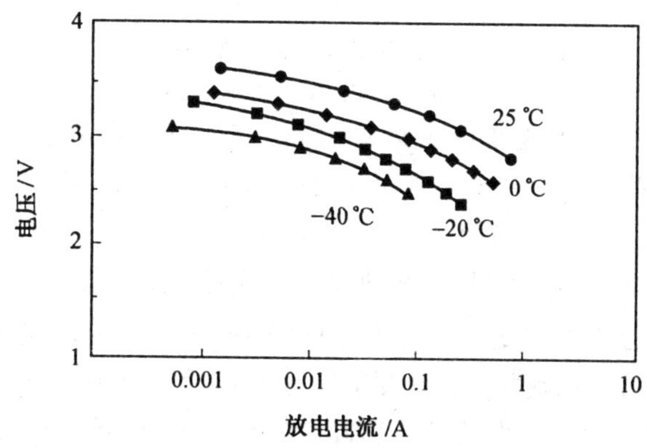

图 7.14 R6Li - $SOCl_2$ 高功率电池的不同温度的极化曲线

Li - $SOCl_2$ 电池成本低。每安时 Li - $SOCl_2$ 电池比碱性锌 - 锰电池的价格便宜 40%。表

7.9 给出一些常用小型电池系列活性物质成本的比较，从表可见，$Li-SOCl_2$ 电池是常用电池中单位瓦时成本最低的。

表 7.9　常用电池系列成本的比较

电　池	$Zn-MnO_2$	$Zn-HgO$	$Zn-Ag_2O$	$Li-SOCl_2$	$Li-SO_2$	$Li/(CF)_n$	$Li-MnO_2$
美分/(A·h)	0.553	9.91	45.5	0.814	1.54	5.49	1.59
美分/(W·h)	0.369	7.34	30.4	0.226	0.527	1.96	0.45

$Li-SOCl_2$ 电池存在两个突出问题，即"电压滞后"和"安全问题"。电压滞后是由于在锂电极表面形成了保护膜，虽然能防止电池自放电，但会导致电压滞后，且放电率大时电压滞后更为明显。从电池反应可知，膜的主要成分是 LiCl 和痕量的 S。当锂与溶剂接触时发生反应，在锂电极表面 LiCl 以互相连接的晶体形式沉淀，形成一层保护膜。膜的晶粒大小，随储存温度及时间的增大而增大，膜也变厚。储存时间越长，储存温度越高，电池的电压滞后也就越明显。图 7.15 表示锂电极在 55℃储存不同时间后，输入阳极脉冲时出现的电压滞后现象。在对储存后的电池输入阳极脉冲电流时，出现电压的缓慢回升，这是由于薄膜下面的锂在输入阳极脉冲时逐步发生溶解而造成该膜缓慢的机械破裂，这种破裂在膜较薄处先行发生。为了防止电压滞后现象发生，可以降低电解质 $LiAlCl_4$ 浓度（1.0 mol/L 和 0.5 mol/L）或改用新的电解质，如 $Li_2B_{10}Cl_{10}$、$Li_2B_{12}Cl_{12}$。

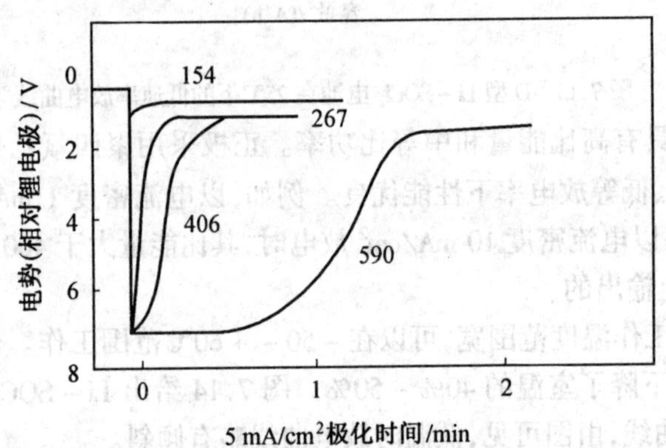

图 7.15　锂电极的电势滞后与储存时间的关系

（图中数字为 55℃储存，时间单位为小时）

$Li-SOCl_2$ 电池放电产物是 LiCl、SO_2 和 S，其中 SO_2、S 主要溶解在电解液中。SO_2 也可由 $SOCl_2$ 缓慢分解产生。当电池短路时，电池温度升高，引发 Li 和 S 的放热反应。

$$2Li + S \longrightarrow Li_2S + 433.0\ kJ/mol \tag{7.14}$$

Li_2S 在 145℃下又可与 $SOCl_2$ 发生剧烈放热反应。这两个反应很可能是在短路条件下爆炸的触发反应。另一个引起爆炸的原因可能是 Li 的欠电压电沉积，即电压不足就发生锂的还原电沉积，形成 LiC 嵌入物，这种嵌入物很可能与 $SOCl_2$ 或放电产物 S 发生剧烈的放热反应，导致热失控引起爆炸。过放电也是引发电池爆炸的又一个因素。在负极限容电池中，当 Li 用完后，正极发生反应

$$2SOCl_2 + 4e^- \longrightarrow SO_2 + S + 4Cl^- \tag{7.15}$$

如果 LiCl 堵塞严重，也可能发生 Li^+ 还原反应

$$Li^+ + e^- \longrightarrow Li \tag{7.16}$$

在正极上沉积的锂形成枝晶,造成短路。Li 与 S 反应,发生爆炸性反应。负极也发生如下反应

$$SOCl_2 \longrightarrow SOCl^+ + \frac{1}{2}Cl_2 + e^- \tag{7.17}$$

放电产物 SO_2 也可在负极发生电化学氧化反应

$$SO_2 \longrightarrow SO^{2+} + O + 2e^- \tag{7.18}$$

或化学反应

$$SO_2 + Cl_2 \longrightarrow SO^{2+} + 2Cl^- + O \tag{7.19}$$

$$Cl_2 + O \longrightarrow Cl_2O \tag{7.20}$$

Cl_2O 是一种十分不稳定的爆炸性物质。

Li - $SOCl_2$ 电池爆炸至今尚没有肯定的说法。防止电池爆炸,只能针对不同情况采取相应措施。

① 采用低压排气阀解决短路情况下的安全问题。

② 采用改进电池设计(C 型电池采取阴极限制,而大容量电池采取阳极限制的措施)和采用新的电解质盐,解决反极情况下的安全问题。

③ 采取全密封来防止部分放电的电池在贮存或暴露于环境中时发生的安全问题。

7.7 Li - I_2 电池

Li - I_2 电池属常温固体电解质电池。它具有可靠性高、寿命长等优点,因而现在多用于心脏起搏器中。

7.7.1 电化学反应生成 LiI 层的固体电解质电池

LiI 是 Li^+ 导电的固体电解质,电导率在室温下达到 10^{-3} S/m 左右,Li - I_2 电池在放电过程中会产生 LiI,而起固体电解质兼隔膜的作用,不必事先预做成管型或塞子式的固体电解质层,因而电池可以做得很薄。由于随着反应的进行而产生 LiI 层,它的电阻比较大,LiI 越多,电阻越高,由于内阻越来越高,电池电压越来越小,而电压逐渐降低通常是一个缺点,但对心脏起搏器而言却是一个优点,因为它可对电池的工作时间起预告的作用。

电池的表示式为

$$(-)\ Li \mid LiI \mid I_2(P2VP)\ (+)$$

这种电池的负极为金属锂,正极由聚二乙烯基吡啶(P2VP)与碘的配合物组成。负极装在中间,两边是正极材料压入金属外壳(如不锈钢),此外壳也是电池正极集流器。

电池反应为

正极反应 $$Li - e^- \longrightarrow Li^+ \tag{7.21}$$

负极反应 $$nI_2(P2VP) + 2e^- \longrightarrow (n-1)I_2(P2VP) + 2I^- \tag{7.22}$$

总反应 $$2Li + nI_2(P2VP) \longrightarrow (n-1)I_2(P2VP) + 2LiI \tag{7.23}$$

这种电池的开路电压为 2.8 V,形成的 LiI 很薄,约为 1 μm,开始有 I_2 与 Li 作用形成 LiI,即发生自放电现象。后来由于 LiI 增厚而减少了 I_2 的扩散,自放电减少,因而储存寿命较长,工

作温度为室温到 40℃之间。低温时,LiI 电导太低,温度更高,自放电严重。

7.7.2 改性 $\beta-Al_2O_3$ 陶瓷隔膜的 $Li-I_2$ 电池

$\beta-Al_2O_3$ 是一种钠离子导体,如果其中的 Na^+ 部分被 Li^+ 置换,可作成 $Li-\beta-Al_2O_3$ 管或 $Li-\beta-Al_2O_3$ 片。用它作隔膜,电阻也很大,因而开路电压虽高(3.6 V),但工作电压对层片式电池而言,在电流密度为 1 $\mu A/cm^2$ 时只有 2.0 V。管式的工作电压可以高一些,视改性陶瓷 Li 含量的不同,工作电压在 100 $\mu A/cm^2$ 时,放电可以在 2.2~3.4 V,这种电池可以表示为

$$(-)\ Li-PC+LiClO_4 \mid \beta-Al_2O_3 \mid PC+LiClO_4-I_2\ (+)$$

即电解质为 $LiClO_4$ 饱和的 PC(碳酸丙烯酯),并含有质量分数为 0.1 的 $(C_4H_9)_4NBF_4$。

7.7.3 无机碘化物 PbI_2 作正极活性物质的 $Li-I_2$ 电池

电池的负极为金属锂,正极为 PbI_2 或 PbI_2 和 PbS 的混合物(质量比 1∶1),电解质兼隔膜为 LiI 与 Al_2O_3 粉末成型的薄片,正极集流极为 Pb,电池可表达为

$$(-)\ Li \mid LiI-Al_2O_3 \mid PbI_2+PbS-Pb\ (+)$$

电池反应

$$2Li+PbI_2 \longrightarrow LiI+Pb \tag{7.24}$$

$$2Li+PbS \longrightarrow Li_2S+Pb \tag{7.25}$$

当以 PbI_2 为正极活性物质时,开路电压为 1.9 V,也可以单独使用 PbS 为正极物质,但此时不宜称为 $Li-I_2$ 电池了。这类电池的特点是高温储存性能好,在 100℃储存一年半,容量无损失。

第 8 章 锂离子电池

8.1 概 述

锂离子电池是指以两种不同的能够可逆地插入及脱出锂离子的嵌锂化合物分别作为电池正极和负极的二次电池体系。该电池体系的研究始于 20 世纪 80 年代,1980 年,M. Armand 等人首先提出用嵌锂化合物来代替二次锂电池中的金属锂负极,并提出“摇椅式电池”(rocking chair battery)的概念。1990 年日本 Sony 公司的 T. Nagaura 等人研制成以石油焦为负极、$LiCoO_2$ 为正极的锂离子二次电池。

$$(-)\ LiC_6 \mid LiClO_4 - PC + EC \mid LiCoO_2(+)$$

正极
$$LiCoO_2 \underset{放电}{\overset{充电}{\rightleftharpoons}} Li_{1-x}CoO_2 + xLi^+ + xe^- \tag{8.1}$$

负极
$$6C + xLi + xe^- \underset{放电}{\overset{充电}{\rightleftharpoons}} Li_xC_6 \tag{8.2}$$

电池反应
$$LiCoO_2 + 6C \underset{放电}{\overset{充电}{\rightleftharpoons}} Li_{1-x}CoO_2 + Li_xC_6 \tag{8.3}$$

该电池体系以嵌锂化合物代替二次锂电池中的锂负极,电池的安全性能大为改善,并且具有良好的循环寿命,同时电池充放电效率也得到提高。锂离子二次电池工作原理如图 8.1 所示。锂离子电池充电时,Li^+ 从正极脱嵌经过电解质嵌入负极,负极处于富锂态,正极处于贫锂态,同时电子的补偿电荷从外电路供给到碳负极,保证负极电荷平衡。放电时则相反,Li^+ 从负极脱嵌,经过电解质嵌入正极,正极处于富锂态。在正常充放电情况下,锂离子在层状结构的碳材料和层状结构氧化物的层间嵌入和脱出,一般只引起层面间距变化,不破坏晶体结构,在充放电过程中,负极材料的化学结构基本不变。因此,从充放电反应的可逆性看,锂离子电池反应是一种理想的可逆反应。

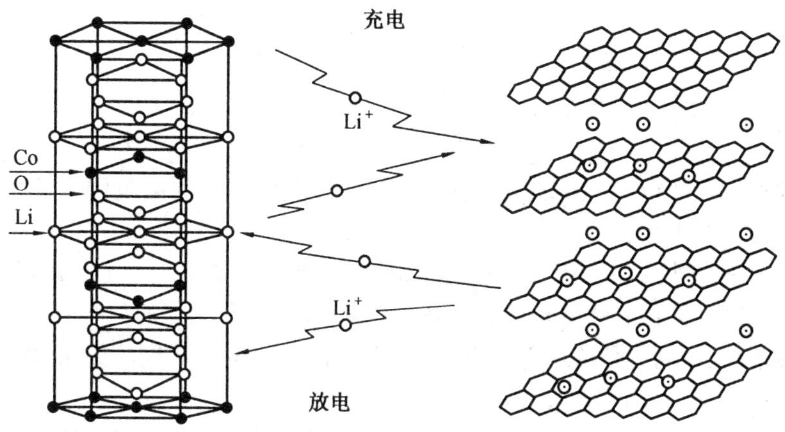

图 8.1 锂离子电池工作原理图

锂离子电池的形状有圆柱形和方形两种，此外还有扣式锂离子电池。现以圆柱形锂离子电池为例说明。图 8.2 为圆柱形锂离子电池的结构示意图。

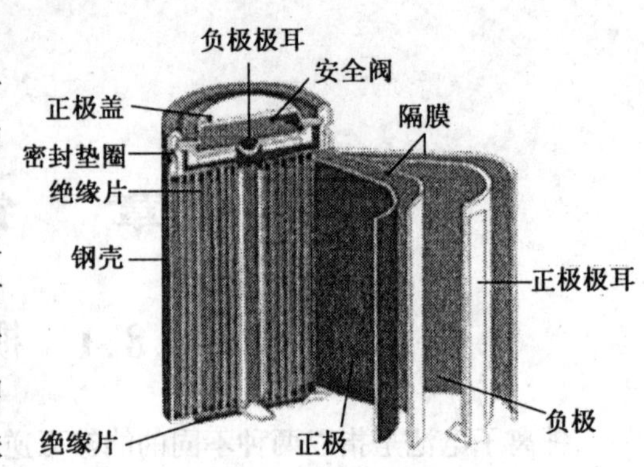

图 8.2　圆柱形锂离子电池的结构示意图

圆柱形锂离子电池的基本结构包括：正极片、负极片、正负极集流体、隔膜、外壳及密封圈、盖板、安全阀等。关于锂离子电池正负极材料、电解液在本章后将详细说明，这里简单介绍隔膜。锂离子电池采用微孔聚丙烯薄膜、特殊处理的低密度聚乙烯膜或 PE－PP－PE 三层复合膜。当电池升温到 120℃时，复合膜两侧的 PE 膜孔闭合，电池内阻增大，电池内部升温减缓，电池升温达到 135℃时，PP 膜孔闭合，电池内部断路，电池不再升温，确保电池安全可靠。

与其他高能二次电池相比，锂离子电池在性能上具有显著的优越性，主要性能状况见表 8.1。

表 8.1　常用二次电池性能对比

技术参数	铅酸电池	Cd－Ni 电池	MH－Ni 电池	锂离子电池	锂聚合物电池
电池电压/V	2.0	1.25	1.25	3.7	3.7
质量比能量/(W·h·kg^{-1})	35	41	50～80	100～140	120～160
体积比能量/(W·h·L^{-1})	80	120	100～200	200～280	250～320
循环寿命/次	300	1 500	500	＞500	＞500
工作温度/℃	－20～60	－40～60	－20～60	－20～60	0～60
记忆效应	无	有	无	无	无
每月自放电/%（室温）	5	20	30	10	＜10
对环境的影响	重金属污染	镉严重污染	重金属污染	无污染	无污染
形状	固定	固定	固定	固定	自由度大

聚合物锂离子电池以其高比能量、长循环寿命、较宽的工作温度范围、高可靠性等特性引起了人们的极大兴趣和关注。

圆柱形锂离子电池的型号用 5 位数表示，前二位数表示直径，后三位数表示高度。如 18650 电池表示直径 18 mm、高度 650 mm 的圆柱形电池。方形电池的型号用 6 位数表示，前二位表示电池厚度，中间二位表示电池宽度，后面二位表示电池高度。如 423041，表示电池厚度 4.2 mm、宽度 30 mm、高度 41 mm。

随着移动电话、便携式电器、通信设备等朝着小型化、轻量化、使用方便方向的发展，二次电池的性能也要求具有高电容量、长寿命、快速充放电等特性来满足要求，因此便形成了电池市场剧烈竞争的格局。锂离子电池以其工作电压高、体积小、质量小、比能量高、无污染、无记忆效应等优点在二次电池市场中独占鳌头。时至今日,二次锂离子电池的研制开发已取得很大的进展。锂离子电池产业化的发展方向是“一大一小”,即一方面朝着手机电池、笔记本电脑电池等小型电池方向发展;另一方面随着人类环保意识的增强,电动交通工具日益引起人们的关注,朝着电动自行车电池、电动摩托车电池、混合动力汽车电池、电动汽车电池等大型电池方向发展,前几年开发的大容量锂离子电池已在电动汽车中开始试用,并将在人造卫星、航空航天和储能方面得到应用。其中聚合物锂离子电池以其更好的安全性得到了广泛的重视。

8.2　锂离子电池的正极材料

8.2.1　层状氧化钴锂和氧化镍锂

层状氧化钴锂和氧化镍锂具有类似 $\alpha-NaFeO_2$ 的空间结构,空间群为 $R3m$,在理想的层状 $LiCoO_2$ 和 $LiNiO_2$ 结构中,Li^+ 和 M^{3+} 各自位于立方密堆积氧层中交替的八面体位置,其空间结构如图 8.3 所示。但实际上由于 Li^+ 和 M^{3+} 离子与氧原子层的作用力不一样,氧原子的分布并不是理想的立方密堆积结构,而是发生了偏离,于是呈现三方对称性。

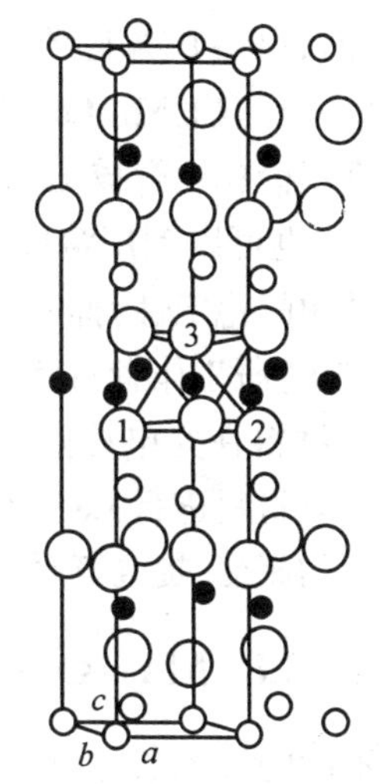

图 8.3　$\alpha-NaFeO_2$ 的空间结构

○—$O^{2-}(6c)$;●—$Fe^{3+}(3b)$;○—$Na^+(3a)$

1. $LiCoO_2$ 正极材料

1980 年,K. Mizushima 等人把 $LiCoO_2$ 作为一种高能量密度的电极材料进行了研究,但由于以 $LiCoO_2$ 正极材料的电池电压为 4.0 V,在当时条件下的电解液不能满足要求,发生分解,使电池的性能非常不稳定。一直到 1987 年,E. Plichita 等人利用甲基甲酸(MF)和甲基乙酸(MA)为溶剂,$LiAsF_6$ 为电解质组成电解液,组成了 $Li/LiAsF_6-MF+MA/LiCoO_2$ 电池体系,使人们看到了 $LiCoO_2$ 作为锂离子电池材料的曙光。1990 年,日本索尼公司采用可以使锂离子嵌入和脱嵌的碳材料作负极、$LiCoO_2$ 作正极材料的电池体系,至此 $LiCoO_2$ 材料实现了实用化。

$LiCoO_2$ 材料中 Li^+ 的扩散系数为 $10^{-9}\sim10^{-7}$ cm^2/s,在充放电的过程中,形成 $Li_{1-x}CoO_2$,在 $x=0.5$ 附近材料的晶体结构也会发生细微变化,由三方对称结构转变为单斜对称结构,当 $x>0.5$ 时,$Li_{1-x}CoO_2$ 在电解液中不稳定,会发生失去氧的反应,部分钴会迁移到锂所在的平面,进而迁移到电解质中,造成钴的损失,并且导致结构不稳定。I. NaKai 等人认为应该保持 $0\leqslant x\leqslant0.5$,如此计算 $LiCoO_2$ 的理论容量为 156 mA·h/g。

$LiCoO_2$ 的制备方法有高温固相合成法、溶胶-凝胶法、沉降法和喷雾干燥法等方法。比较常用的为高温固相合成法。目前对氧化钴锂的研究方向主要是:

① 引入 P、V 或别的非晶物改变其结构,使充放电过程中结构变化的可逆性提高;

② 与锂锰氧化物混合,改善其与导电剂的接触;

③ 引入 Ca^{2+}、H^+ 等，提高其内在的导电性；

④ 增加 Li 的含量来提高容量。

2. Li_xNiO_2 正极材料

Ni 与 Co 的性质相近，价格比钴低。Li_xNiO_2 具有较好的高温稳定性和低自放电率，与多种电解液有良好的相容性等优点，是继 $LiCoO_2$ 后研究较多的层状化合物，其理论质量比容量为 274 mA·h/g，目前的最大容量为 180 mA·h/g，工作电压范围为 2.5 ~ 4.1 V。但其合成条件要求比较严格，合成条件的细微差异，就会造成材料性能的巨大变化。在通常条件下，Ni 很难氧化为 +4 价，在合成的过程中容易生成缺 Li 的氧化镍锂；材料在结构中 Ni 和 Li 呈现无序分布，Ni 和 Li 在晶格中的位置可能发生互换，称为"锂镍混排"，这种现象严重影响材料的电化学性能。在充放电循环过程中，$Li_{1-x}NiO_2$ 材料也会发生三方相到单斜相的转变，当 $x \leq 0.5$ 时，材料基本能够保持结构的稳定性，但当 $x > 0.5$ 时，Ni^{4+} 也会被有机电解质还原，而且被还原的趋势比 Co^{4+} 更大。

利用高温固相法合成 $LiNiO_2$ 材料时，需要在 O_2 气氛下进行，O_2 的存在可以抑制 $LiNiO_2$ 分解。另外，也可以利用溶胶凝胶法、水热法和直接氧化法等方法制备 $LiNiO_2$ 材料。为了提高材料结构的稳定性，抑制循环过程中的容量衰减，人们也对 $LiNiO_2$ 材料进行了改性研究，其中许多科研工作者对 Al 的掺杂进行了研究，Al 的加入使材料的氧化还原电势升高 0.1 V，提高了材料在充电终点的稳定性，同时也降低了电荷传递阻抗，提高了 Li^+ 的扩散系数。也有人对材料进行 Co 掺杂，材料的稳定性也得到了提高。利用氟原子取代部分氧也可以抑制材料的相变，提高其循环性能。

8.2.2 Li - Mn - O 系列锂离子电池正极材料

利用不同的合成条件可以得到一系列的锂锰氧化合物，例如，尖晶石型 $LiMn_2O_4$、层状 $LiMnO_2$、层状 Li_2MnO_3 和正交 $LiMnO_2$ 等。目前研究较多的为尖晶石型 $LiMn_2O_4$，另外受层状 $LiCoO_2$ 和层状 $LiNiO_2$ 材料的启发，人们对层状 $LiMnO_2$ 也有较大的兴趣。

1. 尖晶石型 $LiMn_2O_4$ 正极材料

尖晶石型 $LiMn_2O_4$ 材料为 $m3$ 空间群，$LiMn_2O_4$ 的$[Mn_2]O_4$ 框架对于锂离子的脱出和嵌入是很好的宿主。与层状的 $LiCoO_2$ 和 $LiNiO_2$ 相比，尖晶石型 $LiMn_2O_4$ 材料具有许多独特的优点：

① 原材料丰富。尤其在我国近海存在大量的锰结核矿，为尖晶石型 $LiMn_2O_4$ 材料的制备提供廉价的原材料。

② 合成方法简单。与 $LiCoO_2$ 材料相似，可以直接采用高温固相合成法，其合成过程容易控制，得到的材料性能稳定，这比 $LiNiO_2$ 优越得多，可以很方便地实现商品化。

③ Mn 的毒性较小，对环境的污染小。

尖晶石型 $LiMn_2O_4$ 材料的制备方法对材料的电化学性能有很大的影响，主要是因为合成材料的粒度、形貌、比表面积、结晶性和晶格缺陷等随合成方法的不同有显著差异，而这些性质对材料在充放电过程中 Li^+ 的嵌入和脱出起决定性的作用。因此尖晶石型 $LiMn_2O_4$ 材料的合成方法得到广泛的研究。尖晶石型 $LiMn_2O_4$ 的合成方法很多，例如，高温固相合成法、溶胶 - 凝胶法、Pechini 法、共沉淀法和微波烧结法等。

(1) 高温固相合成法

高温固相合成法是尖晶石型 $LiMn_2O_4$ 材料最常用的制备方法，这里具体是将锂盐与锰盐或锰氧化物按一定比例在高温下煅烧一段时间而成。高温固相合成法的优点是操作简单、易于控制、易于工业化；其缺点是反应需要在高温下才能完成，而且合成反应为纯固相反应，要求反应时间长，能量消耗巨大，在合成的过程中锂盐挥发，造成材料中锂、锰比例不易控制，所得材料颗粒较大，而且大小分布不均。高温固相反应所用的起始原料具有多样性．锂盐可以是 Li_2CO_3、$LiOH \cdot H_2O$、$LiNO_3$、LiI 等；锰的起始原料则包括 MnO、Mn_2O_3、MnO_2(α、β、γ 等晶型)、$MnCO_3$ 等。

最初的高温合成法是在 500～700℃直接连续加热一段时间，结果产物的电化学性能很差。由于高温固相反应中，离子需要经过长程扩散，才能进行反应，未充分混合的原材料在反应时，Li、Mn 局部不均匀，这就要求原材料要充分混合。后来对合成过程进行了改进，在合成过程中加入了多次淬火和研磨的过程，从而大大提高了材料的性能。

如将 Li_2CO_3 和电解 MnO_2(EMD)按 Li∶Mn＝1∶2 的物质的量比进行配比，放入磨罐中，同时加耐磨球和有机分散介质溶液；球磨混合 48 h 后，取出干燥，而后再将混合料放入一特制高温炉中，该炉膛中有一个可以旋转的炉管，粉料放入炉管中，并可向炉管中通入气体；在粉料的合成过程中，炉管一直处于旋转状态，从而使粉料也不停地滚动。混合料在 600℃预烧 5 h，800℃反应 20 h，以合成 $LiMn_2O_4$，经粉碎后得到最终产物。组成电池后，材料的首次放电容量为 114.97 mA·h/g，30 次循环后，放电容量可保持在 100 mA·h/g 以上。

又如将锂盐和锰盐在氧气气氛中球磨 200 h，然后在 700℃下煅烧 3 h 得到 $Li_{1.02}Mn_2O_4$，所得材料具有 136 mA·h/g 的比容量，与理论容量 148 mA·h/g 接近，是一个极有希望的方法。

(2) 微波合成法

微波加热升温快，反应速率快。与常规合成方法相比，在很短的时间内即可完成反应，与常规合成方法相比，相同温度得到的产物粒度较小，颗粒团聚也明显减少，比表面积有很大程度的提高，电性能也相应地有所提高。

如以 Li_2CO_3 和 EMD(电解二氧化锰)为原料，合成了 $Li_xMn_2O_4$。与常规合成方法的相比，相同烧结温度下，利用微波合成法得到的材料相纯度较高。对烧结温度和锂锰配比的研究发现，Li∶Mn＝1.05，在 750℃下烧结得到纯的尖晶石型 $Li_xMn_2O_4$ 材料。

(3) Pechini 法

Pechini 法最初被用于制备钛酸盐和铌酸盐，近来被广泛应用于陶瓷材料的制备。该法是基于某些弱酸能与某些阳离子形成螯合物，而螯合物可与多羟基醇聚合，形成固体聚合物树脂。由于金属离子与有机酸发生化学反应而均匀地分散在聚合物树脂中，故能保证原子水平的混合，在较低温度烧结得到超细氧化物粉末。

如采用硝酸锂、硝酸锰、柠檬酸、乙二酸为原料，首先把柠檬酸和乙二酸按 1∶4 的比例混合(柠檬酸溶于乙二酸，温度为 90℃)，之后把硝酸锂和硝酸锰溶于溶液中，在 140℃下进行反应，一定时间后，180℃下真空蒸发多余的乙二酸，再在高温煅烧。800℃下所得产物颗粒分布均匀，平均颗粒直径为 0.39 μm，比表面积为 5.7 m^2/g，材料的首次放电容量在 130 mA·h/g 以上。该方法需要消耗大量的有机酸和醇，产品的生产成本较高，同时生产步骤也十分复杂，不适合大规模生产。

(4) 溶胶 - 凝胶法(sol - gel 法)

sol - gel 法,最初也是应用于陶瓷的制备,传统的 sol - gel 法是采用金属醇盐水解制得溶胶后,干燥得凝胶,因此,传统的方法成本偏高,工艺操作比固相法复杂。后来材料工作者们相继开发了许多改进"溶胶 - 凝胶"技术,其过程大致可分为四个步骤:溶液的配制、溶胶的形成、溶胶向凝胶的转化、凝胶前驱体的烧结。锂盐和锰盐都应该是可溶性的,所用的螯合剂为有机多元酸,例如,柠檬酸、乙二酸和聚丙烯酸等。

如以乙二酸作配位剂,首先将醋酸锂、醋酸锰、乙二酸分别溶于去离子水,之后混合在 80 ~ 90℃反应,形成金属的有机溶胶,在 90 ~ 100℃下真空干燥,得到干凝胶前驱体,在 300 ~ 800℃下,在空气气氛中煅烧 10 h 得到产物,作者考察了金属离子与有机酸的不同比例对溶胶形成的影响,利用热重分析(TGA)方法对干凝胶的煅烧过程进行考察,分析认为,在干凝胶的处理过程中共有三个失重过程:140 ~ 275℃失水的过程,275 ~ 345℃有机酸和金属的有机酸配合物的分解过程,345 ~ 600℃残存有机物的燃烧过程。在 800℃下得到的产物的首次放电容量为 128 mA·h/g,经过 100 次循环后的比容量仍能够保持 113 mA·h/g。

再如以 PAA(聚丙乙烯)为螯合剂,按 $n(\mathrm{Li}):n(\mathrm{Co}):n(\mathrm{Mn}) = 1:0.1:1.9$ 的摩尔比称取醋酸锂、醋酸钴及醋酸锰溶于水中。利用硝酸来调节 pH 值。加入 PAA,将溶液在 70 ~ 80℃下水浴加热得到前驱体凝胶。在 120℃下干燥 48 h,在一定温度下灼烧,得到 $LiCo_{0.1}Mn_{1.9}O_4$ 黑色超细粉。作者研究了加入 PAA 量以及烧结温度对产物的影响,PAA 量过少,结晶度不高;PAA 量过多,会带来杂相。同时,其还对产物进行较低温度的回火处理,使产物进一步均匀化,提高了产物的综合性能。

又如以醋酸锰、硝酸镍及氢氧化锂为原料,采用 sol - gel 法制得前驱体。在 850℃下灼烧 12 h,然后在 600℃下烧结 24 h,得到最终产物 $LiNi_{0.5}Mn_{1.5}O_4$,与只在 600℃下处理的产物比较,比表面积小,晶粒表面规整。

近几年中,人们对 sol - gel 法制备尖晶石型 $LiMn_2O_4$ 材料进行了许多研究,但研究的并不深入,对溶胶和凝胶的形成步骤尚不能深入了解,因此,利用 sol - gel 法制备材料的过程中要求的条件比较苛刻,离工业化生产尚有很大距离。

(5) 共沉淀法

在很早的时候人们就用共沉淀法来制备金属氧化物,共沉淀法不像 sol - gel 法那样要求苛刻的实验条件,是以可溶性锂盐和锰盐为原料,再用一定的共沉淀剂把金属离子沉淀出来,形成前驱体,对前驱体进行煅烧即得产物。

如以锂、锰的硝酸盐为原料,以草酸四甲铵为沉淀剂,以甲酸为溶剂制得草酸盐沉淀,经煅烧可转化为锂锰复合氧化物,氧化物的形态和晶粒大小由草酸盐前驱体的形态和煅烧温度来决定。把 Li_2CO_3 分散于饱和的 NH_4HCO_3 中,磁力搅拌,加入 $Mn(NO_3)_2$,反应 4 h 后,进行过滤、干燥,得到前驱体,在 650℃下煅烧 36 h 的最终产物,组装成电池后,放电容量达到 120 mA·h/g。

2.层状 $LiMnO_2$ 正极材料

层状 $LiMnO_2$ 的晶体结构为单斜对称,空间群为 $C2/m$,与层状的 $LiCoO_2$ 和 $LiNiO_2$ 相比,对称性稍差,人们认为这主要是因为 Mn^{3+} 的 Jahn - Teller 效应引起晶体结构发生明显的变化。Li^+ 可以完全从 $LiMnO_2$ 中脱嵌出来,可逆容量可达到 270 mA·h/g,但在循环过程中,材料结构不稳定,造成容量衰减,Tozuku 和 R.Jgummow 等人认为在放电的终点,Mn^{3+} 可能迁移到锂层中，造成材料结构的不稳定。

层状 $LiMnO_2$ 正极材料的制备比较困难，1996 年 A. Robert Armstrong 和 Peter G. Bruce 等人首次采用离子交换法合成了纯的层状 $LiMnO_2$，Ag Capitaine 和 P. Gravereau 等人随后也采用离子交换法合成了层状 $LiMnO_2$ 正极材料，他们都是采用层状的 $NaMnO_2$ 为原材料，之后利用 Li^+ 来置换材料中的 Na^+，反应过程都在有机溶剂中进行，从而得到无水纯净的层状 $LiMnO_2$ 正极材料。也可以首先在空气中利用高温固相法合成了层状 $NaMnO_2$，之后以此为原料对离子交换法制备层状 $LiMnO_2$ 材料的条件进行了系统的考察。

另外还可以利用水热合成法和高温固相法合成层状 $LiMnO_2$。

表 8.2 列出了以上三类正极材料的优缺点。

表 8.2　不同正极材料的优缺点

正极材料	优　点	缺　点
钴酸锂 ($LiCoO_2$)	容量较高(140 $mA\cdot h\cdot g^{-1}$) 循环性能好 可大电流充放电	资源有限 价格高
镍酸锂 ($LiNiO_2$)	容量较高(190 $mA\cdot h\cdot g^{-1}$) 价格较低	循环性较差 安全性差 生产控制困难
锰酸锂 ($LiMn_2O_4$)	价格低，资源丰富 大电流充放电性能好 安全性好 环境污染少	容量低(120 $mA\cdot h\cdot g^{-1}$)； 容量衰减快(50～60℃)

由表 8.2 可以看出，以上三种材料各有特点，因此，根据电池要求，选择不同的材料复合，是电池材料的一个重要研究方向。

8.2.3　其他系列正极材料

1. Li－V－O 系列正极材料

钒金属的价格便宜，能形成多种氧化物 VO_2、V_2O_3、V_4O_9 和 V_3O_7 等，而且这些都具有一定的锂离子嵌入和脱嵌的性质，主要形成层状的 $LiVO_2$、$Li_{1+x}V_3O_8$ 和尖晶石型的 $Li_xV_2O_4$。

层状化合物 $LiVO_2$ 与 $LiCoO_2$ 和 $LiNiO_2$ 的结构类似，为 $\alpha-NaFeO_2$ 型扭曲的岩盐层状结构，但 $LiVO_2$ 没有 $LiCoO_2$ 那么稳定，在放电的过程中，$Li_{1-x}VO_2$ 中的 $x=0.3$ 时，钒离子就会发生移动，进入脱嵌留下的锂空位上，形成电化学活性很小的有缺陷的岩盐结构，从而破坏了锂离子扩散用的二维平面，锂离于嵌入时不能再生成原有的层状结构。

1957 年，Wadsely 提出层状化合物 $Li_{1+x}V_3O_8$ 可作为锂蓄电池正极材料。它为单斜对称，空间群为 $P2_1/M$，在锂离子的可逆嵌入脱嵌的过程中，V_3O_8 框架结构不发生变化，Besenhard 等人通过研究发现，层状化合物 $Li_{1+x}V_3O_8$ 具有优良的嵌锂能力，作为电池正极材料具有比容量高、循环寿命长等优点。已经成为极有希望的锂离子电池正极材料。

尖晶石型锂钒氧材料分为正尖晶石型和反尖晶石型两类，反尖晶石型材料需要加入 Ni 和 Co 等元素才能形成，正尖晶石型材料在锂嵌入的过程中结构保持完好，但在锂的脱嵌过

程与锂在层状 $LiVO_2$ 材料中的脱嵌过程相似，钒离子会进入锂层，形成缺陷的岩盐结构。

2.铁系列正极材料

铁系列正极材料主要有层状 $LiFeO_2$、正交 $LiFeO_2$ 和一些铁的盐类，例如，硫酸盐、砷酸盐和磷酸盐等，其中研究较多的是 $LiFePO_4$。层状的 $LiFeO_2$ 和层状的 $LiMnO_2$ 一样合成困难，一般只能通过离子交换法或水热法合成。利用常规的固相反应可以得到正交 $LiFeO_2$，但正交 $LiFeO_2$ 的容量比较低，而且结构不稳定。

其中 $LiFePO_4$ 价格低廉、热稳定性好，而且对环境污染小，是一种极具前途的正极材料，近年来得到了广泛的研究。高温固相合成法以 $Fe(COO)_2 \cdot 2H_2O$、$(NH_4)_2HPO_4$ 和 $LiOH \cdot H_2O$ 为原料，在氩气保护下合成材料。通过对材料的合成温度、材料在放电时的环境温度对材料电化学性能的影响进行了考察。在 675℃时合成的材料的放电容量最大，再升高合成温度材料的容量反而下降，有人认为这是由于在较高的合成温度时材料的结晶度大，颗粒表面相对完整，表面积小，使电解液不能充分与活性物质接触，降低了材料的比容量。

$LiFePO_4$ 的最大缺点是导电性极差。为了提高 $LiFePO_4$ 材料的电子导电性和比表面积，可以对 $LiFePO_4$ 材料进行碳包覆，研究结果发现，碳的包覆一方面使材料的循环容量得到提高，材料的比容量达到 150 mA·h/g，另一方面还可以提高材料的循环性能，循环 100 次后，仍能保持 138 mA·h/g。这是因为 $LiFePO_4$ 中 Li^+ 的扩散系数较小，而且电子导电性低，从而造成了材料的锂离子嵌入、迁出的可逆性差，碳包覆可以弥补这些缺点，改善微粒内层锂离子的嵌入迁出性能。

3.导电聚合物和有机硫化物正极材料

导电聚合物和有机硫化物的理论质量比容量一般都较大，特别是有机硫化物，价格也极低廉，采用有机硫化物作锂离子电池正极材料后，其比容量有望达到 200～450 mA·h/g。

8.3　锂离子电池的负极材料

目前，锂离子电池所采用的负极材料一般都是碳素材料，如石墨、软碳、硬碳等，正在探索的非碳负极材料，如氮化物、锡基合金及氧化物、硅、纳米氧化物等。

8.3.1　碳素材料

碳素负极材料的选取应满足以下要求：

① 锂储存量高；

② 锂在碳中的嵌入－脱嵌反应快，即锂离子在固相内的扩散系数大，在电极/电解液界面的移动阻抗小；

③ 锂离子在电极材料中的存在状态稳定；

④ 在电池的充放电循环中，碳负极材料体积变化小；

⑤ 电子导电性高；

⑥ 碳材料在电解液中不溶解。

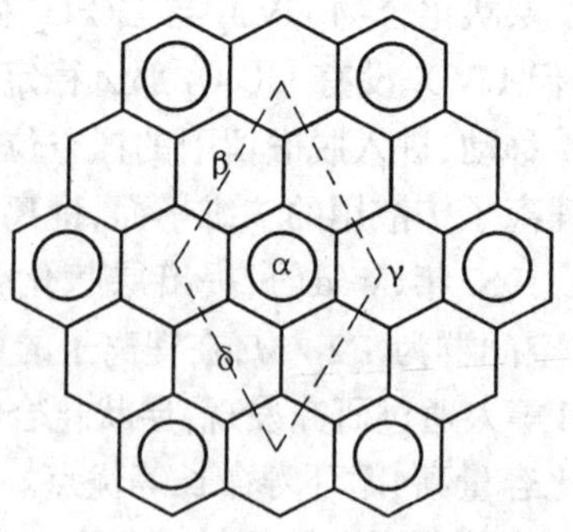

图 8.4　LiC_6 六边形结构示意图

1.石墨类

(1) 石墨

石墨结晶度高，具有良好的层状结构，且比容量高(理论容量为 372 mA·h/g),室温下 Li^+ 在纯石墨中是每六个 C 原子可嵌入一个 Li^+ 离子(图 8.4),理论表达式为 LiC_6,不可逆容量低,首次充放电效率高(大于 80%),电极电势较低,变化较小,且价格低廉。但石墨作负极也存在许多缺点,例如,充放电循环过程中形成固体电解质界面膜(SEI 膜),与溶剂相容性差,不适应大电流充放电等,所以在实际中广泛应用的多是改性石墨。

2.改性石墨类

(1) 机械研磨

机械研磨可改变材料的微观结构、形态及电化学性能,可提高可逆容量,但也同时出现电位滞后和产生较大的不可逆容量,且容量衰减较快,循环性能变差。还可以在六方石墨中引入菱方相,从而降低石墨在电解液中的层剥落。但研磨手段不同,结果也不同,可根据使用目的选用不同的研磨手段和时间。

(2) 表面氧化

有人提出用气相氧化法改性天然石墨,研究发现改性前后,其容量从 251 mA·h/g 增到 350 mA·h/g 以上,同时充放电效率从 65.4%提到 80%以上。还可以分别用 O_2 和 CO_2 对石墨进行表面氧化,其中 CO_2 是弱氧化剂。当温度为 1 000℃采用 CO_2 处理 15 min 和温度为 420℃用 O_2 处理 15 min 的形态都变粗糙,所处理材料的表面积和质量变化小于 1%,首次不可逆容量损失降低,充放电效率增加。但用 O_2 长时间处理(60 h 以上),表面积增加 20%,容量及效率都降低。除了气相氧化法外,还可以用液相氧化法对天然石墨进行改性,所用氧化剂为硫酸铈,处理后材料循环性能明显提高。以浓 HNO_3 和 $(NH_4)_2S_2O_8$ 等强氧化剂对石墨进行液相氧化处理,后用 LiOH 处理,其可逆容量达 37 ~ 430 mA·h/g,首次不可逆容量损失降低。

(3) 形成金属层

有人提出用微粒 Pd 包覆石墨,发现当 Pd 的质量分数小于 10%时,由于 Pd 沉积在石墨边缘表面,抑制溶剂化 Li^+ 的扩散和共嵌,从而降低不可逆容量损失。当 Pd 的质量分数大于 25%时,Li – Pd 合金的生成使不可逆容量损失增加。以相似原理,也可以用 Ni 沉积于石墨表面,当 Ni 的质量分数从 3%增到 10%时,不可逆容量损失下降,当 Ni 的质量分数超过 10%后,效率变化趋于水平,容量却继续减小。有人获得包覆 Sn 的人工石墨,其比容量随 Sn 量增加而线性增加,但首次循环容量损失也随之增加。在人造石墨上化学镀 Cu 后,其可逆容量和库仑效率、大电流性能均得到一定提高。

(4) 形成核——壳结构

用浸渍方法在天然鳞片石墨表面包覆上酚醛树脂,其中酚醛树脂为壳,石墨为核。其可逆容量比石墨低,充放电效率随树脂炭质量分数增加先减后增,最后趋于平衡,且当树脂炭的质量分数为 30%时,性能最佳。环氧树脂也可用来包覆石墨,它改进了电极与电解液的相容性,大大减小了扩散的方向性及颗粒之间的阻挡作用,因而改善了碳阳极的动力学性能,在用高倍率放电时仍有较高的容量。同时发现壳层材料结构随热处理温度升高而导电性能增强,使之嵌锂性能变好。还可以用软碳包覆天然石墨,当包覆的碳增加时,不可逆容量减小,库仑效率增加,且与含 PC 电解液的相容性较好。

(5) 形成金属氧化物层

在石墨外包覆 CuO 有不可逆容量损失,但比纯石墨在循环性能上和比容量上有进一步改进,其中 CuO 可以作为离子传递的催化剂。而用 SnO 包覆天然石墨,其比容量提高,但循环性降低,且 SnO 使不可逆容量损失加大。

(6) 掺杂型石墨

用湿化学还原法将 Ag 分散于石墨中,可使石墨颗粒间的导电性增强,比容量增加 10%,即达到 800 mA·h/g,循环寿命从 200 次增到 4 200 次,且容量保持为最初的 70%以上。将 MCMB 与质量分数为 4% 的 B_2O_3 混合,在 2 800℃中热处理得到掺 B 的 MCMB。除去其 MCMB 的球状结构和低表面积的特征,可使电压升高,但充电容量变低,不可逆容量损失变大。

(7) 其他

将碳纳米管掺入石墨并和石墨形成许多纳米级微孔,可增加嵌 Li 空间,使可逆容量提高到 341.8 mA·h/g。且掺杂的碳纳米管起桥梁作用,可避免"孤岛"的形成,其纳米管为中空式结构,便于 Li^+ 的脱嵌和嵌入,增强材料导电性。将天然石墨以 O_2 在 420℃进行 16 h 氧化后,再进行硅烷化作用,有利于 SEI 膜的形成,改变表面化学性质、表面积和石墨形态,减少了不可逆容量损失。

3.非石墨类

(1) 软碳

软碳主要有针状焦、石油焦、碳纤维、非石墨化中间相碳微球等。其中碳纤维高倍率放电性能好,嵌锂可逆性好,容量较大,制造中直径不好控制;焦炭为无层构造,电压变化较倾斜,首次充放电有 30% ~ 40% 的不可逆容量损失,但无剥落平台。采用热离子体裂解天然气制备的天然气焦炭具有较好的嵌 Li^+ 能力。初次放电容量为 402 mA·h/g,中介相沥青焦炭修饰的焦炭电极,其比容量为 300 ~ 310 mA·h/g。通过热解煤焦油沥青碳发现提取各向异性中间相比直接热解获得的球形颗粒分布均匀,且前者有较高比容量和低的不可逆容量损失。通过热解各向同性沥青制备多环芳族碳氢化合物获得的最高可逆比容量达1 017 mA·h/g,效率为 81.5%,但有滞后现象。

传统的软碳结构模型由 Franklin 提出,此模型以简单易懂的方式描绘结构性质,但却不能准确计算扩散强度(图 8.5)。后由 Hideto Azuma 等提出一种新模型(图 8.6)。

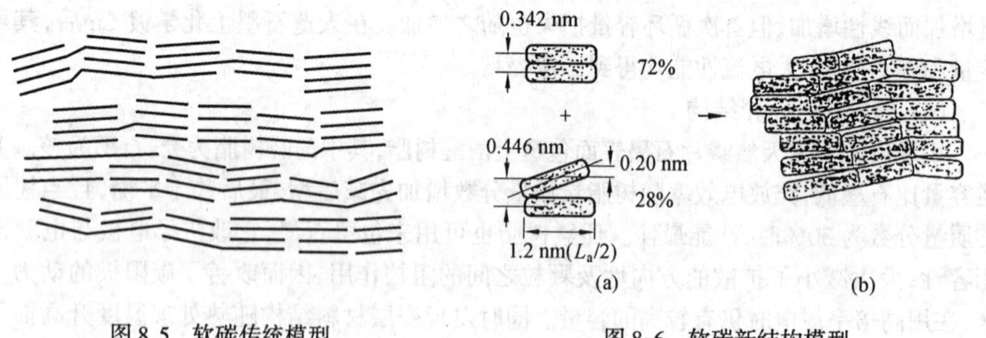

图 8.5　软碳传统模型　　　　图 8.6　软碳新结构模型

(2) 硬碳

硬碳主要有树脂碳、有机聚合物热解碳、炭黑等。

采用低温(＜1 000℃)下裂解酚醛树脂制得硬碳,首次充放电的比容量随热解碳温度增加而减少，存在较大首次不可逆容量和电压滞后。但掺 P 后，可逆容量和充放电效率明显提高，并改善电位滞后。另外，有人分别以聚 4－乙烯吡啶和丙烯腈－苯乙烯共聚物为基体制得裂解碳，其性能均较好。

硬碳的传统结构如图 8.7 所示。Hideto Azuma 等提出如图 8.8 所示的新模型。

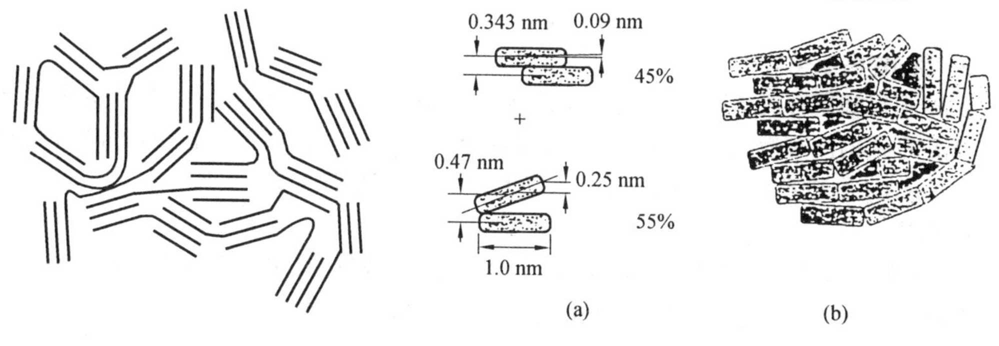

图 8.7　硬碳传统模型

图 8.8　硬碳新结构模型

4. 碳纳米材料

碳纳米材料包括碳基纳米复合材料，在碳材料中形成的纳米孔、洞和纳米碳管，使得 Li^+ 能在这些材料中大量储存。可以用苯、$SiCl_4$ 及 $(CH_3)_2Cl_2Si$ 以化学气相沉积（CVD）方法获得不同 Si 含量的碳硅纳米复合材料，其可逆容量约 500 mA·h/g。将微珠碳在 700℃热处理后比能量高达 750 mA·h/g，其原因就是产生大量纳米级孔。有人曾提出分别以 La_2O_3 为载体的镍基催化剂，甲烷为碳源；以 $LaFeO_3$ 为催化剂，乙炔为碳源；以纳米级铁或氧化铁粉为催化剂，乙烯或乙炔为碳源，CVD 法制备纳米碳管。其中以纳米级铁为催化剂的容量为 640 mAh/g，有较大电压滞后，循环稳定性较差；以氧化铁粉为催化剂的容量为 282 mA·h/g，有电压滞后，循环稳定性较好。

5. 其他

B－C－N 是用化学气相沉积法合成的，有较好的可逆嵌－脱性，但充放电曲线坡度较大，不可逆容量较大。C－Si－O 可逆容量约 770 mA·h/g，随硅和氧含量增大，容量随之上升，不可逆容量随之增大，且伴有电压滞后现象。C－C 可逆容量为 335 mA·h/g，不可逆容量较小（小于 3%），具有良好的耐过充、过放能力，循环寿命长。

8.3.2　锡基负极材料

1. 金属锡电极

其比容量相对碳材料有了很大提高，但首次充放电效率低，且随充放循环的继续，入嵌比容量下降。

2. 锡的氧化物

用低压化学气相沉积法制备的 SnO_2 可逆容量高达 500 mA·h/g 以上，且循环性能较理想。而溶胶－凝胶法仅简单加热制备的 SnO_2 可逆容量也高达 500 mA·h/g 以上，但其循环性能并不理想。氧化锡基材料可逆性与开始原料微粒大小、异原子与 Sn 原子比率、操作电压范围、温度等因素有关。高倍率放电时颗粒小的循环性较好。通过控制 $O_2-(Ar+O_2)$、Sn 片数目来获得 SnO_x。且发现 $SnO_{1.43}$ 可逆容量为 498.33 μA·h/(cm²·μm)，不可逆容量损失最小。由热处理胶体 SnO_2 和蔗糖获得的 SnO_2-C 首次可逆容量为 680 mA·h/g,40 次循环后保持着 83%。向 SnO 中加入 P、Mn 元素,在 700℃下制备出 $SnMn_{0.5}PO_4$,不可逆容量低。有的向 SnO_2 中掺入 Mo,当 Mo/(Mo + Sn)原子比接近 0.2 时,可增加 Li 嵌入和脱嵌的可逆性。向 SnO_2 中掺入摩尔分数为 5%的 Si,可降低表面粗糙度超过 20%,增加可逆容量约 30%。

3.锡的复合氧化物

无定形锡基复合氧化物(TCO),分子式为 SnM_xO_y,M 为玻璃形成剂。在可逆充放电过程中无定形结构没有遭到破坏,有效储锂。其中 $SnB_xP_yO_z$(ATCO)循环性能较 SnO 有明显提高;$Sn_{1-x}Si_xO_2$ 可逆容量可达 900 mA·h/g 以上,不可逆容量降低。

4.锡盐

$SnSO_4$ 最高可逆容量达 600 mA·h/g 以上,循环性能较好,且可大电流充放电。SnAlB 磷酸式复盐的首次充电容量达 1 000 mA·h/g,放电容量却只有 550 mA·h/g。

5.合金

用热溶剂方法制得的 SnSb 有明显的枝晶结构。若预混 MCMB,得到合金颗粒尺寸为 30~90 nm,枝晶结构基本消失。溶剂种类、温度对合金颗粒尺寸的影响较大。在水溶液中以 $NaBH_4$ 为还原剂的方法制成无定形 Sn - Ca 合金。其中 Ca 能承受强拉力,容量为 400 mA·h/g,70 次循环后剩下初始容量的 62%。同理,Ni - Sn 合金循环性好。Cu - Sn 合金,如 $Cu_6Sn_{5+\delta}$($\delta = +1,0,-1$)的理论容量分别为 647、605、551 mA·h/g,循环性比 Sn 好,且 Cu 量越多,Sn 利用率越高。

除上述锡基材料外,还可以将 $SnSb_{0.14}$和 $Li_{2.6}Co_{0.4}N$ 合用,首次循环中可获得近 100%的库仑效率。SnS_2 也可以作锂离子电池负极材料,其中在 400℃经退火的容量超过 600 mA·h/g,未经退火的容量约300 mA·h/g,都存在首次不可逆容量损失。

8.3.3 钛的复合氧化物

$Li_4Ti_5O_{12}$为零应变材料,充放电曲线平坦,放电容量为 150 mA·h/g,具有非常好的耐过充、过放特征,循环寿命长,充放电效率接近 100%。将 $Li_4Ti_5O_{12}$中一部分 Li、Ti 由 M 代替,生成 $Li_{1+x}M_{1-3x}Ti_{1+2x}O_4$,M = Fe、Ni、Cr($x = 0.30$),改善了充放电循环性能。而 $Li_2Ti_3O_7$ 为拉锰矿结构,在 1 V 下理论容量为 240 mA·h/g,具有高的可逆性,循环性好,体积变化小。$K_{0.02}Al_{0.04}Ti_{7.96}O_{16}$为类锰钡矿结构,具有好的循环性,可逆容量为 205 mA·h/g。

8.3.4 过渡金属氮化物

1.反萤石结构

Li_7MnN_4 与 Li_3FeN_2 均为反萤石结构,Li_7MnN_4 具有一定程度的导电性,容量为 200 mA·h/g,且 20 次循环后未见衰减,无电压滞后。而 Li_3FeN_2 导电性好于 Li_7MnN_4,容量约 150 mA·h/g,充放电曲线非常平坦,循环中容量有明显衰减,无电位滞后。

2.Li_3N 型结构

$Li_{3-x}Co_xN$,容量约 900 mA·h/g,放电电势为 1 V,但由于材料稳定性问题,至今尚未实用。

8.3.5 其他负极材料

1.单质

用 Bi 作负极材料,$3Li + Bi \rightleftharpoons Li_3Bi$,无不可逆反应,但由于体积膨胀造成大的容量损失。对 Al 的研究发现,Al_4Li_9 容量为 2 234 mA·h/g,LiAl 容量为 993 mA·h/g,同样有大的容量损失和循环性差的问题。无定形硅前三次循环容量为 1 000 mA·h/g,但几次循环后出现严重的容量衰减。但纳米硅(SiNPs)的性能有明显提高,工作电压较平稳,首次容量为 2 900 mA·h/g,第十次循环可逆容量为 1 700 mA·h/g。将充放电电流增大 8 倍,循环性能基本不受影响。

2.合金

用机械合金(MA)法合成 $Mg_{2.0}Ge$,发现机械合金化 25 h 后,结晶度为 90%,首次容量为 320 mA·h/g。机械合金化 100 h 后结晶度近似为 0,首次容量为 25 mA·h/g,但循环性好。Mg_2Si 作负极容量约 1 370 mA·h/g,电压曲线平坦,但由于大的体积变化,可导致电极的脱落。$Mg_{75}N_{25}$在室温下与 Li 反应,循环性较 Mg 大大改善。通过真空熔炼法制备的 $Zn_4Sb_3-C_7$,首次容量为 581 mA·h/g,10 次循环后的容量为 402 mA·h/g。经 50 h 磨的 SiAg 电极,显示好的循环性和较小的容量损失,超过 50 次循环可逆容量为 280 mA·h/g。$CoFe_3Sb_{12}$首次可逆容量为 490 mA·h/g,在 10 次循环后可逆容量高于 240 mA·h/g。用真空悬浮熔炼与高能球磨制 MSb_2(M－Co 和 Fe)型合金粉末,研究发现在 20 mA/g 电流密度下的首次嵌锂反应的可逆容量为 430 mA·h/g,电流密度为 100 mA/g 下,$CoSb_2$ 与 $FeSb_2$ 首次嵌锂反应的可逆容量分别为 380、340 mA·h/g。

3.金属复合氧化物

对 $Na_2O \cdot 1.5Fe_2O_3$ 的研究发现,其具有较大的嵌锂容量,在充放电过程中结构稳定,嵌锂电势较低,具有良好的循环性能。$FeBO_3$ 为方解石结构,Fe_3BO_6 为硅镁矿结构,其中 Fe_3BO_6 在容量和稳定性上比 $FeBO_3$ 好。尤其用 5 nm 的 Fe_2O_3 作为前驱体制得 Fe_3BO_6 有更大的可逆容量 700 mA·h/g,但滞后现象增加,循环性较差。晶体 $Pb_3(PO_4)_2$ 和无定形 $Pb_3P_2O_8$ 都能在 0~1.4 V 可逆嵌－脱 Li,其中无定形的有更大的充放电容量和更好的循环性能,其首次容量为 568 mA·h/g,但存在较大的不可逆容量。

4.其他

对 Si－O 包覆石墨－硅进行研究表明,NH_4OH 为催化剂的比 HCl 为催化剂的有更好的电化学循环性,且前者可逆容量为 500 mA·h/g,但 30 次循环后下降到 200 mA·h/g。Li_ySiTON作负极材料,其容量衰减缓慢(每次循环衰减 0.001%),其中 $Li_ySiSn_{0.87}O_{1.20}N_{1.72}$的容量为 780 mA·h/g,但有电压滞后现象。用球磨技术制备的 Al－SiC,其中体积分数为 20% SiC 的 Al 电极的充放电容量分别为 783 mA·h/g 和 703 mA·h/g,充放电曲线电压平坦,且低于0.5 V,其循环性能较 Al 强。$Cu_{0.5+\alpha}In_{2.5-3\alpha}Sn_{2\alpha}S_4$ 也是较有前途的锂离子电池负极材料。

8.4 锂离子电池的电解液

锂离子电池采用的电解液是在有机溶剂中溶有电解质锂盐的离子型导体。电解液是锂离子电池的重要组成部分,对电池的性能有很大的影响。电解液在电池的内部正、负极之间担负传递电荷的作用,要求电导率高,溶液欧姆电压降小,对固体电解质要求具有离子导电性,而不具有电子导电性。电解液化学性质必须稳定,使储存期间电解液与活性物质界面间的电化学反应速率小,这样电池的自放电容量损失就小。因此,作为实用锂离子电池的有机电解液体系应该具备以下性能:

① 离子电导率高,一般应达到 $10^{-3} \sim 2 \times 10^{-3}$ S/cm,锂离子迁移数接近于 1;

② 电化学稳定的电势范围宽,必须有 0~5 V 的电化学稳定窗口;

③ 热稳定性好,使用温度范围宽;

④ 化学性能稳定,与电池内集流体和活性物质不发生化学反应;

⑤ 安全低毒,无环境污染,最好能够生物降解。

8.4.1 有机溶剂

锂离子电池用有机溶剂应为不与锂反应的非质子溶剂,为了保证锂盐的溶解和离子传导,要求溶剂有足够大的极性。用于锂离子电池基础研究的有机溶剂种类很多,这些溶剂都具有一定的亲质子特性,可以有效地配合 Li^+,对锂盐具有一定的溶解性。常用的有机溶剂有环状碳酸酯,如碳酸乙烯酯(Ethylene Carbonate,EC)、碳酸丙烯酯(Propylene Carbonate,PC);链状碳酸酯,如二甲基碳酸酯(Dimethyl Carbonate,DMC)、二乙基碳酸酯(Diethyl Carbonate,DEC)、碳酸甲乙酯(Ethyl Methyl Carbonate,EMC)等。

溶剂是电解液的主体成分,溶剂的许多性能参数与电解液的性能密切相关。溶剂的黏度、介电常数、熔点、沸点、闪燃点以及氧化还原电势等因素对电池的使用温度、电解质盐的溶解度、电极电化学性能和电池安全性能都有重要影响。溶剂通常应具备以下几个要求:

① 锂盐在其中的溶解度大,缔合度小;

② 液态温度范围宽,至少在 -40~70℃间保持液态;

③ 形成的锂盐电解液在较宽的温度范围内电导率高,尤其具有较高的 Li^+ 电导率;

④ 化学稳定性好;

⑤ 电化学稳定性好,氧化还原电位差最好大于 4.5 V;

⑥ 安全性好,无闪燃点或闪燃点高;

⑦ 无污染或环境污染小。一些常用有机溶剂的物理化学参数如表 8.3。

由表 8.3 可以看出,没有一种溶剂可同时满足优良电解液的多种要求,因此使用混合溶剂,实现扬长避短是优化电解液体系的重要途径。选择混合溶剂的基本出发点是借助不同的溶剂体系,解决电解液中制约电极性能的两对矛盾,一是在首次充电过程中,保证负极在较高的电极电势下建立 SEI 膜,阻止溶剂共插与降低电解液活性,增大电极循环寿命和保证电池安全性之间的矛盾;二是降低体系黏度、增大 Li^+ 迁移速率与保证溶剂较高的介电常数、削弱阴阳离子间相互作用,以利提高电解液中导电离子的浓度。通常所使用的二元溶剂体系一般是由环状碳酸酯和链状碳酸酯组成的。

表 8.3　一些常用有机溶剂的物理化学参数

溶　剂 Solvents	熔点/℃	沸点/℃	介电常数	黏度/ $[10^{-2}(Pa \cdot s)]$	偶极距/μm	施主数 DN	受主数 AN	电导率/ $(mS \cdot cm^{-1})$
碳酸乙烯酯(EC)	37	238	89.6	1.85	4.8	16.4	—	13.1
碳酸丙烯酯(PC)	-49	241	64.4	2.53	5.21	15.1	18.9	—
二甲基碳酸酯(DMC)	3	90	3.12	0.59	—	8.7	3.6	2.0
二乙基碳酸酯(DEC)	-43	127	2.82	0.75	—	8.0	2.6	0.6
γ-丁内酯(γ-BL)	-43	202	39.1	1.75	4.12	18	-	14.3
甲乙基碳酸酯(EMC)	-55	108	2.4	0.65	—	—	—	1.1
乙酸乙酯(EA)	-84	102	6.02	0.46	—	—	—	—
乙酸甲酯(MA)	-98	58	6.7	0.37	4.34	—	16.5	3.6
丙酸甲酯(MP)	-88	79	6.2	0.43	—	—	—	1.9
丁烯碳酸(BC)	-53	240	53	3.2	—	—	—	7.5

8.4.2　电解质盐

作为锂离子电池的电解质盐应具备以下要求：

① 化学稳定性和电化学稳定性好，不与电极活性物质、集流体发生化学反应；

② 电解质盐在有机溶剂中具有较高的溶解度，以保证足够的电导率；

③ 良好的热稳定性，几种电解质盐的热稳定性顺序为 $LiCF_3SO_3 > Li(CH_3SO_2)_2N > LiAsF_6 > LiBF_4 > LiPF_6$。到目前为止，锂离子电池使用的电解质盐有很多种，在诸多的锂盐中，$LiClO_4$是一种强氧化剂，在实验电池中一直被广泛应用，但在工业上为电池安全着想，已从根本上被排除；$LiAsF_6$ 价格昂贵，且有毒性，$LiBF_4$ 对电池循环寿命不利，两者均不宜采用；惟独 $LiPF_6$ 成为最常用的导电盐，含有 $LiPF_6$ 的有机电解液，显示出良好的电导率、电化学稳定性和不促进铝腐蚀(铝作为正极集流体的材料)，但其价格较贵，抗热和抗水解性能不够理想。替代 $LiPF_6$ 极受限制，从循环和稳定出发，$LiCF_3SO_3$ 和 $Li(CH_3SO_2)_2N$ 等亚胺锂很有吸引力，$LiPF_6$ 和 $Li(CH_3SO_2)_2N$ 的电导率相当，并高于 $LiCF_3SO_3$。但是含 $LiCF_3SO_3$ 和 $Li(CH_3SO_2)_2N$ 的电解液腐蚀铝，对铝电极表面钝化差。因此，这类盐不能用于以铝作为阴极集流体的锂离子电池，并且 $Li(CH_3SO_2)_2N$ 价格高，尚未实现实用化。

8.4.3　电导率

电导率是衡量有机电解液性能的一个重要参数，它决定了电池的内阻和倍率特性。锂离子电池用电解液的电导率一般只有 0.01～0.1 S/cm，是水溶液的 1/100。因此，锂离子电池在大电流放电时,来不及从电解液中补充 Li^+,会发生电压下降(IR 降)。从理论上讲,锂盐在电解液中离解成自由离子的数目越多,迁移越快,电导率就越高。影响锂离子电池有机电解液电导率的因素有很多,如溶剂的介电常数、黏度、锂盐浓度、锂盐的阴离子半径、温度等。

1.溶剂对电导率的影响

从溶剂角度讲,影响电解液电导率的主要因素有溶剂的比介电常数 ε_r 和黏度 η。溶剂中阳离子 $z_i e$ 与阴离子 $z_j e$ 之间的距离为 d 时,两电荷间的相互作用力按库仑法则为

$$f=\frac{z_i z_j e^2}{\varepsilon_r d^2} \tag{8.4}$$

式中 f——电荷间作用力;

d——阴、阳离子间距离;

$z_i e$——阳离子电荷;

$z_j e$——阴离子电荷。

式(8.4)表明,溶剂的介电常数越大,锂离子与阴离子间的静电作用力越弱,锂盐就越容易离解,自由离子的数目就越多。以 $\varepsilon_r=20$ 为界,一般认为,$\varepsilon_r<20$,则离子解离变得困难。

溶剂的黏度主要影响自由离子的迁移率 μ_i。在高介电常数的溶剂中,离子溶剂化半径(Stokes 半径)是决定离子迁移率大小的主要因素。Stokes 公式描述了迁移率与黏度之间的关系。Stokes 方程式为

$$\mu_i=\frac{|z_i|e}{6\pi\eta r_i}=\frac{\lambda_i}{|z_i|N_A e} \tag{8.5}$$

式中 η——溶液的黏度;

r_i——i 离子的溶剂化半径;

λ_i——摩尔电导率。

从式(8.5)可以看出迁移率与黏度成反比关系。黏度越大,迁移率越小,电导率越小;反之则相反。由于介电常数与溶解度和电离度有关,而黏度又与离子迁移速度有关,因此我们常用 ε_r/η_0 的比值作为有机溶剂的一个重要性质,η_0 表示无限稀释时溶剂的黏度。这个比值越大,电导率越高。

2.电解质盐对电导率的影响

电解质盐在溶剂中的溶解和电离对电解液的电导率有重要影响。锂盐(LiX)在溶剂(S)中溶解过程的 Born - Harber 循环如图 8.9 所示。如果认为Ⅲ过程溶解的锂盐完全电离,电离过程的相反过程(离子缔合)可以表示成式

$$Li^+(s)+X^-(s)\rightleftharpoons LiX(s) \tag{8.6}$$

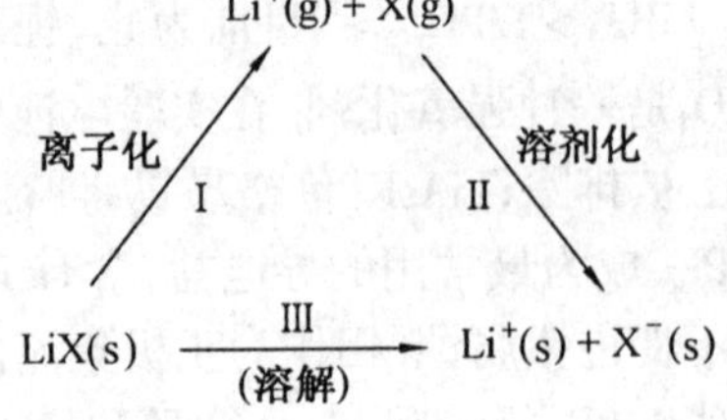

图 8.9 锂盐溶解的 Born - Harber 循环

缔合过程减少了参与导电的离子数,导致电解液体系电导率的降低。当有对电导率无贡献的离子对(离子缔合)存在时,缔合常数 K_B 可用 Bjerrum 式表示为

$$K_B = 4\pi N_A\int_a^q r^2\exp(2q/r)\mathrm{d}r \tag{8.7}$$

式中 $q=\dfrac{|z_i z_j|e}{2\varepsilon_r kT}$;

a——阴、阳离子靠近时两半径之和；

r——Bjerrum 临界距离。

锂离子溶剂化作用与离子间缔合作用的竞争，使得任一锂盐电解质在一种溶剂中都存在一个对应电导率最大值的最佳浓度。随着电解质锂盐浓度的增加，离子的迁移率一般是下降的。开始时，电解液中由于随着浓度增加自由移动的离子增多占主导因素，导致电导率增大；当浓度增加到一定程度时，离子迁移率的降低就成为主要因素。因此，许多电解液电导率 - 浓度曲线呈抛物线形。

电解质锂盐阴离子的体积大小也影响着电解液的电导率，一方面，阴离子体积越大，电荷分布越分散，阴阳离子间缔合程度越小；另一方面，阴离子体积越大，阴离子自身迁移率越小，电解液总体电导率会有所降低。而小体积阴离子的锂盐电解质一方面由于在有机溶剂中溶解度不大，同时又由于在电场作用下阴阳离子迅速反向移动导致较高的浓差过电势，无法用于 Li^+ 电池。

3. 温度对电导率的影响

温度对电导率的影响对于锂离子电池非常重要，Vogel - Tamma - Fulcher(VTF)方程描述了温度与电导率的关系。Vogel - Tamma - Fulcher(VTF)方程式为

$$K = AT^n \exp\left[-\frac{E_a}{R(T-T_0)}\right] \tag{8.8}$$

式中　A、E_a、T_0——固定参量；

T_0——溶液的玻璃化转变温度；

E_a——活化能；

R——气体常数；

n——变量，通常 $n = \pm 1/2, 1$ 或 0。

当 $n = 0$ 时，方程简化为阿累尼乌斯(Arrhenius)方程。从式(8.8)可以看出，温度与电导率是成正比关系温度降低，电导率下降的速度很快。表 8.4 列出了常用 EC 基与 PC 基电解液的电导率(-60℃ ~ 25℃)。

表 8.4　不同温度下 EC 基与 PC 基电解液的电导率

c(电解质)/($mol \cdot L^{-1}$)	溶剂体系	电导率/($mS \cdot cm^{-1}$)				
		-60℃	-40℃	-20℃	0℃	RT
$LiPF_6$(1.0)	EC - DMC (30:70)	-	Fr	1.90	7.10	12.2
$MLiPF_6$(1.0)	EC - DEC (30:70)	Fr	0.66	1.90	4.00	7.50
$MLiPF_6$(1.0)	EC - DEC - DMC (1:1:1)	0.02	1.01	2.90	5.60	9.70
$MLiPF_6$(0.5)	PC - DEC (25:75)	0.28	0.97	2.10	3.70	5.70
$MLiPF_6$(1.0)	PC - DEC (50:50)	0.05	0.40	1.66	3.60	6.60
$MLiPF_6$(0.5)	PC/DME (50:50)	0.67	2.30	4.60	7.60	12.5

8.4.4 电解液的低温性能

锂离子电池的性能受温度影响很大,一般,当温度降至 - 10℃后,锂离子电池的放电容量和工作电压都会降低。目前商业化锂离子电池的使用温度范围在 - 20 ~ 60℃。而随着科技的不断发展与进步,对锂离子电池的低温性能提出了一定的要求:锂离子电池以 0.2C_s(C_s 指电池的额定容量)充电结束后,将电池放入(- 20 ± 2)℃的低温箱中恒温 16 ~ 24 h,然后以0.2C_s放电至终止电压,放电时间应不低于 3 h,电池的外观无变形、无爆裂。影响锂离子电池低温性能的因素有很多,如电解液的电导率、电池设计、电极厚度、隔膜的润湿性和孔隙率等对其均有影响。在这些参数中,影响最大的就是电解液的性质。较高的电导率是实现锂离子电池良好低温性能的必要条件。

由于电解液的性质对锂离子电池的低温性能影响很大,所以从目前的研究来看,改善锂离子电池低温性能的方法主要集中在电解液的优化上,包括溶剂的优化和电解质盐的优化。对于溶剂优化,可以采用熔点低、介电常数高、施主数大、氧化还原稳定性好的有机溶剂作为共溶剂,降低电解液的熔点和低温黏度,从而可以改善锂离子电池的低温性能。常用的共溶剂有线性碳酸酯如 EMC(甲基乙基碳酸酯)、DEC(二乙基碳酸酯)和一些有机酯如 EA(乙酸乙酯)、MA(乙酸甲酯)、EP(丙酸乙酯)、EB(丁酸乙酯)等。线性碳酸酯可以降低电解液体系的黏度,并且对聚烯烃隔膜有很好的渗透能力。在 EC/DMC 中添加共溶剂 DEC,形成 1 mol/L $LiPF_6$ 中 EC - DMC - DEC(1∶1∶1)(质量比)的电解液体系。在这一电解液体系中,EC 具有较好的配位能力和高介电常数;DMC 可以减小体系黏度;DEC 用来降低体系的熔点。因此,电解液体系在 - 20℃时,表现出了良好的低温性能:改善了低温电导率(- 40℃,1 mS/cm);低温的放电性能得到改善;室温时倍率特性和循环性能良好;稳定性好、自放电小。而对于电解质盐的优化方面,有报道用 $LiBF_4$ 代替 $LiPF_6$,尽管 $LiBF_4$ 基电解液与相应的 $LiPF_6$ 基电解液相比,离子电导率降低,但是却可以改善锂离子电池的低温性能。尤其在 - 30℃时,1 mol/L $LiBF_4$PC - EC - EMC(1∶1∶3)(质量比)有高达 86% 的容量保持能力(相对于 20℃的容量),而使用 $LiPF_6$ 则只有 72%。而且在 - 30℃时 $LiBF_4$ 基电解液极化较小。通过阻抗研究表明,$LiBF_4$ 减小了电荷传递电阻。因此可以推测,使用 $LiBF_4$ 基电解液可使锂离子电池的工作温度达到 - 40 ~ - 60℃。

8.4.5 电解液的热稳定性

$LiPF_6$ 作为电解质盐广泛用于锂离子电池电解液中,$LiPF_6$ 的热稳定性是容量衰减和高温(大于 60℃)储存寿命下降的一个重要原因。影响 $LiPF_6$ 基电解液热稳定性因素有两个:

(1) $LiPF_6$ 的热稳定性

$LiPF_6$ 在 200℃左右会发生热分解生成 LiF 和 PF_5,但是当有 EC 和 DMC 存在时,$LiPF_6$ 的分解温度会下降到 85℃,并形成不溶物沉淀 LiF,碳酸酯基聚合,伴随着气体(CO_2)生成,同时电解液颜色发生改变,变成褐色。CO_2 在阴极还原生成草酸根、甲酸根、碳酸根和 CO。

(2) 分解产物 PF_5 的反应

分解产物 PF_5 是一个很强的路易斯酸(Lewis Acid),使电解液溶剂催化降解(分解或聚合),其次 PF_5 也是一个很强的氟化剂,可以和很多有机溶剂反应,PF_5 可以很容易水解生成 HF,HF 是引起锂离子电池正极材料(尤其是尖晶石 $LiMn_2O_4$)溶解的主要原因。因此,许多研究者尝试寻找新的锂盐代替 $LiPF_6$。有研究表明，PF_5 同电解液溶剂的反应是影响锂离子电池电解液热稳定性的重要因素。因此，如果可以使 PF_5 钝化，那么就可以提高电解液的热稳定性。如金属锂和醇锂（LiOR）可以抑制 PF_5 的活性。

8.4.6　电解液添加剂

在锂离子电池有机电解液中添加少量的某些物质，就能显著改善电池的某些性能如电解液的电导率、电池的循环效率和可逆容量等，这些物质称之为添加剂。添加剂具有“用量小、见效快”的特点，在基本不增加电池成本的基础上，就能显著改善电池的某些性能，而且操作简单，添加剂可直接加入基本电解液中。因此，电解液添加剂是近年来改善锂离子电池性能方法的一个重要研究方向。

1. 提高电解液电导率添加剂

对提高电解液导电能力的添加剂的研究主要着眼于提高导电锂盐的溶解、电离和防止溶剂共插对电极的破坏。NH_3 和一些低相对分子质量胺类化合物、冠醚类和穴状化合物，这些物质能够和锂离子发生较强的配位作用或螯合作用，从而促进了锂盐的溶解和电离，提高电解液的电导率。但 NH_3 和低相对分子质量胺类添加剂在电极充电过程中，往往伴随着配体的共插，对电极破坏很大；而冠醚化合物价格昂贵并有毒性，限制了在实用化锂离子电池中的应用。有人合成了一系列氟代硼基化合物，它们与锂盐阴离子（如 F^-、PF_6^- 等）形成配合物，从而提高锂盐在有机溶剂中的溶解度和电导率。

2. 改善电池安全性的添加剂

（1）过充电保护添加剂

当锂离子电池过充时，由于电池电压随极化增大而迅速上升，将引发正极活性物质结构的不可逆变化以及电解液的氧化分解，进而产生大量的气体，并放出大量的热，致使电池内压和温度急剧上升，难免存在燃烧、爆炸等不安全隐患。同时，处于过充状态的碳负极表面也会因金属锂的沉积而降低安全性。通过添加剂来实现电池的过充电保护，对于简化电池制造工艺，降低电池生产成本具有重要的意义。烷基苯（tert - alkylenzene）及其衍生物与联苯（biphenyl）及其衍生物、烷基联苯（alkylbiphenyl）和环己基苯（cyclohexylbenzene）、一种特殊结构的化合物（分子式如式（8.9）所示，注意 X 与 Y 不能同时为 CO）等均可用作过充电保护添加剂。这些添加剂在电池工作超过一定电压时发生聚合，聚合产物附着在电池电极表面增大电池内阻，从而限制充电电流保护电池。

R¹ R⁵ R² X R⁶ R³ Y R⁷ R⁴ R⁸　　(8.9)

式中　X——O、S、CO 或 SO_2；

Y——单键、CH_2、$CH_2—CH_2$、CH═CH 或 CO；

R^1 ~ R^8——H 原子、烷基、苯基或者卤素。

（2）阻燃剂

锂离子电池所用的有机电解液都是极易燃烧的物质，当电池过热或过充电状态下，都可能引起电解液的燃烧甚至爆炸,在有机电解液中加入一定量的阻燃剂是改善电池安全性的一个重要途径。阻燃剂多是一些含磷的化合物,以 TMP(磷酸三甲酯)为例来阐述含磷阻燃剂的阻燃机理。

$$\text{TMP(l)} \longrightarrow \text{TMP(g)} \tag{8.10}$$

$$\text{TMP(g)} \longrightarrow [\text{P}]\cdot \tag{8.11}$$

$$[\text{P}]\cdot + \text{H}\cdot \longrightarrow [\text{P}]\text{H} \tag{8.12}$$

$$\text{RH} \longrightarrow \text{R}\cdot + \text{H}\cdot \tag{8.13}$$

$$\text{H}\cdot + \text{O}_2 \longrightarrow \text{HO}\cdot + \text{O}\cdot \tag{8.14}$$

$$\text{HO}\cdot + \text{H}_2 \longrightarrow \text{H}\cdot + \text{H}_2\text{O} \tag{8.15}$$

$$\text{O}\cdot + \text{H}_2 \longrightarrow \text{HO}\cdot + \text{H}\cdot \tag{8.16}$$

首先,需要弄清楚式(8.13)反应产物自由基(碳酸酯溶剂受热分解产物)是燃烧反应的主要动因。H·与 O_2(电解液或正极热分解产物)反应生成 HO·(式 8.14),HO·与氢气(电解液或杂质水的还原分解产物)反应生成更多的 H·,使燃烧反应继续进行。但是加入 TMP 后,TMP 受热由液相转化为气相(式 8.10),气相 TMP 分解成含磷自由基[P]·(式 8.11),含磷自由基与氢自由基反应生成[P]H,这样由于氢自由基减少可以抑制燃烧反应。

(3) 抑制气体生成添加剂

锂离子电池在充放电过程中,由于溶剂、电解质锂盐、杂质的还原分解会产生气体,电池在过充时也会产生气体,这样电池内压就会上升,存在着安全问题。气相色谱分析结果显示,锂离子电池在反复的充放电循环过程中生成的气体有 CO_2、CO、O_2、CH_4、C_2H_4、C_2H_6、C_3H_6 和 C_3H_8。最主要的气体产物是 CO_2,是由于正极活性物质分解和痕量杂质的反应生成的。碳氢化合物(CH_4、C_2H_4、C_2H_6、C_3H_6、C_3H_8)和 CO 是 EC、DEC 和 DMC 有机溶剂的分解产物。随着循环的进行,气体的含量会增加。在电解液中加入一些添加剂(如炔衍生物(alkyne derivative)、硅树脂(silicone oil)、Li_2CO_3、磺酸基化合物(sulfonic compound)、氟化芳香族化合物(fluorinated aronatic)、三联苯(*o* - terphenyl)等可抑制气体的生成。以 Li_2CO_3 为例,加入 0.5 mol/L Li_2CO_3 后没有检测到 C_2H_6,这是由于 DMC 的还原分解得到了抑制;而且气体的总含量较少,电池的性能也得到提高。

8.5 聚合物锂离子电池

以聚合物膜电解质代替液体电解质来制造的塑料锂离子(PLI)电池是锂离子电池的一个重大进步。其主要优点是高能量与长寿命相结合,具有高的可靠性和加工性,可以做成全塑料结构。因此,自 PLI 电池问世以来就强烈吸引着电池生产者,因为它的价格较低,更易于装配,没有自由液体意味着可以采用轻的塑料包装,而不用像传统锂离子电池那样需要用金属外壳,另外,聚合物膜电解质可以与塑料电极叠合,使 PLI 电池可以制成任意形状和大小,从应用观点来看,出路更加宽广。

目前,PLI 电池的开发与研究主要集中在于以下几个方面:

① 聚合物电解质膜的合成与表征；

② PLI 电池的结构研究，如聚合膜电解质膜与塑料电极膜全面的接触。

③ 新型 PLI 电池的研制。

8.5.1 聚合物电解质膜

作为实用的聚合物电解质隔膜，必须满足以下必要条件：

① 具有高的离子电导率，以降低电池内阻；

② 锂离子的迁移数应基本不变，以降低浓度极化；

③ 具有可忽略的电子导电性，以保证电极间没有电子传导；

④ 对电极材料有高的化学和电化学稳定性；

⑤ 低廉的价格，合适的化学组成，保证对环境的相容性。

早在 1975 年，Feullade 和 Perche 就制成了 PAN 和 PMMA 基离子导电膜，但把这种聚合物中含有胶体溶液的膜用在电池领域中却是最近几年的事。Abraham 及合作者、Halpert 及合作者、Tarascon 及合作者、Scrosati 等对这类膜的各种制备过程进行了详细的研究。

目前开发出的聚合物电解质主要有：PEO 基、PMMA 基、PAN 基、PVDF 基、PVC 基聚合物。在这几类聚合物基础上形成的共聚物制成的电解质膜文献报道较多，是 PLi 电池研究的一个热点，如 P(VDF－HFP)、P(AN－co－MMA－co－ST)，P(VC－co－VAC)等。其他一些聚合物电解质也在研究中。

上述高相对分子质量的长聚合物链上都存在着 Li^+ 的配位原子，例如，氧、氯、氟等，锂盐($LiClO_4$、$LiAsF_6$、$LiPF_6$、，$LiBF_4$、$LiCF_3SO_2$、$LiN(CF_3SO_2)_2$)存在于聚合物电解质中时，由于高分子链围绕 Li^+ 折叠而使 Li^+ 与阴离子分开，对于聚合物电解质，比较公认的概念是聚合物笼中捕捉了电解质溶液，即在聚合物网络中存在有机电解质。这类膜的实验室合成包括锂盐和所选聚合物在适当的溶剂或混合溶剂中溶解，两种溶液在一定温度下混合搅拌均匀，形成一定黏度的胶状物，再在玻璃板之间缓慢冷却得一定形状和厚度的膜。这种方法很容易使用适当的压膜机推广到工业生产中。

以 PMMA 基聚合物电解质膜的合成来说，先将锂盐和 PMMA 在 EC－PC 混合溶剂中于 40～50℃下溶解，两种溶液混合后再在 70～80℃下搅拌形成满意的胶体。最后，倒在两个玻璃片之间形成透明的柔韧又有弹性的固体膜。

聚合物电解质膜的表示方法一般为

锂盐－溶剂或混合溶剂－起固定作用的聚合物

例如，$LiClO_4$－EC－PC－PMMA 膜表示 $LiClO_4$ 溶解于 EC－PC 混合溶剂中并被固定于 PMMA 基体中。典型的比例为 4.5:46.5:19:30。

意大利罗马 La Sapienza 大学化学系在聚合物电解质膜的研究方面做了大量工作，他们开发了 ALPE(advanced lithium polymer electrolyte)、LIMEs(lithium ion Membrane Electrolytes)和 PVDF 基膜。ALPE 膜的合成是在液态 Poly(ethylene glycol－dimethylether)中溶解，然后向该溶液中加入陶瓷填充物 $\gamma-LiAlO_2$，不断搅拌使之均匀，将高相对分子质量 PEO 添加到该混合

物中，并缓慢加热到120～130℃。该混合物保持这个温度并继续搅拌直到它具有非常黏的外观。这个黏性溶液倒入两个玻璃片之间，并缓慢冷却到室温获得200～300 μm的固态膜。这取决于两个玻璃片的间距，改变PEO－PEGDME的相互的含量，可以制成各种ALPE样品。在某些情况下改变增塑剂(DMC、DEC、EC或PC)，可以导致膜中无定形分数的增加。典型的ALPE膜，$LiN(CF_3SO_2)_2$－PEGDME－PEO－EC(质量分数为10%的γ－$LiAlO_2$)，比例为6.6∶56.0∶18.7∶18.7。LIMEs膜的合成包括锂盐$LiN(SO_2CF_3)_2$在EC－DME混合溶剂中溶解，在PMMA基体中固定。最好的LIMEs的组成摩尔比是$LiN(SO_2CF_3)_2$∶EC∶DME∶PMMA为5∶50∶20∶25。合成过程与前述一般PMMA膜的合成非常相似，给出稳定膜的厚度在50～100 μm之间。PVDF基膜的合成是在PVDF中加入$LiN(SO_2CF_3)_2$后于EC－DBP混合溶剂中所制的胶体合成的。首先把DBP与PVDF混合获得均匀的浆糊，一部分EC添加到浆糊中直到全部溶解。$LiN(SO_2CF_3)_2$溶入剩余的EC后，两种溶液混合并加热到60～70℃，所得溶液倒在玻璃片上形成需要的膜，其物质的量比为$LiN(SO_2CF_3)_2$∶EC∶DBF∶PVDF＝3.5∶36.5∶30∶30。

美国Bellcore实验室在聚合物电解质膜的合成方面也取得显著成就。他们用PVDF和HFP(hexafluoropropylene)的共聚物获得PLI膜。这种膜先是在不加锂盐的情况下制得的，电解质膜然后与电极膜叠压在一起，最后整个电池片放入适当的锂盐溶液(如$LiPF_6$－EC∶DME(2∶1))进行充放电活化。HFP组分的作用是降低PVDF的高结晶度，从而增加其在液体电解质中的膨胀。在适当组成条件下，PVDF－HFP膜可吸收电解质使体积增大到固态的200%，仍保持良好的机械性能。而实际上，光添加HFP仍不能保证维持高电导率所需的膨胀度。这个目的是依靠向电解质膜中添加增塑剂或高分散填充物引起进一步的形变来实现的。PVDF－HFP共聚物是由无定形态和结晶相混合而组成的，无定形区应保持大量的液体，以保证高电导率和在结晶区提供加工过程的机械强度。

因此，如何调整无定形态与结晶态的比例，保证聚合物既有高的电导率、又有良好的机械强度是合成聚合物电解质膜的一个重要课题。衡量两者权重的一个重要参数是玻璃化转变温度T_g，高聚合物结晶程度越高，T_g越高。T_g的测量是通过差热分析法测定的。

表征聚合物电解质膜的主要参数有离子电导率、电化学稳定窗口、锂离子迁移数等。

聚合物电解质的一个首要性质就是快的离子传递，通常情况下，任何给定样品的初步测试就是电导率测量。这种测量一般是通过夹在两个惰性电极(通常是不锈钢)之间聚合物样品的阻抗响应来实现的。测试结果通常用电导率的阿累尼乌斯图($\lg\sigma-\frac{1}{T}$图)来报导。目前比较理想的聚合物膜电解质的电导率室温下都在10^{-3} S/cm量级，实验室可以达到10^{-2} S/cm数量级，接近于液体电解质的电导率。

电化学稳定性窗口测定是对给定电解质相对于常用锂离子电池高电势阴极材料适应性进行评价的重要测试。习惯上，稳定性范围是用在一个插入式电极上进行线性电势扫描来测定的。下面对Li|聚合物电解质膜|Li电池结构进行CVA测试。

锂离子迁移数的测定是用以下公式来计算的。

$$t_{Li}\approx\frac{\sigma_{Li}}{\sigma_{total}}=\frac{R_{total}}{R_{Li}} \tag{8.17}$$

$$R_{Li}=\frac{U_{steady-state}}{I_{applied}} \tag{8.18}$$

式中　$I_{applied}$——四探针电池中工作电极与辅助电极之间的恒定的极化电流；

$U_{steady-state}$——稳态下的槽电压，可以认为在稳态条件下，通过电池内部传递的只有锂离子，电子和其他离子可以看作是绝缘的；

R_{total}——从四电极中参比电极与另一电极之间电解质阻抗测量获得的。

8.5.2　塑料锂离子电池

目前所说的塑料锂离子电池是指采用离子导电的聚合物作为电解质的电池，其中的聚合物可以是“干态”的，也可以是“胶态”的。这种电池由正极集流体、正极膜、聚合物电解质膜、负极膜、负极集流体紧压复合而成。由于电解质膜是固态的，不存在漏液问题，在电池设计上自由度较大，可根据需要实施串联、并联或采用双极结构。

锂离子电池的生产工艺基本上有两种：一是将锂盐直接加入聚合物溶液中一次成膜，再与塑料电极叠压。这种工艺对生产设备和环境条件要求苛刻，需要在制浆开始就严格控制湿度；二是首先制备聚合物隔膜，与塑料电极复合后，经抽提增塑剂再浸电解液活化后装配电池。

这种工艺生产全塑电池必须满足两个重要条件：

① 塑料电极膜的制造必须兼有柔韧、高容量、与集流体良好的黏结性和低的电子阻力；

② 电极与电解质膜组分之间良好的相容性。

前者保证了高功率密度放电，后者则保证长寿命、高容量输出。两者同时兼备是不易实现的，特别是第二条要求更具挑战性。实际上，在许多工业实验室都可以制造出机械性能好、高容量的电极膜，但这类电极与电解质在“真正的”固态电池结构中有令人满意的层间接触则不容易实现，特别是在负极，碳电极一侧。

如一个典型的碳电极的组成为石墨(质量分数为93%的 Lonza KS44)、质量分数为5%的 Teflon 、质量分数为2%的 PMMA。在液体电解质中(1 mol/L $LiClO_4$，EC∶DEC－2∶1)第一次充放电循环可逆容量为370 mA·h/g，但同样电极与 PMMA 基电解质膜接触时，其循环容量却降低很多。

为了恢复电极的容量，就要求改变相界面，以促进电极与电解质之间锂离子传递的电极过程动力学。这个“活化”过程可以用以下过程实现：

① 在相间用几滴与组成电解质膜同样的电解液进行润湿，容量和寿命明显改善；

② 在电池组成时膜中加入增塑剂叠压，然后用适当溶剂溶去增塑剂，最后再添加液体电解质。经过上述处理后，电池结构已不能严格限定在全固态，而是既实现了电极与电解质膜的完全紧密接触，又具备了与液体电解质相类似的作用。

以 Bellcore 实验室为例，其聚合物锂离子电池已经实用化。它是由共聚物电解质膜、塑料 $LiMn_2O_4$ 阴极和碳阳极组成的。他们生产的塑料锂离子电池兼有液态和聚合物电解质电池的优点，是采用方法②来对电池进行处理的。PLI 电池生产基本阶段是：首先，两个电极膜中间隔有带增塑剂的电解质膜叠压在一起。然后,增塑剂用有机溶剂去除,电池装入一个铝包中,干燥(减压升温),放入锂盐溶液中进行活化。电池的热封是电池装配的关键。这个过程保证了良好的相间接触,从而导致了低的嵌入阻力,同时也保证了高速率和长寿命。从目前的报导来看,在室温下以 1*C* 放电循环次数在 1 500 次以后容量仍保持初始容量的 80%。比能量为 130 W·h/kg 和 300 W·h/L,而且必须与液体电解质所用金属壳不同,用叠压方式生产的电池装在塑料壳中,可以装配成任意尺寸和形状。

8.5.3 新型 PLI 电池

1. TiS_2 为阳极的 PLI 电池

以焦炭作电极材料,从价格和装配的观点来看是合适的,但可能带来在充放电循环期间电压偏离等问题。浓度位的变化(即锂嵌入量的下降)导致锂离子化学位的变化。LiC_6 就是一种要经历这类 Li^+ 与主体结构之间嵌入相关的变化。因此,需要选择一种嵌入-脱出循环期间能量变化较小的电极材料。一个可能的例子是 Li_xTiS_2,当 Li^+ 在 Ti-S-Ti 层间嵌入的量 x 从 0 到 1 变化时,由于自由能变化有限,电势的变化只有 0.7 V,因此,用 TiS_2 代替焦炭可以限制电压偏离"摇椅式"电池的电压范围。将 TiS_2 薄膜压在镍或铝薄膜集流体上作为电池负极,代替通常使用的碳电极。这种电极厚约 5 μm,电解质是 PAN 或 PMMA 基聚合物膜;正极是锂金属氧化物材料($LiCoO_2$、$LiNiO_2$、$LiMn_2O_4$)制成类似塑料膜的形式,即把所选锂金属氧化物、PVC 和乙炔黑在四氢呋喃中于玻璃基体上以质量分数比为 75:20:5 混合。这三种粉末在加入 THF 前先小心地混合,为了避免聚集和不连续成膜,混合物首先机械搅拌 30 min,然后超声波搅拌 10 min。最后溶剂完全蒸发,膜很容易从玻璃基体上剥下来。用这种方法可制成厚度为 50~100 μm 的膜。

TiS_2-LiMO(锂金属氧化物)PLI 电池被装配成叠压薄膜的形式(300 μm 厚,1 cm^2 表面积)。为了防止由于循环期间不可逆相变引起的失败,负极的面积远大于锂金属氧化物正极。

一个 PLI 电池的例子是

$$LiS_2 | LiClO_4 - EC - PC - PAN | LiCoO_2$$

这个电池如果在放电态装配,室温下开路电压为 0.3 V。充电后,电池电压为 2.1 V。电池放电终止电压到 0.5 V。

循环过程为

$$TiS_2 + LiCoO_2 \underset{放电}{\overset{充电}{\rightleftharpoons}} Li_xTiS_2 + Li_{1-x}CoO_2 \qquad (8.19)$$

这里 $0 < x < 1$。

其他类型的 PLI 电池为

$$TiS_2 | LiAsF_6 - EC - DMC - PMMA | LiNiO_2$$

$$TiS_2 | LiAsF_6 - EC - DMC - PMMA | LiMn_2O_4$$

相应的充放电反应是

$$TiS_2 + LiNiO_2 \underset{放电}{\overset{充电}{\rightleftharpoons}} Li_xTiS_2 + Li_{1-x}NiO_2 \qquad (8.20)$$

$$TiS_2 + LiMn_2O_4 \underset{放电}{\overset{充电}{\rightleftharpoons}} Li_xTiS_2 + Li_{1-x}Mn_2O_4 \tag{8.21}$$

这里同样 $0 < x < 1$。

充放电平台电位对应性为 $x = 0$,1.5 V;$x = 1$,2.1 V。

2. Dion 塑料电池

目前"常用"锂离子电池的一个缺点是正极材料的选择受到限制,目前只有 $LiCoO_2$、$LiNiO_2$ 和 $LiMn_2O_4$ 三种可供选择。其原因是这些金属氧化物具有独特的在高电压下释放锂离子的能力,在高能量水平进行电化学过程是最合适的。但是,这些材料具有价格贵($LiCoO_2$)、放电速率温度依赖性强($LiMn_2O_4$)和合成过程困难($LiNiO_2$)等缺点。

因此,新型锂离子电池结构的研究为正极材料提供更宽的选择性,必然引起人们的重视。一个可能的选择是使用廉价的一族阴极材料,例如,杂环(heterocyclic)聚合物家族,如聚吡咯(polypyrrole PPY)、聚噻吩(polythiophene, PTH)及其衍生物,都被用来制造锂离子电池。这种电池通过在放电态装配时,由碳阳极(如石墨阳极)、一个锂离子传递电解质膜和聚合物膜阴极(PPY 阴极$(C_4H_3N)_x$)组成,可表示为

$$C \mid LiClO_4 - EC - PC - PMMA \mid (C_4H_3N)_x$$

PPY 膜电极可以通过电化学沉积法在金属(如不锈钢)网基体上以锂为辅助电极,用含有 pyrrole 的合适电解液($LiClO_4$, EC - DMC(2:1))来合成。PPY 电极和石墨电极须进行电化学清洗,并在装配前与锂电极循环几次。C - PPY 样品电池可以在手套箱中用 PPY 膜、碳电极膜、电解质膜叠压而成。

C - PPY 电池的单电极反应如下。

对于石墨负极来说,充放电过程包括在 0.7 ~ 0.05 V(vs. Li^+/Li)锂离子嵌入 - 脱出,即

$$6C + xLi^+ + xe^- \underset{脱出}{\overset{嵌入}{\rightleftharpoons}} Li_xC_6 \tag{8.22}$$

对于正极来说,在 2.5 ~ 3.5 V(vs. Li^+/Li)之间 $LiClO_4$ 与多于 3 个的 PPY 基团进行掺杂和反掺杂,即

$$x(C_4H_3N)_3 + xClO_4^- \underset{反掺杂}{\overset{掺杂}{\rightleftharpoons}} [(C_4H_3H^+)_3(ClO_4^-)]_x + xe^- \tag{8.23}$$

所以,C - PPY 电池在 3 V 左右完成以下过程

$$6C + x(C_4H_3N)_3 + xLiClO_4 \underset{放电}{\overset{充电}{\rightleftharpoons}} Li_xC_6 + [(C_4H_3H^+)_3(ClO_4^-)]_x \tag{8.24}$$

在充电时 Li^+ 阳离子嵌入石墨结构而 ClO_4^- 阴离子进入 PPY 结构,放电时进行相反的过程。所以,这种电池也称为双离子插入式电池。

8.6 锂离子电池的制造

锂离子电池的生产包括极片制造、电芯制作、电池装配、注液、化成、分选等工序,工艺流程图如图 8.10 所示。

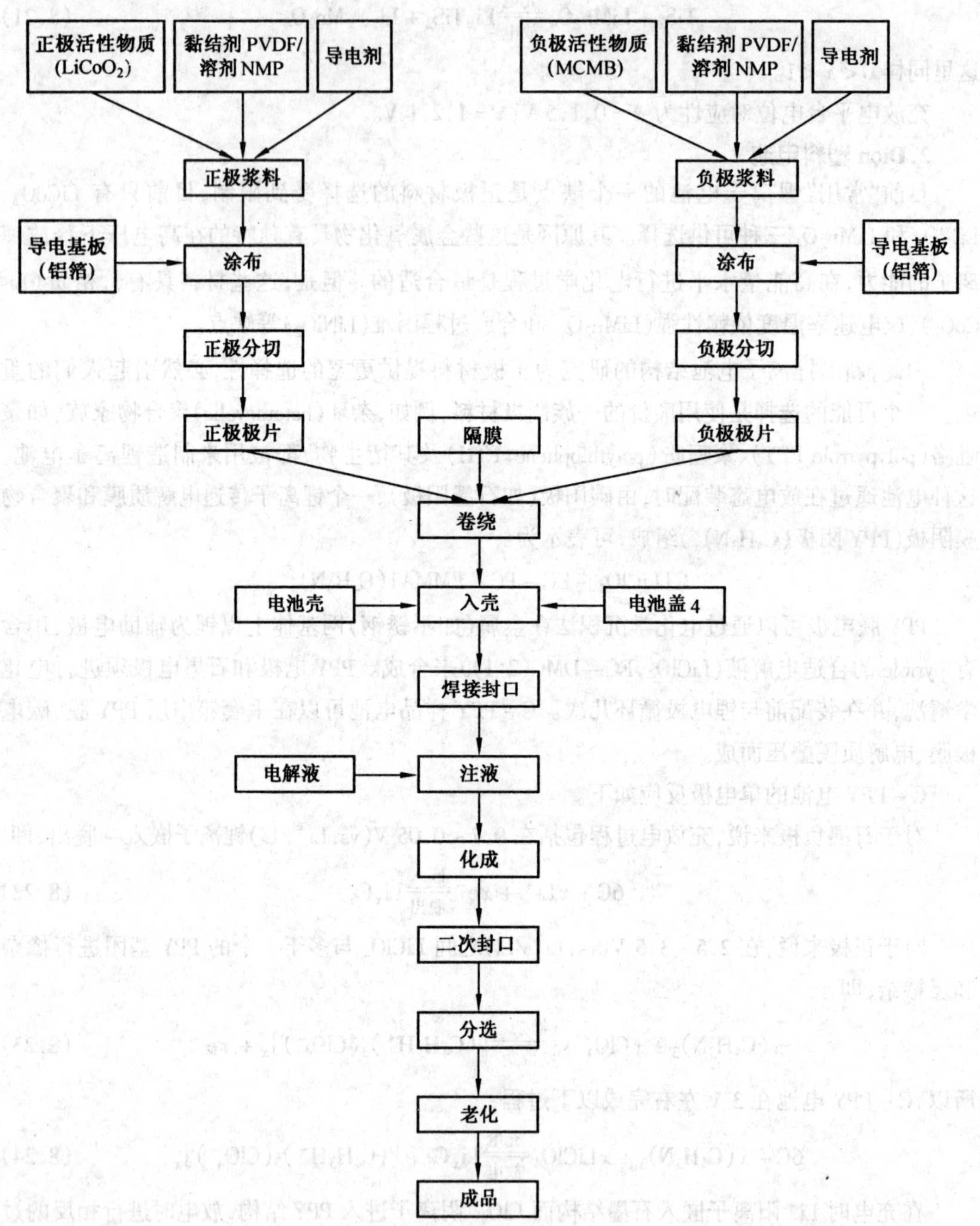

图 8.10　锂离子电池生产工艺流程图

8.6.1　极片制造

极片制造包括和膏、涂布、分切等工序。

和膏过程是将活性物质、黏结剂、导电剂和溶剂均匀混合的过程。正极活性物质目前常用的是 $LiCoO_2$，有时使用 $LiNiO_2$ 和 $LiMn_2O_4$。

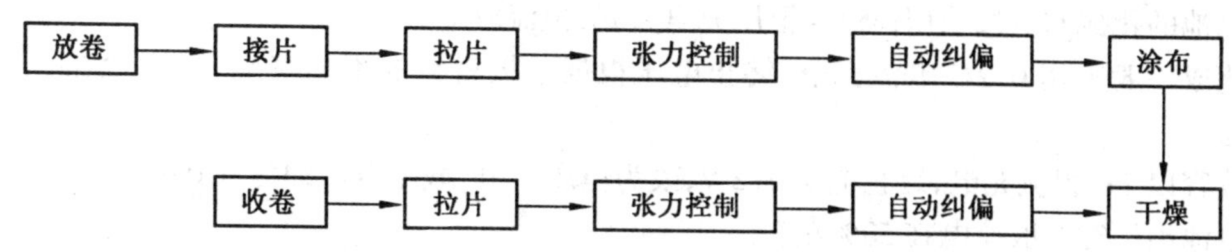

图8.11　锂离子电池极片涂布流程图

正极和膏一般采用有机溶剂体系，黏结剂为聚偏氟乙烯(PVdF)，导电剂为乙炔黑、超级炭黑等，溶剂一般选用 N－甲基吡咯烷酮(NMP)，在搅拌机中按一定配方混成一定黏度的浆料。

和膏过程为：先配制一定质量分数的PVDF溶液(一般为10%～12%)，然后加入导电剂和活性物质，在搅拌机中充分混合均匀。

负极和膏分有机溶剂和水溶液体系两种：有机溶剂体系黏结剂为PVdF，导电剂为乙炔黑等，溶剂为NMP；水溶液体系黏结剂为丁苯橡胶(SBR)和多元聚丙烯酸酯类聚合物，溶剂为纯净水，搅拌方式与正极相同。

和膏浆料的均匀性是影响电池质量的关键因素。

涂布过程是将浆料涂覆到集流体上的过程，正极涂布到铝箔上，负极涂布在铜箔上，铝箔和铜箔的厚度为10～20 μm。

极片涂布的一般工艺过程如下：涂布基片(金属箔)由放卷装置放出进入涂布机，基片的首尾在接片台上连接成连续带后，由拉片装置送入张力调整装置和自动纠偏装置，经过调整片路张力和片路位置后进入涂布装置。极片浆料在涂布装置按预定涂布量和空白长度分段进行涂布。在双面涂布时，自动跟踪正面涂布和空白长度进行涂布。涂布后的湿极片送入干燥道进行干燥，干燥温度根据涂布厚度和涂布速度设定。干燥后的极片经张力调整和自动纠偏后进行收卷，供下一步工序加工。

极片分切是将涂布后的极片按电池的型号分切成需要的宽度，并切成单片的极片。将正负极片按质量进行配组，提供给下一步电芯卷绕工序。如果使用全自动卷绕机，则不必分切成单片极片。

8.6.2　电池的装配

电池的装配包括极耳焊接、电芯卷绕、电芯入壳、扣盖和封口焊接等工序。

极耳焊接为正极焊接铝极耳和负极焊接镍极耳。

卷绕电芯是将正极、隔膜、负极卷绕为方形或圆柱形的柱体。在一些高容量电池和聚合物电池中有时也会采用叠片式结构。

卷好的电芯入壳，极耳与上盖焊接，整形扣盖，用激光焊机将壳盖焊在一起。

8.6.3　电池成品

电池成品工序包括注液、化成、分容(成品电池按容量大小分类)、检测、包装等工序。

注液采用真空注液方式。电解液为有机电解质，无机盐以 $LiPF_6$ 为主，有机溶剂主要包括碳酸乙烯酯(EC)、碳酸二乙酯(DEC)、碳酸甲乙酯(DEC)和碳酸二甲酯(DMC)。另外有时根据需要添加少量功能添加剂。

电池的化成和分选采用恒流－恒压充电方式，恒流放电。

化成一般采用 0.2C 电流充电，终止电压根据电极材料的不同来确定，一般在 3.9 ~ 4.1 V。

分容以 1C 恒流充电，终止电压 4.2 V，改为恒压充电，截至电流约为 0.05C。

电池出厂时一般荷电在 50%左右。

8.7 聚合物锂离子电池的制造

聚合物锂离子电池的制造包括聚合物电解质膜的制备、聚合物电极的制备、单体极组的制备、增塑剂的萃取抽提、电池组装、封装、注液活化、化成、分容等主要步骤。

8.7.1 聚合物电解质膜的制备

聚合物锂离子电池的关键技术是制备满足性能要求的聚合物电解质膜，性能优良的聚合物电解质隔膜不仅要有高的离子电导率，还要有合适的机械强度、柔韧性、孔结构和化学稳定性等。无论是将聚合物溶入有机电解质中形成凝胶，还是将适宜的有机电解质加入聚合物骨架网络中，聚合物与导电离子和增塑剂之间的相互作用决定了胶态聚合物电解质的物理化学性质。影响因素主要决定于聚合物基质骨架材料、溶剂、增塑剂的结构、种类和性质。

Bellcore 方法合成聚合物电解质膜是将有机电解质加入聚合物骨架结构中。聚合物基质骨架材料为聚偏氟乙烯－六氟丙烯[P(VDF－HFP)]，商品名的代号为 Kyner2801，产地为法国。溶剂为丙酮，分散剂为气相 SiO_2，增塑剂为邻苯二甲酸二丁酯(DBP)，制备工艺流程如下：

分散剂先分散于有机溶剂中(最好使用超声波增加溶解度)，再将聚合物溶于有机溶剂，配制成 180 ~ 240 g/L 的高分子溶液，增塑剂与聚合物的比例按 1:1 加入，用增力搅拌器搅拌 2 h(转速 > 5 000 r/min)，得到具有一定黏度、无色透明的溶液，将此溶液涂布于塑料聚酯膜上，通过控制刮刀的宽度可控制膜的厚度，在烘箱中 80 ~ 100℃烘干 20 min 左右，将膜揭下即可。

所得聚合物电解质膜的抗拉强度不小于 100 kg/cm^2，孔隙率大于 40%。

目前用于实验室成膜的工艺主要有以下三种。

(1) 流延法

先将匀浆后的浆液铺展在平滑光洁的传送带上，用一个可调的刀口狭缝来控制膜的厚度，经过烘道烘干后再将膜揭起。这是一个可以连续制备薄膜的方法。

(2) 丝网印刷法

取适量匀浆后的浆液置于密织丝网漏液板栅上，丝网下铺以平整玻璃板或聚四氟板作为膜的载体，用胶辊在丝网上来回滚动，使其在载体上形成一均匀薄膜。将有薄膜的玻璃板置于 50℃烘箱中干燥后，将薄膜小心揭下即可。

(3) 浇铸法

用一块平整玻璃板或聚四氟乙烯的板子做载体，在上面设计面积大小不等、深浅各异的浅槽，根据需要制备膜的厚度，在一定深度的浅槽中注入搅拌均匀的浆液，任其自由流动直至铺满整个浅槽。然后将这些玻璃板水平地放置在 50～60℃的烘箱中干燥 2 h,即可获得所需大小和厚度的薄膜。

8.7.2　聚合物电极的制备

锂离子电池的特点是非水体系。非水电解质的离子电导一般比水溶液体系低 10^3 倍。为了克服电解质低电导的问题,电极的制造应考虑超薄的结构。其次,锂离子电池的反应均为电化学嵌入反应。嵌入反应的控制步骤一般为扩散过程。为保证扩散过程的顺利进行,固相活性离子与电解质溶液应形成微观上均匀分布的两相界面。采用无流动电解质的所谓"塑料化"电极技术,其电极的微孔结构比起富液的锂离子电池更有利于固液相的分配和稳定。因此,应采用与制造隔膜相同的塑料化工艺制造电极,提高保液能力及离子传导率。

1.聚合物电极膜的制备

聚合物电极膜制备的基本方法是用与电解质膜相同的聚合物作黏结剂,通过布浆成膜制备锂离子电池的正、负极。采用和聚合物电解质隔膜相同的基体材料作为电极膜的骨架基质,以保证电极膜和聚合物电解质隔膜界面的充分兼容,并使之一体化。电极膜制备的基本步骤一般是:首先,选择适宜的电极组成,保证活性材料的充分利用;其次,要确定合理的制浆方式,以实现电极组成的均匀性;再次,采用可控的成膜方法,确保电极结构的宏观精确性;最后,通过简便的成孔注液处理获得塑料化的电极膜。

根据装配电池的需要和骨架聚合物基质的性质,可采用不同的成膜方法。通常采用的是铸膜(casting)和涂覆(coating)两种。所谓铸膜是指制备无集流体的纯活性材料薄膜,在制作电极时,须将电极膜与集流体复合在一起。而涂覆则是将浆液直接涂布于集流体上,不再使活性材料膜与集流体分离,而成为附有集流体的电极膜片。不论是铸膜或是涂覆,其具体作法均可采用前述丝网印刷、流延或浇铸法等三种方法中的任一种。

无论是正极膜还是负极膜,调浆时均由活性材料、导电剂、骨架基质、增塑剂和溶剂混合而成,它们各自有不同的作用。活性材料是电极反应的主体,是决定电池性能的关键。在保证电极其他性能的条件下,活性物质的含量应该越多越好。导电剂的作用是增加电极的电子导电性,降低电极的欧姆电阻。导电聚合物基质可作为黏结剂,以保证电极膜的机械性能,如强度、柔韧性等。骨架基质材料含量太少,则机械强度不够;含量太多,不仅使活性物质含量下降,而且还会使活性物质形成断开的结构,某些活性材料将形成所谓"孤岛"而不能得到充分利用。增塑剂的作用是造孔,制浆时先加入一定量的增塑剂,萃取抽提后便可形成具有一定微结构的多孔膜。溶剂用来溶解分散骨架聚合物,控制其浓度,使其形成具有合适黏度的浆液。

因此,上述各组分间应有一合适的比例,配比的原则是在保证膜的机械性能的前提下,尽可能提高活性材料的含量。具体操作是首先将骨架聚合物基质溶解于溶剂配成一定浓度、适当黏度的溶液,然后将活性物质、导电剂混合后加入上述高分子溶液中,再加入一定量 DBP,匀浆后即可按前节所述三种方法制膜。电极膜中 DBP 的含量仍按前述制备隔膜时的比例,即骨架聚合物基质:DBP = 50:50,这个比例能保证足够的孔率及膜的强度,且不至于造成增塑剂的渗漏。因此,电极组成的配比调整主要是通过改变骨架聚合物基质和导电剂的量来实现的。

正负极典型配方分别为:

正极:正极材料 78%;乙炔黑 7%;PVDF - HFP 15%;DBP 50%相对于(PVDF - HFP + DBP);SiO_2 3%相对于(PVDF - HFP + DBP),所有比例均为质量分数。

负极:MCMB 85%;导电剂 3%;PVDF2801 12%;DBP 50%相对于(PVDF - HFP + DBP);$SiO_2$3%相对于(PVDF - HFP + DBP),所有比例均为质量分数。

溶剂丙酮的加入量为使 PVDF - HFP 的质量分数达到 12%。

用以上配方所制电极的膜强度,柔韧性均很好,可达到使用要求。

聚合物电极膜制作过程为:首先将气相 SiO_2 分散于有机溶剂,然后将聚合物溶于溶剂,再将干混好的活性物质加入,最后加入增塑剂,搅拌 2 h,成为具有一定黏度的膏。将此膏厚度均匀涂布于塑料聚酯膜上,在 80 ~ 100℃烘箱中烘干 20 min 左右,小心揭下即可。

制得正负极膜的抗张强度应不小于 10 kg/cm^2。

2.聚合物电极的制备

聚合物电极的制备工序是把制好的聚合物电极膜裁成要求的几何尺寸,并与集流体复合制成聚合物电极的过程。正极集流体为铝网,负极集流体为铜网。

该过程的关键是聚合物电极膜与集流体的结合强度问题。为此需要保证以下工艺条件:

① 对集流网进行表面处理,覆盖一层含有导电碳的聚丙烯酸膜,通过该膜把集流体和聚合物电极膜连接在一起,保证结合强度和导电性;

② 按聚合物电极膜 - 集流体 - 聚合物电极膜的顺序,通过加压加热复合在一起。

8.7.3　聚合物锂离子电池的制造

目前普遍认为,聚合物锂离子电池将是非常具有发展潜力的电池体系。实际上,欧美日一些工业发达国家已把聚合物锂离子电池或聚合物锂电池作为国家重大技术研究与开发项目,我国也有好几个厂家投入了商业化生产,目前尚有许多有待解决的问题,如热复合技术、初始充放电效率、气胀等问题。

1.极群的制备

极群的制备工序是把制好的聚合物电极与聚合物电解质膜复合在一起的过程。我们把聚合物电极与聚合物电解质膜之间的热复合分为常温、中温、高温三种方式,分别进行聚合物电极与聚合物电解质膜的热复合。实验结果表明,常温复合时必须施加较大的压力,造成 DBP 的渗出而不能复合到一起。中等温度下(60℃)复合,对聚合物骨架的性能影响较小,复合压力也不太大,可以复合到一起而不分离,但将复合体进行抽提时,却又出现层与层间的分离现象。这是因为在此温度下虽然可实现层与层间比较良好的接触,但仍未将二者成为一体,抽提后的收缩又导致分离。抽提后各层在此温度下压为一体后,吸取电解液时仍发生层与层之间的分离。为了使电池的各层间在抽提或浸取电解质溶液时不出现分离的现象,必须提高热复合温度,使其接近聚合物的熔点,即接近 130℃。

单体极组叠层结构组成顺序一般为:聚合物正极 - 聚合物电解质膜 - 聚合物负极 - 聚合物电解质膜 - 聚合物正极。

2.萃取抽提

复合后的单体极组叠层结构经抽提去除增塑剂,干燥,制成干极组,萃取剂一般选用乙醚或甲醇。

3.电池组装

先把单体极组按容量配组，组成极群；然后焊极耳，正极用铝极耳，负极用镍极耳。

4.电池封装

将铝塑膜先铳成一定体积的凹槽，将干极群放入，加热加压把边部密封，先预留一边，并留出气室，注液后再封。

5.注液活化

对于萃取完增塑剂的干极群来说，一旦注入电解液，便可迅速被吸收到增塑剂留下的空隙内，电池内无自由电解液。

6.化成分容

化成分容制度与前一节介绍的液态锂离子电池的相同。化成后要经过二次封口，将化成时产生的气体排出。

8.8　锂离子电池的性能

8.8.1　电性能

1.充放电性能

(1) 测试

环境温度为(20±5)℃，电池使用不同倍率电流充电，充电限制电压规定为 4.2 V，充电终止电流一般规定为 20 mA 或 0.05C。当电池以 1C_5 完成充电称为标准充电。电池典型充电曲线如图 8.12 所示。

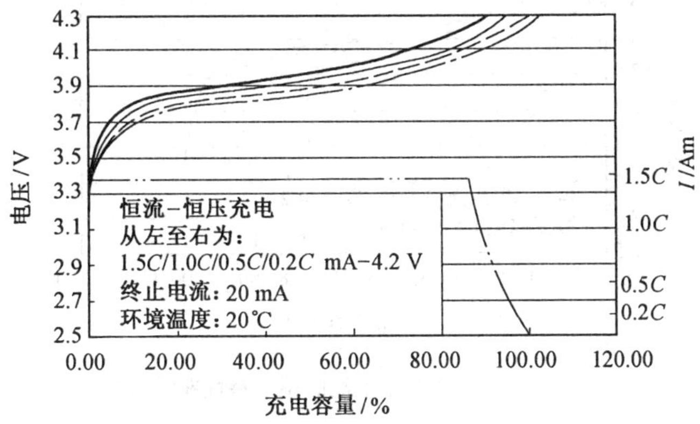

图 8.12　锂离子电池充电曲线

(2) 测试

环境温度为(20±5)℃，电池使用不同倍率电流放电，放电终止电压为 3.0 V。电池放电曲线如图 8.13 所示。

2.高低温放电性能

(1) 高温放电

测试方法：电池标准充电后，静止 10 min，以 1C_5 电流放电至 3.0 V，此容量为初始容量；之后电池标准充电，在(60±2)℃的条件下静止 3 h，在此条件下以 1C_5 恒流放电至 3.0 V，在

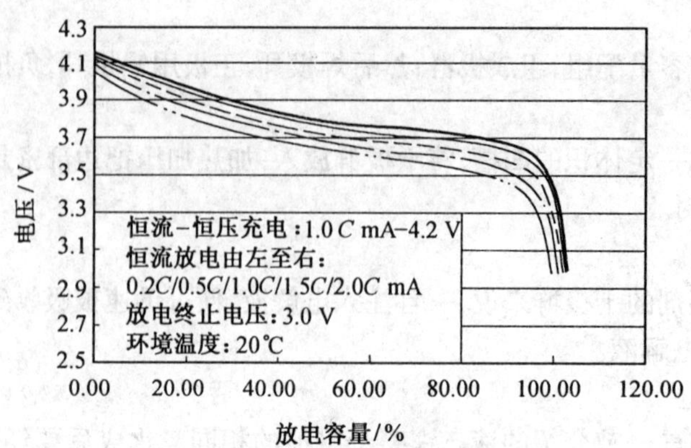

图 8.13 锂离子电池放电曲线

室温状态下静止 2 h。

检测标准：60℃放电容量应不小于初始容量的 95%。

(2) 低温放电

测试方法：电池标准充电后，静止 10 min，以 $1C_5$ 电流放电至 3.0 V，此容量为初始容量；之后电池标准充电，在(－20±2)℃的条件下静止 3 h，在此条件下以 $0.2C_5$ 恒流放电至 3.0 V，在室温状态下静止 2 h。

检测标准：－20℃放电容量应不小于初始容量的 70%。

锂离子电池的温度特性曲线如图 8.14 所示。

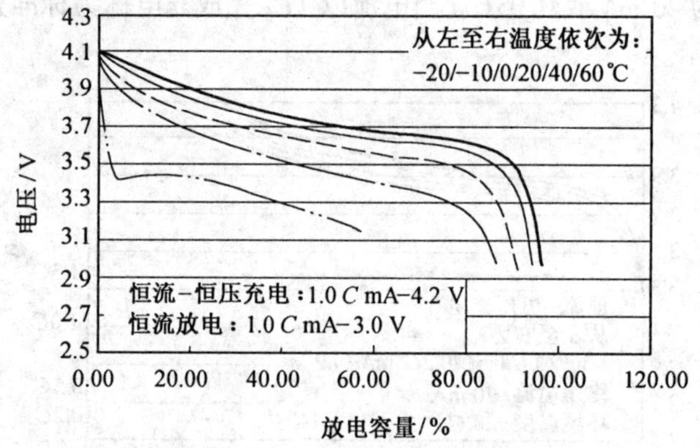

图 8.14 锂离子电池的温度特性曲线

3.循环性能

测试方法：首先测量电池的初始厚度和内阻，电池标准充电后，静止 10 min，以 $1C_5$ 放电至 3.0 V，此容量为初始容量；如此循环 500 次，见循环曲线。

检测标准：500 次循环后容量不小于初始容量的 80%，500 次循环后电池内阻不大于 120 mΩ。

图 8.15 为锂离子电池的循环容量曲线。

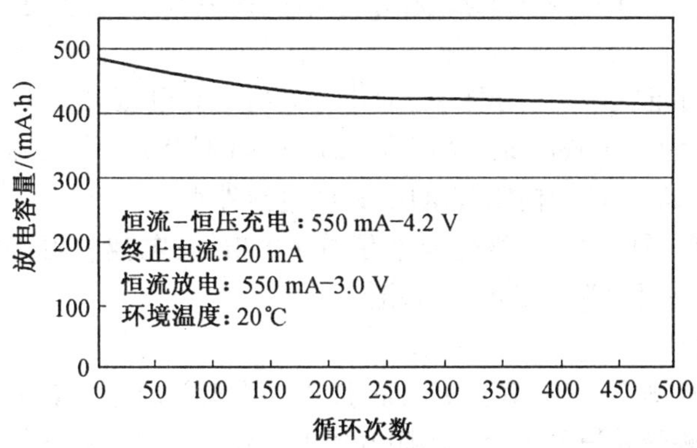

图 8.15　锂离子电池的循环容量曲线

8.8.2　安全性能

1. 耐过充实验

测试方法：在环境温度为(20±5)℃的条件下，电池以 1C_5 mA 电流、3.0 V 终止电压放电之后，以电流 3C_5 mA，限制电压 4.8 V 的制度充电 8 h。

检测标准：不爆炸、不起火、不破裂、表面温度最高不超过 150℃。

2. 耐过放实验

测试方法：标准充电后，将电池以 3C_5 mA 电流放电至 -10 V 或者电压变化值为正值或放电超过 2.5 h。

检测标准：不爆炸、不起火、不破裂、表面温度最高不超过 150℃。

3. 短路性能

测试方法：电池标准充电后，将电池在(60±2)℃的温度下恒温 30 min，然后用 1.5 mm^2 铜导线短接其正负极，短接 1 h 后结束。

检测标准：不爆炸、不起火、不破裂、表面温度最高不超过 150℃。

4. 耐过热性能

测试方法：电池标准充电后，将电池放入鼓风式烘箱内，以(5±2)℃/min 的速率由室温升温至(150±2)℃，并在此温度下恒温 1 h，记录失效模式和失效发生时间。

检测标准：不爆炸、不起火、不破裂、表面温度最高不超过 200℃

8.8.3　可靠性特性

1. 恒定湿热性能

测试方法：电池标准充电后，静止 10 min，以 1C_5 电流放电至 3.0 V，此容量为初始容量；之后电池标准充电，测量并记录电池的内阻，在环境温度(60±2)℃、相对湿度为 90%～95% 的条件下开路静止 7 天，然后在室温的条件下开路静止 4 h，测量内阻，目测外观；以 1C_5 电流放电至 3.0 V，记录剩余容量，之后标准充电后，以 1C_5 放电至 3.0 V 循环 3 次，测量电池的恢复容量。

检测标准：在 60℃、90%～95%相对湿度环境下放置 7 天后，电池剩余容量应不小于初始容量的 50%；重新充电后放电的恢复容量不小于初始容量的 80%；电池厚度增长不大于

0.5 mm;电池内阻不大于 120 mΩ;外观:无明显变形、锈蚀、冒烟或破裂,不漏液,标示清楚。

2.振动

测试方法:电池标准充电后,测量并记录电池的内阻和电压,10 min 内进行振动试验:频率为 10~60 Hz,振幅为 1.6 mm,扫频速率为 1 oct/min 的扫频振动,在 x、y、z 三个方向分别扫频 30 min,结束后测量电池的内阻和电压,目测电池外观。

检测标准:震动前后电池电压变化应不超过 ±0.01 V;电池内阻不大于 60 mΩ;内阻变化不超过 ±5.0 mΩ;外观无明显变形,不漏液。

3.高温储存实验

测试方法:电池标准充电后,静止 10 min,以 $1C_5$ 电流放电至 3.0 V,此容量为初始容量;之后电池标准充电,测量并记录电池的内阻和厚度,在(85±2)℃的条件下开路放置 48 h,然后在室温条件下放置 2 h,测量电池的内阻和厚度,以 $1C_5$ 电流放电至 3.0 V,之后标准充电后,以 $1C_5$ 电流放电至 3.0 V 且循环 3 次,使测量电池恢复容量。

检测标准:85℃储存 48 h 电池的恢复容量应不小于初始容量的 30%;厚度增长不超过 1 mm;电池内阻不大于 120 mΩ;不漏液。

4.自由跌落

测试方法:电池标准充电后,静止 10 min,以 $1C_5$ 电流放电至 3.0 V,此容量为初始容量;之后电池标准充电,测量并记录电池的内阻和电压,10 min 内开始自由跌落试验,电池从 1.9 m高处自由跌落至水泥地面,六个面各着地一次为 1 个跌落循环,循环 3 次,每个循环测量并记录电池的电压和内阻;跌落完之后,以 $1C_5$ 电流放电至 3.0 V,记录剩余容量。

检测标准:剩余容量应不小于初始容量的 95%;电池内阻不大于 60 mΩ;内阻变化不超过 ±5.0 mΩ;电压变化不超过 ±0.01 V;外观无明显变形、不漏液。

备注:充电温度范围为 0~45℃;放电温度范围为 -20~60℃。

8.8.4 储存性能

1.荷电保持能力

测试方法:电池标准充电后,静止 10 min,以 $1C_5$ 电流放电至 3.0 V,此容量为初始容量;之后电池标准充电,测量并记录电池的内阻和和厚度;在(60±2)℃的条件下开路静止 7 天,在室温下开路静止 2 h,测量电池的内阻和厚度,以 $0.2C_5$ 恒流放电至 3.0 V。

检测标准:60℃下储存 7 天后剩余容量应不小于初始容量的 80%;电池内阻增长不大于 40 mΩ;电池厚度增长不超过 0.5 mm;不漏液。

2.储存性能

测试方法:电池标准充电后,静止 10 min,以 $1C_5$ 放电至 3.0 V,此容量为初始容量;之后电池标准充电,测量并记录电池的内阻和厚度,在试验的 101.33 kPa 下(温度为 15~35℃,相对湿度不大于 75%,压力为常压)开路静止 30 天,测量电池的内阻和厚度;然后在环境温度(20±5)℃的条件下,电池以 $1C_5$ 放电至 3.0 V,测量电池的剩余容量;之后标准充电后,以 $1C_5$ 放电至 3.0 V,且循环 3 次,测量电池的恢复容量,测量电池的内阻和厚度。

检测标准:储存 30 天后电池剩余容量应不小于初始容量的 85%;恢复容量应不小于初始容量的 95%;电池内阻不大于 60 mΩ;内阻变化不超过 ±10 mΩ;电池厚度增长不超过 0.1 mm。

第9章 燃料电池

9.1 燃料电池概述

9.1.1 燃料电池的发展

燃料电池(fuel cell)是将反应物(包括燃料和氧化剂)的化学能直接转化为电能的一种高效、清洁的电化学发电装置。它的发展最早可以追溯到160多年前。1839年英国人威廉·格罗夫发现电解产生的H_2和O_2在H_2SO_4溶液中可以分别在两个铂电极上放电产生电能,由此宣告了燃料电池的诞生,格罗夫称之为“气体电池”。后来,蒙德和莱格致力于改进燃料电池的性能,并在1889年首次采用“燃料电池”这一称谓。真正对燃料电池理论做出突出贡献的是作为现代物理化学奠基人之一的奥斯瓦尔德,他对燃料电池各部分的作用进行了详细阐述,从热力学上证实燃料电池通过电化学反应对自由能的直接转化效率要比热机的转化效率高,而且提出燃料电池无污染的环境优势,奠定了燃料电池的理论基础。可是,1866年西门子发现的机－电效应启动了发电机的发展,使得燃料电池技术黯然失色,人们对燃料电池的研究兴趣下降,尽管仍有一些杰出科学家做出了许多努力,但燃料电池技术在随后的几十年内并未取得明显进展。直至20世纪50年代英国人培根成功开发出第一个千瓦级的中温(200℃)碱性燃料电池系统(称为培根型碱性燃料电池),并在此基础上,碱性氢氧燃料电池成功应用于美国宇航局的“阿波罗”登月飞船中,人们对燃料电池技术的关注达到一个高潮。随后由于美国登月计划的结束和汽车工业对燃料电池兴趣的下降,燃料电池研制工作的规模明显减小,燃料电池研究又经历了短时期的低谷。但是,受70年代中东战争后石油危机的影响,对燃料电池的研制又出现新的浪潮,美国、日本等都制定了燃料电池的长期发展规划。而且,人们对燃料电池研究的重点也由空间应用向地面用燃料电池转变。70年代中期对磷酸燃料电池的广泛研究逐渐取代了对碱性燃料电池的关注,随后由于在电能和热能方面的高效率,80年代的熔融碳酸盐燃料电池和90年代的固体氧化物燃料电池都得到了快速发展。尤其进入90年代以来,随着高性能催化剂和聚合物膜的改进,质子交换膜燃料电池的发展出现重大突破,已在电动车、便携式电源等方面表现出巨大的潜力。可以说,能源危机和环境污染的共同压力推动着燃料电池迎来了其发展历史上的黄金时期。

9.1.2 燃料电池工作原理

1.燃料电池的基本结构和反应

燃料电池作为一种清洁高效的发电装置,与常规电池类似,一般由含有催化剂的阳极和阴极以及夹在两电极间离子导电的电解质构成。典型的氢氧燃料电池单体结构和工作原理如图9.1所示。

燃料电池工作时,向燃料电池的负极(阳极)不断供给燃料(如H_2),向正极(阴极)连续

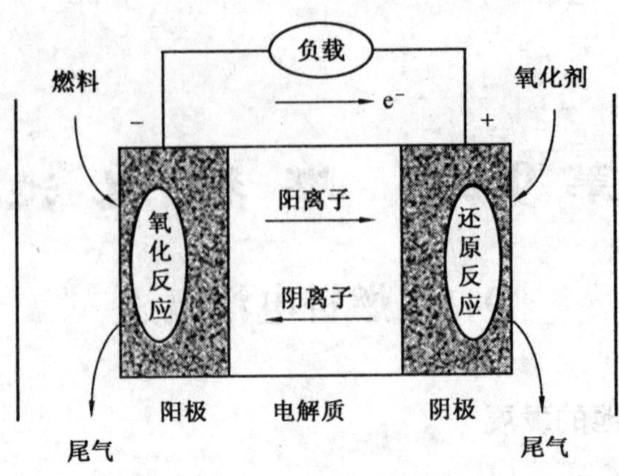

图 9.1　氢氧燃料电池的构造和工作原理

提供氧化剂(如 O_2 或空气),这样在催化剂作用下就可以在电极上发生连续的电化学反应而产生电能,同时生成产物 H_2O 和热能。因此,燃料电池的反应过程是水电解反应的逆过程。原则上,只要外部不断提供反应物质,燃料电池便可以源源不断地向外部输电,所以燃料电池本质上是一种“发电技术”。以氢氧燃料电池为例,所涉及的具体电化学反应分别为:

酸性电解质中

负极
$$H_2 \longrightarrow 2H^+ + 2e^- \tag{9.1}$$

正极
$$\frac{1}{2}O_2 + 2H^+ + 2e^- \longrightarrow H_2O \tag{9.2}$$

碱性电解质中

负极
$$H_2 + 2OH^- \longrightarrow 2H_2O + 2e^- \tag{9.3}$$

正极
$$\frac{1}{2}O_2 + H_2O + 2e^- \longrightarrow 2OH^- \tag{9.4}$$

显然,无论采用酸性还是碱性电解质,氢氧燃料电池的总反应都可以表示为

$$H_2 + \frac{1}{2}O_2 \longrightarrow H_2O + \text{热能} + \text{电能} \tag{9.5}$$

2.燃料电池与常规电池和热机的比较

作为一种能量转换装置,燃料电池与常规电池和热机类似,都是将物质的化学能转变成电能。但作为一种独立存在的发电方式,燃料电池又与后两者存在比较明显的差别。

(1) 燃料电池与常规电池比较

燃料电池与常规电池相比,其相似性在于燃料电池和常规电池都是电化学装置;都通过电化学反应将反应物质的化学能直接转化为电能;电池结构类似,都由阴阳极和电解质的基本结构组成。

燃料电池与常规电池的差别在于,常规电池的反应物作为电池自身的组成部分而存在,即反应物存储在电池内部,因此常规电池本质上是一种能量存储装置,所能获得的最大能量取决于电池本身所含的活性物质数量,当反应物质被全部消耗掉时,电池就不再产生电能;工作过程中电极的活性物质不断消耗变化,因此电极不稳定,无论单次放电寿命还是循环寿命都有限。燃料电池本质上是一种能量转换装置,只要外部不断供给燃料和氧化剂并将反应产物移除,燃料电池就可以不断产生电能,所以其电极稳定,原则上寿命是无限的,事实

上，由于电池部件的老化和失效，燃料电池的使用寿命也有一定限制，但是仍然比常规电池长许多。

(2) 燃料电池与热机比较

燃料电池与另外一种发电装置－热机的相似性在于，燃料电池和热机都是能量转换装置，反应物都存在外部，因此都能不断地产生电能，理论上寿命无限。

燃料电池与热机的差别在于，热机是一种机械装置，它首先通过燃烧将反应物的化学能转变为热能，然后转变为机械能，最后才转化为电能，这是一个多步骤的转化过程。根据热力学中的卡诺循环可知，热机的最大效率为

$$\eta_{\max} = \frac{W}{Q} = 1 - \frac{T_L}{T_H} \tag{9.6}$$

热机在高温 T_H 时吸收 Q 的热量，做出 W 的电功，并将未转变为电功的热能在较低的温度 T_L 下排出，所以热机一般工作在两个不同的温度条件下。而燃料电池是一种电化学装置，其能量转换过程是直接由化学能到电能一步实现的，中间未经过燃烧过程，因此不受卡诺循环的限制，其理想状态下的能量转换效率为所产生的电能($-\Delta G$)与化学反应所释放出的全部能量($-\Delta H$)之比，即

$$\eta_{\max} = \frac{-\Delta G}{-\Delta H} \tag{9.7}$$

燃料电池通常工作在单一温度下。

值得注意的是，根据热力学第二定律，如果所有的能量转化装置都可逆工作，那么它们将具有同样的能量转换效率，因此如果热机可逆地运行在最高工作温度下，它就将具有与可逆燃料电池同样的效率。通常所说的燃料电池具有比热机更高的效率是因为不可逆性是时刻存在的，而热机的不可逆性要大于燃料电池的不可逆性，所以燃料电池的效率要大于热机的效率。

9.1.3 燃料电池的特点

燃料电池之所以受到人们的极大关注，主要是因为它具有其他能量转换装置所不具备的优越性，具体表现在以下几个方面：

1.效率高

如前所述，燃料电池等温地将反应物的化学能直接转化为电能，不受卡诺循环限制，因此可以获得更高的能量转换效率。理论上，燃料电池的能量转换效率可达90%左右，但在实际应用中由于各种极化的存在，燃料电池的能量转换效率约为40%～60%，若采用热电联产方式，其能量转换效率最高可达80%以上。此外，在低于额定负载条件下工作时，由于机械损失和热损失的增加，热机的效率要下降，而燃料电池则会由于各种极化的减小而获得更高的能量转换效率。图9.2为不同发电方式的能量转换效率图解。

2.环境好

燃料电池具有极为突出的环境效益。一般燃料电池以富氢气体作为燃料，在制备富氢气体过程中排放的 CO_2 要比热机发电过程的排放量减少40%以上，而且由于燃料电池的反应产物是 H_2O，所以与传统的火力发电厂相比，只排放极少量的有害物质，如 NO_x、SO_x 和粉尘等。表9.1为燃料电池和传统发电方式排放物的比较。此外，燃料电池没有锅炉、汽轮机

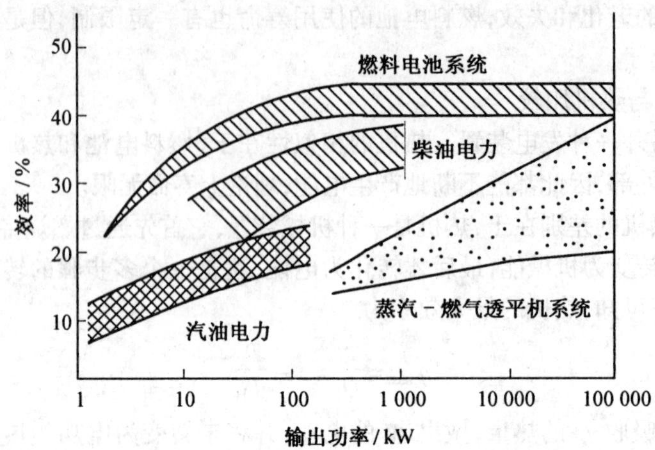

图 9.2　不同发电方式的能量转换效率图解

和太多的转动部分,所以工作时非常安静,噪声很低。

表 9.1　各类发电厂的排放废气比较　　kg/[10^6(kW·h)]

排气成分	火力发电厂(天然气)	火力发电厂(石油)	火力发电厂(煤)	燃料电池
SO_2	2.5 ~ 230	4 550 ~ 10 900	8 200 ~ 14 500	0 ~ 0.12
NO_x	1 800	3 200	3 200	60 ~ 107
烃类	20 ~ 1 270	135 ~ 5 000	30 ~ 10 000	14 ~ 102
粉尘	0 ~ 90	45 ~ 320	365 ~ 580	0 ~ 0.014

3.快速的负载响应速度

燃料电池具有较短的负载响应速度,小型燃料电池在微秒范围内其功率就可以达到所要求的输出功率,而兆瓦级的电站也可以在数秒内完成对负载变化的响应。

4.良好的建设、运行和维护特性

由于燃料电池没有锅炉、汽轮发电机等庞大的成套设备,占地面积小,而且安静、清洁,所以适合安装在城区、居民区或风景区等处作为现场电源,而且电池部件模块化,可以方便地扩大或缩小安装规模,具有极强的建设灵活性。此外,燃料电池没有较大的机械运动部件,所以系统运行的可靠性较高,不易发生故障,具有良好的维护性。燃料电池的副产物是热和 H_2O,可以回收利用。

燃料电池的诸多突出优点使其具有可与目前所有传统发电技术竞争的潜力,但目前看来,燃料电池仍存在一些不足,阻碍其进入大规模的商业化应用,主要不足可归纳为:

① 市场价格昂贵;

② 高温时寿命和稳定性不理想;

③ 缺少完善的燃料供应体系等。

9.1.4　燃料电池类型

由于燃料电池系统涉及诸多特征变量,如燃料和电解质的类型、系统的运行温度、一次或再生系统等,所以燃料电池也存在多种分类方法,通常燃料电池可以根据其工作温度、燃料种类和电解质类型进行分类。

按所用燃料的类型,燃料电池可以分为直接型、间接型和再生型燃料电池。直接型燃料电池是指燃料直接参加电化学反应,如氢-氧燃料电池和氢-卤素燃料电池等;间接型燃料电池的燃料不直接参加发电反应,而是要通过某种方法(如重整、发酵等)将燃料转变为 H_2(或富 H_2 混合气)再供给燃料电池发电;而再生型燃料电池则是指将燃料电池反应生成的水经过某种方式(如热、光等)分解成 H_2 和 O_2,再将 H_2 和 O_2 重新输入燃料电池中发电的燃料电池。

按工作温度,燃料电池可以分为低温、中温、高温和超高温燃料电池,它们所对应的工作温度范围一般分别是 25~100℃、100~500℃、500~1 000℃及大于 1 000℃。

上述两种分类方法并不常用,目前人们多习惯根据电解质的类型来区分不同的燃料电池,一般根据燃料电池的电解质性质,可以将燃料电池分为五大类:碱性燃料电池(AFC,alkaline fuel cell)、磷酸燃料电池(PAFC,phosphoric acid fuel cell)、熔融碳酸盐燃料电池(MCFC,molten carbonate fuel cell)、固体氧化物燃料电池(SOFC,solid oxide fuel cell)和质子交换膜燃料电池(PEMFC,proton exchange membrane fuel cell)。各种燃料电池的具体特征见表 9.2。

表 9.2 燃料电池的类型和一般特点

类 型	AFC	PAFC	MCFC	SOFC	PEMFC
电解质	KOH 溶液	H_3PO_4 溶液	熔融 $K_2CO_3-Li_2CO_3$	$ZrO_2-Y_2O_3$ 固体	全氟质子交换膜
导电离子	OH^-	H^+	CO_3^{2-}	O^{2-}	H^+
阴极	Pt/Ni	Pt/C	Ni/Al,Ni/Cr	Ni/YSZ	Pt/C
阳极	Pt/Ag	Pt/C	Li/NiO	Sr/$LaMnO_3$	Pt/C
燃料气	纯氢	氢,重整气	煤气,天然气,重整气	煤气,天然气	氢,甲醇,重整气
氧化剂	纯氧	空气	空气	空气	纯氧,空气
工作温度/℃	50~200	100~200	600~700	800~1 000	60~100
发电效率/%	60~90	40	>50	>50	50

从表 9.2 可以看出,这五种类型的燃料电池具有各自的工作特性和适用范围,并处于不同的发展阶段。AFC 是最成熟的燃料电池技术,由于其工作条件要求隔绝 CO_2,所以应用领域主要集中在空间技术方面。在民用技术方面,PAFC 技术是最接近商业化阶段的燃料电池,目前已有多处电站处于运行阶段,所以 PAFC 也被称为第一代燃料电池,但是其成本较高。MCFC 和 SOFC 被认为最适合热电联供,工作效率都很高,其中 MCFC 已接近商业化,被称为第二代燃料电池,SOFC 的研究则仍处于起步阶段,被称为第三代燃料电池,这两种电池性能良好,但由于其工作温度较高,所以对电池材料的要求也较高。PEMFC 技术则在近期发展迅速,采用较薄高分子隔膜作电解质,具有很高的比功率,而且工作温度较低,特别适合作为便携式电源和车载电源,但目前的主要问题是成本太高,难以与传统电源竞争。

9.1.5 燃料电池系统

整个燃料电池不仅仅是能量转换装置,而是一个非常复杂的系统。燃料电池单元是整个燃料电池系统的心脏,是由许多单体电池组成的燃料电池堆,承担着发电的任务。除此而外,还包括燃料预处理部分、直交流转换单元和热量管理单元等部分,燃料电池系统的基本组成如图 9.3 所示。

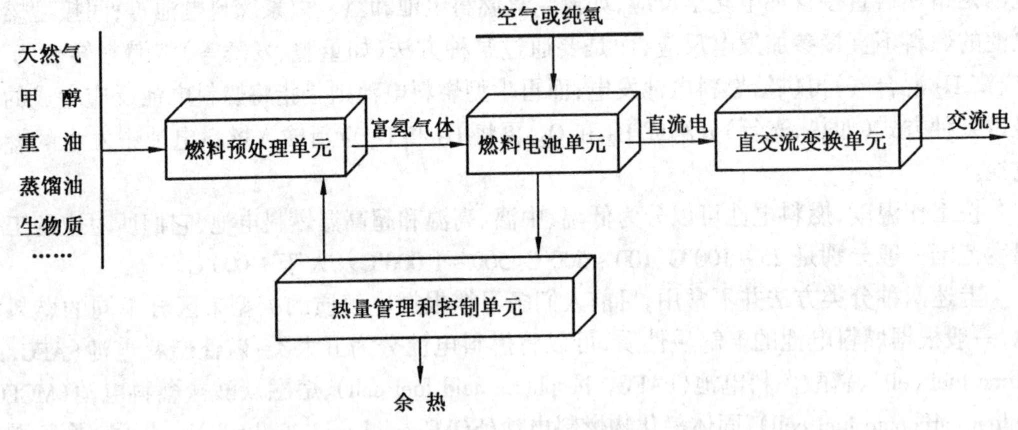

图 9.3 燃料电池发电系统组成

除了直接甲醇燃料电池等少数情况外,绝大多数燃料都不能被燃料电池直接利用,在进入燃料电池前必须作预处理,将燃料转化为富氢气体,同时除去其中对电极反应过程有害的杂质。燃料的预处理系统主要由燃料特性和具体的燃料电池类型决定。例如,天然气可以用传统的水蒸气催化转化法,煤则须气化处理,重质油必须加氢气化,而对低温工作的质子交换膜燃料电池,除须去除富氢气体中的硫化物外,还要去除 CO 后才能供燃料电池使用。

燃料电池与各种常规化学电源一样,输出电压为直流。对于交流用户或者需要和电网并网的燃料电池电站,需要将直流电转换为交流电,这就需要直交流变换单元,或称为电压逆变系统。这一单元的作用除了将直流变为交流外,还可以过滤和调节输出的电流和电压,确保系统运行过程的安全、完善和高效。

燃料电池是一个自动运行的发电装置,电池的供气、排水和排热等过程均需协调进行,因此需要控制单元管理各部分工作。燃料电池的热量管理单元控制余热的综合利用,燃料电池所产生的热量可以用于燃料预处理中的蒸汽转化或者进行热电联供等用途。

9.1.6 燃料电池应用

燃料电池所具有的突出优点决定它在许多方面都表现出良好的应用前景,包括固定型、便携式和车载等许多方面。

燃料电池作为固定型能量转换装置的突出优点是高效、清洁、安静。原则上,高温和低温燃料电池都可以作为固定型电源。目前,世界上已有许多燃料电池系统安装在医院、托儿所、宾馆、办公大楼、学校、发电厂以及机场等地方作为主电源或备用电源。PAFC 和 PEMFC 等低温燃料电池因为能够快速启动,所以比较适合作为小型的分散型现场电源,燃料电池工作过程中产生的废热可以提供热水。SOFC 和 MCFC 等高温燃料电池的启动时间比较长,其优点是能够提供高品质的余热供直接利用或者进行再次发电,而且不需要外部燃料气重整装置,重整过程可以在电池内部实现,因此比较适合建立大规模的发电厂。当然,低温的

PAFC 也可以作大规模电厂使用。

用于车载的燃料电池的技术要求与固定型应用不同,对燃料电池的体积、质量和快速响应的要求非常高,因此只有低温燃料电池适合作车载使用。燃料电池可以作为汽车、舰船、火车、飞机、摩托车甚至自行车的驱动电源。AFC 作为最成熟、最可靠的燃料电池技术,其应用领域主要集中在空间技术方面,而在地面应用方面,因为 CO_2 的影响,AFC 的应用一直受到限制。因为 PEMFC 具有较快的启动和响应时间,比较适合在汽车中使用,现在,几乎所有主要的汽车制造商都在努力将 PEMFC 的电动车商品化,但是 PEMFC 却面临着氢源等问题,液态氢的成本高,而 CH_3OH 等燃料又不能完全满足要求。

便携式应用对燃料电池的体积和质量要求较高,因此一般只有 PEMFC 和 DMFC 可以满足要求。小型 PEMFC 和 DMFC 可以作为寻呼机、移动电话和笔记本电脑等便携式电子设备的电源,此外,电动工具、助听器和报警器等也都可以采用微型燃料电池作为电源。

9.2　燃料电池电化学

9.2.1　燃料电池电极反应机理

了解燃料电池的反应机理对燃料电池的性能优化非常重要。尽管燃料电池类型很多,但其电极反应变化不大,比较重要的电极反应主要是阳极 H_2 或 CH_3OH 的直接电化学氧化和阴极 O_2 的电化学还原。

1. H_2 的阳极氧化

H_2 在酸性和碱性电解质溶液中的阳极氧化反应分别为

酸性　$$H_2 + 2H_2O \longrightarrow 2H_3O^+ + 2e^- \tag{9.8}$$

碱性　$$H_2 + 2OH^- \longrightarrow 2H_2O + 2e^- \tag{9.9}$$

其具体的反应机理可能有如下几种方式:

在酸性溶液中

第一步　$$H_2 + M \longrightarrow MH_2 \tag{9.10}$$

第二步有两种可能途径

$$MH_2 + M \longrightarrow MH + MH \tag{9.11}$$

$$MH + H_2O \longrightarrow M + H_3O^+ + e^- \tag{9.12}$$

或者　$$MH_2 + H_2O \longrightarrow MH + H_3O^+ + e^- \tag{9.13}$$

$$MH + H_2O \longrightarrow M + H_3O^+ + e^- \tag{9.14}$$

上述各式中的 M 表示金属催化剂的表面原子,而 MH_2 和 MH 分别表示催化剂表面吸附的氢分子和氢原子。第二步途径中的第一种可能是 H_2 与 M 作用,就能使 H—H 键断裂形成 M—H 键;而第二种可能途径是 MH_2 需要水分子的碰撞,才能使 H—H 键断裂。两者的差异在于 M 与 H 原子间作用力的强弱不同,前者的 M 与 H 原子作用强,而后者的作用弱。因此与吸附氢作用强的催化剂在第二步中遵从第一种途径的可能性大;而与吸附氢作用弱的催化剂在第二步中遵循第二种途径的可能性大。在多数情况下,过渡金属元素在吸附氢时遵循第一种途径直接离解成 MH。

在碱性溶液中

第一步 $$H_2 + M \longrightarrow MH_2 \tag{9.15}$$

第二步也有两种可能途径

$$MH_2 + M \longrightarrow MH + MH \tag{9.16}$$

$$MH + OH^- \longrightarrow M + H_2O + e^- \tag{9.17}$$

或者 $$MH_2 + OH^- \longrightarrow MH + H_2O + e^- \tag{9.18}$$

$$MH + OH^- \longrightarrow M + H_2O + e^- \tag{9.19}$$

与酸性电解质溶液类似,碱性电解液中第一种途径也是 H_2 与 M 作用,就能使 H—H 键断裂形成 M—H 键;而第二种可能途径是 MH_2 需要氢氧根离子的碰撞,才能使 H—H 键断裂。上述反应机理表明,无论在酸性或者在碱性溶液中,吸附氢 MH 的形成及脱解过程都是氢电极反应的重要步骤,而电催化剂的作用主要表现为对这个过程的影响。

铂族金属对 H_2 的阳极氧化具有良好的催化作用,是酸性溶液中常用的电催化剂。氢在金属表面的吸附特性对催化作用有重要的影响。在不同的铂族金属上,氢的吸附不同。一般来讲,铂族金属吸附氢的电势区间较宽,并且吸附后解离成 MH。各金属吸附氢能力的大致顺序为铂≈钯>铱>铑、钌、锇,这也是交换电流密度大小的顺序。此外,溶液介质也影响金属表面吸附的性能。例如,在碱性和酸性介质中,吸附氢的情形就不同。溶液中的负离子和氢争夺吸附力强的表面位置,迫使氢在吸附力较弱的位置上吸附,因而吸附热减小,因此,氢的吸附热大小也表示溶液中负离子的吸附强弱。

在铂族金属上,析氢反应可能遵循复合机理,即 MH 的复合是控制步骤。根据微观可逆理论,氢阳极氧化的控制步骤应当是同一反应的拟过程,即反应途径中第二步骤应是第二种途径,而且是 MH 的解离反应控制步骤。

2.CH_3OH 的阳极氧化

CH_3OH 是一种易溶于水的液体燃料,与气体燃料相比,其浓度极化要小许多。由于 CH_3OH 主要在酸性燃料电池中使用,所以下面仅讨论 CH_3OH 在酸性介质中的氧化机理。尽管通常条件下 CH_3OH 可以在很多金属表面发生氧化,但在酸性介质和较低电势条件下只有少量金属可以吸附并氧化 CH_3OH,其中铂和铂合金是具有良好 CH_3OH 氧化能力的金属。在酸性溶液中,CH_3OH 氧化的总反应机理为

$$CH_3OH + H_2O \longrightarrow CO_2 + 6H^+ + 6e^- \quad E^{\ominus} = 0.046\ V \tag{9.20}$$

CH_3OH 在铂基催化剂表面的具体氧化过程比较复杂,可能由 CH_3OH 吸附和随后的几步脱氢过程组成,其过程如图 9.4 所示。

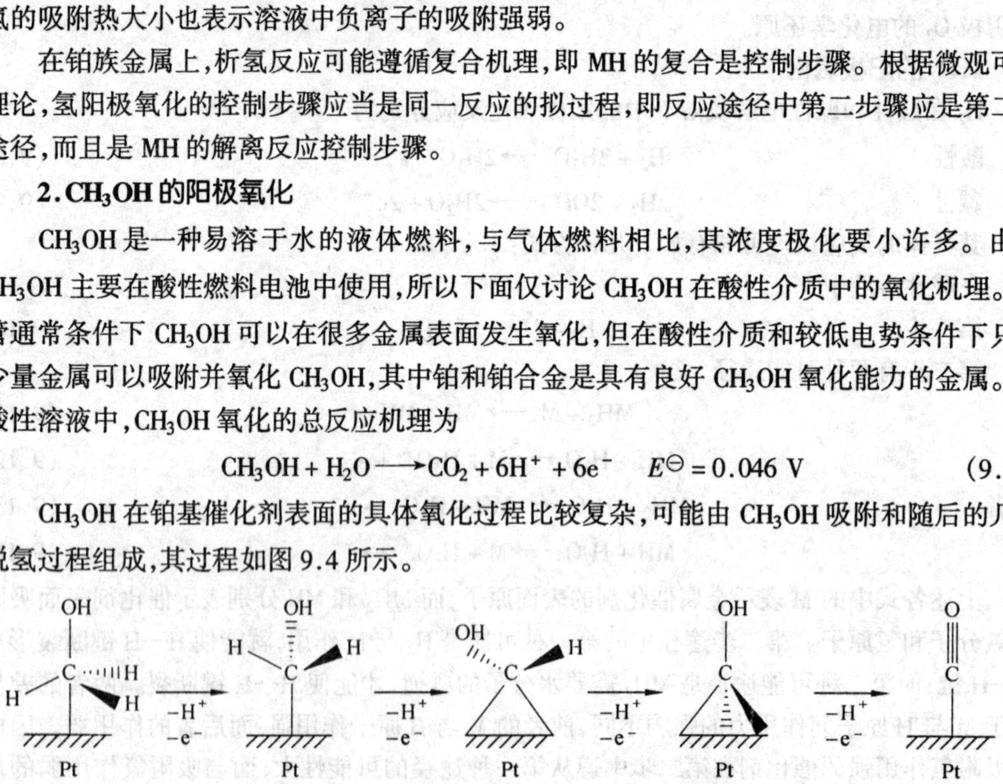

OH H H H C Pt —H^+ —e^- OH H H C Pt —H^+ —e^- OH H C Pt —H^+ —e^- OH C Pt —H^+ —e^- O C Pt

图 9.4 CH_3OH 在 Pt 表面的吸附和氧化机理

首先是 CH_3OH 在 Pt 及其合金上的吸附和脱氢过程，即

$$CH_3OH + Pt \longrightarrow PtCH_2OH + H^+ + e^- \tag{9.21}$$

$$PtCH_2OH \longrightarrow PtCHOH + H^+ + e^- \tag{9.22}$$

$$PtCHOH \longrightarrow PtCOH + H^+ + e^- \tag{9.23}$$

然后 CH_3OH 氧化中间产物重排产生 CO，CO 与 Pt 形成线性或桥状连接

$$Pt{-}COH \longrightarrow Pt{-}C{\equiv}O + H^+ + e^- \tag{9.24}$$

或

$$Pt{-}COH + Pt \longrightarrow \begin{matrix} Pt \\ \quad\diagdown \\ \quad C{=}O \\ \quad\diagup \\ Pt \end{matrix} + H^+ + e^- \tag{9.25}$$

上述过程表明在 CH_3OH 氧化过程中形成了 CO，CO 分子会占据催化剂表面，从而阻止 CH_3OH 氧化反应的进一步进行。通常在催化剂中加入其他金属，使 CO 进一步氧化成 CO_2，以实现去除 CO 的目的。CO 的氧化过程需要有氧参与，所需要的氧通常来自溶液中的 H_2O 在 Pt 或添加金属表面所形成的吸附 OH。目前，提出了一些机理来解释 CH_3OH 氧化反应所产生的 CO 的进一步氧化过程，即

$$Pt + H_2O \longrightarrow Pt{-}OH + H^+ + e^- \tag{9.26}$$

$$Pt{-}OH + Pt{-}CO \longrightarrow Pt{-}COOH + Pt \tag{9.27}$$

或者

$$Pt{-}CO + H_2O \longrightarrow Pt{-}COOH + H^+ + e^- \tag{9.28}$$

$$Pt{-}COOH \longrightarrow Pt + CO_2 + H^+ + e^- \tag{9.29}$$

此外，还可能存在一些其他的反应过程，图 9.5 列出了可能的反应途径和反应产物。

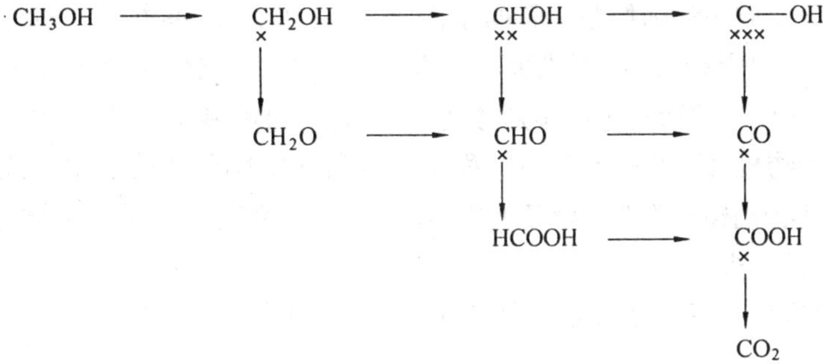

图 9.5 CH_3OH 氧化所有可能机理和产物

电解质中能够稳定存在的化合物位于直角三角形斜边；

从左至右为脱氢过程；

由上到下为氧化过程；每一个 × 表示一个 C—Pt

CH_3OH 氧化所面临的主要问题是 CH_3OH 及其中间产物的电极反应速度较慢，而且在催化剂表面生成的中间产物容易对催化剂产生毒化作用。因此，对 CH_3OH 氧化的研究主要是寻找能提高 CH_3OH 氧化速度，并可以避免中间产物毒化作用的催化剂。已经发现几种可以提高铂基催化剂活性的金属元素，其中最重要和研究最多的是金属 Ru，碳载 Pt－Ru 二元催化剂目前是直接甲醇燃料电池最成功的催化剂。其他一些添加金属（如 Sn、Os、W、Mo 等）也具有一定的催化活性。

3.氧气还原

在各种燃料电池系统中,阴极反应几乎总是 O_2 的还原过程。对于不同类型的电解质,O_2 阴极还原的总反应分别为

酸性电解质 $$O_2 + 4H^+ + 4e^- \longrightarrow 2H_2O \tag{9.30}$$

碱性电解质 $$O_2 + 2H_2O + 4e^- \longrightarrow 4OH^- \tag{9.31}$$

固体电解质 $$O_2 + 4e^- \longrightarrow 2O^{2-} \tag{9.32}$$

O_2 的具体还原过程比较复杂,主要表现为以下一些特点:

① 氧电极过程是复杂的四电子反应,在反应历程中往往出现中间产物(如 H_2O_2、中间态的含氧吸附粒子和金属氧化物)。随着电极催化剂和反应条件等的不同,可以有不同的反应机理和控制步骤。

② 氧还原可逆性很差,即使在一些常用的具有较高催化活性的催化剂(如 Pt、Pd、Ag)上,氧还原反应的交换电流密度也仅为 $10^{-10} \sim 10^{-9}$ A/cm²。因此,O_2 的还原反应速率很低,溶液中任何微量杂质在电极上的氧化还原反应的电流密度都可能超过氧气还原的电流密度,而且氧气还原总伴随着很高的过电势,导致难以建立氧平衡,这些都严重限制了对氧还原过程的研究。

③ 此外,氧电极反应的电势比较高,如在酸性电解质中,氧还原的标准电极电势为 1.23 V(相对于氢标电势)。在如此高的电势下,大多数金属在水溶液中不稳定,在电极表面容易出现氧和各种含氧粒子的吸附,甚至生成氧化膜,使电极表面状态改变,导致反应历程更为复杂。

鉴于氧气阴极还原反应的独特性和复杂性,要提出一个准确、完整地描述氧还原反应的机理很难,氧电极反应历程随控制步骤的不同,可以提出 50 多种方案。如果不涉及反应历程的具体细节,O_2 的阴极还原反应机理可以概括为两类:一类是氧分子首先得到两个电子还原为 H_2O_2(或 HO_2^-),然后再进一步还原为 H_2O,这一过程常被称为"二电子反应途径"或"过氧化氢中间产物机理";另一类反应历程中不出现可被检测的 H_2O_2,即氧分子连续得到 4 个电子而直接还原为 H_2O(酸性电解质)或 OH^-(碱性电解质),该过程常被称为"四电子反应途径"或"直接还原机理"。

二电子反应途径的特点是氧分子吸附时,氢氧键不断裂,只在形成过氧化氢中间产物以后才分裂。

酸性电解质中

$$M + O_2 + 2H^+ + 2e^- \longrightarrow MH_2O_2 \tag{9.33}$$

$$MH_2O_2 + 2H^+ + 2e^- \longrightarrow M + 2H_2O \tag{9.34}$$

或 $$MH_2O_2 \longrightarrow M + \frac{1}{2}O_2 + H_2O \tag{9.35}$$

碱性电解质中

$$M + O_2 + H_2O + 2e^- \longrightarrow MO_2H^- + OH^- \tag{9.36}$$

$$MO_2H^- + H_2O + 2e^- \longrightarrow M + 3OH^- \tag{9.37}$$

或 $$MO_2H^- \longrightarrow M + \frac{1}{2}O_2 + OH^- \tag{9.38}$$

四电子反应途径的特征是氧首先被吸附,吸附时氧即解离成吸附氧原子 MO。

酸性电解质中

$$2M + O_2 \longrightarrow 2MO \tag{9.39}$$

$$2MO + 2H^+ + 2e^- \longrightarrow 2MOH \tag{9.40}$$

$$2MOH + 2H^+ + 2e^- \longrightarrow 2M + 2H_2O \tag{9.41}$$

碱性电解质中

$$2M + O_2 \longrightarrow 2MO \tag{9.42}$$

$$2MO + 2M + 2H_2O \longrightarrow 4MOH \tag{9.43}$$

$$4MOH + 4e^- \longrightarrow 4M + 4OH^- \tag{9.44}$$

适合用作氧还原反应的催化剂有贵金属、有机螯合物和金属氧化物等。氧还原反应的贵金属催化剂主要有 Pt、Pd、Ru、Rh、Os、Ag、Ir 和 Au 等,这些贵金属表面对氧有不同程度的吸附能力,当电极过程的控制步骤与表面吸附有关时,电催化剂对氧的吸附能力强弱是决定其电催化活性的重要因素。氧在电催化剂表面的吸附能力既不能太强也不能太弱,适中的化学吸附能力对应催化剂的高催化活性。在各种贵金属中,Pt 和 Pd 对氧还原反应的电催化活性最高。有机螯合物属于有机电催化剂,是一些含过渡金属中心原子的大环化合物,如 Fe、Co、Ni、Mn 的酞菁或卟啉配合物。有机螯合物催化剂适用于中性、酸性和碱性各种介质,它能促进 H_2O_2 分解,使氧在阴极上按四电子反应途径进行还原,从而使电池电压提高,放电容量增加。但是有机螯合物对氧还原的作用机理还不明确,其催化活性和稳定性还不够理想,特别是在酸性介质中长期工作的稳定性还有待深入研究。金属氧化物特别适用于工作温度较高的燃料电池的氧还原反应。使用效果较好的有掺锂的 NiO、尖晶石型氧化物 $NiCo_2O_4$、钙钛矿型稀土复合氧化物 $LaMnO_3$、$LaNiO_3$ 和 $LaCoO_3$ 等。与金属催化剂相比,许多金属氧化物本身的电导率较低,需要通过改变催化剂的组成、结构来提高其电导率。

9.2.2 燃料电池电动势

与其他常规化学电源相同,燃料电池的电动势是指理想燃料电池的工作电压。所谓理想燃料电池,是指燃料电池工作在理想的热力学平衡状态,也就是说处于无过电势、无明显电流通过状态的燃料电池。燃料电池的电动势可以通过热力学方法进行计算。以氢氧燃料电池为例

$$H_2 + \frac{1}{2}O_2 \longrightarrow H_2O \tag{9.45}$$

在可逆条件下,上述电池反应的自由能变化将全部转变为电能。自由能变化 ΔG 与电池电动势 E 的关系为

$$\Delta G = -nFE \tag{9.46}$$

式中 n——电池反应转移的电子数;

F——法拉第常数。

如果气体反应物和产物都服从理想气体定律,对于 H_2 和 O_2 的复合反应

$$\Delta G = \Delta G^{\ominus} + RT \ln \frac{a(H_2O)}{p(H_2)p(O_2)^{1/2}} \tag{9.47}$$

$$\Delta G^{\ominus} = -nFE^{\ominus} \tag{9.48}$$

因此电动势可以用下式表示

$$E = E^{\ominus} - \frac{RT}{nF}\ln\frac{a(H_2O)}{p(H_2)p(O_2)^{1/2}} \tag{9.49}$$

从式(9.49)可知，氢氧燃料电池的电动势 E 除了与产物 H_2O 的活度 a 有关外（气态 H_2O 的活度小于 1，液态 H_2O 的活度等于 1），还与燃料电池的工作温度 T 和工作压力 p 有关，其变化关系可以用温度系数和压力系数表示。

根据热力学定义

$$\left(\frac{\partial \Delta G}{\partial T}\right)_p = -\Delta S \tag{9.50}$$

也可以表示为

$$\left(\frac{\partial \Delta E}{\partial T}\right)_p = \frac{\Delta S}{nF} \tag{9.51}$$

因此，如果已知燃料电池的反应熵变 ΔS，便可以由式(9.51)计算出燃料电池电动势的温度系数。燃料电池电动势的温度系数有三种不同的规律：电池反应后，气体的物质的量(Δm)减小时，反应的熵变小于零，电池的温度系数为负值；电池反应后，气体的物质的量(Δm)不变时，反应的熵变为零，电池的温度系数为零；电池反应后，气体的物质的量(Δm)增加时，反应的熵变大于零，电池的温度系数为正值。对于氢氧燃料电池而言，$\Delta m < 0$，因此电池的温度系数小于零，意味着电池电动势随着温度的增加而下降。

假设气体反应物和产物服从理想气体定律，燃料电池电动势和压力的关系可以表示为

$$E = E^{\ominus} - \frac{\Delta mRT}{nF}\ln\left(\frac{p^{\ominus}}{p}\right) \tag{9.52}$$

电动势 E 随压力 p 的变化关系 $\left(\frac{\partial E}{\partial \lg p}\right)_T$ 即为燃料电池的压力系数，一般来讲，随着电池工作压力的升高，燃料电池的电动势也随之提高。

9.2.3 燃料电池效率

燃料电池工作时所能获得的最大电功是可逆条件下的电功，即燃料电池保持电压为电动势 E 以无限小电流做功的理想值，其值等于燃料电池反应释放出的自由能，即燃料电池系统的吉布斯自由能减少值 $-\Delta G$。而燃料电池反应所能提供的热能 Q 为电化学反应的焓变减少值 $-\Delta H$，因此燃料电池的理想热效率 ε_T 为

$$\varepsilon_T = \frac{-\Delta G}{\Delta H} \tag{9.53}$$

从热力学知识可知，恒温下 ΔG 与 ΔH 的关系为

$$\Delta G = \Delta H - T\Delta S \tag{9.54}$$

所以

$$\varepsilon_T = 1 - \frac{T\Delta S}{\Delta H} \tag{9.55}$$

随着反应的不同，ΔS 可以是正值，也可以是负值，但是 ΔS 与 ΔH 相比，数值很小，一般情况下 $\left|\frac{T\Delta S}{\Delta H}\right| < 20\%$，因此燃料电池的理论效率一般在 80% 以上。当电池反应的熵变为正值时，理论效率大于 100%，如碳氧化为 CO 的反应就是一例。此时燃料电池不仅将燃料的燃烧热全部转化为电能，而且吸收环境的热来发电。

ε_T 是燃料电池的理想效率，在实际工作过程中，由于存在各种极化和副反应，燃料电池

的实际能量转换效率 ε 为

$$\varepsilon = \varepsilon_T \cdot \varepsilon_V \cdot \varepsilon_C \tag{9.56}$$

当燃料电池以一定电流工作时，由于极化存在，工作电压 U 低于电动势 E，燃料电池的电压效率 ε_V 表示为

$$\varepsilon_V = \frac{U}{E} \tag{9.57}$$

此外，燃料电池工作时，作为电池反应物的燃料很难全部得到利用，燃料电池的燃料利用率也被称为电流效率或库仑效率 ε_C

$$\varepsilon_C = \frac{I}{I_m} \tag{9.58}$$

式中　I——实际通过燃料电池的电流；

I_m——理论上反应物全部按电池反应转变为产物时从燃料电池输出的最大电流。

氢氧燃料电池实际工作时，工作电压一般在 0.75 V 左右，如果温度为25℃，电池反应产物为液态 H_2O，燃料电池的实际效率约为 50%。

9.2.4　燃料电池电化学性能

燃料电池不可能工作在理想状态下，实际工作中燃料电池通过电流 I 时，由于正负极上的活化极化 $\eta_{活}$、浓差极化 $\eta_{浓}$ 以及电池内部欧姆极化 IR 的存在，使其工作电压 U 小于电动势 E。

$$U = E - \eta_{活} - \eta_{浓} - IR \tag{9.59}$$

燃料电池工作电压与电流关系的典型变化如图 9.6 所示。假如电极为平板电极，设其面积为 A，根据电极过程动力学电化学极化和浓差极化可以分别表示为

$$\eta_{活} = -\frac{RT}{\alpha nF}\ln j^0 + \frac{RT}{\alpha nF}\ln\frac{I}{A} \tag{9.60}$$

$$\eta_{浓} = -\frac{RT}{nF}\ln\left(1 - \frac{I}{Aj_d}\right) \tag{9.61}$$

式中　α——电化学反应的传递系数；

j_d——极限扩散电流密度；

j^0——交换电流密度。

将上述两式代入式(9.59)中，并对电流进行微分，可得微分电阻公式

$$\frac{dU}{dI} = -\frac{RT}{\alpha_a nFI} - \frac{RT}{\alpha_c nFI} - \frac{RT}{nF(A_a j_{da} - I)} - \frac{RT}{nF(A_c j_{dc} - I)} - R \tag{9.62}$$

式中　α_a 和 α_c——阳极和阴极反应的传递系数；

A_a 和 A_c——阳极和阴极的面积；

j_{da}和 j_{dc}——阳极和阴极的极限扩散电流密度。

从式(9.62)可以看出，在低电流密度时方程右侧第一、二项的电化学反应电阻比较大，电压变化主要由活化极化决定，此时电池电压随电流的增加迅速下降，如图 9.6 中的曲线Ⅰ段所示；当电流密度增加时，方程右侧第一、二项的作用减小，电压变化主要由方程右侧第五项的欧姆极化决定，如图 9.6 中的曲线Ⅱ段所示，此时电池电压与电流密度呈线性变化；当电流

密度继续增加,电池的某一电极接近极限电流密度时,方程右侧第三、四项的浓差极化明显变大,电池电压受物质传递控制,电池电压迅速下降,如图 9.6 中的曲线Ⅲ段所示。

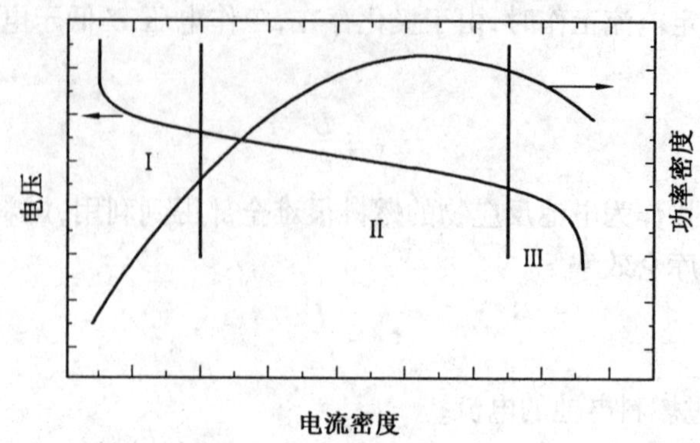

图 9.6 典型燃料电池工作电压与功率密度的变化曲线

燃料电池的极化行为决定其功率密度曲线,一般呈抛物线状,即功率密度首先随电流密度增加而升高,到达顶点后又随电流密度增加而下降。控制工作条件,维持燃料电池工作在最大功率密度范围内是非常重要的。

9.3 碱性燃料电池

碱性燃料电池(AFC)是最早研发并成功应用于空间技术领域的燃料电池。对 AFC 的研发始于 20 世纪 30 年代早期,至 50 年代中期英国工程师培根研制成功 5 kW 的 AFC 系统,成为 AFC 技术发展的里程碑。此后,技术上日趋成熟的 AFC 开始应用于阿波罗登月计划等空间技术领域,并掀起了全球性燃料电池研究的第一个高潮。

与其他燃料电池相比,如果采用纯氢和纯氧作为反应气体,碱性燃料电池具有最佳的性能。这是因为与 O_2 在酸性介质中的还原反应相比,O_2 在碱性介质中还原具有最低的电化学极化,所以 AFC 在低温下(小于等于 100℃)就可以达到超过 60%的能量转换效率,升高工作温度后,AFC 的能量转化效率可以超过 70%。而且,AFC 还可以在较宽范围内选用催化剂,各种贵金属和非贵金属都可以作为 AFC 的催化剂,当然与贵金属催化剂相比,非贵金属催化剂的性能要差一些。

碱性燃料电池的主要缺点在于,采用的碱性电解质(如 KOH 和 NaOH)很容易受 CO_2 的毒化作用,即使空气中含有体积分数为 0.03%~0.035%的 CO_2,也会严重影响 AFC 的性能。因此,目前 AFC 被限定在一些可以使用纯氢和纯氧的特殊应用领域,如空间探测等。如果将 AFC 应用于地面设施,必须增加 CO_2 的去除过程,这会提高 AFC 的成本,降低其效率。因为 AFC 的工作温度较低,在大型燃料电池电站应用方向的效率低于高温燃料电池,所以 AFC 更适合小型移动设备应用领域。

9.3.1 AFC 工作原理

典型的碱性燃料电池组成和工作原理如图 9.7 所示。以氢氧燃料电池为例,碱性燃料电池的电极反应为

阳极 $$H_2 + 2OH^- \longrightarrow 2H_2O + 2e^- \tag{9.63}$$

阴极 $$\frac{1}{2}O_2 + H_2O + 2e^- \longrightarrow 2OH^- \tag{9.64}$$

电池反应 $$H_2 + \frac{1}{2}O_2 \longrightarrow H_2O + 热 + 电 \tag{9.65}$$

在碱性燃料电池中,电解质内部传递的离子为 OH^-,电极反应决定产物 H_2O 出现在燃料电池的阳极侧,但在浓度梯度的作用下,一部分 H_2O 也会扩散到阴极,因此产物 H_2O 会从阴极和阳极两侧排出。

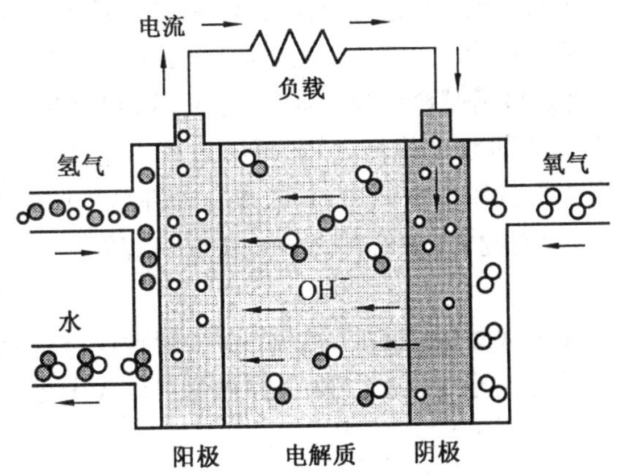

图 9.7 碱性燃料电池的组成和工作原理

9.3.2 AFC 的组成和材料

燃料电池主要由电极和电解质组成,此外还有双极板和密封材料等,这些组成材料对燃料电池性能和寿命具有重要的影响。

1.电解质和基体

(1) 电解质

在碱性氢氧化物电解质中,KOH 具有最高的电导率,所以 AFC 中最常用的电解质为 KOH 水溶液,其物质的量浓度一般为 6~8 mol/L。KOH 溶液必须维持足够高的纯度,以避免产生催化剂中毒现象。除了 KOH 外,也可以用 NaOH 作为 AFC 的电解质,但是 NaOH 的导电性不如 KOH,升高温度增加电导率的作用也没有 KOH 明显;而且对 CO_2 存在更为敏感,形成的碳酸盐溶解度和导电性更低,因此会降低 AFC 的寿命。虽然 NaOH 价格便宜,但是 KOH 仍然是更为理想的 AFC 电解质材料。

AFC 的电解质通常以自由型和固定型两种方式存在。自由型电解质通常在动力泵的作用下不断通过燃料电池,带走电化学反应产生的 H_2O 和热,然后将 H_2O 和热从所排出电解质中去除后再循环回燃料电池,这种电解质存在方式也称为循环式。循环式电解质的优点是除了冷却电堆并带走多余的水分外,电解质中累积的碳酸盐和其他杂质也很容易被清除。其缺点是为了循环电解质,燃料电池中的电解质层厚度不能太小,因此燃料电池的欧姆极化比较大,常成为 AFC 性能的控制因素之一。

固定型电解质通常固定地保持在多孔的电解液基体材料中,这种结构的电解质层厚度可以相对较薄,由电解质产生的欧姆极化大大降低,而且不需要电解质循环所额外消耗的能量,因此采用固定型电解质的碱性燃料电池可以提供更高的性能和能量转换效率。但这种设计对反应气体的纯度要求很高,并且电解质的替换和再生也比较困难。

(2) 基体材料

石棉膜是常用的电解液基体保持材料,通常由石棉纤维按造纸的方法制备。石棉材料的主要成分为 $3MgO\cdot 2SiO_2\cdot 2H_2O$,长期在浓碱(如 KOH)水溶液中会存在一定程度的侵蚀,石棉中的酸性成分 SiO_2 会与碱反应生成微溶性的 K_2SiO_3,而把碱性成分以水镁石的形式保留下来。微溶性产物 K_2SiO_3 对石棉的侵蚀有保护作用,经侵蚀后的残存的石棉纤维也有抗蚀性,因此有以下方法可防止石棉的侵蚀。一是向碱性电解质溶液中添加 K_2SiO_3,如在质量分数为 60%的 KOH 溶液中加入质量分数为 9%的 K_2SiO_3,可以完全防止石棉的侵蚀,但是这种方法的缺点是 K_2SiO_3 可能会影响燃料电池性能;二是对石棉纤维制膜前用浓碱(如 423 K 质量分数为 40%的 KOH)进行间歇性的浸泡处理,浸泡过程中生成的 $Mg(OH)_2$ 将分布在残余石棉周围,可保证纤维组织形状和吸水能力,其缺点是处理过程比较复杂。经过处理的石棉膜具有良好的离子(OH^-)导电能力,并且在化学上稳定,耐酸碱和有机溶剂的腐蚀,适宜于作 AFC 的隔膜。

除石棉膜外,还可以采用钛酸钾(K_2TiO_3)膜代替石棉膜作电解液基体保持材料。由高温合成的 K_2TiO_3 耐氧化,且不溶于 KOH 溶液中,故寿命可以大大提高,可达石棉膜的 5 倍。

2.电极和催化剂

(1) 催化剂

电极的结构形式和制备方法与所选用的催化剂密切相关。如前所述,AFC 不仅可以采用贵金属催化剂,还可以选用非贵金属催化剂。贵金属催化剂通常为铂或铂合金,其载量一般为 0.5 mg/cm^2 左右,可以以非常细小的颗粒形式沉积在碳载体上或者作为电极的一部分组成金属电极(多为镍基体)。非贵金属合金催化剂多为过渡金属,常用雷尼(Raney)镍粉为基体材料作阳极,银基催化剂粉末(如 Ag/C)作阴极催化剂。

(2) 电极

性能良好的电极结构要确保电极具有高度发达和稳定的气、液、固三相反应界面。在碱性燃料电池的发展过程中,先后成功开发了双孔结构电极和黏结型憎水电极两种结构的多孔气体扩散电极。双孔结构电极由培根发明,其结构如图 9.8 所示。这种电极分为粗孔层和细孔层两层。粗孔层面向气室,细孔层与电解质接触。培根用不同粒度的雷尼合金制备粗孔层和细孔层。粗孔层的孔径约为 30 μm,细孔层的孔径约为 16 μm。电极工作时控制适宜的反应气体压力,让粗孔层中充满反应气体,细孔层内填充电解液。电子靠粗孔层和细孔层的雷尼合金骨架传导,离子和 H_2O 在电解液中传递,反应气体则在粗孔层中传递并溶解到电解液薄膜中,再扩散到催化剂表面与电子和离子发生电化学反应。

黏结型憎水电极通常由不同孔率的几个材料层组成,其核心的催化层是将亲水并且具有电子传导能力的电催化剂(如 Pt/C)与具有憎水作用和一定黏和能力的防水剂(如 PTFE)按一定比例混合,采用滚压和喷涂等工艺加工而成。这种电极是微观尺度上相互交错的两相体系,由防水剂构成的憎水网络为反应气体提供了扩散通道;由电催化剂构成的能被电解液润湿的亲水网络则提供电子和导电离子通道。其结构如图 9.9 所示。

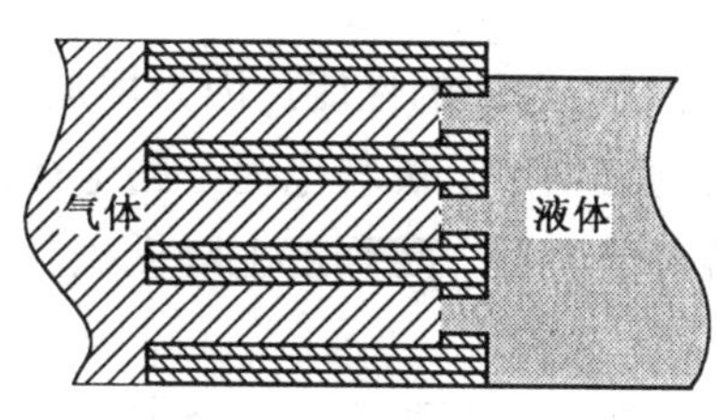

图9.8 双孔结构碱性燃料电池电极

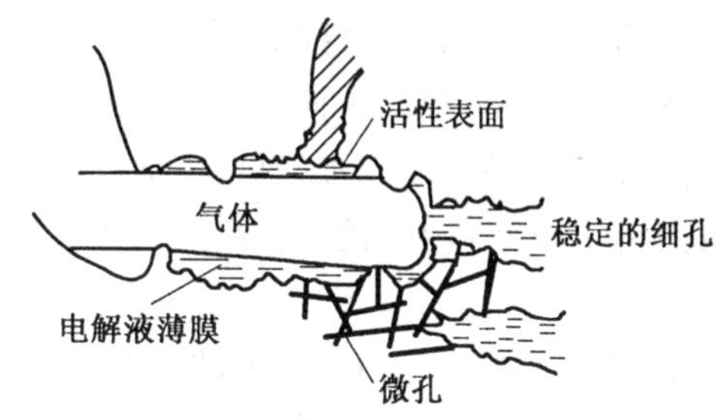

图9.9 碱性燃料电池憎水电极

典型的憎水电极如 Elenco 公司的研制用于 H_2 - 空气 AFC 系统的电极，包括集流用镍网、透气性的 PTFE 憎水层与含电催化剂的催化层。其中催化层利用附有碳载铂催化剂的颗粒与 PTFE 混合物压制而成。阳极与阴极的不同之处在于，用作催化剂的碳基种类不同，以适应不同的电催化剂环境。催化剂的载量很低，阴极与阳极的催化剂用量约为 0.6 mg/cm^2。整个电极厚度仅为 0.4 mm，适合常压下工作。

9.3.3 碱性燃料电池的排水和排热

碱性燃料电池电化学反应的副产物 H_2O 和热量必须及时排除，以免 H_2O 将电解质溶液稀释或者淹没多孔气体扩散电极，以及热量造成较大的温度变化。

碱性燃料电池常用的排水方法有静态排水和动态排水两种。静态排水法是在燃料电池的阳极侧增加一个水腔与一块排水膜，膜内饱和浓度高于电解质层的 KOH 溶液。阳极电化学反应产生的 H_2O 气化后，靠浓差迁移至排水膜燃料腔一侧并冷凝，然后靠浓差迁移通过排水膜到达水腔，并经由减压蒸发、冷凝排出。其优点是控制条件少，没有运动部件。但缺点是制作工艺复杂，会增加电堆质量，降低比能量。

动态排水法又可称为循环排水法。原理是用泵循环 H_2 或电解质将水蒸气带出燃料电池，然后将氢气流或电解质中的 H_2O 通过冷凝或蒸发等过程去除，所回收的 H_2 或电解质又可以循环回燃料电池使用。

排热通常与排水过程结合进行，在进行循环排水时，可以借助气流或电解质循环将电池产生的余热带出电池堆。

9.3.4 碱性燃料电池的性能及其影响因素

燃料电池的性能主要是指燃料电池的放电特性(极化性能)和工作寿命。两者都与燃料电池的温度、工作压力和反应气体组成等密切相关。

1.温度对燃料电池性能的影响

由于 KOH 溶液在较低温度下就具有良好的离子电导率，因此不需要提高 AFC 的工作温度就能获得较好的燃料电池性能。AFC 的工作温度一般维持在 60～70℃，如果工作温度太低(如低于 15℃时)，电池性能明显下降。在一定范围内升高工作温度，燃料电池的工作电压将会提高，当电池的工作温度提高到 80℃以上时，提高温度对电池性能的改进并不明显，从提高电池系统运行可靠性的角度考虑，电池工作温度不宜选择太高，一般不宜超过 90℃。

2.压力对燃料电池性能的影响

从理论上讲,提高工作气体的压力,有利于改善燃料电池的性能。因为增加气体压力,参加反应的气体浓度增加,燃料电池的电动势也会随之增加。燃料电池开路电压的增加要稍低于电动势的变化,因为在高压力下气体的溶解渗透会在一定程度上降低燃料电池的开路电压。

虽然增加工作压力会改善碱性燃料电池的性能,但是在高工作压力下需要使用机械强度高的材料,提高了电池的质量,而且反应物压力增加,还可能导致气体涌入电解质区,干扰电池的正常工作。若两侧气体同时发生这种情况,则可能在电解质区发生氢氧混合的危险事故。因此,一般情况下,AFC 的工作压力维持在 0.4 ~ 0.5 MPa。

3.反应气体组成的影响

AFC 的运行需要采用纯氢和纯氧作为反应气体,重整气和空气中因为含有一定量的 CO_2,会严重影响碱性燃料电池的电化学性能和寿命。CO_2 的影响主要是因为 CO_2 会和电解质中的 OH^- 发生反应,即

$$CO_2 + 2OH^- \longrightarrow CO_3^{2-} + H_2O \tag{9.66}$$

这一反应的发生会导致这样一些后果:OH^- 浓度降低,影响电化学反应速率;电解质黏度增加,降低了离子的扩散速率和极限电流;生成碳酸盐,会沉积在气体扩散电极的气孔中阻碍反应气体的传输,还会造成 O_2 在电解质中的溶解度下降。这些后果都会降低碱性燃料电池的性能并且缩短其寿命。例如,9 mol/L KOH 溶液在 65℃下以含有 CO_2 的空气作为反应气体,其寿命在 1 600 ~ 3 300 h 之间,而去除 CO_2 后电极的寿命却可以达到 4 000 ~ 5 500 h。正是因为 CO_2 的明显影响,所以必须去除反应气体中的 CO_2。

9.4　磷酸燃料电池

碱性燃料电池在载人航天飞行中的成功应用,充分证明了燃料电池的高效和可靠性。但是若将碱性燃料电池应用于地面,一般需要以空气代替纯 O_2 作为氧化剂,必须要清除空气中微量的 CO_2,而且采用各种重整富氢气体代替纯氢时,也必须除掉其中相当量的 CO_2,这样不但导致燃料电池系统复杂化,而且提高了系统造价。鉴于此,从 20 世纪 60 年代开始,以酸为电解质的酸性燃料电池的研发受到普遍重视。其中磷酸燃料电池(PAFC)首先获得突破,经过几十年的发展,PAFC 成为目前惟一能够实现民用商业化的燃料电池系统,也被称为第一代燃料电池。

由于采用磷酸作电解质,磷酸燃料电池可以直接采用烃类和醇类化合物的重整气作燃料、采用空气作氧化剂而不必考虑 CO_2 的净化问题;此外,在 200℃左右的工作温度下,催化剂对 CO 的耐受能力也可以达到 1% ~ 2%;而且,高温下磷酸燃料电池可以有效地排出 H_2O 和热,余热可以用来对吸热的气相重整反应进行加热,从而提高整个燃料电池的效率。

是与碱性燃料电池相比,由于 O_2 在酸性电解质中较慢的电化学反应速率,采用纯氢作时 PAFC 的性能要比 AFC 差许多。虽然 PAFC 能耐受一定量的 CO,但是也不能较多量 CO 的存在。而且,PAFC 需要采用较大量的贵金属作催化剂,建造成

本高。可以说 PAFC 同时面临高、低温燃料电池遇到的技术问题,却无法兼具高低温燃料电池的优点,尽管技术上已经基本成熟,并且也有许多示范运行项目,但 PAFC 还未能真正实现商业化。

9.4.1 PAFC 工作原理

磷酸燃料电池是以磷酸作为电解质的燃料电池。磷酸燃料电池的组成和工作原理如图 9.10 所示。

与碱性燃料电池不同,磷酸在水溶液中容易离解出 H^+,因此在 PAFC 电解质内部传递的离子为 H^+,而且由于阴阳极电极反应的变化,PAFC 中在阴极产生 H_2O,在阳极燃料气中的 H_2 反应生成 H^+ 并释放电子,其中 H^+ 通过 H_3PO_4 电解质层迁移到阴极,而电子则通过外电路到达阴极。在阴极,空气中的 O_2 分别与从电解质和外电路传递来的 H^+ 和电子反应生成水。

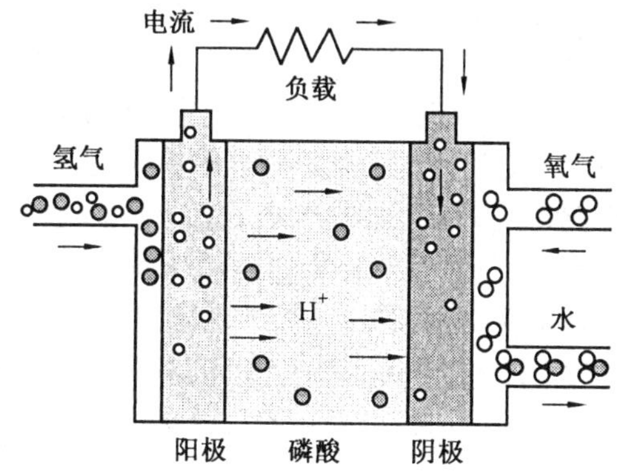

图 9.10 磷酸燃料电池结构和工作原理

阳极
$$H_2 \longrightarrow 2H^+ + 2e^- \tag{9.67}$$

阴极
$$2H^+ + 2e^- + \frac{1}{2}O_2 \longrightarrow H_2O \tag{9.68}$$

总反应为
$$H_2 + \frac{1}{2}O_2 \longrightarrow H_2O \tag{9.69}$$

9.4.2 H_3PO_4 燃料电池的组成和材料

H_3PO_4 燃料电池的基本结构由保持在基体材料中的 H_3PO_4 和两侧的阴、阳极组成。

1.电解质和基体材料

(1) 电解质

H_3PO_4 是一种无色、黏稠、容易吸水的液体,之所以选择 H_3PO_4 作为酸性燃料电池尤其是采用重整气的酸性燃料电池的电解质是基于以下考虑:

① 工作温度高于 150℃时,H_3PO_4 具有良好的离子电导率,200℃时可以达到 0.6 S/cm;

② 在 250℃时的电化学环境中 H_3PO_4 仍然具有非常好的稳定性;

③ H_3PO_4 的蒸气压较低,电解质损失速率降低,可以延长对电池的维护周期;

④ O_2 在 H_3PO_4 溶液中的溶解度较高,有利于提高阴极的反应速率;

⑤ 高温下的腐蚀性较低,可以提高电池材料的寿命;

⑥ H_3PO_4 的接触角比较大(超过 90°),可以降低电解质的润湿性。

PAFC 中的 H_3PO_4 不是以自由的形式存在,而是通过毛细力保持在多孔的电解质基体材料中。低于 150℃时,H_3PO_4 分子或者 H_3PO_4 分解产生的阴离子会吸附在催化剂表面,阻止 O_2 在催化剂表面的进一步吸附,从而降低 O_2 的电化学还原反应速率;当温度高于 150℃时 H_3PO_4 主要以一种聚集态的超 H_3PO_4($H_4P_2O_7$)形式存在,$H_4P_2O_7$ 很容易发生离子化形成 $H_3P_2O_7^-$,其体积较大,在催化剂表面吸附很小,对 O_2 吸附无明显影响,因此高于 150℃阴极 O_2 电化学还原反应速率明显提高。

一般来讲，PAFC 中所用的 H_3PO_4 的质量分数接近 100%，此时溶液中含有大约 72.43% 的 P_2O_5，20℃时的密度约为 1.863 g/mL。如果 H_3PO_4 的质量分数过大（大于 100%），电解质内离子传导率太低，质子在电解质中迁移阻力增大；相反如果 H_3PO_4 的质量分数太低（小于 95%），H_3PO_4 对电池材料的腐蚀性急剧增加，所以 H_3PO_4 的质量分数一般维持在 98% 以上。质量分数为 100% 的 H_3PO_4 具有较高的凝固点（42℃），如果 PAFC 工作在这一温度以下，基体材料中的 H_3PO_4 将会凝固，其体积也随之增加；此外，负载和空载等不同工作状态也会导致 H_3PO_4 的体积变化。频繁的体积变化会导致电极和基体材料的破坏，造成电池性能下降。因此即使 H_3PO_4 燃料电池不工作，电堆温度也必须保持在 45℃以上。这种对温度的要求是 PAFC 的一个不足之处，在某些方面限制了 PAFC 的应用。H_3PO_4 溶液的固化温度与其浓度密切相关，如图 9.11 所示。显然，质量分数接近 100% 时，H_3PO_4 的固化温度最高，随着 H_3PO_4 含量的降低，固化温度迅速下降。小质量分数 H_3PO_4 通常用于运输，以避免 H_3PO_4 固化。在输入电堆前需要将小质量分数 H_3PO_4 转变为大质量分数 H_3PO_4，一旦 PAFC 处于工作状态，就必须确保电堆温度维持在 45℃以上，因此 H_3PO_4 燃料电池需要装备适当的加热装置。

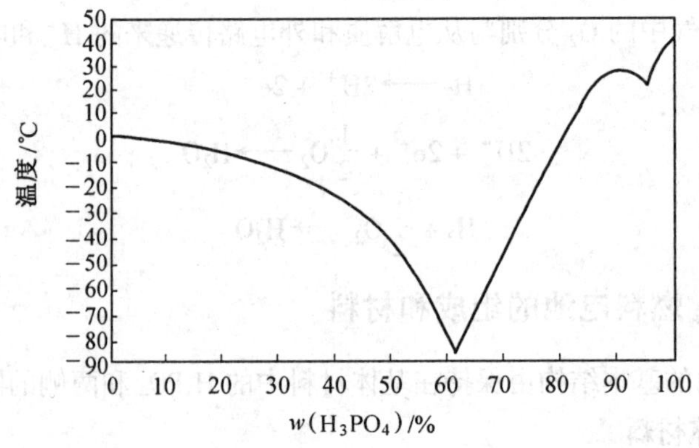

图 9.11　H_3PO_4 固化温度与 H_3PO_4 质量分数的关系

尽管 H_3PO_4 的蒸气压很低，但在长期较高温度工作过程中，H_3PO_4 的损失还是不可避免的，并且，酸损失速率随反应气体流速和工作电流密度的提高而增加。酸损失会降低电解质的导电性，影响电化学反应速率，更严重的酸损失会引起反应气体的交叉渗透，降低燃料电池的性能。因此，除非在整个工作周期内燃料电池中保持足够量的 H_3PO_4 电解质，否则 PAFC 就需要一定的补酸设备定期对燃料电池损失的酸量进行补充。可能用到的加酸方法有空载时由外部向燃料电池中补充 H_3PO_4 和以电极基体的微孔作为电解质的储备源等。采用电极基体储存电解质的方法时保存电解质的基体的孔径应该小于电极基体的孔径，这样就可以保证基体的微孔总被电解质润湿，减小了不同压力下反应气体交叉渗透的可能性，而且这种方法除了可以向电解质基体材料中加酸外，还有利于降低负载变化所导致的电解质体积变化。

(2) 基体材料

用来保持 H_3PO_4 的基体材料必须满足以下要求：对 H_3PO_4 具有较高的毛细作用；具有良好的电绝缘性；能防止电池内反应气体的交叉渗透；良好的导热性；高温工作条件下的稳定性；足够的机械强度。目前，用以保持 H_3PO_4 电解质的多孔性基体材料通常由 SiC 微粉和少量 PTFE 黏结组成,通过毛细作用使 H_3PO_4 保持在基体材料中。为降低燃料电池的内阻,基体材料的厚度应尽可能低,目前 PAFC 基体材料的厚度通常为 0.1 ~ 0.2 mm。SiC 材料除了机械强度外,在其他方面都能够满足对基体材料的要求。在某些暂态工作条件下,H_3PO_4 燃料电池阴阳极的工作压力差可以达到数万帕,而目前的 SiC 基体材料能够承受 10 000 Pa 左右的压力,因此 SiC 的机械强度还不能完全满足燃料电池的工作需要。

2. 催化剂和电极

(1) 催化剂

高比表面积的铂或铂合金是目前最理想的 H_3PO_4 燃料电池催化剂材料,对 H_2 氧化和 O_2 还原都具有良好的催化活性。铂基催化剂的活性取决于催化剂的种类、晶粒尺寸和比表面积等参数。晶粒尺寸越小,比表面积越大,催化剂活性就越高。目前制备的碳载铂催化剂的晶粒尺寸可以达到 2 nm 左右,比表面积可达到 100 m^2/g。晶粒尺寸和比表面积的关系如表 9.3 所示。

表 9.3　Pt 催化剂的晶粒尺寸和比表面积的关系

Pt 催化剂粒径/nm	位于表面的铂的摩尔分数/%	BET 表面积/($m^2 \cdot g^{-1}$)
0.8	90	200
1.8	67	130
5.0	25	50

碳材料是理想的 Pt 催化剂载体材料,它的主要作用是分散 Pt 催化剂颗粒;为电极提供大量微孔,从而有利于气体的扩散。同时碳材料具有良好的电子导电性,可以降低催化层电阻。目前主要有两种炭黑材料作为催化剂载体:炭黑和乙炔黑。这两种材料经热处理后都具有良好的电导率、耐腐蚀性和比表面积。典型的碳载铂催化剂的显微图像如图 9.12 所示。

图 9.12　典型碳载铂催化剂的显微图像

(2) 电极

H_3PO_4 燃料电池的电极由发生电化学反应的催化层和支撑催化层的基体层组成。催化层由高度分散的碳载铂催化剂和憎水性物质(如 PTFE)组成,其厚度一般在 0.1 mm 左右,催化剂负载量约为每个电极 0.5 mg/cm^2。通过优化催化层中 PTFE 的含量可以控制催化层的憎水性,以维持均衡的电解质润湿性和气体扩散能力。

与催化层相邻的基体材料是催化层的支撑体,可以允许反应气体和电子通过。在 H_3PO_4 燃料电池的工作温度下,质量分数 100% 的 H_3PO_4 腐蚀性非常强,通常需要采用石墨材料作为催化层的支撑体。支撑层的制作方法是将石墨纤维、酚醛树脂和黏结剂等混合后压模,再于高温下焙烧。所得支撑层的孔率一般为 60% ~ 80%,孔径约为 20 ~ 40 μm,厚度约为 1 ~ 1.8 mm。

3.双极板

双极板的作用是分隔阳极的富氢气体和阴极的空气,并保证相邻两极电子导通。对双极板的技术要求是:足够的气密性以防止反应气体渗透;在高温、高压和高腐蚀性 H_3PO_4 中的高化学稳定性;良好的导热和导电能力;足够的机械强度。通常采用玻璃碳板作为 H_3PO_4 燃料电池的双极板,其厚度应该尽可能薄,以减小电阻,通常厚度小于 1 mm。

9.4.3 燃料电池性能

H_3PO_4 燃料电池的工作电压通常为 0.6 ~ 0.7 V,其工作电流密度范围在 150 ~ 350 m·A/cm^2 之间。其性能与工作温度、压力、燃料和氧化剂的利用率等条件密切相关。

1.工作温度的影响

燃料电池的内部温度分布是不均匀的,工作温度通常是指燃料电池的平均温度。H_3PO_4 燃料电池的工作温度一般维持在 180 ~ 210℃。

温度对 H_3PO_4 燃料电池放电性能的影响可分为两个方面:对电池电动势的影响和对不可逆极化的影响。氢氧 H_3PO_4 燃料电池电动势 E 与温度 T 的关系为

$$\left(\frac{\partial E}{\partial T}\right)_p = \frac{\Delta S}{nF} \approx -0.27\ \text{mV/K} \tag{9.70}$$

这表明,提高工作温度,会降低 PAFC 的电动势。但是另一方面,提高燃料电池的工作温度,可以改善传质能力,降低电池内阻;电池温度升高,O_2 在 Pt 催化剂上的还原反应速率大大改善(尤其高于 180℃时效果更为明显,因为如果温度低于 180℃,H_3PO_4 分子或者 H_3PO_4 分解产生的阴离子会吸附在催化剂表面,从而降低 O_2 电化学还原反应速率),尽管对阳极 H_2 氧化反应速率的作用不大,但却对阳极催化剂的中毒问题有明显影响,随着温度的升高,阳极催化剂表面的 CO 吸附量降低,因此有利于缓解阳极的催化剂中毒问题,提高燃料电池对重整气中 CO 的耐受能力。总之,提高工作温度能够减小各种极化,改善燃料电池的总体性能和能量转换效率。

虽然提高 PAFC 的工作温度可以改善燃料电池的性能,但是温度升高同样加剧了催化剂团聚、电池组件腐蚀、电解质分解、蒸发和浓度改变等后果,这些因素都对保证 PAFC 的寿命不利。从目前的技术水平来看,PAFC 的峰值工作温度不能超过 220℃,连续工作的温度不能超过 210℃。综上所述,目前 H_3PO_4 燃料电池的工作温度一般维持在 180 ~ 210℃范围内。

2.工作压力

与温度变化类似,燃料电池内部的压力也是不断变化的。燃料电池的工作压力主要是指阴阳极入口的压力。H_3PO_4 燃料电池的工作压力在一至几个大气压范围内变化,一般小型 PAFC 采用常压,而大容量的 PAFC 则采用较高的工作压力。

压力对 PAFC 性能的影响也可分为两部分:对电池电动势的影响和对不可逆极化的影响。燃料电池的电动势 E 与工作压力 p 的对数成线性关系,即

$$E(T,p_2) = E(T,p_1) - 2.3\frac{\Delta mRT}{nF}\lg\left(\frac{p_2}{p_1}\right) \tag{9.71}$$

对于氢氧 H_3PO_4 燃料电池,$\Delta m = -0.5$,因此工作压力升高,PAFC 的电动势也相应增加。

压力对不可逆极化的作用表现在增加压力,即增加工作气体中 H_2、O_2 和水蒸气的分压。

H_2 和 O_2 分压的增加，减小了电极的浓度极化，而水蒸气分压的增加，则降低了电解质的浓度，提高了电解质的电导率，从而降低了燃料电池的欧姆电阻。当然，压力对燃料电池性能的影响会随着工作电流密度的增加而提高，这是因为高工作电流密度下浓度极化的影响增加，因此增加工作压力的效果更为明显。

随工作压力的提高，燃料电池的能量转化效率得到改善。但是采用较高的工作压力需要提高电池组件的机械强度，且要改善燃料电池系统的气密性，还会增加额外的能量损失，并会增加燃料电池系统的体积。

3.反应气体组成和利用率

PAFC 很少采用纯氢和纯氧作燃料和氧化剂，通常采用化石燃料经重整获得的富氢气体作为燃料，而以空气作为氧化剂，气体的组成对燃料电池性能有较大影响。

作为 PAFC 燃料的 H_2 通常是从天然气、石油和煤等化石燃料中得来，在重整过程中除产生 H_2 外，还产生 CO 和 CO_2 等副产物，此外，还可能存在一些未反应的碳氢化合物。例如天然气的重整气中大约含有体积分数为78%左右的 H_2、体积分数为20%左右的 CO_2 和少量的其他气体，如 CH_4、CO 及一些硫和氮的化合物，当然还含有一定量的水蒸气。在这些气体组成中，CO 会引起催化剂中毒，CO_2 和未反应的碳氢化合物（如 CH_4）则没有电化学活性，只充当反应气体的稀释剂。一般而言，增加燃料的利用率、降低电池入口的气体浓度，都会增加燃料电池的浓度极化和电动势损失，降低燃料电池性能。但是因为阳极 H_2 氧化反应的可逆性非常好，因此燃料气的组成和 H_2 的利用率对燃料电池性能并没有明显的影响。H_2 的利用率大约为 70% ~ 85%，也就是说燃料气中的 H_2 约有 70% ~ 85%被消耗用来产生电能。阳极废气中的剩余 H_2 通常被燃烧，以提供燃料气相重整过程所需要的热量。

氧化剂的组成和利用率会影响 PAFC 的阴极性能。PAFC 中所用的氧化剂主要是空气。其中的 O_2 利用率增加，阴极极化也相应增加。一定条件下，氧化剂组成和利用率与燃料电池的工作电压 U 的经验关系为

$$\Delta U = 103\ \lg \frac{p_2(O_2)}{p_1(O_2)} \tag{9.72}$$

式中　$p_1(O_2)$ 和 $p_2(O_2)$——阴极反应气体中不同的 O_2 平均分压。

若 PAFC 的氧化剂由纯 O_2 改为空气，O_2 的利用率为 50%，根据式(9.72)可以计算出燃料电池的工作电压变化约为 – 84 mV。也就是说当氧化剂由纯 O_2 变为空气后，燃料电池的工作电压将降低 84 mV，这充分说明了阴极气体组成和利用率对电池性能有明显影响，当然这种影响还与燃料电池的电流密度和温度有关。

从以上分析可知，降低燃料和氧化剂利用率，可以提高燃料电池的性能，但是同时也增加燃料的浪费，并且会增加反应气体的流率，一方面会导致额外的能量损失，另一方面也会增加电解质的流失，因此对燃料和氧化剂的利用率进行优化是非常必要的。在目前的工艺条件下，燃料气的利用率为 70% ~ 85%，而 O_2 的利用率为 50% ~ 60%左右。

4.杂质对燃料电池性能的影响

如前所述，燃料重整气中除含有 H_2 和 CO_2 外，还有一些杂质。PAFC 对所用重整气中各种杂质的最大可接受含量列于表 9.4 中。CO_2、CH_4 和 N_2 等惰性组分对燃料电池性能的影响只是通过改变 H_2 的分压来改变电池的能斯特损失，因此对燃料电池性能并没有明显的影响，而其他一些杂质尽管在气体中的含量非常低，但却通过各种方式严重地影响燃料电池的

性能。下面叙述各种杂质的影响。

表 9.4　PAFC 所用重整气中各种杂质的最大允许含量

CO_2	CH_4	N_2	$w(H_2O)/\%$	$\varphi(CO)/\%$	H_2S, COS	Cl^-	NH_3
稀释剂	稀释剂	稀释剂	10～20	175℃时，$\varphi<1$ 190℃时，$\varphi<1.5$ 200℃时，$\varphi<2$	0.01%	0.000 1%	0.000 1%

(1) CO

因为重整气中的 CO 会抑制铂催化剂的催化活性，所以对燃料电池的阳极有非常明显的毒化作用。CO 对铂催化剂的毒化作用主要是因为 CO 对 H_2 分子的双位替代所导致的，即两个 CO 分子替代一个 H_2 分子的位置，从而阻止 H_2 的进一步吸附和反应。根据这一机理，在固定过电势下的阳极氧化电流与 CO 覆盖率的关系为

$$\frac{j_{CO}}{j_{H_2}}=(1-\theta_{CO})^2 \tag{9.73}$$

式中　j_{CO}——CO 存在时的电流密度；

j_{H_2}——无 CO 存在时的电流密度；

θ_{CO}——铂电极表面的 CO 覆盖度。

如果 $\theta_{CO}=30\%$，则 j_{CO}仅为 j_{H_2}的约 50%，说明 CO 对燃料电池性能的影响很大。CO 的影响会随着燃料电池工作温度的降低而越发明显，因此对采用 Pt 催化剂的燃料电池而言，燃料气中所允许的 CO 含量随工作温度的降低而下降。在 190℃以上，H_3PO_4 燃料电池燃料气中 CO 的体积分数为 1%时，不会对电池性能产生明显影响，但是对质子交换膜燃料电池等低温工作的燃料电池，燃料气中的 CO 体积分数必须降低到百万分之几以下。

虽然 CO 对燃料电池的阳极性能有很大抑制作用，但是这种抑制作用是可逆的，提高燃料电池的工作温度，电极的性能很容易恢复。

(2) 硫化物

因所用燃料的不同，重整气体中可能会含有体积分数为 0.01%～0.02%硫化物，其他形式的硫化物对燃料电池性能没有明显影响，只有 H_2S 和 COS 对燃料电池的阳极性能有比较明显的影响。当 PAFC 燃料气中的 H_2S 和 COS 含量超过允许值时会导致电池性能迅速恶化。因此一些燃料在进入重整过程之前就必须要进行脱硫处理。H_2S 的毒化作用是因为 H_2S 吸附在铂表面阻碍了 H_2 氧化的活性点。其可能的作用机理为

$$Pt+H_2S \longrightarrow Pt—H_2S_{ads} \longrightarrow Pt—HS_{ads}+H^++e^- \tag{9.74}$$

$$Pt+HS^- \longrightarrow Pt—HS_{ads}+e^- \tag{9.75}$$

$$Pt—HS_{ads} \longrightarrow Pt—S_{ads}+H^++e^- \tag{9.76}$$

其中，铂电极上的单质硫吸附只发生在高阳极电势下，而且如果电势足够高，硫会氧化成 SO_2。

含硫化合物对电极的毒化作用随着 H_2S 浓度的升高而增加，并且随着电极电势升高和暴露时间的延长而越发严重。而且 H_2S 和 CO 对燃料电池的抑制作用存在协同效应。图 9.13给出了燃料气中没有 CO 和 CO 的体积分数为 10%的情况下，燃料气中 H_2S 浓度的变化

与电池电压损失的关系。显然，燃料气中在不含有 CO 的情况下，当 H_2S 的体积分数超过 0.02%时，燃料电池性能迅速下降，而燃料气中 CO 的体积分数为 10%的情况下，当 H_2S 的体积分数超过 0.016%时，燃料电池性能就急剧恶化。当然，H_2S 的毒化作用也是可逆的，升高工作温度可以降低或者消除其毒化作用。

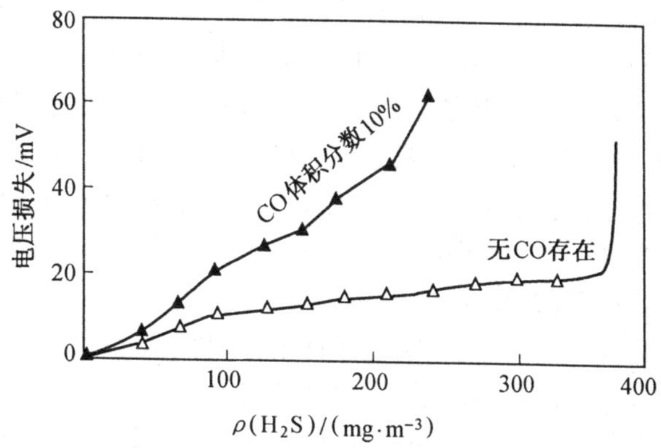

图 9.13 燃料气中有无 CO 存在的情况下 H_2S 浓度与电池电压损失的关系

(3) 氮化物

除了 N_2 作为气体的稀释剂对燃料电池性能没有明显毒害作用外，其他一些来自燃料重整过程的含氮化合物(如 NH_3、HCN 和 NO_x 等)都对燃料电池性能有一定程度的副作用。燃料或氧化剂中的 NH_3 会和 H_3PO_4 电解质反应，生成磷酸盐

$$H_3PO_4 + NH_3 \longrightarrow NH_4H_2PO_4 \tag{9.77}$$

这种 H_3PO_4 盐的存在会降低 O_2 的还原反应速率，因此反应气体中 NH_3 的体积分数应低于 0.2%。NH_3 对电池毒化作用也是可逆的，去除 NH_3 以后，燃料电池的性能即可恢复。其他一些氮化物对燃料电池性能的影响原理目前还不清楚。

5.燃料电池的寿命

燃料电池的工作寿命一般是指在额定输出电流的条件下，燃料电池的工作电压从初始值降低 10%所需要的时间，其定义式为

$$\left|\frac{U_{终} - U_{始}}{U_{始}}\right| = 10\% \tag{9.78}$$

式中，初始电压值 $U_{始}$ 是指燃料电池试运行 100 h 后的输出电压，因为一般 PAFC 需要约 100 h 的运行后才能达到稳定状态。PAFC 寿命约为 40 000 h，相当于连续运行约 5 年时间。也就是说，如果燃料电池在初始状态额定电流密度下的输出电压为 0.7 V，经过 40 000 h 运行后，其输出电压将降低到 0.63 V。

燃料电池的寿命在很大程度上取决于工作条件，如温度和工作压力、输出电压和负载的变化情况等。一般认为 PAFC 的性能衰退主要是催化剂颗粒的聚集、碳载体的腐蚀和酸涌等现象造成的。

在 PAFC 工作过程中，碳载体表面的细小铂催化剂颗粒有逐渐移动并凝聚成更大尺寸颗粒的趋势，这将导致催化剂表面积的减小，影响燃料电池性能。催化剂的凝聚速度与运行时间的对数成正比，并且与工作温度密切相关，温度升高，铂晶粒的凝聚现象更为明显。

碳载体的腐蚀会造成碳表面所附着的催化剂颗粒的减少，同时碳载体表面孔径增加，会加速碳表面的润湿性。这些现象会造成催化剂表面积减小，并且气体向催化层传递阻力增加。碳载体的腐蚀速率取决于工作电压、温度和碳载体的类型等因素。工作电压和温度越高，碳载体的腐蚀速度越快。因此，H_3PO_4 燃料电池工作时电压一般不应超过 0.8 V，在开路条件下，燃料电池的温度也不宜超过 180℃。实验数据表明，在 180℃和开路电压 1.1 V 条件下，碳载体的腐蚀速率是工作温度低于 180℃、电流密度为 100 mA/cm^2 的 8 倍，而且阴极的腐蚀要比阳极腐蚀严重许多。所以在空载或燃料电池停止工作的过程中，要通过向电池内吹入 N_2 或者以短路的方式保证燃料电池电压维持在 0.8 V 以下，在电池启动过程中也要采取相应的措施以延长电池寿命。此外，如果工作气体中水蒸气的分压超过 133.3 kPa，碳载体的腐蚀速度将大为提高，但是由于电化学反应的进行，不可避免地要产生水蒸气，因此通常需要对碳材料进行热处理(2 700℃)，以延长燃料电池的寿命。

酸涌会阻塞电极微孔，从而严重影响电极性能。电极憎水性能的减退和碳载体的腐蚀是造成酸涌的主要原因。通常在制作憎水电极的时候，要向碳载铂催化剂中加入适量的憎水材料(如 PTFE 等)，以保证电极具有良好的憎水性能，并且即使随着工作时间的延长，憎水性能退化还能够保持足够的憎水性。

9.4.4 H_3PO_4 燃料电池系统

除了燃料电池堆外，整个 H_3PO_4 燃料电池系统还包括燃料和氧化剂的供给系统、排水和排热系统、逆变器和控制系统等。其中供气系统和排水、排热系统对燃料电池性能有重要的影响。

1.供气系统

供气系统的主要功能是将反应气体均匀地提供给每一个燃料电池。这对阳极的 H_2 和 CO_2 的混合气体更为重要，因为 H_2 很轻，容易向上部富集，而 CO_2 却相对重些，容易在下部沉积。常用的气路结构有外部管路和内部管路两种。在内部管路系统中，供气管路由贯穿燃料电池堆的气孔组成；而外部管路系统则是将管路挂靠在电池堆的外部。

2.排水排热系统

H_3PO_4 燃料电池系统的水管理比较容易进行，这是因为在 H_3PO_4 燃料电池的工作温度范围内，H_2O 以气态的形式存在，因此很容易被气流带走。如果电池的工作温度低于 190℃，将有一部分 H_2O 溶解在电解质中，H_3PO_4 电解质的体积膨胀会阻塞电极微孔，造成反应气体传递阻力增加。如果燃料电池的工作温度高于 210℃，H_3PO_4 将会发生分解，电解质的腐蚀性将大大增强，即使石墨材料也会发生明显的腐蚀，因此，燃料电池的水管理过程比较容易，只要控制电池在这一工作温度范围内即可。

H_3PO_4 燃料电池所产生的废热需要不断排出，因此需要采用一定的排热冷却系统。与其他燃料电池类似，H_3PO_4 燃料电池常用的冷却系统有三种方式：空气冷却、绝缘油冷却和水冷。水冷是最常用的冷却方式，它的冷却效果要好于其他两种冷却方式，非常适合大型电站和进行热电联产。水冷可以通过沸腾水冷和加压水冷两种方式进行。沸水冷却主要通过 H_2O 汽化过程所吸收的潜热带走燃料电池产生的热量。采用沸水冷却，冷却水的进出口温度差别很小，容易使燃料电池达到均匀的温度分布，从而提高燃料电池的总体效率。同时，沸水冷却所用的水量较少,因此冷却过程的能耗降低。加压水冷主要是利用液态水的热容带走燃料电池反应所产生的热量,冷却水入口和出口的温度差要高于沸水冷却方式,但是由于液态水的热容较大,因此温度差的变化仍然要低于气冷和绝缘油冷却方式。虽然水冷系统的优点突出,但是冷却管路的接头很多,而且为了避免在高温和高压下对冷却管路和冷却板的腐蚀,必须对冷却水的水质进行处理,这会增加冷却系统的投资和维护成本。

空气冷却是利用空气的强制对流将燃料电池产生的热量移走。空气冷却的特点是冷却系统简单、工作稳定可靠,但是由于空气的热容很低,热移除效率低,因此整个系统常需要较大的辅助动力进行空气的循环。空气冷却比较适用于小型的 PAFC 发电系统。

绝缘油冷却方法采用绝缘油带走燃料电池内部产生的热量。它的冷却性能和系统的复杂性介于空气冷却和水冷之间,比较适于较小规模的应用领域(如车载、现场型电站)和一些特殊的应用领域。

9.5 质子交换膜燃料电池

质子交换膜燃料电池(PEMFC)也称聚合物电解质膜燃料电池、聚合物电解质燃料电池、固体聚合物电解质膜燃料电池和固体聚合物电解质燃料电池。无论采用何种称谓,PEMFC 通常以固体聚合物膜作为电解质,这一电解质膜在具有质子传导功能的同时还具有分隔燃料气和氧化剂的作用。

由于采用较薄的固体聚合物膜作电解质,PEMFC 除具有一般燃料电池不受卡诺循环限制、能量转换效率高等特点外,还同时具有可低温快速启动、无电解液流失和腐蚀性、寿命长、比能量和比功率高、设计简单、制造方便等优点。PEMFC 不仅可以用来建设分散型燃料电池电站,还特别适用于可移动能源系统,是电动车和便携式设备的理想候选能源之一。PEMFC 的不足之处在于:对 CO 特别敏感,采用重整燃料气时,需要将 CO 转换为 CO_2;余热品味低,难以有效利用;需要采用贵金属催化剂,成本较高;电解质膜的价格高,生产厂家少。

PEMFC 首先是在 20 世纪 60 年代由通用电气公司为美国宇航局开发的,并最早用于美国的“双子星座”航天飞行。但是后来因为美国宇航局在航天飞机中采用了碱性燃料电池,使得 PEMFC 的研究在较长的时间内处于低潮。直到 80 年代中期加拿大国防部资助巴拉德公司开展 PEMFC 的研究工作以后,在美国和加拿大科学家的努力下,PEMFC 又取得了突破性的进展。

9.5.1 PEMFC 工作原理

质子交换膜燃料电池可以采用 H_2 或净化重整气为燃料,空气或纯 O_2 为氧化剂,其结构和工作原理如图 9.14 所示。

PEMFC 采用的电解质膜本质上是一种酸性电解质,传导的离子为 H^+,因此,PEMFC 的工作原理和电极反应与 PAFC 类似。在阳极催化层中,H_2 在催化剂的作用下发生分解生成 H^+ 和电子,H^+ 通过固态电解质膜传递到阴极,而电子则通过外电路到达阴极。在阴极 O_2

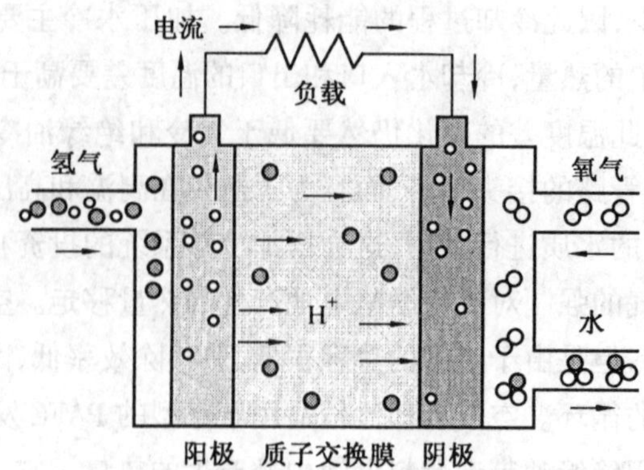

图 9.14 质子交换膜燃料电池的组成和工作原理

与阳极传递来的 H^+ 和电子反应生成 H_2O，具体的反应式为

阳极 $$H_2 \longrightarrow 2H^+ + 2e^- \tag{9.79}$$

阴极 $$\frac{1}{2}O_2 + 2H^+ + 2e^- \longrightarrow H_2O \tag{9.80}$$

总反应 $$\frac{1}{2}O_2 + H_2 \longrightarrow H_2O \tag{9.81}$$

9.5.2 PEMFC 组成部件

构成 PEMFC 的关键材料与部件有：质子交换膜；电极（阴极和阳极）和催化剂；双极板等。

1.质子交换膜

质子交换膜作为电解质为 H^+ 传递提供了通道，同时作为隔膜隔离阴阳极反应气体，质子交换膜的性能在很大程度上决定了整个燃料电池的性能。对质子交换膜的主要技术要求是：高质子电导率、低气体透过率、良好的热和化学稳定性以及足够的机械强度。

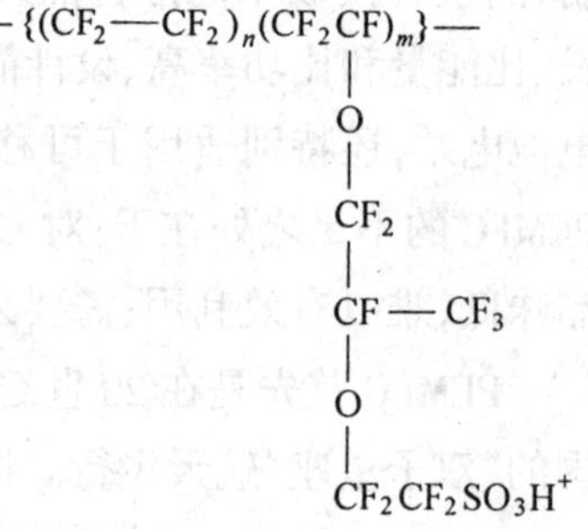

目前最常用和研究最多的质子交换膜是杜邦公司的 Nafion 电解质膜。Nafion 膜具有非常优越的化学稳定性和热稳定性以及很高的质子电导率。Nafion 膜是一种全氟磺酸膜，它的制备过程是首先以聚四氟乙烯为原料，合成全氟磺酰氟烯醚单体，该单体再与聚四氟乙烯聚合，制备全氟磺酰氟树脂，最后由该树脂制得 Nafion 膜。Nafion 膜由聚四氟乙烯骨架主链、侧向垂直于主链的全氟乙烯基醚链和侧链顶端的磺酸基团组成，其分子结构式如图 9.15 所示。

—{$(CF_2$—$CF_2)_n(CF_2CF)_m$}—
|
O
|
CF_2
|
CF — CF_3
|
O
|
$CF_2CF_2SO_3H^+$

图 9.15 Nafion 的化学分子结构式

普遍接受的 Nafion 膜结构是“反胶束离子簇网络模型”（图 9.16）。模型中疏水的氟碳主链形成一定晶相的疏水区，支链、磺酸根和吸收的水形成水合离子簇，部分的氟碳链和醚支链构成中间相。直径大小约为 4 nm 的离子簇几乎规则地分布在氟碳主链形成的疏水相内，离子簇间距一般为 5.0 nm 左右，各离子簇之间通过某种方式的通道相连接。在全氟磺酸膜内,质子迁移的基元步骤是质子从一固定的磺酸根位跳跃到另一固定的磺酸根位,磺酸根的浓度是固定的,不能被电池反应过程中所产生的 H_2O 稀释,酸的浓度通常可用膜的当量(equivalent weight)来表示,膜当量指的是每摩尔离子交换基团(磺酸根)所对应的干树脂质量,与表示质子交换能力大小的离子交换能量成倒数关系,较低的膜当量值通常可以获得较高的电池性能。Nafion 膜的一个重要特征是膜的质子电导率与其水含量关系密切,水含量升高,膜电导值也不断上升。因此在燃料电池工作过程中需要维持膜中足够的水含量。

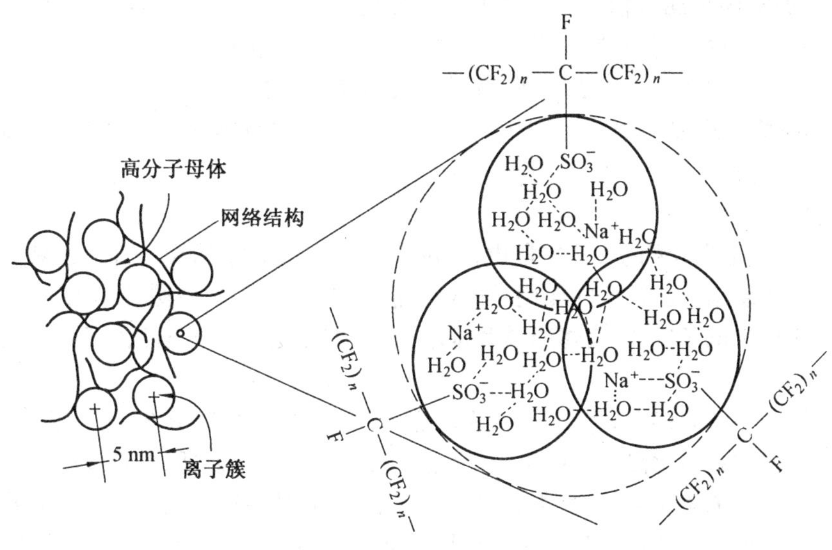

图 9.16 Nafion 膜的结构模型

除了 Nafion 膜外,道化学公司的 Dow 膜、旭硝子的 Flemion 膜和旭化成的 Aciplex 膜等都属于全氟磺酸膜。其中 Dow 膜具有与 Nafion 膜类似的结构,只是侧链较短,因此具有较低的膜当量,采用 Dow 膜燃料电池性能要略高于 Nafion 膜燃料电池。

全氟磺酸膜尽管性能良好,但价格昂贵,需要寻找高性能、成本低的替代膜。一个方法是将 Nafion 等全氟磺酸材料与其他材料混合制备复合膜。如 PTFE - Nafion 复合膜,其中 PTFE 是起增强作用的微孔介质,而 Nafion 则在微孔中形成质子传递通道。这样既可以减少全氟磺酸材料的用量,又可以保持膜的质子传导性能,但复合膜的质子电导率要较 Nafion 膜小。另外一个方法是寻找新的非氟或低氟膜材料,如聚苯并咪唑、聚丙烯酰胺、聚酰亚胺、聚砜、聚酮等经无机酸包覆后用于 PEMFC。例如,将聚苯并咪唑经无机酸处理,可以制成聚苯并咪唑 - 无机酸复合膜,此膜在高温时具有良好的电导率,质子在膜中传递时几乎不携带水分子,这使电池可以在高温、低湿度气体条件下工作,简化了水管理,同时由于使用温度可达 190℃,在一定程度上解决了阳极催化剂 CO 中毒问题,但此种膜的稳定性和寿命等还有待进一步证实。此外,也可以采用磺化聚砜、聚醚砜、聚醚醚酮以及无机复合材料等作质子交换膜材料,但关键是实现质子传导能力、机械强度以及热和化学稳定性的平衡。

2.催化剂和电极

(1) 催化剂

PEMFC 所用的最有效催化剂也是铂或铂合金,它对 H_2 氧化和 O_2 还原都具有非常好的催化能力。为提高利用率,铂或其合金均以纳米颗粒的形式担载到高度分散的碳载体上。碳载体以炭黑或乙炔黑为主,有时还要经高温处理,以增加其石墨特性,如经常使用的载体炭黑 VulcanXC - 72R,其平均粒径为 30 nm,比表面积达 250 m^2/g。制备碳载铂催化剂的方法很多。化学法制备一般是将前驱体(如 H_2PtCl_6)在溶剂中高度分散,然后沉积到碳载体上还原。如 Johnson - Matthey 公司的方法是:先将金属化合物前驱体(如 H_2PtCl_6、金属硝酸盐或氯化物等)溶于水中,再加入载体碳的水基溶浆,有时还可加入 $NaHCO_3$,再用肼、HCHO、HCOOH 作还原剂将金属沉积到碳载体上。将沉淀物过滤、洗涤与干燥后,在惰性或还原性气氛下,于600 ~ 1 000℃进行热处理即可制得高活性的铂合金催化剂。

铂基催化剂的主要问题是成本高,需要降低铂催化剂载量。一种方法是寻找高效价廉的可替代铂的催化剂,如金属氧化物和过渡金属的大环化合物等;另一种方法是改进电极结构,有效利用催化剂。

(2) 电极

PEMFC 的电极是典型的气体扩散电极,由多孔碳纸或碳布基底、PTFE 和炭黑组成的气体扩散层和催化层组成。基底的作用是支撑扩散层和催化层,扩散层的作用是收集电流,并为电化学反应提供电子通道、气体通道和排水通道,催化层是发生电化学反应的区域,因此是 PEMFC 的核心。

电极扩散层一般以多孔碳纸或碳布为基底,厚度大约为 0.2 ~ 0.3 mm。制作方法是:首先将多孔碳纸或碳布多次浸入聚四氟乙烯乳液中,对其作憎水处理,再将浸好聚四氟乙烯的碳纸置于 330 ~ 340℃烘箱中焙烧,去除浸渍在碳纸中的聚四氟乙烯乳液所含的表面活性剂,同时使聚四氟乙烯烧结并均匀分散在碳纸纤维上,以达到良好的憎水效果。焙烧后碳纸中约含质量分数为 50%的聚四氟乙烯。随后,用 H_2O 或 H_2O 与 C_2H_5OH 的混合物作为溶剂,将炭黑与聚四氟乙烯乳液配成一定比例的溶液,使其混合均匀后沉降。将沉降物涂到憎水处理过的碳纸或碳布上,即制得扩散层。

PEMFC 的早期催化层是将铂黑和起黏接和憎水作用的 PTFE 微粒混合后热压到质子交换膜上制得,Pt 载量达 10 mg/cm^2。后来,为降低 Pt 载量,改用碳载 Pt 为催化剂,以增加 Pt 的表面积,提高利用率。但是这种方法仍很难明显增加催化剂与聚合物电解质的接触面积,因此 Pt 利用率仍很低,只有 10% ~ 20%,电极 Pt 载量也仍高达 4 mg/cm^2。

在美国洛斯阿拉莫斯国家实验室的努力下,电极制备技术出现明显突破。其方法是用 Nafion 膜溶液浸渍电极催化层,然后再热压到质子交换膜上形成膜电极,使电极的 Pt 载量降低到原来的 1/10(0.4 mg/cm^2),而性能仍保持高 Pt 载量(4 mg/cm^2)时的水平。这一改进主要在于有效增加了催化剂、反应气体和质子交换膜三相界面的面积,同时采用热压方法增加了电极与膜的互相结合,形成质子传输网络,促使电化学反应在整个电极内进行(通称立体化)。采用膜溶液浸渍法虽然提高了电极性能,但膜材料的穿透能力较差,仍不能充分利用催化剂。于是,又提出薄层电极结构,其催化层仅由催化剂与 Nafion 构成,不加 PTFE,厚度仅有 10 ~ 20 μm。由于实现了 Pt 催化剂与 Nafion 的良好接触,而且改善了催化层与膜的结合,使铂载量进一步降低到 0.13 mg/cm^2 左右。

除了上述常见的电极制备方法外,也存在一些新工艺。如用电化学和化学沉积法控制 Pt 的沉积位置,用等离子体散射技术在 Nafion 膜两侧直接沉积超薄铂层等方法都可以进一步降低铂载量,提高催化剂的利用率。

虽然质子交换膜燃料电池的电极性能有了很大提高，但还远未实现最佳设计，研究新型电极组分，进一步优化电极结构，开发适于大规模生产的制备技术是进一步提高电极性能的主要方法。

3.双极板

双极板的作用是收集和传导电流、阻隔和传送燃料与氧化剂、导热等。对双极板的技术要求是良好的电和热的导体，气体不能穿透，良好的机械性能，耐腐蚀，低成本，适于大规模生产等。

PEMFC广泛采用的双极板是无孔的机加工石墨板，其制备过程是将石墨粉与可石墨化树脂混合，经高温石墨化，然后再通过切削、研磨和抛光等工序成型。复杂的工艺导致机加工石墨板价格昂贵，而且不适于规模生产。另外由于石墨的脆性，不能做得很薄，对减小电堆的体积和质量也是个限定因素。为降低成本，改进加工性能，也可以将石墨材料与导电剂和黏接剂混合后经注塑、模压等方法加工双极板。但所得双极板的导电性受到一定影响，黏结材料降解还可能影响电池寿命，并且这些方法在加工细流道和脱模过程中也会遇到一些困难。除石墨材料外，双极板材料还可以采用经表面改性的金属材料(如Al、Ti、不锈钢和Ni基合金等)等。采用金属双极板在阴极侧由于氧化性气氛容易生成较厚的氧化膜，增加接触电阻；在阳极侧则可能会发生轻微的腐蚀。防止发生腐蚀和接触电阻增加的关键是对金属材料进行表面改性。

双极板所采用的流场结构主要有蛇形流场和网状或多孔材料流场，如图9.17所示。此外，还存在交指形流场结构(图9.18)，在这种结构中，反应气体从入孔进入末端封死的流场通道，迫使气体在压力差的作用下经强制对流通过电极内部到达流道出口段，这一流动机理的变化使反应气体到达催化层表面的距离大大缩短，因此传质加快，反应速率提高。此外，气体流动的剪切应力易将阴极中聚集的由于电迁移和电化学反应生成的液态水带出电极，减小了阴极水淹现象，从而大大提高了PEMFC的性能。

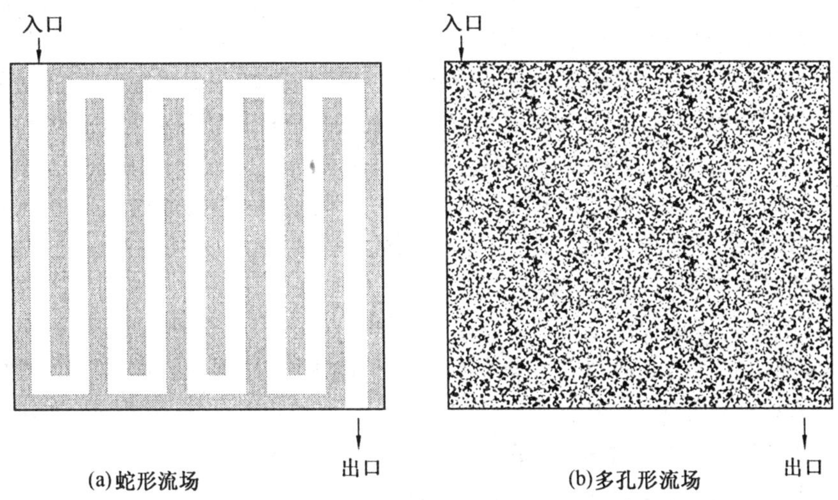

图9.17 质子交换膜燃料电池的常规流场结构

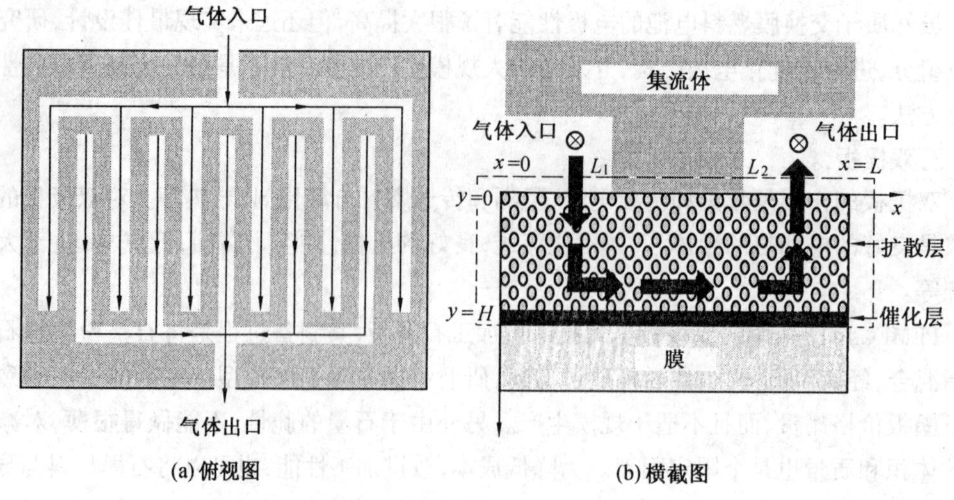

图 9.18 质子交换膜燃料电池的交指形流场结构

9.5.3 水管理

如前所述,质子在全氟磺酸 Nafion 膜中的传导是通过在磺酸基间的跳跃传输来实现的。PEMFC 的一个显著特点是质子交换膜的电导率与膜中水含量密切相关。在水存在条件下,质子和磺酸基都以溶剂化状态存在,这非常有利于质子的传递过程,完全水化的 Nafion 膜在 80℃的电导率可达 0.1 S/cm。保持质子交换膜处于较高水化状态对于燃料电池性能非常重要,否则,欧姆压降将成为影响燃料电池效率的重要因素。因此,PEMFC 的高效运行不仅需要制造技术上的进步,还需要对燃料电池进行有效的水管理。

质子交换膜中的水传输过程对水管理有重要的影响。水传输过程包括在电场作用下质子从阳极通过质子交换膜向阴极传递的电迁移、由浓度差别所导致的扩散(因为阴极不断产生水,所以通常扩散方向由阴极指向阳极)以及由于压力等不同所导致的水的对流传质等。上述传递过程通常会造成膜的一侧失水(以阳极侧失水较为常见),增加膜电阻。为维持膜中的水含量,需采取各种加湿策略,具体可分为外加湿和内加湿两类。最简单的外加湿方法是使反应气体通过液态水来增加气体中水的含量,控制气体在水中的驻留时间和加湿器的温度可以调节气体湿度。加湿器温度是重要参数,一般 O_2 的加湿温度要比燃料电池工作温度高 5℃,而 H_2 的加湿温度则要比燃料电池高 10℃左右。此外,沿流道注入水蒸气、直接向流道入口注入液态水、用灯芯线连接电解质膜和外部盛水容器及通过工作尾气的循环等都是具有良好效果的外加湿方式。其中,尤以直接注入液态水和采用灯芯线的方法更加有效。而且,直接注入液态水法还有一个优点是不需要对加湿部分加热,液态水蒸发还会吸热,有利于进行热管理。外加湿法虽然有效,但会增加整个系统的重量和体积、降低燃料电池系统的效率。内加湿法是用电池内部电化学反应产生的 H_2O 对膜进行加湿。主要有以下几种方式:采用多孔材料作极板,通过毛细吸附作用保持阴极中的 H_2O,并促使其向阳极传递;在薄 Nafion 膜中置入少量 Pt 微粒,以催化透过膜的 H_2 和 O_2 反应,用生成 H_2O 维持膜的高水含量;采用先浸渍后热压的方法获得极薄的电解质膜。

PEMFC 的水管理不仅涉及加湿问题,反应产生 H_2O 的排出问题也非常重要,因为液态水会阻塞气体通道,影响反应气体的传输。优化反应气体的流量和压力可以部分解决这一问题。此外,交指形流场通过反应气体的强制对流也可以在一定程度上克服水淹电极情况,解决液态水的排出问题。

9.5.4 PEMFC的性能

由于温度、压力和反应气体组成等运行条件的差异,PEMFC的性能差别很大。

1.温度的影响

温度对PEMFC性能有显著影响。温度升高,反应气体的传递速度增加,电化学反应速度也提高,同时电解质的欧姆电阻降低,使得电池内阻下降。因此温度升高,PEMFC的性能提高。实验表明,温度每升高1℃,电压增加1.1~2.5 mV。此外,因为CO的吸附是放热反应,温度升高,CO的吸附减弱,有利于缓解催化剂中毒问题。但是PEMFC的工作温度受质子交换膜中水蒸气分压的限制,温度升高,水蒸气分压增加,容易造成膜脱水,导致质子电导率降低,而且温度太高,Nafion膜的稳定性会降低,可能发生分解。一般PEMFC的工作温度维持在50~90℃。

2.压力的影响

与其他燃料电池类似,工作压力也对PEMFC性能有重要的影响。提高工作压力,不仅会增加PEMFC的电动势,更重要的是会明显改善电极的极化性能,尤其是阴极提高压力,会显著改善传质特性。当然通过增加压力提高燃料电池性能时,还必须考虑加压系统的成本和能耗,总之,要在综合考虑性能、成本和体积等因素的基础上进行优化。

3.CO的影响

PEMFC的一个主要应用方向是车载应用,CH_3OH重整气可能成为PEMFC的主要燃料。重整气中通常都会含有少量的CO(体积分数1%),由于PEMFC的工作温度比PAFC低许多,因此CO对PEMFC的阳极催化剂具有严重的毒化作用,即使只有每立方米几毫克的CO,也会导致燃料电池性能明显下降,特别是在高电流密度时更是如此。解决CO中毒问题的基本途径是降低燃料气中CO的含量,此外增加燃料电池的温度和压力也可以在一定程度上缓解CO的中毒问题。

9.6 直接甲醇燃料电池

与本章其他类型燃料电池的命名方式不同,直接甲醇燃料电池(DMFC)不是以所用电解质命名,而是以所用燃料命名的。直接甲醇燃料电池与质子交换膜燃料电池类似,也采用聚合物质子导电膜为电解质,工作温度也较低(通常小于150℃),只是阳极直接用CH_3OH为燃料,而不经过甲醇重整制氢的中间步骤。与质子交换膜燃料电池相比,直接甲醇燃料电池具有更高的能量密度,不需要重整装置,系统更为简便、紧凑。甲醇来源丰富,可以很容易从天然气和可再生物质等来源中获得。而且CH_3OH的储运过程安全方便,可以充分利用现有的基础设施。上述优点决定了直接甲醇燃料电池非常适合用于车载和便携式设备的电池。

当然,直接甲醇燃料电池也存在一定问题,如CH_3OH的电化学氧化速度较慢,需要使用贵金属催化剂,而且反应过程中生成的一些中间产物对催化剂有毒化作用。CH_3OH会通过电解质膜渗透,造成电池电压降低、燃料利用效率下降等。这些问题是限制直接甲醇燃料电池商业化的重要因素。

采用液态燃料(如 CH_3OH)直接工作的燃料电池研究始于20世纪50年代末，但是因为催化剂和 CH_3OH 透过等问题所遇到的困难，到70年代陷于停顿。直至90年代早期，随着质子交换膜燃料电池的迅速发展又重新受到关注，并且进展迅速。

9.6.1 直接甲醇燃料电池的工作原理

直接甲醇燃料电池的工作原理与质子交换膜燃料电池类似，只是以 CH_3OH 代替质子交换膜燃料电池阳极中的 H_2。在阳极，CH_3OH 在催化剂作用下发生电化学氧化，生成 CO_2、质子和电子，质子和电子分别通过质子交换膜和外电路到达阴极，与 O_2 反应生成水。其电化学反应式为

阳极反应 $$CH_3OH + H_2O \longrightarrow CO_2 + 6H^+ + 6e^- \tag{9.82}$$

阴极反应 $$\frac{3}{2}O_2 + 6H^+ + 6e^- \longrightarrow 3H_2O \tag{9.83}$$

电池反应 $$CH_3OH + \frac{3}{2}O_2 \longrightarrow CO_2 + 2H_2O \tag{9.84}$$

常压、25℃时，如果参加反应的 CH_3OH 为液态，则总反应的吉布斯函数变 ΔG 为686 kJ/mol，因此燃料电池的电动势为 $E = 1.18$ V。

9.6.2 DMFC的组成部件

DMFC直接以 CH_3OH 代替 H_2 或重整气体为燃料主要带来两个问题，即 CH_3OH 较低的电化学氧化速率和通过质子交换膜渗透，因此与质子交换膜燃料电池相比，DMFC的差别主要体现在催化剂和质子交换膜上。

1.质子交换膜

Nafion膜是目前最常用的DMFC电解质，阳极 CH_3OH 容易透过Nafion膜到达阴极并且被氧化成 CO_2 和水。一方面会因为形成混合电势造成阴极电势和整个电池电动势的下降，另一方面渗透的 CH_3OH 并没有产生电能，减小了 CH_3OH 消耗的库仑效率，实际工作条件下 CH_3OH 库仑效率可以降低20%左右。因此寻找具有良好防 CH_3OH 透过能力的质子导电膜非常重要。

对直接甲醇燃料电池电解质膜的要求是：高质子电导率、低甲醇透过率及良好的化学、电化学和热稳定性。一些固体电解质材料表现出能够满足这些要求的潜力，如磺化聚醚醚酮、聚醚砜、聚偏二氟乙烯、苯乙烯改性或磺化膜、沸石胶体膜、杂多阳离子包覆膜等。

磺化聚醚醚酮和聚醚砜膜即使在很薄的情况下(10～50 μm)也具有良好的机械强度，质子传导能力和甲醇透过性质也基本能满足要求。而且可以由包含聚合物前驱体的溶液在电极表面铺展形成非常薄的电解质膜，对降低电池内阻非常有利。但是在DMFC工作环境中还存在稳定性问题，而且材料的磺酸化程度越高，材料的稳定性越差。解决这一问题的一个办法是先成膜，然后对膜进行交联。适合用作交联的化合物是脂肪类二胺或环状二胺(如重氮二环辛烷和氨基吡啶等)，通过调节二胺的链长可以控制所生成膜的甲醇透过能力。关键是需要实现磺化和交联间的平衡，以维持足够的质子电导率、机械强度、甲醇透过能力和稳定性。

替代Nafion的膜还有酸包覆的聚丙烯酰胺和聚苯并咪唑。这类膜的问题是相对分子质量较小的酸(如 H_3PO_4)在阳极反应物热 CH_3OH 和 H_2O 的混合物中的溶出问题。而且在高

温下这种膜可能吸水而产生一定的膨胀。溶出问题可以通过采用高相对分子质量的超强酸(如磷钨酸)代替小相对分子质量酸来解决。但是高温下吸水引起膜膨胀问题很难解决,因为水是质子传递所必需的。

此外,还可以采用复合材料膜解决甲醇透过问题。重铸 Nafion-硅复合膜表现出了良好的机械强度、高温下的水保持能力、抗甲醇通过能力和良好的电导率。这种电解质可以允许 DMFC 工作在 145℃,从而促使甲醇氧化速率大大提高。这种电解质的惟一缺点是高成本,因为在制备过程中需要采用昂贵的全氟磺酸聚合物。此外,还有杂多酸包覆硅与 Nafion 的复合膜或 H_3PO_4 锆与 Nafion 的复合膜等材料。

2.电极催化剂

尽管 CH_3OH 氧化的热力学特性(特别是可逆电势)与氢接近,但 CH_3OH 的电氧化过程却要复杂和困难得多。CH_3OH 的电化学氧化速度要比 H_2 氧化低 3~4 个数量级,CH_3OH 完全氧化需要转移 6 个电子,释放 6 个质子,这意味着 CH_3OH 的氧化不是一步完成的,CH_3OH 氧化过程中可能产生各种各样的中间产物。迄今为止,能在较低温度和酸性电解质中吸附和催化氧化 CH_3OH 的仍然是贵金属 Pt 和其合金。如 9.2 节所述,CH_3OH 在 Pt 和其合金上的电化学氧化机理可简单地分为两步:CH_3OH 吸附到电极催化剂上并逐步脱质子形成含碳中间产物;含氧物种参与反应,氧化去除含碳中间产物。

CH_3OH 在清洁 Pt 表面的初始氧化过程很快,但某些吸附较强的中间产物(如 CHO 和 CO 等)会牢固吸附在金属 Pt 表面,占据反应活性位,不易被氧化去除,阻碍 CH_3OH 和 H_2O 的进一步吸附分解,长期积累会导致催化剂中毒,表现为 CH_3OH 氧化电流迅速衰减。CH_3OH 在 Pt 催化剂上的反应活性不仅依赖于电势的高低,而且还有赖于催化剂的表面结构。CH_3OH 在 Pt(100)晶面上的初始反应速率虽然较高,但 CO 积累迅速,反应速率迅速衰减,抗中毒能力差,吸附中间物需要较高过电势才能氧化去除;而 Pt(111)晶面虽然 CH_3OH 反应速率较低,但较稳定,抗中毒能力较强。因此,保持催化剂中有较多 Pt(111)晶面是必要的,这样有利于提高催化剂抗中毒能力,保持催化剂性能稳定。此外,催化剂粒子大小也是催化剂性能的重要影响因素。

除控制 Pt 催化剂的晶面结构和粒径等方法外,添加其他金属与铂形成铂基合金也是提高催化剂 CH_3OH 氧化能力的重要方法。根据 CH_3OH 的氧化过程,双功能模型是比较适宜的 CH_3OH 电催化模型,即在催化剂表面需要有两种功能中心:CH_3OH 吸附和 C—H 键活化以及脱氢过程中心(主要是在 Pt 活性位上进行),水的吸附和活化解离中心(在 Pt 或添加组分上进行)。两种功能中心上的含碳中间产物和含氧物种相互作用,完成整个阳极反应。根据双功能模型,所添加的金属组分作用应包括:一方面能促进水吸附解离反应的进行;另一方面能通过电子作用修饰 Pt 的电子性能,从而影响 CH_3OH 的吸附和脱氢过程,减弱中间产物在金属表面的吸附强度。添加不同的组分可以分别或同时满足上述不同要求。设计电催化剂时必须考虑 C—H、Pt—C、添加金属或 Pt—OH、金属—C 等几种化学键的强度。尽管元素周期表中 Pt 右侧的某些过渡金属元素具有较强的吸附和解离水分子的能力,但金属—OH 键较强,使—OH 不能顺利地转移到 Pt—CO 附近并与其反应。总之,助催化金属组分与活性氧 O(或 OH)之间的键强应适当:太弱,不利于 H_2O 的吸附和活化;过强,则—OH 不容易移动,不利于与—CO 等充分反应。此外,某些过渡金属氧化物较弱的导电性能也应该是必须考虑的因素。

基于上述分析，理想的 CH_3OH 氧化催化剂应该具有如下特点：催化剂中应该含有较多 Pt(111)晶面，这要求各类助催化金属不应超过其在 Pt 晶相中的溶解度，尽可能保证催化剂表面具有较多的 Pt(111)晶面；催化剂中提供活性氧的添加金属吸附并解离 H_2O 的能力应强于 Pt，但添加金属—O(H)键强应适当，以保证表面活性氧的及时形成并能转移到吸附的含碳中间产物附近将其氧化消除；如以添加金属组分活化 C—H 键，则它的存在应该有利于吸附在 Pt 上的含碳中间产物的转移以释放 Pt 活性位，促进 CH_3OH 的吸附和脱氢过程；除满足上述条件外，催化剂还应具有较高的导电性以降低电池内部电阻，提高电池性能，而且电极催化剂应具有一定的抗腐蚀能力和好的化学、电化学稳定性。

直接甲醇燃料电池所用的铂基催化剂有二元或多元催化剂，例如，PtRu、PtRuW 和 PtRuOsIr。铂基二元催化剂对 CH_3OH 的电氧化因助催化成分的不同而有所差异。Sn、Ru、W、Mo 等元素的加入对 CH_3OH 在 Pt 表面的反应有明显的改善作用。例如，仅用少量的 Sn 和 Ru 修饰就能将 CH_3OH 在 Pt 表面的反应活性提高许多。但 Sn 和 Ru 的助催化作用并不完全一样。其中 Ru 的加入可能带来两方面的作用：一方面 Ru 将部分 d 电子传递给 Pt，减弱 Pt 和 CO 之间的相互作用，同时 Ru 的加入能使吸附的含碳中间物中的 C 原子上正电荷增加，使其更容易受到水分子的亲核攻击；另一方面，Ru 的加入能增加催化剂表面含氧物种的覆盖度，这种表面含氧物种可能不仅限于 Ru—O 的存在，Pt—O 也有可能因 Ru 的存在而增强。从 CH_3OH 电氧化的双功能模型角度讲，希望 PtRu 催化剂中的 Pt 是还原态的，而 Ru 是氧化态的。PtRu 催化剂是直接甲醇燃料电池目前最有效的阳极催化剂。Sn 的助催化作用可能不同于 Ru，Ru 无论是电化学沉积于 Pt 表面，还是与 Pt 形成合金结构，都具有明显的助催化作用，而 Sn 的作用可能因加入方式的不同而不同。例如，合金结构的 Sn 能引起 Pt 的 d 电子轨道部分填充，并能引起 Pt—Pt 金属键的伸长，它不利于 CH_3OH 在 Pt 表面的吸附，也不利于 C—H 键的断裂，但同样也能减弱 CO 等中间物在催化剂表面的吸附，这与 PtRu 合金催化剂中 Ru 的作用不同。对 Sn 助催化的作用及 Sn 的含量目前都存在争议，但倾向于认为其作用是通过电子效应来实现的，这与 Ru 的多重助催化效应有区别。

虽然 PtRu 等二元催化剂具有较好的催化活性，但长时间工作的稳定性还不能完全满足直接甲醇燃料电池的要求。这可能是长时间工作过程中中间产物的积累、贵金属催化剂流失、金属颗粒变大导致催化剂活性位减少等原因造成的。另外 Ru 化学态的改变也可能是导致 PtRu 催化剂活性降低的原因。可以在 PtRu 基础上添加其他金属组分，以提高催化剂的活性和稳定性，如 PtRuW、PtRuMo 和 PtRuOs 等体系。添加氧化钨的 PtRu 催化剂对 CH_3OH 氧化具有较高的活性。但需要综合考虑催化剂活性和导电性能，研究发现，Pt:Ru:W 物质的比为 3:1:2 的 $PtRuWO_3$ 催化剂，既考虑了催化活性的改善，又兼顾了催化剂本身的内阻，该催化剂的综合性能优于 PtRu。PtRuOs 也是一个较为有效的三元合金催化体系。利用电弧熔化法或化学还原法制备的 PtRuOs 催化剂具有面心立方晶体结构，催化剂表面含有较多的 Pt(111)晶面，并且由于 Os 的存在，催化剂表面—OH 基团更丰富，活性氧的供给更迅速，能明显地减少 CO 等中间产物在催化剂表面的吸附区域，因而该催化剂表现出比 PtRu 更高的催化活性。

除了 Pt 系 CH_3OH 阳极催化剂外，一些非贵金属催化剂（如过渡金属合金和过渡金属氧化物）也可以作为 CH_3OH 氧化的催化剂，但与 Pt 系催化剂比较，这些催化剂体系的电化学稳定性和活性还不能令人满意。

9.6.3 直接甲醇燃料电池性能

与 PEMFC 相比,DMFC 的性能受 CH_3OH 从阳极向阴极透过和阳极 CH_3OH 较慢的电化学氧化速度影响很大。在相似的工作条件下,虽然直接甲醇燃料电池的电动势只比 PEMFC 低40 mV左右,但是其开路电压却要低 150 ~ 200 mV。直接甲醇燃料电池的性能受 CH_3OH 浓度和 CH_3OH 渗透的影响较大。

1. CH_3OH 浓度的影响

CH_3OH 浓度对电池性能有明显影响。增加 CH_3OH 浓度,催化剂表面吸附的 CH_3OH 数量增加,可提高 CH_3OH 的氧化速度,但同时溶液中 H_2O 的含量减少会降低反应速率,两者综合作用的效果是 CH_3OH 电化学氧化的反应级数为 0.5,即其他条件不变,CH_3OH 氧化的电化学反应速度与 CH_3OH 浓度的平方根成正比。而且,增加 CH_3OH 浓度,透过质子交换膜渗透的 CH_3OH 数量增加,因此,需要在维持电化学反应速度和 CH_3OH 渗透速度均衡的基础上决定 CH_3OH 的浓度。一般 CH_3OH 的浓度在 1 ~ 2 mol/L 时,直接甲醇燃料电池的能量密度最高。

2. CH_3OH 渗透的影响

CH_3OH 透过电解质膜渗透是影响直接甲醇燃料电池性能最重要的因素之一。整个燃料电池的效率主要由电压效率和 CH_3OH 消耗的电流效率决定。电流效率主要受 CH_3OH 透过电解质膜的渗透影响。可以用 CH_3OH 在阴极发生的寄生反应的电流密度来表征 CH_3OH 透过电解质膜的速率,这样 CH_3OH 的电流效率 $\eta_{电流}$ 可以表示为

$$\eta_{电流} = \frac{I_{电池}}{I_{电池} + I_{寄生}} \tag{9.85}$$

CH_3OH 的渗透速率通常可以用 CH_3OH 在阴极发生电化学氧化产生的 CO_2 量来间接衡量。在燃料电池工作过程中阳极产生的一部分 CO_2 可能会透过电解质膜渗透到阴极,因此通过阴极 CO_2 含量衡量渗透率,会高估 CH_3OH 渗透率,实际的 CH_3OH 渗透率会略低于测定值。

CH_3OH 渗透与温度、工作电流密度和质子交换膜的性质等都有关系。通常温度增加,电解质膜会发生膨胀,并且 CH_3OH 扩散系数也增大,这都会导致 CH_3OH 的渗透速度增加。CH_3OH 通过电解质膜的渗透包括电迁移和浓度扩散。电迁移方式是指 CH_3OH 会随水合质子的电迁移透过电解质膜向阴极传递,传递速度随着电流密度的增加而升高。而浓度扩散则和电流密度间接相关。电极过程动力学理论表明,如果反应物的供应速度低于电化学消耗速度,就会出现极限扩散的情况。因此,如果 CH_3OH 的电化学氧化速度高于 CH_3OH 的供给速度,在电极和电解质膜界面上的 CH_3OH 浓度梯度可能接近于零。此时,通过浓度扩散渗透的 CH_3OH 量将大为减少,通过控制工作条件可以在一定程度上实现这一状态。虽然增加膜的厚度也可以减少 CH_3OH 渗透,但也同时增大了电池的欧姆电阻。采用较薄的电解质膜以减少欧姆电阻,同时通过控制电池工作条件来限制 CH_3OH 渗透可能是获得更高燃料电池性能的有效途径。例如,在 90℃、阳极 CH_3OH 浓度为 1 mol/L 的情况下,采用 Nafion117 膜的直接甲醇燃料电池,在开路时,CH_3OH 的渗透速率超过 100 mA/cm^2;在工作电流密度为 300 mA/cm^2,CH_3OH 的渗透速率则小于 40 mA/cm^2。而采用 50 μm 的 Nafion112 膜,在开路时,CH_3OH 的渗透速率为几百 mA/cm^2,在工作电流密度为 500 mA/cm^2,CH_3OH 的渗透速率

则降为 60 mA/cm^2。这意味着 CH_3OH 的电流效率接近 90%,而且欧姆电阻的降低提高了工作电流密度。

质子交换膜的性质是影响 CH_3OH 渗透的重要因素,经过改性的硅 – Nafion 复合膜可以有效抑制 CH_3OH 透过。在这种膜中尺寸小于 7 nm 的硅颗粒嵌在聚合物结构中充当 CH_3OH 透过的抑制剂。这种抑制作用随着聚合物结晶化程度的提高而增加。一般来讲,结晶化程度较高的全氟磺酸膜具有较小的 CH_3OH 渗透率。提高结晶化程度并不影响电解质膜的质子电导,因为质子电导率主要由膜中水含量决定,可以通过增加吸湿性的无机物来提高电导率。实际的复合膜在 145℃电导率可达 0.08 S/cm。

9.7 熔融碳酸盐燃料电池

熔融碳酸盐燃料电池(MCFC)也被称为第 2 代燃料电池,预期它将在 H_3PO_4 燃料电池之后 5~7 年进入商业化阶段。MCFC 的工作温度为 600~700℃,典型温度为 650℃。工作温度的提高带来了几个明显的优点:产生的高品质余热可以用来供热、用来进行锅炉发电或者压缩反应气体,以提高工作压力,改善燃料电池性能,而且能用来进行燃料气的内部或者外部重整,这些都将产生更高的发电效率;可以使用各种燃料,燃料可以进行内部重整,省略了外部重整和燃料处理系统,降低了成本,并减小了额外的能量消耗,能够提高整个系统的效率,如果采用内部重整和天然气作燃料,MCFC 的能量转换效率可以达到 52%~57%;可直接使用 CO 含量较高的燃料(如煤制气),而不会引起催化剂中毒问题;电化学反应的极化小,不需要使用贵金属催化剂,降低了系统成本。

MCFC 的缺点是:高温下电解质的强腐蚀性会影响电池寿命,对电池材料的耐腐蚀性能要求严格;电池系统需要 CO_2 循环,将阳极产生的 CO_2 重新输入到阴极,增加了系统的复杂性;另外,高温下电池边缘需要采用湿密封技术,其难度较大。

MCFC 主要应用于固定型电站,在车载方面,由于高温、相对低的能量效率和较长的启动时间,限制了 MCFC 的应用,但是在大型的舰船和火车中有可能得到应用。

9.7.1 MCFC 工作原理

MCFC 单体由多孔气体扩散电极(阴极和阳极)和熔融态的碳酸盐电解质组成。其结构和工作原理见图 9.19。

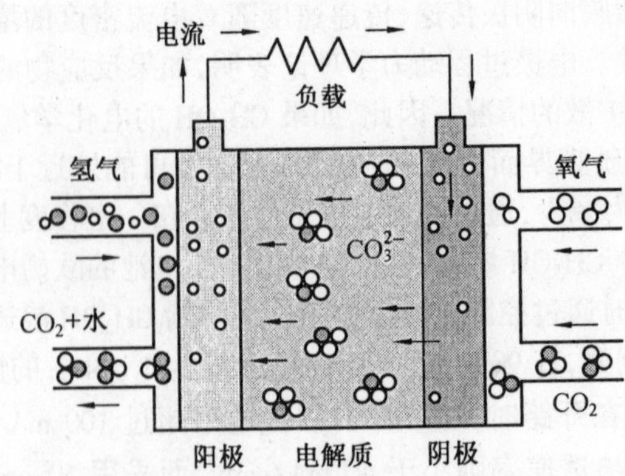

图 9.19 熔融碳酸盐燃料电池的组成和工作原理

MCFC 的主要燃料是 H_2,氧化剂是 O_2 和 CO_2。工作时,阳极的 H_2 与通过电解质层从阴极迁移来的载流子 CO_3^{2-} 反应生成 CO_2 和水,同时将电子输送到外电路。阴极上的 O_2 和 CO_2 与从外电路输送来的电子结合生成 CO_3^{2-} 载流子。所涉及的反应方程式为

阳极 $$H_2 + CO_3^{2-} \longrightarrow H_2O + CO_2 + 2e^- \tag{9.86}$$

阴极 $$CO_2 + \frac{1}{2}O_2 + 2e^- \longrightarrow CO_3^{2-} \tag{9.87}$$

总反应 $$H_2 + \frac{1}{2}O_2 = H_2O + 电能 + 热 \tag{9.88}$$

在阳极除了 H_2 氧化反应外,其他一些燃料气(如 CO、CH_4 和更高级的烃类化合物)也会通过相应的反应转变为 H_2 作为燃料。尽管 CO 等的直接电化学氧化($CO + CO_3^{2-} \longrightarrow 2CO_2 + 2e^-$)也有可能进行,但与 H_2 氧化反应相比,其速度非常慢,CO 氧化主要通过转换反应

$$CO + H_2O \longrightarrow CO_2 + H_2 \tag{9.89}$$

进行,在 MCFC 的工作温度下,水气转换反应在催化剂(如镍)表面很容易达到平衡。CH_4 的直接电化学反应也可以忽略,CH_4 和其他一些烃类化合物一般也要经过气相重整过程(通常称为甲烷化平衡)

$$CH_4 + H_2O \longrightarrow CO + 3H_2 \tag{9.90}$$

转化为 H_2 进行反应,这一过程可以通过外部重整或可以通过内部重整过程来实现。

上述反应原理说明,H_2O 和 CO_2 是 MCFC 反应气体的重要组分。阳极产生的 H_2O 有助于 CO 和 CH_4 的转换反应,以产生更多的 H_2,同时在反应燃料气中也需要存在一定量的 H_2O,以避免通过 Boudouard 反应

$$2CO \longrightarrow CO_2 + C \tag{9.91}$$

在气流通道或燃料电池内部产生碳沉积。

阳极尾气中的 CO_2 通常需要循环到阴极作为 O_2 还原的反应气体。因此,在 MCFC 中,除了离子和电子回路外,还存在 CO_2 回路。CO_2 循环可以通过两种方式实现:用过量空气燃烧阳极尾气,去除气体中的水蒸气后与阴极进口气体混合;采用分离装置从阳极尾气中分离出 CO_2,这种方式可以提供不含有 N_2 的 CO_2 气体,可以保证更高的燃料电池工作电压。

9.7.2 MCFC 组件和材料

1.阴极

在 MCFC 工作温度下,熔融碳酸盐是腐蚀性很强的液体,而且阴极是较强的氧化性气氛。这样严酷的条件再加上成本的因素,只有一些半导体氧化物适合作 MCFC 的阴极材料。

嵌锂的 NiO 是目前常用的阴极材料。它的制备是在多孔镍在燃料电池的氧化性气氛和含锂的熔融碳酸盐环境下,经过现场氧化和嵌锂过程实现的。嵌锂过程的作用是通过掺杂提高 NiO 电极的导电性。多孔镍电极首先由镍粉在 700~800℃的高温氮气氛下烧结而成,氧化前孔率约为 70~80%,现场氧化后孔率降低到 50~65%,初始孔径约为 10 μm,氧化后变为 5~7 μm 和 8~10 μm 两种分布。小孔充满电解质溶液,提供较大的反应表面积和离子传递通路;而大孔则充满气体提供气体传递通路。当然,NiO 阴极材料也可以通过外部氧化和外部嵌锂等方法实现。电极厚度会影响电子、离子和气体传递,最佳的阴极厚度一般为 0.2~0.8 mm,孔隙的电解质覆盖度约为 15%~30%。

NiO 电极的缺点是 NiO 会轻微溶解并在电解质基体中重新沉积形成枝晶，导致燃料电池性能下降，成为 MCFC 寿命的重要影响因素。NiO 的溶解沉积机理为

$$NiO + CO_2 \longrightarrow Ni^{2+} + CO_3^{2-} \tag{9.92}$$

$$Ni^{2+} + CO_3^{2-} + H_2 \longrightarrow Ni + CO_2 + H_2O \tag{9.93}$$

解决 NiO 溶解问题的途径主要有两种：一是进一步改进阴极的材料和结构；二是改变电解质的性质。改进阴极材料性能可以通过向阴极加入稀土氧化物（如 CoO 等）或直接以氧化物（如 Sb_2O_3 和 CeO_2 等）作阴极材料来实现，也可以以 $LiAlO_2$ 或 $LiFeO_2$ 作 SOFC 阴极材料。其中 $LiAlO_2$ 是比较合适的阴极材料，其溶解速率很低，寿命可达 10 000 h 左右，但是 $LiAlO_2$ 要替代 NiO 还需要在性能上做进一步的改进。

解决 NiO 溶解问题的另一个途径是在电解质中添加碱土金属（Mg、Ca、Sr、Ba）氧化物或碳酸盐，这些添加物可以增加电解质的碱性，从而降低 NiO 的溶解度。但是电解质碱性增加会引起电解质基板 $LiAlO_2$ 的溶解，破坏其多孔性结构，导致电池性能衰退，因此需要选择最佳的电解质组成体系。除此以外，还可以采用降低工作气体压力、增加电极基体厚度等办法来抑制 NiO 的溶解。

2. 阳极

阳极工作在还原性气氛中，并且其电势比阴极要小 0.7～1.0 V，在这种环境下许多金属（如 Ni、Co 和 Cu 等）都可以作为阳极材料。MCFC 阳极主要是由合金粉和一些添加组分经高温烧结形成的多孔状材料。目前 MCFC 阳极主要是多孔的烧结镍，此外还含有少量的 Cr 或 Al。作为一种多孔性材料，阳极在高温和较大压力下容易发生蠕变。如果发生阳极蠕变，镍颗粒尺寸变大，电极孔率降低，阳极容纳电解质能力下降；在机械力作用下微观结构会破坏，增加接触电阻，甚至存在阴、阳极间气体渗漏的危险。因此，在阳极材料中需要一些添加组分，以防止阳极蠕变，延长其稳定性。实验表明，添加 Cr 和 Al 形成镍基合金可以有效防止阳极蠕变，提高阳极性能。此外，还可以在 Ni 中添加 Al_2O_3（会现场形成 $LiAlO_2$）等高熔点氧化物或者在陶瓷基体（如 $LiAlO_2$）上镀 Ni 等措施来防止阳极蠕变。

由于阳极 H_2 氧化反应和气体在阳极微孔中的传递速率都远高于阴极，因此阳极并不需要很大的表面积，其厚度可以比阴极小。但由于电解质填充度对阳极的影响并不明显，阳极可以作为电解质的储存容器，因此阳极通常厚一些，目前约为 0.8～1.0 mm，并且有 50%～60%的孔率可以被电解质填充，以提高所储存的电解质数量。

3. 电解质和基体

(1) 电解质

目前大多数 MCFC 所用电解质都是 Li_2CO_3 和 K_2CO_3 按一定比例的混合物（如质量分数为 62%的 Li_2CO_3 和质量分数为 38%的 K_2CO_3），此外还可能存在少量 Na_2CO_3 和碱土金属碳酸盐，其熔点一般在 500℃左右。

电解质组成和工作温度的选择非常重要，会影响电池的欧姆电阻，并通过气体溶解度影响电极反应速度和极化行为，此外还导致阴极 NiO 溶解度变化，进而影响电池寿命。Li_2CO_3 的电导率高于 Na_2CO_3 和 K_2CO_3，所以富锂电解质的欧姆极化小，但是富锂电解质中反应气体（如 H_2、O_2、H_2O 和 CO_2 等）的溶解度和扩散系数也较小，电极的浓度极化较大，而且富锂电解质的腐蚀性更强，所以需要综合考虑选择合适的锂盐比例。尽管 Li－K 碳酸盐电解质组合是目前常用的电解质材料，但 Li－Na 碳酸盐电解质在 NiO 溶解、电解质电导率和损失

速率(蒸气压较低)以及热膨胀性能方面也表现出了良好的性能,因此,也是可以采用的电解质材料。

(2) 基体材料

液态的熔融碳酸盐电解质不能单独存在,需要保持在多孔的电解质基板中。MCFC 基板材料通常是 $LiAlO_2$。$LiAlO_2$ 有 α、β 和 γ 三种晶态,在 MCFC 工作温度和碳酸盐条件下,α - $LiAlO_2$ 和 β - $LiAlO_2$ 都会不可逆的转变为 γ - $LiAlO_2$,因此,γ - $LiAlO_2$ 是理想的基板材料。实际的 MCFC 电解质层是基板支撑材料($LiAlO_2$)和熔融碳酸盐电解质的半固态混合物。熔融的碳酸盐电解质靠毛细力保持在 $LiAlO_2$ 基板微孔中,并且能够强化 $LiAlO_2$ 颗粒间的结合,形成具有一定强度并有良好气体分隔能力的电解质层,同时可以提供很好的电池边缘密封效果,这种密封方式称为湿密封。

低温燃料电池通常需要采用一定的憎水材料(如 PTFE),一方面充当黏结剂,另一方面调整电极的憎水性,以维持气液相界面的稳定。但在 MCFC 中却不能采用这种方法,因为在高温、高氧化性和腐蚀性的工作条件下,没有一种憎水材料能够稳定存在,所以 MCFC 采用毛细平衡的方法来控制电解质在多孔电极中的分布。平衡状态下多孔介质能被电解质润湿的极限孔径由下式决定。

$$\left(\frac{\sigma\cos\theta}{d}\right)_{阳极}=\left(\frac{\sigma\cos\theta}{d}\right)_{阴极}=\left(\frac{\sigma\cos\theta}{d}\right)_{电解质} \tag{9.94}$$

式中　σ——表面张力;

θ——接触角;

d——孔直径。

由于表面张力和接触角的差别,需要认真选择电极和电解质基体材料的孔径来控制电解质的分布。

(3) 电解质管理

MCFC 的电解质在运行过程中不断损失,造成电解质损失的原因主要是电池组成材料的腐蚀和分解及电解质的迁移和蒸发。电池组成材料的腐蚀和分解一方面是阴极材料 NiO 的溶解,另一方面是阳极和双极板等材料的腐蚀,它们都会导致电解质中一部分锂盐损失。由于蒸发和在电场作用下的电解质爬升也是电解质损失的重要原因。

电解质的“管理”对 MCFC 性能和寿命非常重要。运行过程中电解质损失会导致电池欧姆电阻和活化极化增加,电池性能不断恶化,还导致局部基板的电解质填充度降低产生气体渗漏。气体渗漏通常产生局部过热现象,导致热循环,引起电解质基板材料的破坏,造成燃料电池性能迅速下降,成为 MCFC 寿命的重要影响因素之一。可以在阳极和电解质基板间增加由细小微孔构成的致密气体阻隔层来防止阴阳极气体渗透,并强化电解质基板的强度。阻隔层的孔径分布与阳极和电解质基板孔径配合,可以保证即使电解质长期损失或者电解质基体出现裂缝,其中的电解质也不会流出。

4. 双极板

在 MCFC 的工作环境中,很少有陶瓷等其他材料能在含锂的碳酸盐中足够稳定地存在,只有一些金属适合作 MCFC 的双极板。MCFC 的双极板通常由不锈钢或各种镍基合金钢制成。双极板的腐蚀会增加欧姆接触电阻,造成电解质损失,从而影响电池寿命。由于阳极的腐蚀速率远高于阴极,为抑制阳极腐蚀,减少接触电阻增加所造成的欧姆损失,常采用阳极侧镀 Ni 的措施。在 MCFC 的材料和工作环境下，很难采用通常的密封形式实现对燃料电池的密封，双极板与电解质基板的边缘之间只能靠电解质的张力实现湿密封，为防止湿密封处的腐蚀，通常在湿密封处镀 Al 并生成致密的 $LiAlO_2$ 绝缘层。

9.7.3 MCFC 性能

MCFC 的典型工作电流密度为 100 ~ 200 mA/cm^2，工作电压为 0.75 ~ 0.95 V，设计寿命一般在 40 000 h 左右。不同的工作条件会对 MCFC 性能产生各种影响。

1. 温度的影响

由于 MCFC 工作温度很高，$T\Delta S$ 增加，整体燃料电池的理论能量转换效率降低，表现为电池的电动势随温度升高而降低。但是高的工作温度可减小了电化学极化（尤其是阴极的电化学极化）、浓度极化和欧姆极化所引起的电压损失，因此，实际的燃料电池电压反而会升高。碳酸盐的熔点一般高于 520℃，在此温度以上，电池性能随温度提高而升高，但是温度高于 650℃后性能的提高有限，而且电解质的挥发损失增加，腐蚀性也增强，不利于提高寿命。因此，650℃是最佳的工作温度，能同时满足寿命和性能的要求，目前大多数 MCFC 工作在此温度下。

2. 压力的影响

提高 MCFC 的工作压力，反应物分压提高，气体溶解度增大，传质速率增加，因此电池电动势提高。此外，加压还对减小电解质的蒸发有利。但是提高压力也有利于一些副反应的发生，如碳沉积和甲烷化反应等。碳沉积可能堵塞阳极气体通路，而甲烷化则会消耗较多 H_2 分子。而且，加压会加速阴极的腐蚀，缩短电池的寿命。

3. 气体组成和利用率的影响

除工作压力外，反应气体组成和利用率对 MCFC 性能也有明显影响。在阴极同时消耗 CO_2 和 O_2，其消耗比例为 2∶1，因此在 CO_2 和 O_2 组成为这一比例时，阴极反应性能最佳。CO_2 和 O_2 组成偏离这一比例越多，性能下降越明显。在阳极，除了 H_2 氧化反应外，还存在水气转换反应和重整反应，水气转换反应和重整反应是快速平衡反应，因此，H_2 含量越高，燃料电池的性能越好。

随着反应气体的消耗，电池电压下降，因此提高反应气体的利用率一般会导致燃料电池电压下降。但是为了单纯提高工作电压而降低反应物的利用率，会浪费燃料，并且造成系统能耗增加。综合考虑各种因素，燃料利用率一般维持在 70% ~ 80%，氧化剂利用率为 50% ~ 60%。

4. 杂质的影响

因为工作温度高，MCFC 可直接采用天然气、重整气和煤制气等作为燃料，这些燃料中含有硫化物、卤化物和含氮化合物等杂质，对燃料电池性能有一定影响。

硫化物主要是 H_2S，可以在镍催化剂表面发生化学吸附，阻碍电化学反应和水气转换反应的活性点，而且阳极尾气中的硫化物经燃烧后生成 SO_2，随 CO_2 循环进入阴极与电解质中的碳酸盐反应，这些都会影响燃料电池的性能。当然硫化物的影响是可逆的，燃料中不存在硫化物时，电池电压会恢复正常，对反应气体中硫化物的质量浓度要求在 1 mg/m^{3}以下。

卤化物具有很强的腐蚀性，会严重腐蚀电极材料，造成永久性破坏。而且 HCl、HF 等卤化物可以与熔盐（Li_2CO_3、K_2CO_3）反应，生成 H_2O、CO_2 和相应的卤化物，由于 KCl 和 KF 的蒸气压高,使电解质损失速率增加,一般认为燃料中卤化物应低于 15 mg/m^3。

除了上述杂质外,氮化物、固体颗粒等其他杂质也对 MCFC 性能有影响。

9.8 固体氧化物燃料电池

固体氧化物燃料电池(SOFC)采用固体氧化物作电解质,是一种全固态的燃料电池。由于固体氧化物电解质通常很稳定,在燃料电池工作条件下没有液态电解质的迁移和损失问题,另外电解质的组成也不随燃料和氧化剂组成的变化而改变。由于无液相存在,没有保持三相界面的问题,也不出现液相淹没电极微孔和催化剂润湿的问题,同时避免了 PAFC 和 MCFC 等酸碱电解质的腐蚀。SOFC 可以在超载、负载不足甚至短路的情况下运行而不影响电池性能。在所有燃料电池中,SOFC 的工作温度最高,可达 1 000℃。在这样高的温度下内部电阻损失小,而且不需要使用贵金属催化剂,燃料和氧化剂就能够迅速达到热力学平衡,因此可以在较高电流密度下运行。可以采用各种燃料,如采用柴油和煤气等,耐硫化物等杂质的能力也比其他燃料电池高许多,而且燃料可在电池内部进行重整,可简化系统结构。由于固体氧化物的气体渗透率低,因此燃料利用效率高。与 MCFC 相比,不需要 CO_2 循环,系统更为简单。

SOFC 的缺点是由于工作温度高,存在明显的吉布斯函数损失,其理论效率比 MCFC 低,开路电压比 MCFC 低 100 mV 左右,但这部分损失效率可以通过高温余热补偿。另外,由于工作温度高,很难找到具有良好的热和化学稳定性的材料来满足 SOFC 的要求。

SOFC 的高温工作特点决定了它比较适合大型的发电厂和工业应用,而不适合车载和便携式设备使用。

9.8.1 SOFC 工作原理

SOFC 的电解质为固体氧化物,在高温下具有传递 O^{2-} 能力,因此 SOFC 的导电离子为 O^{2-}。SOFC 的结构和工作原理图如图 9.20 所示。在阴极,氧分子得到电子被还原为氧离子,氧离子在电解质层两侧电势和浓度差的驱动下,通过电解质层的氧空位,定向跃迁到阳极,并与燃料进行氧化反应,其反应方程式为

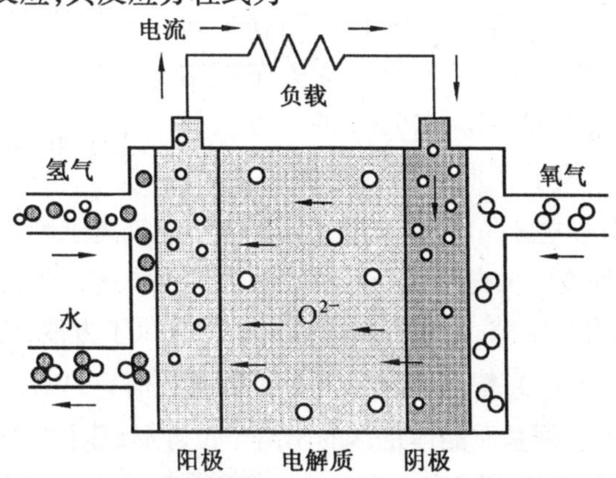

图 9.20 固体氧化物燃料电池结构和工作原理

阴极 $$O_2 + 4e^- \longrightarrow 2O^{2-} \tag{9.95}$$

阳极 $$2O^{2-} + 2H_2 \longrightarrow 2H_2O + 4e^- \quad (氢气燃料) \tag{9.96}$$

$$O^{2-} + CO \longrightarrow CO_2 + 2e^- \quad (煤气燃料) \tag{9.97}$$

$$4O^{2-} + CH_4 \longrightarrow CO_2 + 2H_2O + 8e^- \quad (天然气燃料) \tag{9.98}$$

总反应 $$2H_2 + O_2 \longrightarrow 2H_2O \quad (氢气燃料) \tag{9.99}$$

$$CO + \frac{1}{2}O_2 \longrightarrow CO_2 \quad (煤气燃料) \tag{9.100}$$

$$2O_2 + CH_4 \longrightarrow CO_2 + 2H_2O \quad (天然气燃料) \tag{9.101}$$

9.8.2 电池组件

固体氧化物燃料电池的关键部件为固体氧化物电解质隔膜、电极、极板和连接材料等。

1.电解质

SOFC 对电解质的主要技术要求是:具有高氧离子传导和低电子传导能力,即氧离子的迁移数接近 1、高化学和热稳定性、高密度以维持低气体渗透率等。

按结构固体氧化物电解质可以分为两类:一类是萤石结构的固体氧化物电解质,如三氧化二钇(Y_2O_3)和氧化钙(CaO)等掺杂的氧化锆(ZrO_2)、氧化钍(ThO_2)、氧化铈(CeO_2)和三氧化铋(Bi_2O_3)等;另一类是近年研究取得突破的钙钛矿结构的固体氧化物电解质,如经掺杂的镓酸镧($LaGaO_3$)等。

离子晶体中的离子并非都是载流子,处在正常的节点平衡位置(即束缚状态)的离子势能很低,只能在平衡位置附近作微弱的热振动,不为载流子。由于材料温度变化而离开平衡位置成为载流子的本征离子数量也很少。为提高电解质的导电性,必须提高载流子浓度,掺杂是提高载流子浓度的有效办法。萤石结构的固体电解质都是通过添加不等价的氧化物杂质形成氧离子空位的,用 Y_2O_3 掺杂稳定的 ZrO_2 称为 YSZ,用 CaO 掺杂稳定的 ZrO_2 称为 CSZ。目前绝大多数固体氧化物燃料电池都以 6%~10% Y_2O_3 掺杂的 ZrO_2 为固体电解质。常温下纯 ZrO_2 属于单斜晶系,在 1 150℃时不可逆地转变为四方结构,到 2 370℃进一步转变为立方萤石结构,并一直保持到熔点 2 680℃。在 ZrO_2 的立方萤石结构中(图 9.21),Zr^{4+} 离子作面心立方排列,配位数为 8,氧离子是两套面心立方晶胞,配位数为 4。结构中氧离子堆积形成的 8 配位空间数目和氧离子数目相等,而 Zr^{4+} 只占据这些空间的一半位置。这种结构的一个显著特点是晶胞中的 O^{2-} 六面体有很大的空隙,这些孔隙为离子扩散提供了方便,说明稳定的立方晶型结构 ZrO_2 便于离子扩散。当 Y_2O_3 替代部分 ZrO_2 形成固溶体时,可以出现两种情况:一是阳离子填隙;二是杂质阳离子占据基质晶体正常的阳离子位置形成阴离子缺位。形成什么结构,取决于阳离子的半径和晶格的添隙位置的尺寸。如果阳离子的尺寸很小,能填充进晶格的填隙空间形成阳离子填隙固溶体,否则形成阴离子缺位固溶体。基质阳离子 Zr^{4+} 的半径为

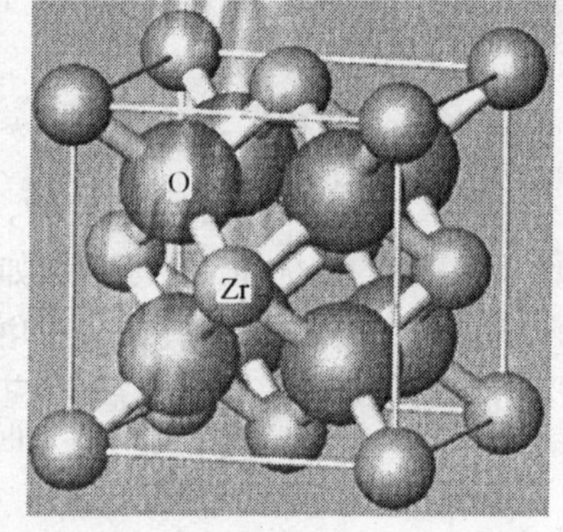

图 9.21 沸石型氧化锆的晶体结构

0.072 nm，Y^{3+}的半径为0.089 nm，Y^{3+}只能占据Zr^{4+}的位置而使晶格出现阴离子缺位。晶体中O^{2-}缺位的数目等于掺杂的Y_2O_3数目。这些阴离子缺位使晶格发生畸变，使周围O^{2-}迁移所需克服的势垒高度大大减小，即只要较小的激活能，就可以跃迁形成载流子，而缺位的迁移是阴离子接力式迁移的结果。其他稳定剂掺杂的ZrO_2、ThO_2和CeO_2等固体电解质的导电机理与YSZ类似。由于杂质的加入导致晶体的应力场变化，即使温度降低，在高温下形成的立方晶型不再复原为单斜晶型。因此，Y_2O_3等异价氧化物的掺杂可以使高温形成的ZrO_2立方萤石结构在室温到熔点的整个温度范围内保持稳定，同时能在ZrO_2晶格内形成大量的氧离子空穴，以保持材料整体的电中性。每加入两个Y^{3+}，就可以产生一个氧空位，掺入能够使ZrO_2稳定于萤石结构的最少数量的杂原子，可以获得最大的离子电导。掺入过多的杂原子反而会因为缺陷的有序化、空位的聚集以及空位间的静电作用而使离子电导降低，质量分数为8%的Y_2O_3掺杂的ZrO_2是目前最广泛使用的电解质材料，在950℃时电导率约为0.1 S/cm。

Y_2O_3和ZrO_2粉料或其混合物可以由硝酸钇($Y(NO_3)_3$)和氯化氧锆($ZrOCl_2$)单独或混合水解制备。然后通过带铸法或刮膜法可制备100～200 μm厚的电解质隔膜，也可以用化学气相沉积和等离子喷涂等方法制备更薄的电解质膜。

钙钛矿结构的氧离子电解质是中温型的固体电解质。对于钙钛矿型晶体ABO_3中A、B位置的离子分别代表2价和4价阳离子。当A位或B位部分被等价或不等价的阳离子取代时，会造成晶型畸变，离子容易激活而成为载流子。当A离子尺寸足够大时，则晶胞尺寸也大，晶格中孔隙位置也大，有利于离子迁移。Ca^{2+}、Sr^{2+}和Ba^{2+}都是尺寸较大的二价阳离子，处于A位置。ABO_3型的晶体结构如图9.22所示。

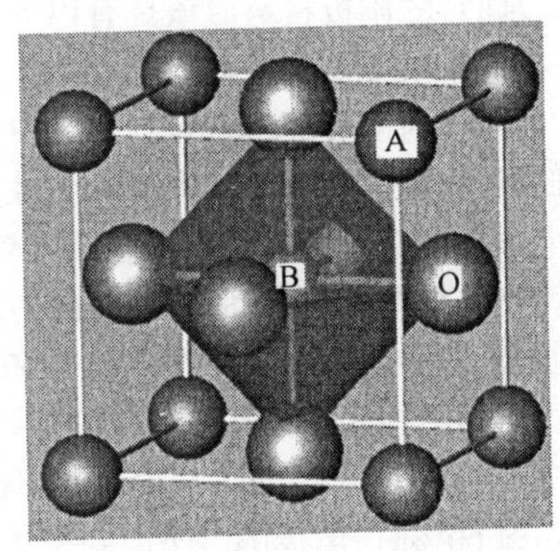

图9.22 钙钛矿型晶体结构

2.阴极

阴极的作用是把氧分子还原为氧离子，并使其有效地迁移到电解质层。对阴极材料的一般要求是：足够高的催化活性；在O_2气氛和高温下稳定；膨胀系数与电解质大体相同；价格不太昂贵；具有较好的电导率，能作为集流体材料。适合作SOFC阴极材料的有金属和钙钛矿型化合物。

金属既可以作催化剂，又可以兼作集流体。因为在较强的氧化性气氛中，只有一些贵金属(如Pt、Pd、Au和Ag等)能用作阴极材料。在这些金属中，由于熔融和烧结，Ag和Au的使用受到限制；而在高温下，Pd具有相当大的蒸气压，很容易挥发，造成电池性能下降。Pt是理想的金属阴极材料，其膨胀系数与YSZ电解质的膨胀系数近似，通过溅射喷涂的办法可以很容易地将铂电极附着在电解质上，但是铂价格昂贵，很难在商业化的SOFC中使用。

钙钛矿型的稀土复合氧化物ABO_3(如$LaMnO_3$、$LaCoO_3$、$LaCrO_3$、$LaFeO_3$等)是目前较理想的SOFC阴极材料。这几种阴极材料在800℃时表现出来的催化活性顺序是：$LaCoO_3 > LaMnO_3 > LaFeO_3 > LaCrO_3$。$LaCoO_3$的催化活性最高，电子电导率也高于$LaMnO_3$，但是作为SOFC的阴极材料，$LaCoO_3$的稳定性比$LaMnO_3$差，易溶于其他相，并且热膨胀系数高于$LaMnO_3$，更容易与YSZ反应。因此，$LaMnO_3$是更适合的SOFC阴极材料，通常以锶掺杂的锰酸镧(LSM,$La_{1-x}Sr_xMnO_3$,$x=0.1\sim0.3$)作 SOFC 阴极。

锶掺杂的锰酸镧 LSM 可以采用共沉淀、溶胶－凝胶和固相反应等方法制备。其中固相反应法是将一定比例的氧化镧(La_2O_3)、氧化锶(SrO)和碳酸锰($MnCO_3$)粉料进行研磨,在1 000～1 200℃下反应得到LSM粉料。为扩大电极中电催化剂与电解质的接触面积,改善电极性能,通常需要向 LSM 阴极材料中掺入一定比例的 YSZ 电解质,然后再利用丝网印刷、喷涂等方法将 LSM 与电解质的混合浆料涂覆到固体电解质膜上,经高温烧结即可制备出SOFC 的阴极。因为高温下的 Mn^{3+} 是一活泼离子,极易向 YSZ 内部扩散,使阴极和电解质的结构和性质发生变化,因此阴极的制备温度不宜超过 1 400℃,反应温度也应该控制在1 200℃以下。

除了 $LaMnO_3$ 外,在 $LaMnO_3$ 中掺入其他钙钛矿型化合物形成的固溶体或复合化合物,也可以作 SOFC 的阴极材料,例如 $LaCoO_3-LaMnO_3$ 固溶体、$LaCoO_3-LaMnO_3$ 混合物等。

3.阳极

SOFC 的阳极材料应该具有以下一些基本特征:电子导电性好,催化氧化活性高,稳定性好,与电解质热膨胀性质匹配等。

SOFC 的阳极催化材料主要集中在 Ni、Co、Pt、Ru 等过渡金属和贵金属上。由于 Ni 的价格低廉,而且具有良好的电催化活性,因此成为 SOFC 中广泛采用的阳极催化剂。通常将 Ni与电解质材料混合后制成的金属陶瓷材料作为 SOFC 的阳极材料。这种 $Ni-ZrO_2$ 陶瓷材料的优点是在保持 Ni 的良好导电性的同时,与 YSZ 电解质材料的黏着力比较好,热膨胀性能较匹配。此外,在阳极材料中掺杂 ZrO_2 可以防止高温条件下镍金属粒子的烧结,使阳极具有稳定的结构和电极孔隙率,同时又能扩大电化学反应的有效面积,并起支撑电极的作用。阳极中 ZrO_2 的质量分数一般不能超过 50%,否则不会起到抑制烧结的作用,当 ZrO_2 质量分数超过 60%时,电极的电子电导率还会明显降低。

阳极常用的制备方法是:将氧化 NiO 微粉与 YSZ 粉混合后以丝网印刷等方法将混合物沉积到 YSZ 电解质隔膜上,然后经高温烧结还原形成一定厚度的 Ni－YSZ 阳极。

除了 Ni 以外,Co 也可以作阳极材料,但与 Ni－YSZ 相比,Co－YSZ 金属陶瓷电极的价格较高,并且也更易于氧化。

4.连接材料

双极连接板将 SOFC 单体连接成电池组,同时起导气和导电作用。双极连接板材料必须在高温和氧化还原气氛中具有良好的机械和化学稳定性、高电导率以及与其他电极材料相似的热膨胀性能。

能用作连接材料的主要有钙或锶掺杂的钙钛矿材料(如铬酸镧($LaCrO_3$)和锰酸镧($LaMnO_3$)等)。这类材料具有良好的抗高温氧化性和导电性能,并且与电池其他组件的热膨胀性能兼容。其缺点是价格较贵,烧结性能差,不易制备成型。另一类材料是耐高温的Cr－Ni合金材料,基本能满足 SOFC 的要求,但是长期稳定性能较差。

9.8.3 SOFC 的结构形式

由于是全固态燃料电池,SOFC 具有多样性的电池结构,以满足不同的技术要求。对SOFC 的结构要求包括结构紧凑、密封性能好、比能量高、电解质电阻低,而且隔离气体能力强,各组分的化学相容性、热膨胀性能匹配,有足够的机械强度,制造成本适中等。目前采用的电池结构有管式、平板式和叠层波纹式等设计。各种设计均在结构、性能和制备方面存在某些优缺点,以下作一简要介绍。

1.管式

管式SOFC的结构如图9.23所示。管式SOFC由许多一端封闭的单体燃料电池经串联或并联的形式组装而成。每个燃料电池单体通常是阳极在外、阴极在内的结构，从里到外依次由多孔CSZ支撑管、LSM空气电极、YSZ固体电解质膜和Ni－YSZ陶瓷阳极组成。CSZ多孔管起着支撑作用，并允许空气自由通过到达LSM阴极。在比较先进的管式SOFC中，已经不存在CSZ支撑管，空气电极自身起支撑管的作用。采用这种方式，不但简化了单体电池的制备工艺，其功率密度也有了大幅度的提高。LSM空气电极、YSZ固体电解质膜和Ni－YSZ陶瓷阳极通常通过挤压成型、电化学沉积、喷涂高温烧结工艺制备成。

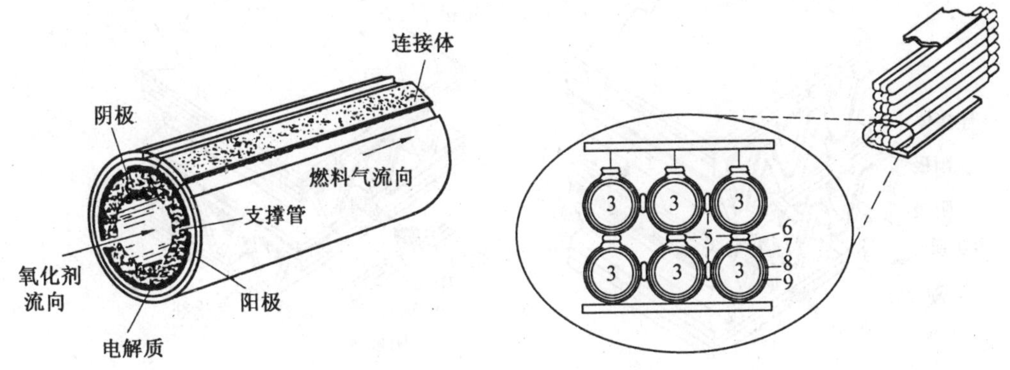

图9.23 管式SOFC的结构设计

管式SOFC的优点是不需要高温密封，比较容易通过电池单体间的串联和并联组成大规模的电池系统。其主要问题是制造工艺复杂、原料利用率低、造价高。

2.平板式

平板式结构与PAFC和PEMFC结构类似。将薄片状的阴极/电解质/阳极材料经高温烧结成为一体，再由开有导气槽的双极连接板形成串联连接，空气和燃料气分别从导气槽流过，其结构如图9.24所示。与管式结构相比，平板式的结构和制造简单、成本低，而且平板式结构的电流流程短，采集均匀，因此功率密度比管式结构更高。平板式结构的缺点是电池边缘的高温密封比较困难，电池元件需要承受封接过程中产生的较大机械应力和热应力，这就要求双极连接材料具有良好的高温力学性能，而且要具有与电极和电解质材料相容的热膨胀性能。此外，还有一种热交换一体化结构的新型平板式设计，其结构如图9.25所示。

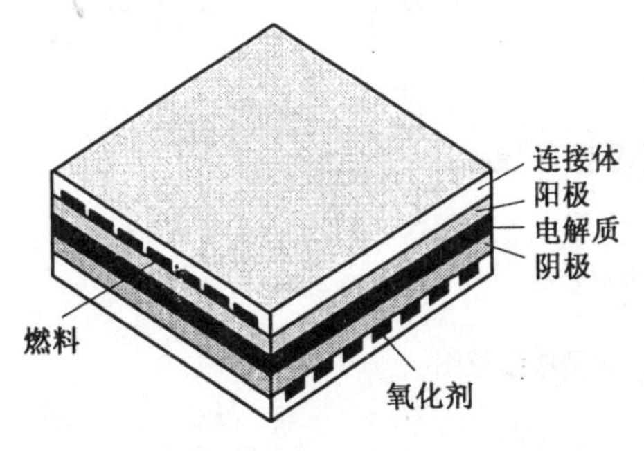

图9.24 平板式SOFC的结构设计

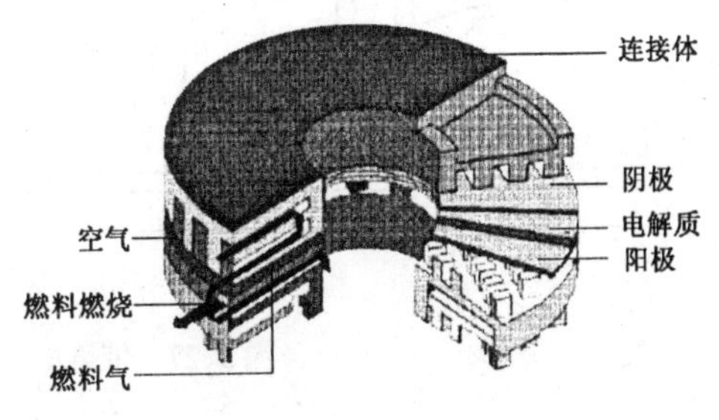

图9.25 平板式热交换一体化结构设计

3.叠层波纹式结构

叠层波纹式结构是美国阿尔贡国家实验室提出的。这也是一种片状设计,它与平板式设计的区别在于阴极/电解质/阳极组件不是平板,而是呈波纹状,其结构如图 9.26 所示。这种设计的优点是:阴极/电解质/阳极组件本身形成气体通道,仅需要平板双极板,而且不需要支撑材料。所有元件都具有活性,体积比能量和质量比能量高,其功率密度比管式结构高出几十倍。其缺点在于叠层波纹式结构的阴极/电解质/阳极组件制造很困难。

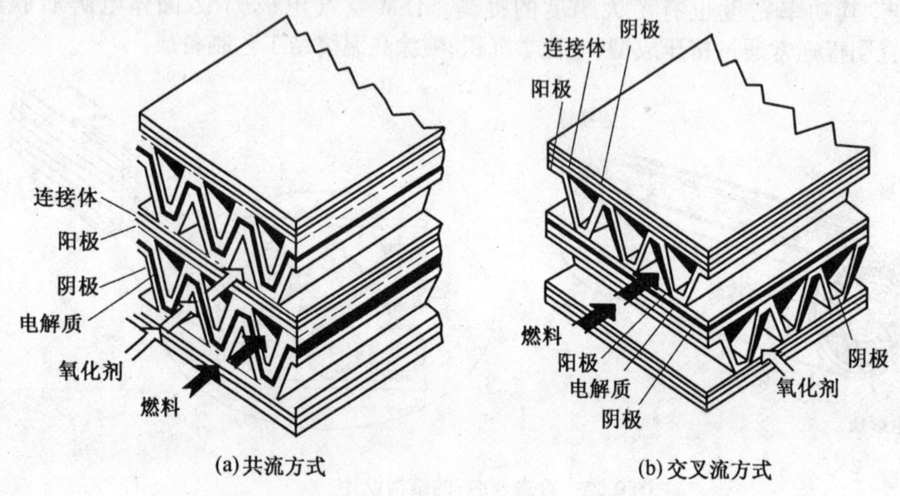

图 9.26　叠层波纹式 SOFC 结构设计

叠层波纹式结构可以采用带铸法和带压成型法制备。带铸成型法是首先制得由材料、黏合剂和增塑剂等组成的浆料,将浆料浇注在平板上用刮刀刮平成一定厚度的薄膜,待固化后按顺序浇注其他浆料,最后切割成型。带压成型法是将调制好的塑性材料辊压成薄带后再压成多层复合带,进行整体烧结成型,其操作示意图如图 9.27 所示。

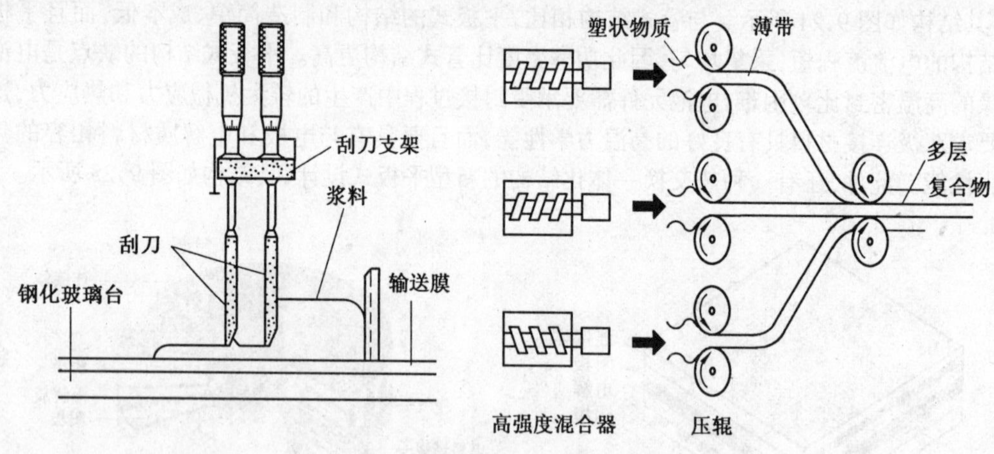

图 9.27　带铸法和带压成型法示意图

9.8.4　SOFC 性能

温度对 SOFC 性能有重要影响。虽然 SOFC 的理论效率低于 MCFC 和 PAFC,但是高温

SOFC 的各种极化较低,实际的工作效率却较高。SOFC 的电压损失主要受欧姆极化影响,其中阴极的欧姆极化是最重要的因素。

虽然高温有利于提高燃料电池的性能,但是高温对材料的要求更高,寿命难以保证。因此,近来提出中温固体氧化物燃料电池的概念,其工作温度一般在 500 ~ 800℃。通过降低 SOFC 的工作温度,可以使用价格低廉的材料,对配套设备的要求和成本也随之降低,而且电池寿命可以延长。制备中温 SOFC 的关键是降低电解质和电极的欧姆电阻,可以通过降低电解质的厚度及开发新的电极和电解质材料来实现这一目的。

除了温度的影响外,压力、工作气体组成、利用率和杂质等也对 SOFC 性能有一定的影响。具体影响与 MCFC 类似,在此不再详细叙述。

9.9　燃　　料

燃料电池可以使用多种燃料,在所有燃料中 H_2 的反应活性最高,而且反应简单,没有副反应,因此,无论是高温燃料电池,还是低温燃料电池,H_2 都是燃料电池的主要燃料。本节主要论述 H_2 的生产、净化和存储。

9.9.1　H_2 的生产

H_2 既不属于一次能源,也不属于二次能源,其来源有很多种。化石燃料、生物质和取之不竭的水都是 H_2 的来源,具体如图 9.28 所示。因为化石燃料制氢所消耗的能量要比水电解消耗的能量低许多,所以从近、中期看,化石燃料仍将是制氢的主要原料。但是从长远看,由于化石燃料的价格上升、资源枯竭等问题加剧,使用可再生资源生产 H_2(如生物质制氢和水电解制氢)将成为主要的 H_2 生产方式。

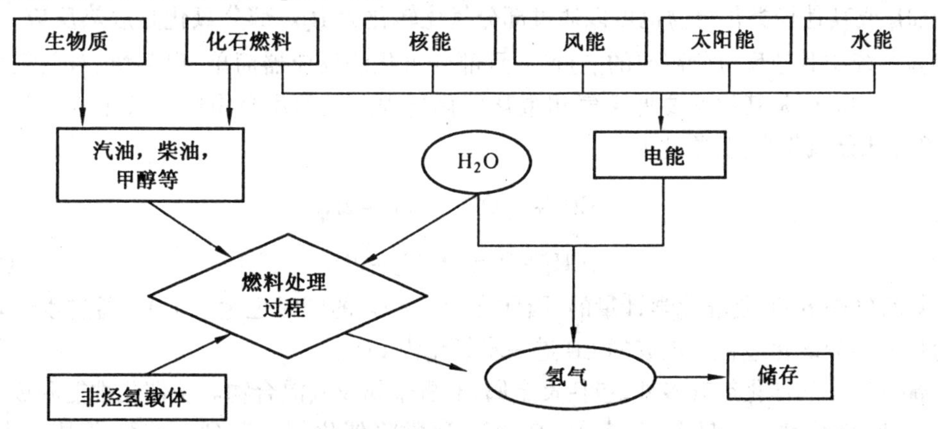

图 9.28　H_2 的可能来源示意图

1. 从烃类化合物制氢

天然气、汽油和柴油等烃类化合物是最重要的 H_2 来源。烃类化合物可以通过气相重整、部分氧化和自供热重整等转化过程来获得 H_2。

(1) 气相催化重整法

气相催化重整是 19 世纪早期出现的烃类转化技术,目前已经成为制备纯氢和富氢气体的重要方法之一。与其他制氢方法相比,气相催化重整制氢成本低廉,并且能量效率高。

烃类化合物通过气相重整获得富氢气体的一般反应机理为

$$C_nH_m + nH_2O \rightleftharpoons nCO + (n + \frac{1}{2}m)H_2 \tag{9.102}$$

气相重整反应是吸热反应,需要提供额外的能量才能进行,因此重整系统需要加热。反应产生的 CO 可以经由水气转换反应变为 CO_2,或者经由甲烷化反应转变为 CH_4(如果烃类化合物为 CH_4,则是重整反应的逆反应)。

水气转换反应 $$CO + H_2O \rightleftharpoons CO_2 + H_2 \tag{9.103}$$

甲烷化反应 $$CO + 3H_2 \rightleftharpoons CH_4 + H_2O \tag{9.104}$$

这两个反应都是可逆反应,在适宜的条件下,反应速率很大,很快能达到平衡。显然很难使重整气中的 CO 完全转换掉。

从上述反应机理可以看出,气体中水蒸气含量非常重要,通常要使水蒸气含量存在一定过剩,这样做有多重目的:有利于气相重整主反应的进行;能加速水气转换反应,减少 CO;抑制甲烷化反应,避免消耗较多的 H_2。此外,还可以避免碳化反应发生,即

$$2CO \rightleftharpoons C + CO_2 \tag{9.105}$$

碳化反应会在催化剂表面沉积出针状或晶须状碳,这会阻塞重整反应器,并使催化剂分解。增加反应气体中水蒸气含量,可以在一定程度上抑制碳化反应发生。

烃类化合物的气相重整制氢只能在特定催化剂表面进行。所用的催化剂通常是第 8 族金属元素,在这些金属中,Ni 是最活泼的催化剂。在催化剂中通常添加一定量的氧化物陶瓷材料(如 $\alpha-Al_2O_3$ 或其他氧化物)以改善催化剂活性和稳定性。当然,如果工作温度非常高,重整过程也可以在没有催化剂的情况下发生。

(2) 部分氧化法

CH_4 或其他烃类化合物也可以通过部分氧化转化为 H_2。部分氧化是放热反应,可以提供制氢系统中其他反应所需要的能量,而且部分氧化法反应器简单、启动快、对负载变化响应快、成本低,但是其效率要低于气相重整催化过程。烃类化合物部分氧化所涉及的反应(以 CH_4 部分氧化为例)原理为

$$CH_4 + \frac{1}{2}O_2 \longrightarrow CO + 2H_2 \tag{9.106}$$

$$CH_4 + O_2 \longrightarrow CO_2 + 2H_2 \tag{9.107}$$

由于燃料气中的 O_2 是非化学计量的,因此在形成 CO_2 的同时也生成 CO。通过水气转换反应可以将部分氧化过程中生成的 CO 进一步氧化为 CO_2。

部分氧化的催化剂有多种,包括贵金属、非贵金属及其混合物。从催化性能和成本等方面考虑,Ni 催化剂应用最多,还有 Fe、Co 等。通常将催化剂担载到一些耐高温的载体(如 Al_2O_3 和 MgO 等)上以增加其表面积。需要控制反应温度以维持足够高的活性,如 Ni/Al_2O_3 在 850℃下具有较高的活性和选择性;$Co/La/Al_2O_3$ 在 750℃以上就具有活性;$Fe/La/Al_2O_3$ 可以在 650℃下作催化剂,但是其转换效率和选择性比较低。

(3) 自供热重整法

自供热重整是指在隔热体系中加入水蒸气使吸热的气相重整反应和放热的部分氧化反应同时发生,这样就可以用部分氧化放出的热量供给气相重整反应,因此,不需要从外部再

向重整体系中提供热量,体系自身就能提供反应所需的能量。自供热重整系统的优点是不需要外加热源、启动快、结构紧凑、转换高效。甲烷自供热系统的转换效率可达60%～65%,H_2 的选择性可达80%。对于高温 MCFC 和 SOFC 而言,自供热重整还可以在燃料电池内部实现。

(4) 烃类裂解反应

烃类化合物在隔绝空气的情况下加热,会发生裂解反应

$$C_nH_{2m} \longrightarrow nC + mH_2 \tag{9.108}$$

裂解反应是吸热反应,需要热源提供热量,反应一般发生在800℃以上。裂解反应器的设计比较简单,不需要气相发生和水气转换装置,而且因为没有 CO 和 CO_2 生成,理论上可以制造高纯度的 H_2。但是裂解反应产生的 C 会在催化剂表面富集,最终会覆盖催化剂表面,必须通过空气燃烧等除碳方法使催化剂再生,其过程非常困难。

2.从醇类化合物制氢

醇类主要是 CH_3OH,是非常方便的储氢系统。虽然在燃料电池中不需要重整的 CH_3OH 直接转化,很具吸引力,但是 CH_3OH 重整制氢仍然是 H_2 的重要来源。与烃类化合物类似,CH_3OH 重整制氢也主要有部分氧化、气相重整和自供热重整等途径。

(1) 部分氧化

CH_3OH 的部分氧化是放热过程,通常在 Cu/ZnO 和 Pd/ZnO 等催化剂表面发生,反应温度一般为200～300℃,即

$$CH_3OH + \frac{1}{2}O_2 \longrightarrow CO_2 + 2H_2 \tag{9.109}$$

CH_3OH 的部分氧化具有很高的 H_2 选择性,随温度和 O_2 与 CH_3OH 比例的变化,H_2 的选择性和转化率也有一定的变化。

(2) 气相重整

CH_3OH 的气相重整可能遵循两种不同的路径。第一种路径是 CH_3OH 首先分解为 H_2 和 CO,然后 CO 再经由水气转化反应变为 CO_2,即

$$CH_3OH \rightleftharpoons CO + 2H_2 \tag{9.110}$$

$$CO + H_2O \rightleftharpoons CO_2 + H_2 \tag{9.111}$$

第二种反应机理为 CH_3OH 首先和水反应生成 CO_2 和 H_2,然后再发生一种逆向的水气转化反应生成 CO。

$$CH_3OH + H_2O \rightleftharpoons CO_2 + 3H_2 \tag{9.112}$$

$$CO_2 + H_2 \rightleftharpoons CO + H_2O \tag{9.113}$$

这些反应均为可逆反应,因此重整气中除了 H_2 和 CO_2 外,还有少量 CO、CH_4 和 CH_3OH 等。CH_3OH 气相重整所用的催化剂通常为 Cu－ZnO 或 Cu－Cr_2O_3,转化反应通过固定床反应器进行。CH_3OH 气相重整过程是首先将 CH_3OH 和 H_2O 混合,进行气化并加热到转化温度200～350℃,在此温度下,CH_3OH 在催化剂表面很容易发生分解,并经由上述两种反应机理将 CH_3OH 转化为 H_2。

(3) 自供热重整

与烃类化合物的自供热重整类似,CH_3OH 也可以自供热重整制氢,并且效率也很高。

3.煤气化

煤气化也是重要的制氢方式。煤气化过程是吸热过程,需要在高温下进行。固态的煤在气化反应器内与 O_2 和水蒸气反应产生合成气,主要产物是 H_2 和 CO。气化室内发生的反应有

$$C + \frac{1}{2}O_2 \longrightarrow CO \tag{9.114}$$

$$C + O_2 \longrightarrow CO_2 \tag{9.115}$$

$$C + H_2O \longrightarrow CO + H_2 \tag{9.116}$$

$$C + 2H_2O \longrightarrow CO_2 + 2H_2 \tag{9.117}$$

$$3C + 2H_2O \longrightarrow 2C + CH_4 + O_2 \tag{9.118}$$

$$2C + 2H_2O \longrightarrow CO_2 + CH_4 \tag{9.119}$$

因为煤气化过程是一个非常复杂的过程,涉及许多反应,并且随着煤的组成和形式不同,煤气化过程也要进行调整,因此通常在非常大的电厂才使用煤气化技术。

4.其他的 H_2 来源

NH_3 是一种很容易液化的气体,可以通过 CH_4 与 H_2O 和空气反应制备,NH_3 很容易储运,在许多领域都有广泛的应用。在高温下 NH_3 会发生裂解生成 H_2

$$2NH_3 \longrightarrow N_2 + 3H_2 \tag{9.120}$$

与烃类化合物相比,采用 NH_3 作为 H_2 源的最大优点是不存在含碳物种,从而避免了碱性燃料电池电解质的分解和低温燃料电池的催化剂中毒问题。

水电解是制备 H_2 的重要方法。水电解产生的 H_2 纯度非常高,而且如果所用的电能是通过可再生能源,如水电、风能和太阳能等,则水电解过程也是绝对清洁的过程。但是目前看,消耗能量较高。

此外,生物质直接制氢也是比较有发展前景的制氢方式。

9.9.2　燃料气的净化

烃类和醇类等化合物重整所产生的富氢气体中通常都含有一定量的 CO,对高温 MCFC 和 SOFC 而言,CO 可以被直接氧化或者通过内部的水气转换反应转化,因此不需要单独的净化过程。但是对低温燃料电池,燃料气需要经过净化过程去除其中的 CO,以免发生催化剂中毒问题。燃料气的净化过程可以通过几种方式进行。首先可以通过水气转换反应将一部分 CO 转变为 CO_2,随后,可以通过几种净化方式进一步降低燃料气中的 CO 含量。目前最常用的三种净化方法是选择性氧化、甲烷化和选择性膜净化。

水气转换反应(9.103)是以水蒸气作为氧化剂,将 CO 转变为 CO_2,同时产生 H_2。水气转换反应通常需要一定的催化剂。温度在 350℃以上可以选用 Fe_3O_4 催化剂,而温度在 200℃左右时,可以选用 CuO - ZnO 催化剂。经过水气转换反应后,燃料气中仍然含有约 0.5% ~ 1%的 CO,对低温燃料电池而言,这一含量过高,因此需要进一步的净化过程来降低 CO 的含量。

通过选择性氧化净化燃料气就是通过选用对 CO 具有高选择性的催化剂,以达到只氧化 CO 而不氧化 H_2 的目的。在氧化过程中需要控制 O_2 量,具体是使燃料气通过含有催化

剂的反应床,并导入 O_2。所用催化剂多是铝(Al_2O_3)载催化剂,铝载 Ru 和 Rh 是常用活性最好的催化剂,在 100℃就可以将大部分 CO 氧化掉。分散在 Al 表面的 Cu 颗粒与 ZnO 结合,也可以作为选择性氧化的催化剂,其特点是成本低、制备方便、活性良好。催化剂活性与颗粒大小有关,颗粒越小,反应活性越高。

另一个净化燃料气的方法是甲烷化(式(9.104))。甲烷化方法促使 CO 和 H_2 反应生成 CH_4 和 H_2O。甲烷化方法去除 CO 效率较高,但缺点是所需的 H_2 量是 CO 去除量的 3 倍,而且,燃料气中存在的 CO_2 也可能发生甲烷化反应,消耗大量 H_2 或者与 H_2 反应发生水气转换反应的逆反应,产生 CO,不利于燃料气的净化过程,因此,对 H_2 纯度要求较高的情况下,一般在甲烷化之前要去除 CO_2,以保证燃料气净化过程顺利进行。

钯或钯合金膜也是去除燃料气中 CO 的有效方法之一。钯或合金膜可以选择性地允许燃料气中的 H_2 通过,而阻隔其他气体,从而净化 H_2。经过钯或合金膜净化后,燃料气中的 CO 可以降低到 0.001% ~0.01%以下,不会引起燃料电池性能的明显变化。采用钯或合金膜的缺点是价格昂贵,需要膜两侧存在较大的压力差,而且要在高温下进行,因此会降低燃料电池系统的效率。膜净化方式通常与重整过程结合,构成统一的燃料气处理系统。

9.9.3 氢气存储

H_2 有多种存储方式,可以以单质的形式存在于金属或一些其他物质中,也可以以气态或液态化合物的形式存在,如烃类、醇类、氨和肼等。下面主要描述 H_2 的物理存储方式。

1.气态储氢

气态储氢是指将 H_2 直接压缩在气罐中。这种方式比较简便,但缺点是储氢密度低、气罐体积较大,特别在车载应用中缺点更为明显,即使体积能满足要求,行驶里程也受到很大的限制。采用气态储氢技术比较适合巴士或者短途汽车用的燃料电池。

2.液态储氢

液态储氢是所有储氢技术中能量密度最高的。但液态储氢罐必须具有非常高的隔绝性,即便如此,每天仍有 1% ~2%的 H_2 因蒸发而损失。而且,液态储氢在 H_2 转变为液态过程中需要消耗大量的能量。

3.固态储氢

由于 H_2 与空气混合后将成为爆炸性气体,因此气态和液态储氢的安全性是必须面对的问题。而且,尽管可以使用现有的燃气站来补充气态或液态 H_2,但仍然需要对这些燃气站进行较大改造,得大量投资。因此,如果能提高储氢容量,固态储氢是较理想的储氢方式。

储存在储氢合金和一些其他结构材料中的 H_2 常被称为固态氢,但实际上氢还是以气态或原子态的形式吸附在这些结构材料中。储氢合金是常用的 H_2 存储方式,将合金暴露在 H_2 中就可以形成金属氢化物,形成金属氢化物的条件取决于合金的类型。一般通过加热金属氢化物就能释放出所储存的 H_2。目前研究发展中的储氢合金主要有钛系储氢合金、锆系储氢合金、铁系储氢合金及稀土系储氢合金。金属氢化物储氢的一个特例是所谓的"能量球"。将 NaH 小球涂敷防水表面,然后放入水中。为释放 H_2 可以使防水表面产生机械渗漏,则 NaH 和 H_2O 就可以反应产生 H_2 和 NaOH,产生的 H_2 可以供燃料电池使用。

另一种比较热门的固态储氢方式是通过碳纳米结构储氢。这种纳米结构的碳材料可以是管状(纳米管),也可以是纤维形式(纳米纤维)。这两种结构材料都具有良好的导电性、柔韧性和机械强度。在加温、加压条件下,气态氢可以存储在两种材料的晶体结构中。在常温和常压下又可以释放出大部分 H_2,略微提高温度,则可以释放全部 H_2。纳米碳材料储氢需要较长时间,而且要在较高压力下进行,目前还处于研究阶段,其实用性也存在一定争议。

此外,玻璃微球也被用来储氢。高温下 H_2 可以穿透玻璃,进入玻璃微球中,通过降低温度、升高压力可以使 H_2 储存在其中,升高温度玻璃微球可以释放出 H_2。沸石也可以以同样的方式储氢。在高温和高压下 H_2 可以进入沸石分子空隙的微孔中,然后降低温度就可以将 H_2 保存在其中,直至加热后再度释放出来。沸石的储氢能力取决于沸石阳离子,K 比 Na 和 Ru 具有更高的储氢能力。需要指出的是,这两种储氢方式的储氢能力很低,因此实用性不高。

第 10 章　其他化学电源

10.1　钠－硫电池

10.1.1　钠－硫电池结构

钠－硫电池属于碱金属熔盐电解质电池，是一种高能二次电池。由于它工作在 300℃左右，使正、负极活性物质都处于液体状态，因而具有极高的电化学活性，可以在极高的电流密度下放电。

钠－硫电池的主要优点是：比能量高，充电效率高，维护方便，价格便宜。

钠－硫电池的负极是熔融金属钠，其熔点为 98℃，$\varphi^{\ominus} = -2.714$ V(相对 SHE)，正极是熔融态的硫，其熔点为 119℃，$\varphi^{\ominus} = -0.48$ V(相对 SHE)，由于硫的电阻很大，必须在熔融硫中加入导电材料，通常把硫充满在多孔碳中(或石墨毡)，并以碳作为正极的集流体。另外，在高温下，硫的蒸气压很高，必须对电池密封。电解质是固体电解质，通常用 β－氧化铝，化学式为 $Na_2O \cdot 11Al_2O_3$。这种物质高温时具有高的离子导电性，导电离子是 Na^+，同时它与熔融的钠和硫(即多硫化合物的混合物)接触时保持惰性，故又兼作电池的隔膜材料。可制成管式或板式，如图 10.1 所示。

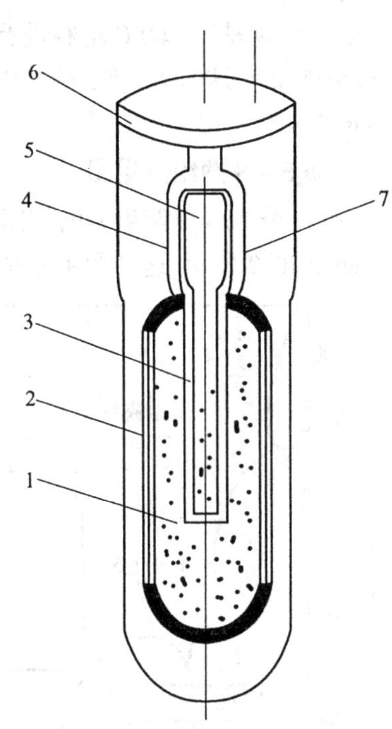

图 10.1　管式钠－硫电池结构

1—充满 Na_2S_x 的多孔碳；2—背衬电极；3—导电陶瓷器；4—液体钠；5—负极导体(铜线或钨线)；6—封口；7—正极导体(不锈钢)Cr－Fe 或 Ni－Cr合金

10.1.2　钠－硫电池的工作原理

1.电池反应

充足电时，正极活性物质是硫与多硫化物的混合物，其组成约为 Na_2S_5；放电后，其组成约为 Na_2S_2。电极反应如下。

放电初期：

负极　$$2Na \longrightarrow 2Na^+ + 2e^- \tag{10.1}$$

正极　$$2Na^+ + 5S + 2e^- \longrightarrow Na_2S_5(l) \tag{10.2}$$

总反应　$$2Na + 5S \longrightarrow Na_2S_5(l) \tag{10.3}$$

放电中后期：

多硫化钠溶液中的 S 耗尽之后，转为以下反应。

负极 $$2Na \longrightarrow 2Na^{+} + 2e^{-} \tag{10.4}$$

正极 $$2Na^{+} + 4Na_2S_5 + 2e^{-} \longrightarrow 5Na_2S_4(液) \tag{10.5}$$

总反应 $$2Na + 4Na_2S_5 \longrightarrow 5Na_2S_4(液) \tag{10.6}$$

放电后期：

多硫化钠溶液中的 Na_2S_5 消耗尽之后，转为以下反应

负极 $$2Na \longrightarrow 2Na^{+} + 2e^{-} \tag{10.7}$$

正极 $$2Na^{+} + Na_2S_4 + 2e^{-} \longrightarrow 2Na_2S_2(液) \tag{10.8}$$

总反应 $$2Na + Na_2S_4 \longrightarrow 2Na_2S_2(液) \tag{10.9}$$

以上反应是在 300℃左右进行的，放电前 Na 与 S 形成一系列的多硫化钠混合物（从 Na_2S_5 到 Na_2S），这时 Na 与多硫化钠都处于液态，从 Na_2S-S 的两组分相图可以清楚地看出这些反应。

2. Na_2S-S 两组分相图

(1) 部分 Na－S 两组分的相图

如图 10.2 所示，这个两组分系统产生以下五种化合物。

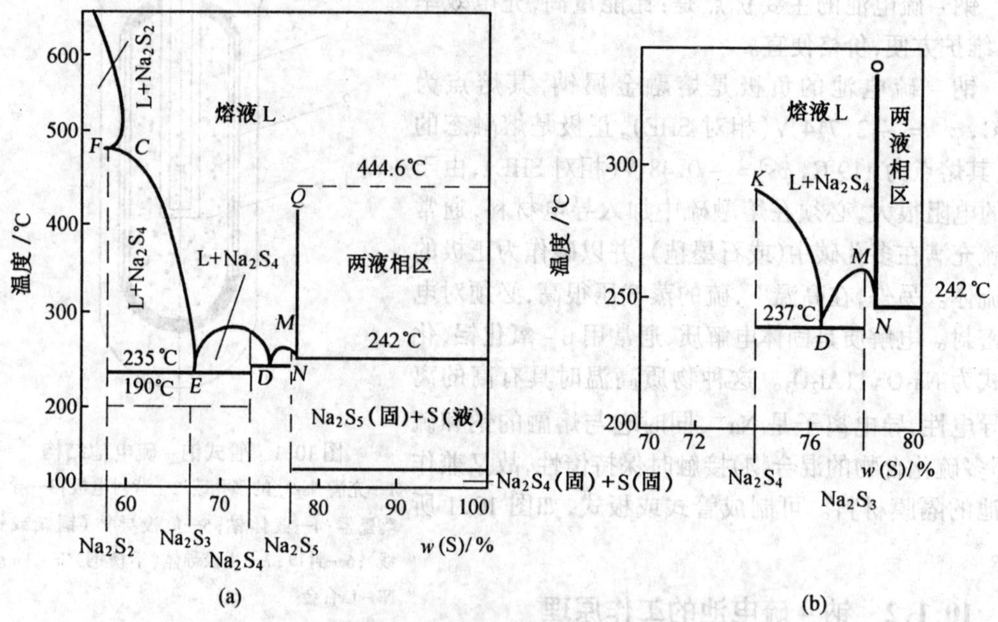

图 10.2 部分 Na－S 两组分的相图

Na_2S：稳定化合物，熔点 1 180℃，含质量分数为 41.00% 的 S，咖啡色。

Na_2S_2：不稳定化合物，熔点 475℃，含质量分数为 58.00% 的 S，棕色。

Na_2S_3：不稳定化合物，190℃左右分解，含质量分数为 67.60% 的 S，深黄色。

Na_2S_4：稳定化合物，熔点 284.8℃（点 K），含质量分数为 73.96% 的 S，黄绿色。

Na_2S_5：稳定化合物，熔点 258℃（点 M），含质量分数为 77.77% 的 S，深黄色。

图 10.2(a)中，只标出和液相成平衡的四个两相平衡区，其他的两相平衡区未标出。

从图 10.2(a)可以看出，有两个低共熔点 E 和 D。E 是 Na_2S_2、Na_2S_4 和熔液 E（含质量分数 68.77% 的 S）的三相平衡点，温度是 235℃。D 是 Na_2S_4、Na_2S_5 和熔液 D（含质量分数为

76.4%的 S)的三相平衡点,温度是 237℃。

图 10.2(b)是 *KDMN* 部分的扩大图。在 242℃以上,当质量分数约大于 78%时,有两液相区域,一个液相是含少量硫的 Na_2S_5 液相,其组成是 *NQ* 线,即

温度/℃	w(S)/%
280	78.28
300	78.33
330	78.40
360	78.48
390	78.50

另一个液相是含少量 Na_2S_5 的液体 S 相,其组成没有进行过测定,估计很接近于质量分数为 100%的 S,S 的沸点是 444.6℃,所以这两个液相没有临界点。

(2) 放电过程中的电压变化

硫在 120℃熔化,在 242℃进入两液相区。因此在 120～242℃之间为固体 Na_2S 与液体 S 的两相平衡区域。Na－S 电池的工作温度为 300℃。从图 10.3(b)可见,放电初期,正极活性

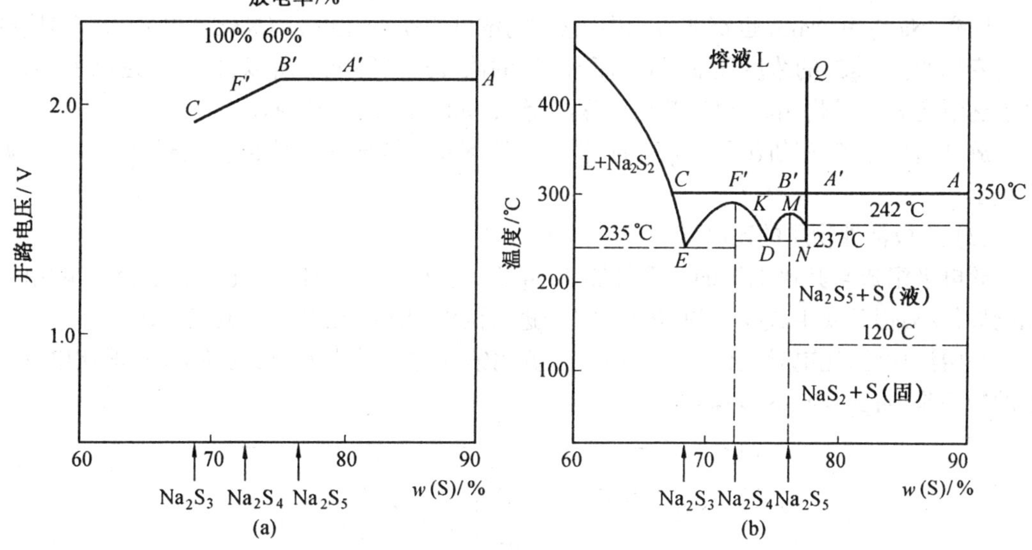

图 10.3　Na－S 电池开路电压随组成的变化

物质处在两液相区域内(*A*－*B'*),这时开路电压稳定在 2.08 V 左右。放电初期的电池反应为

$$2Na + 5S \longrightarrow Na_2S_5 \tag{10.10}$$

这时的电动势为

$$E = E^{\ominus} + \frac{RT}{nF}\ln\frac{[a(Na)^2]\cdot[a(S)^5]}{a(Na_2S_5)} \tag{10.11}$$

式中　$a(Na)$、$a(S)$、$a(Na_2S_5)$——液态 Na、S、Na_2S_5 的活度。

这时正极活性物质处在两液相区:一个液相是含少量硫的 Na_2S_5 液相,相当于液体 Na_2S_5;另一个液相是含少量 Na_2S_5 的液体 S 相,相当于液体 S,即 Na_2S_5 相和 S 相都近于纯液

体，它们的活度都等于 1。所以电动势 $E = E^{\ominus} = 2.08$ V，而且几乎是恒值。

实际上，研究的电池不是从点 A 开始放电，而是从点 A' 开始放电，但基本情况是完全一样的。

在放电中期，电池反应为

$$2Na + 4Na_2S_5 \longrightarrow 5Na_2S_4(l) \tag{10.12}$$

这时电动势为

$$E = E_2^{\ominus} + \frac{RT}{nF}\ln\frac{[a(Na)^2]\cdot[a(Na_2S_5)^4]}{[a(Na_2S_4)^5]} \tag{10.13}$$

由于 Na_2S_5 和 Na_2S_4 都在液相中，它们的浓度是变化的，所以 $a(Na_2S_4)$ 和 $a(Na_2S_5)$ 也是变化的，故电动势也是变化的。如图 10.3(a) $B' \to F'$。

在放电后期，电池反应为

$$2Na + Na_2S_4 \longrightarrow 2Na_2S_2(l) \tag{10.14}$$

这时电动势是

$$E = E_3^{\ominus} + \frac{RT}{nF}\ln\frac{[a(Na)^2]\cdot[a(Na_2S_4)^4]}{[a(Na_2S_2)^5]} \tag{10.15}$$

同样，Na_2S_2 和 Na_2S_4 也都在液相中，它们的浓度也是变化的，$a(Na_2S_2)$ 和 $a(Na_2S_4)$ 同样也是变化的。Na_2S_2 的浓度逐渐增加，而 Na_2S_4 的浓度逐渐降低。所以，也由大逐渐变小，而由小逐渐变大。因此，电池电动势由高逐渐降低，如图 10.3(a) $F' \to C$。

放电超过点 C，就析出了 Na_2S_2 的固体，它能堵塞陶瓷隔膜。所以，一般放电到点 C 就终止了。

(3) 正极活性物质的比电导

硫电极组成与其比电导的关系如图 10.4 所示。硫是非导体，因此在液态硫的单相区，比电导很小，但只要生成少量的 Na_2S_5 相(即进入两液相区)，比电导便迅速升高。

在两液相区，比电导变化缓慢。随着多硫化钠的含钠量增加，比电导增加，即比电导减小的顺序是 $Na_2S_3 > Na_2S_4 > Na_2S_5$。

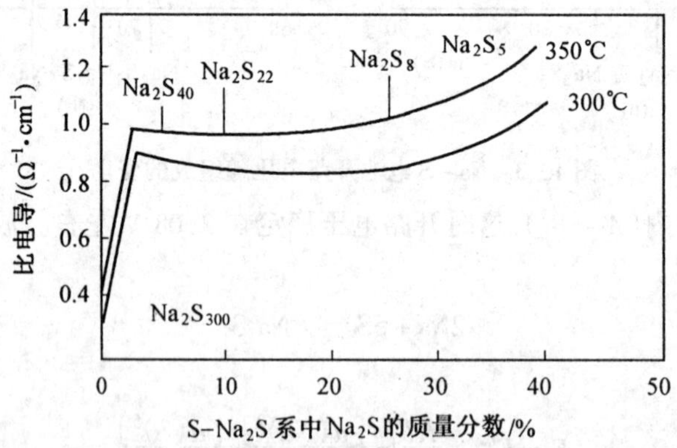

图 10.4 硫电极组成与比电导的关系

由于在放电过程中，正极多硫化物的比电导增高，所以它不是影响电池内阻的主要因素。

3.钠－硫电池的放电性能

图 10.5 是不同电流密度下的充放电曲线。从图中可以看出,放电曲线很平稳,这是钠－硫电池的一个特点。

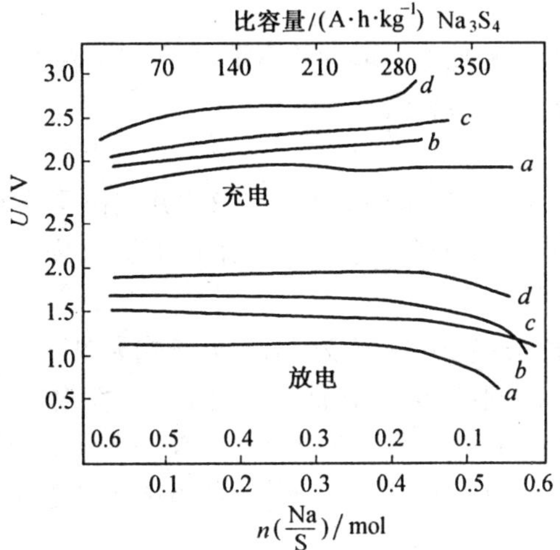

图 10.5　钠－硫电池充放电曲线

a—开路;b—170 mA/cm^2,120 min;

c—340 mA/cm^2,60 min;d—680 mA/cm^2,30 min

图 10.6 是过电势对电流密度的对数作图的曲线,它表现为直线关系并通过原点,符合 $\eta = IR$ 的关系。式中,I 是电流或电流密度,R 是电阻或比电阻。

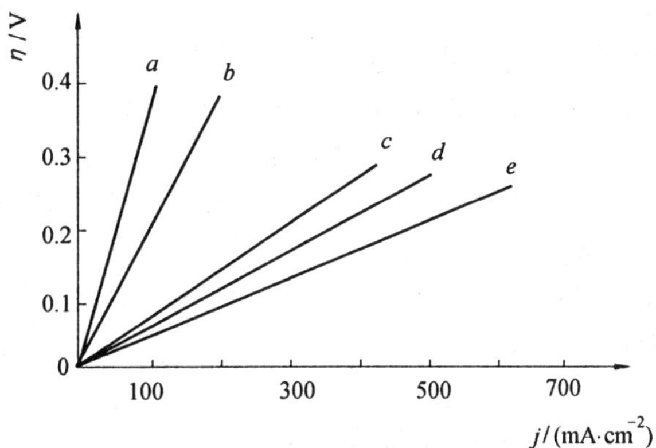

图 10.6　过电势－电流密度曲线

a—无处理;b—陶瓷隔膜充电处理;c—陶瓷隔膜充电－放电处理;d—陶瓷隔膜充电－放电－充电处理;e—陶瓷隔膜充电－放电－充电－放电处理

图 10.6 所示电池的陶瓷隔膜面积是 0.2 cm^2,其中 a 线相当于 100 mA/cm^2 电流密度的过电势,即为 0.2 V,所以

$$R = \frac{0.2}{0.02} = 10\ \Omega$$

b 线在同样电流密度下的过电势为 0.12 V,即

$$R=\frac{0.12}{0.02}=6\ \Omega$$

这个数值和陶瓷隔膜的比电阻相当,说明过电势产生的实质主要是由于陶瓷隔膜的电阻产生的电压降。

从图 10.6 可以看出,经过充放电处理后的隔膜,过电势下降了。这是因为处理后,增加了隔膜对钠的润湿性,使其电阻下降了。

4.导电陶瓷隔膜

钠-硫电池的独特之处在于,它采用了固体电解质并兼作隔膜的导电陶瓷,它是一种离子导电的固体电解质,称为"$\beta-Al_2O_3$"。它是一类物质的总称,分子式为 $A_2O\cdot 11M_2O_3$,其中,A 为碱金属,M 为 Al、Ga 和 Fe。

在钠-硫电池中使用的是:A 为 Na,M 为 Al,其分子式为 $Na_2O\cdot 11Al_2O_3$,这是"$\beta-Al_2O_3$"中研究最多的一种。一般的固体电解质,在低温下离子导电率很低,但达到熔点时离子导电性就相当高。$Na_2O\cdot 11Al_2O_3$ 可在远低于其熔点(1 950 ~ 2 000℃)中和等温度(约 300 ~ 400℃)下,就有相当大的离子导电率。所以,它是中温型离子导电的固体电解质。这是一个很大的优点。

(1) 导电陶瓷隔膜的作用

① 把熔融金属钠与多硫化钠熔融物隔开,避免钠与多硫化钠反应而引起自放电,起着隔膜的作用;

② 由 Na^+ 的迁移进行导电,起着电解质的作用。

(2) 对导电陶瓷隔膜的要求

① 电阻要比较小;

② 熔融的金属钠与多硫化钠都不能透过;

③ 能在高温下工作,不能被熔融的金属钠与多硫化钠腐蚀;

④ 电解质要具有高的烧结密度(大于 3.2 g/cm^3);

⑤ 具有高的机械强度,经过多次充放电之后或温度变化后,都不会被破坏。

(3) $\beta-Al_2O_3$ 的晶型结构

$Na_2O\cdot 11Al_2O_3$ 的晶型结构属于六方晶系。单位晶胞中含有两个 $NaAl_{11}O$ 分子。这种六方层状结构的晶格常数 $a=0.559$ nm, $c=2.25$ nm。两层之间是氧离子(O^{2-})和铝离子(Al^{3+})组成的密堆积基块→俗称"尖晶石基块"。在钠离子所处平面内,上下两个密堆氧离子层互为镜像,相距 0.476 nm,该层中的钠离子易被其他离子所替换,形成 Na^+ 的传导。这是因为 Na^+ 与 O^{2-} 的距离在 $Na_2O\cdot 11Al_2O_3$ 中是 0.287 nm,而在一般氧化钠化合物 Na_2O 中是 0.240 nm。所以在 $Na_2O\cdot 11Al_2O_3$ 中,Na^+ 与 O^{2-} 结合是比较松弛的。

通常,水溶液中离子的扩散系数 D 大约是 $10^{-5}\ cm^2/s$,而在 $\beta-Al_2O_3$ 中 Na^+ 的 D 值,25℃时为 $4.0\times10^{-7}\ cm^2/s$,300℃时为 $1.0\times10^{-5}\ cm^2/s$。也就是说 300℃时 Na^+ 在固体电解质 $\beta-Al_2O_3$ 中的离子迁移速度与在水溶液中一样快了。

放电时,负极上生成的 Na^+ 经过隔膜扩散到熔融 Na_2S_x 区,与其反应

$$2Na^+ + Na_2S_x + 2e^- \longrightarrow Na_2S_{x-1}$$

只有 Na^+ 才能透过隔膜,Na、Na_2S_x 和 Na_2S_{x-1} 都不能透过(因为 Na_2S_x 等熔融盐实际上解离

成离子，实质上是 S_x^{2-} 和 S^{2-} 等离子都不能透过隔膜）。所以，陶瓷隔膜的性能是既能导电、又能把熔融的 Na 和 Na_2S_x 熔盐隔开。

(4) $\beta-Al_2O_3$ 陶瓷隔膜的制造

$\beta-Al_2O_3$ 陶瓷隔膜的制造方法很多，有烧结法、热压法等。这里我们只介绍一种典型的制造方法——烧结法。其工艺过程如下：

① 制造原料粉末。将 Na_2CO_3、MgO 和 $\alpha-Al_2O_3$ 按下面成分配料：Na_2O（质量分数为 7.3% ~ 9.3%），MgO（质量分数为 1% ~ 4%），$\alpha-Al_2O_3$（质量分数为 86.7% ~ 91.7%），加入丙酮，在球磨机中混合成浆状，在丙酮挥发后，在 1 230℃下预烧 1 h，在球磨机中粉碎再添加体积分数为 5% 的乙二醇作助磨剂，转速为 400 r/min，研磨 20 h，然后再加入体积分数为 0.5% 的乙二醇作为助压剂，继续研磨 1 h，使粉料的 BET 表面积为 10 m^2/g，平均粒度在 1 μm 以下。

② 压制成型。把制好的原料粉末用硅橡胶模具进行静水压，可以压成管状、棒状和片状。压力为 1.5 kPa，毛坯密度是理论值的 57%。

③ 烧结。将压制成型的毛坯在热容低的石墨加热炉内烧结，升温和冷却速度为 15 ℃/min，在 1 550 ~ 1 800℃温度下烧结 30 min，然后在 1 450℃温度下退火 1 h，以改善结构的均匀性和导电性。烧结时，样品被埋在 $\beta-Al_2O_3$ 粉料中，以防 Na_2O 的挥发。样品和埋伏料所含含 Na_2O 的量应该相同，这样制备的 $\beta-Al_2O_3$，其比电导为 3 $\Omega^{-1}\cdot cm^{-1}$（300℃），密度为 3.19 g/cm^3。

10.1.3　存在问题及发展趋势

钠 - 硫电池具有高比能量和高比功率，特别适合作汽车动力电源。虽然电池两极活性物质都在液态下工作不会形成枝晶，没有自放电及活性物质与电解质反应等问题，但目前依然存在其他问题有待解决和改进。

① 电池失效的主要原因是陶瓷隔膜退化，所以隔膜的制备方法和性能需要进一步研究和改进。希望采用廉价、易制的办法来生产所需性能的 $\beta-Al_2O_3$，使其具有较高的稳定性、重复性、均匀性和工作寿命。

② 高温状态下，硫电极的腐蚀作用很强，许多金属、合金以及一些碳化物等易被侵蚀。要研究如何提高硫电极的性能，比如充电能力、耐过充电能力、充放电效率以及研制廉价的耐硫和多硫化钠熔液腐蚀的集流体。

用不锈钢作集流体，经过多次循环后可形成 FeS_2 厚层。碳、石墨及某些氧化物在硫电极中稳定，可作为复合集流体的抗蚀层。

③ $\beta-Al_2O_3$/玻璃/$\alpha-Al_2O_3$ 的熔封是电池的薄弱环节，密封技术必须进一步改进。研究既经济又适合大量生产的密封方法（包括电解池和壳体的密封），可使这种密封能经受多次热冲击，并耐各种活性物质的高温腐蚀。

④ 电池的安全性也是一个重要问题。作为汽车动力的电源，对电池的结构强度要求很高，因为若发生事故，高温的熔融钠与多硫化物一旦接触，就会爆炸，这个问题必须解决。

以上问题还需要经过努力才可能解决。尽管目前进展不快，但还是很有希望的。

10.2 固体电解质电池

10.2.1 概述

固体电解质电池的研究早在20世纪50年代就开始了,但早期的电池输出电流很小,电流密度只有微安级。到60年代,由于发现了离子比电导较高的固体电解质 $RbAg_4I_5$ 和 KAg_4I_5,又采用了新的有机正极材料,有力地促进了固体电解质电池的发展。

固体电解质电池不同于一般化学电源,它的电解质是固体,导电是依靠离子在固体中的迁移。这种固体电解质一般都是在远低于其熔点温度下便具有较高离子导电性的结晶型固体,它的电子导电性通常远小于离子导电性。

固体电解质电池与一般化学电源相比,有许多优点:

(1) 储存寿命长

由于用固体电解质,电池的电子导电性很低,在电极活性物质与电解质之间没有严重腐蚀反应,不存在自放电现象,是一种很好的储备电池,而且也不需要一般储备电池的激活装置。

(2) 工作温度范围宽广

一般化学电源的工作温度范围受液态电解质的沸点及冰点的限制,而固体电解质电池则不受这种限制,因此其工作温度范围很宽。

(3) 使用安全

固体电解质电池能耐强烈振动、冲击、旋转以及加速度等特殊要求,并且没有腐蚀液体,不会产生电解液泄漏和腐蚀危险。

(4) 可满足电池的微型化

现代电子仪器日趋小型化,必然要求电池微型化。液态电解质的体积因素使电池的微型化受到限制。例如,要求1 cm^3 含有200~1 000只单体电池,只有薄膜固体电解质电池才能满足。

但由于采用固体电解质,电池也存在一些缺点。主要是固体电解质电池内阻较大(特别是接触电阻更大),使得常温下电池的比能量、比功率都较低。

固体电解质电池大致分成三类:

① 常温固体电解质电池;

② 中温固体电解质电池(如使用 $\beta-Al_2O_3$ 的钠-硫电池,在300℃左右的中温下工作);

③ 高温固体电解质电池(如用 ZrO_2 系固体电解质的高温燃料电池,在1 000℃左右的高温下工作)。

本节只讨论常温固体电解质电池。

10.2.2 常温型固体电解质的离子导电机理

固体电解质是固体电解质电池的核心,研究它的离子导电机理,对寻找和合成新的固体电解质具有重大意义。固体电解质是离子导电的固体晶体,它的离子导电机理与其晶体结构有着密切关系。

1.固体电解质和一般离子型化合物的差异

一般来说,固体的离子型化合物在温度足够高时,具有一定的导电性。AgI 是固体离子型化合物,在室温下其比电导不超过 10^{-2} S/cm,而在熔融状态时可达 5 S/cm。熔融时比电导激增百倍,甚至万倍。

固体电解质在远低于其熔点的情况下,就具有相当大的比电导,在熔融时比电导稍有增加,有时还会降低。大多数固体电解质在固体中有相变化。它的低温相称为 β 相,高温相称为 α 相。β 相的导电性一般很低,而 α 相则具有很高的导电性。当达到 $\beta \rightleftharpoons \alpha$ 相转变温度时,比电导发生突跃变化。

从一些固体电解质在相变时比电导与温度的关系可以看出,在发生相变时比电导突跃变化的情况。例如,AgI 在 147℃由 β 相变为 α 相,β 相的比电导只有 10^{-4} S/cm 左右,而在转变后的 α 相,比电导达到 1 S/cm,比电导增加约 10 000 倍左右。Ag_2HgI_4 的 $\beta \rightleftharpoons \alpha$ 相转变温度是 50℃。从 β 相的比电导约 10^{-5} S/cm 变到 α 相的比电导约 10^{-3} S/cm 突跃 100 倍左右。表 10.1 给出一些固体电解质的 $\beta \rightleftharpoons \alpha$ 相转变温度。

表 10.1　固体电解质的相转变速度

固体电解质	$\beta \rightleftharpoons \alpha$ 相转变温度/℃	电池电解质	$\beta \rightleftharpoons \alpha$ 相转变温度/℃
AgI	147	$RbAg_4I_5$	-155
Ag_2HgI_4	50	KAg_4I_5	-136
Cu_2HgI_4	60	Ag_2SO_4	515
Ag_2S	176	Li_2SO_4	575
Ag_2Se	143	Li_2WO_4	684
Ag_2Te	150	Na_3AlF_6	565
Ag_3SI	255	$Ag_{1.14}Cu_{0.86}HgI_4$	约 40

固体电解质与一般离子型化合物的差别:

(1) 离子型化合物温度在接近熔点时,比电导多半都不大,而且相差也很小。而固体电解质则在远低于其熔点的温度下便具有相当大的比电导。例如,AgI 的熔点为 552℃(熔融时有分解),但在 147℃,α-AgI 的比电导便有 1.3 S/cm。

(2) 离子型化合物,在其熔融时,比电导突然增大,大约增大 100~10 000 倍,参见表 10.2。

固体电解质则在 $\beta \rightleftharpoons \alpha$ 发生相变时,比电导突然增加,大约也增加 100~10 000 倍,这与离子型化合物在熔融时的比电导变化类似。在熔融时固体电解质的比电导稍有增长,甚至反而降低。从比电导的变化来看,AgI 的 $\beta \rightleftharpoons \alpha$ 相变化和 AgBr 的熔融有很大的相似性。可以认为固体电解质 $\beta \rightleftharpoons \alpha$ 相转变是一种特殊的熔融现象。

表 10.2 离子型化合物熔融时的比电导

一般离子型化合物	熔点/℃	比电导/($\Omega^{-1}\cdot cm^{-1}$)	测定时温度/℃
AgCl	455	3.91	500
AgBr	434	2.93	450
KCl	790	2.42	800
KBr	730	1.78	810

表 10.1 给出的各种固体电解质都是由于较小的一价正离子(如 Ag^+、Cu^+、Li^+、Na^+)的迁移,产生了离子导电性。只有在 Ag_2HgI_4、Cu_2HgI_4 及 $Ag_{1.14}Cu_{0.86}HgI_4$ 中,才有少量的 Hg^+ 参加导电。例如,AgI 在 20~300℃时完全是 Ag^+ 导电。从表 10.3 可以看出,在此温度下,Ag^+ 的迁移数 $t(Ag^+)=1.00$,I^- 的迁移数 $t(I^-)=0.00$。$t(Ag^+)=1.00$,即表示电量的全部都是由 Ag^+ 担负传递的,而 I^- 完全不迁移。AgI 的 $\beta \rightleftharpoons \alpha$ 的相转变温度为 147℃,因而 AgI 无论是处于 β 相,还是 α 相,都是 100% 的 Ag^+ 导电,而 I^- 完全不移动。但是在 $\beta \longrightarrow \alpha$ 相转变时,比电导增加了 10 000 倍,达到或者超过熔融时的比电导数值。可以认为 AgI 是由 Ag^+ 晶格和 I^- 晶格构成的,在 $\beta \longrightarrow \alpha$ 相转变时,Ag 晶格熔化了,而 I^- 晶格完全不熔化,仍保持固体状态。因此,$\beta \rightleftharpoons \alpha$ 相转变是一种特殊的熔融现象。

表 10.3 固体电解质及离子型化合物的迁移数

化合物	温度/℃	正离子迁移数	负离子迁移数
KCl	435	0.956	0.044
	500	0.941	0.059
	550	0.917	0.083
	600	0.884	0.116
AgCl	20~350	1.000	0.000
AgBr	20~300	1.000	0.000
AgI	20~300	1.000	0.000
$RbAg_4I_5$	室温	$t(Ag^+)=1.000$	0.000
$\beta-Al_2O_3$	室温~300	$t(Rb^+)=1.000$	0.000
$PbCl_2$	200~450	$t(Na^+)=1.000$	1.00
$PbBr_2$	250~365	0.00	1.00
PbI_2	255	0.39	0.61

又如,$RbAg_4I_5$ 也完全是由 Ag^+ 导电。从表 10.3 中可以看出,$t(Ag^+)=1.00$,亦可认为 $RbAg_4I_5$ 是由 Ag^+ 晶格和 RbI_5^{4-} 晶格构成的。在 $\beta \rightleftharpoons \alpha$ 相转变时,Ag^+ 的晶格完全熔化,而 RbI_5^{4-} 仍保持固体状态。

从表 10.3 中还可看出,固体电解质及离子型化合物并不都是正离子导电,有的是负离子导电,有的同时由正负离子混合导电。固体电解质的导电性能并不取决于哪种离子导电,而取决于 α 相的结构。

(3) 固体电解质的 $\beta \rightleftharpoons \alpha$ 相转变温度有很大差别。从表 10.1 看出,有些固体电解质的相转变温度很低(如 $RbAg_4I_5$ 与 KAg_4I_5),有的固体电解质相转变温度则很高(如 Li_2WO_4)。虽然这些类型的固体电解质相转变温度高低差别很大,但它们的本质相同。也就是说,它们的高离子导电性与其 α 相结构有密切关系,只是 $\beta \rightleftharpoons \alpha$ 相转变温度不同而已。

2. 在 $\beta \rightleftharpoons \alpha$ 相转变时熵变

固体电解质在 $\beta \rightleftharpoons \alpha$ 相转变过程中，不仅导电性能有突跃的变化，而且有比较大的熵变(ΔS)。熵的增加表明其晶格结构混乱程度的增大。随着混乱程度的增大，伴有比电导的迅速增大。这说明 $\beta \rightleftharpoons \alpha$ 相转变是从规则的、较牢固的晶格(β 相)转变到不规则的、较松弛的晶格(α 相)。这种相变化是一种规则晶格到不规则晶格的转变。

固体电解质的导电机理由其结构特点决定。它们的结构多半是较大的负离子(或结合负离子)构成一个牢固的晶格，而较小的一价正离子在这个晶格间有许多可占据的空位置，使其易于迁移。

晶格空间位置与晶格间总位置的比例越大，则比电导越高。当然，这不是惟一的因素，负离子的晶格和正离子的晶格相互作用，也是重要因素。

3. 常温型固体电解质的组成

常温型固体电解质，大多是由半径较大的负离子和半径较小的正离子构成的。例如，I^- 的晶体离子半径为 0.218 nm，所以 I^- 的晶体容易形成开敞的结构，使半径(0.13 nm)较小的 Ag^+ 容易在其间迁移。

又如在室温下 $RbAg_4I_5$ 的比电导为 0.26 S/cm，可以认为是由较大正离子 Rb^+ (半径为 0.146 nm)与 I^- (半径为 0.218 nm)形成较大的配离子 RbI_5^{4-} (Rb^+ 与 I^- 的距离为 0.362 nm)。同时认为这些大的负离子可形成各种多边形的通道，而使较小的 Ag^+ 易于在其中迁移。

10.2.3 常温型固体电解质电池

早期研制的固体电解质电池有

$Ag \mid AgBr \mid CuBr_2 - C$, $Ni \mid SnSO_4 \mid PbO_2$, $Ag \mid AgI \mid V_2O_5 - C$, $Ag \mid AgCl \mid KICl_4 - C$

以及二次电池

$$Ag \mid AgI \mid Pt$$

这些电池大部分采用 Ag 负极，放电时 Ag 形成 Ag^+，Ag^+ 通过固体电解质从正极取得电子而重新变成 Ag 或 Ag 的卤化物。但电池的放电电流很小，在微安级。之后由于高离子电导率的固体电解质 $RbAg_4I_5$、KAg_4I_5 被发现和采用，同时又使用了新的有机正极材料，因而电池性能得到很大提高，放电电流密度可达到毫安级。

近些年主要研究常温型固体电解质电池，研制低电压而功率较高的电池。目前比较成熟的有银-碘电池和锂-碘电池。

1. 银-碘电池

电池表达式 $Ag \mid RbAg_4I_5 \mid RbI_3 - C$

负极 $$14Ag \longrightarrow 14Ag^+ + 14e^- \tag{10.16}$$

正极 $$14Ag^+ + 7RbI_3 + 14e^- \longrightarrow 3RbAg_4I_5 + Rb_2AgI_3 \tag{10.17}$$

总反应 $$14Ag + 7RbI_3 \longrightarrow 3RbAg_4I_5 + 2Rb_2AgI_3 \tag{10.18}$$

若温度低于 27℃，固体电解质不稳定，将分解成 Rb_2AgI_3 及 AgI。

此时放电反应变为

$$4Ag + 2RbI_3 \longrightarrow 3AgI + Rb_2AgI_3 \tag{10.19}$$

由于电池系统是完全固态的，电化学反应发生在电极与电解质接触的界面上，因而界面上反应物一旦消耗完，反应就要停止。为此，必须在正极与负极中都加入一部分电解质$RbAg_4I_5$，以增大电极/电解质界面面积，提高活性物质利用率。此外，为了使整个电池在放电过程中活性物质与集流体保持良好接触，在活性物质中添加一些电子导电的惰性材料（如石墨等）。

$Ag \mid RbAg_4I_5 \mid RbI_3 - C$ 电池的开路电压为 0.66 V，放电电压比较平稳。放电电流密度为 1～2 mA/cm^2，瞬间放电可达 100～200 mA/cm^2。理论比能量为 48 W·h/kg，实际比能量只有 5.3 W·h/kg。

固体电解质电池由于采用了固体电解质，有较长的储存寿命，但银－碘电池在长期储存后会失效。例如，在储存期间内阻升高，两年内内阻从十几欧姆升到几千欧姆。造成容量下降，其主要原因是碘经过电解 $RbAg_4I_5$ 扩散到负极 Ag 上，生成 $\beta-AgI$ 阻挡层，使负极不能继续放电。一般采取在 $RbAg_4I_5$ 中添加有机黏合剂和 Ag 粉的措施，可以防止 AgI 的生成。在 $RbAg_4I_5$ 中添加有机黏合剂可以防止 I_2 的扩散。如果有 I_2 扩散到电解质中，则储存时 I_2 进入负极区引起容量下降。从这点出发可以测定不同储存时间的 AgI 面在 $RbAg_4I_5$ 中的位置，推出 AgI 面到达 Ag 极的时间，从而预测电池的储存寿命。

在银－碘电池中正极活性物质除采用 RbI_3 外，还采用其他多碘化合物，而不是直接采用 I_2。因为 I_2 的反应是 $2Ag + I_2 = 2AgI$，其电动势为 0.68～0.69 V，大于 $RbAg_4I_5$ 的分解电压。所以正极活性物质不用 I_2 而用氧化性较低的含碘物质。除 RbI_3 以外，目前还采用 $(CH_3)_3NI$、$(CH_3)_2(O_2H_5)_2NI$、$(CH_3)_4NI_9$、$(CH_3)_4NI_5$ 为正极材料。例如，电池

$$Ag \mid RbAg_4I_5 \mid (CH_3)_4NI_9$$

在 －15℃时，储存寿命为 25 个月，而电池

$$Ag \mid RbAg_4I_5 \mid (CH_3)4NI_5$$

在 23℃及 15℃时，储存寿命可达 5 年。

2. 锂－碘电池

锂－碘电池于 20 世纪 60 年代后期开始研制，目前已有三类。

(1) $Li \mid LiI\ Al_2O_3 \mid PbI_2\ PbS - Pb$ 电池

电池的负极为金属锂，正极活性物质为 PbI_2、PbS 或 $PbI_2 + PbS$（质量比为 1:1），集流体为 Pb，电解质为 $LiI + Al_2O_3$ 粉末压成的薄片，其常温比电导为 10^{-5} S/cm。

电池反应

$$2Li + PbI_2 \longrightarrow 2LiI + Pb \tag{10.20}$$

$$2Li + PbS \longrightarrow Li_2S + Pb \tag{10.21}$$

前者开路电压为 1.9 V，后者开路电压为 1.8 V。PbI_2 和 PbS 均可作为正极。由于 PbO 和 S 等杂质的存在，初始开路电压可达 2.0 V，随后将下降至 1.9 V 左右。在低放电率条件下，电池比能量可达 490 W·h/L。电池可在较高温度（100℃）下储存，经过一年半的时间容量亦无损失。

(2) $Li - PC + LiClO_4 \mid Li\ \beta - Al_2O_3 \mid PC + LiClO_4 - I_2$ 电池

电池的电解质为 $LiClO_4$ 所饱和的碳酸内烯酯（PC），电解质中还含有 0.1 mol/L $(C_4H_9)_4NBF_4$。陶瓷隔膜有管式和片式两种。

电池开路电压为 3.6 V，电池内阻比较大。层式电池 22℃下工作电流密度为 1 μA/cm^2 时，电池工作电压为 2.0 V。管式电池工作电流密度为 100 μA/cm^2 时，电池工作电压为 3.4 V 和 2.2 V(前者隔膜中 Na^+ 被置换 1.34%，后者 Na^+ 被置换 84.7%)。

(3) 反应生成 LiI 电解质的锂－碘电池

电池负极为金属锂片，正极为聚二乙烯吡啶(P2VP)与碘的配合物。两电极直接紧密接触，自然产生固定电解质 LiI 层，其厚度为 1 μm。电池开路电压为 2.8 V。

电池放电过程中组分总体积无大变化，没有气胀、短路或隔膜破裂等问题；电池内阻主要来自电解质的电阻，而且它随放电过程的延续而增大；工作电压随 LiI 层的厚度增加而下降。

电池的自放电是由碘扩散引起的。由于自放电而增加的内阻与搁置时间的平方根成正比，可以推断每 10 年自放电率平均不到 10%。由此表明，电池具有密封性好、可靠性高、寿命长等优点。这类电池多用于心脏起搏器中。

日本松下电器公司试制的扣式超薄型锂－碘电池 JR2210 型，高 1.0 mm，采用 1－正丁基吡啶多碘化物代替聚二乙烯基吡啶，提高了电流密度和密封性能，微电池放电能获得与锂有机电解质电池一样高的比能量。

10.3 热电池

10.3.1 概述

热电池是一种熔融盐电解质储备型一次电池。电池的电解质在常温储存时是一种不导电的无水固体无机盐。使用时，用电流引燃点火头或用撞击机构撞击火帽，点燃电池内部烟火药，再点燃到燃纸，使电池内部温度迅速上升，电解质熔融变成高导电率的离子导体，电池便可在短时间内发出较大的功率。由于该电池储存时处于惰性状态，使用时依靠加热激活，故称“热电池”。

热电池起源于 20 世纪 40 年代中期，由于它具有比能量高、比功率大、内阻小、负载特性好、激活速度快、可靠性高等优良特性，且能在各种恶劣的环境下正常工作，因此主要应用于武器的研制和开发上。目前已广泛地用做导弹、火箭、炮弹、干扰机、鱼雷、飞机应急电源及核武器的工作主电源，在军用电源中占有特殊地位，备受军事大国的高度重视。

热电池的优点是：

① 常温时电池的自放电极少，储存时间可达 10～25 年，且储存期内无需维护和保养。

② 激活时间短，可在 0.2～3 s 内激活电池并提供有用功率。

③ 内阻低，特别适合大电流大脉冲放电，输出电流密度可达 6.2 A/cm^2，比能量高。LiAl－FeS_2 热电池的能量是水溶液电池系列中比能量最高的 Zn－AgO 电池的 3 倍以上。

④ 工作电压高。由于热电池的电解质是无水盐类，所以其电极可以采用 Ca、Mg、Li 等负电性很高的材料，从而可能获得较高的工作电压。

⑤ 工作时间一般在几秒钟到 60 min，目前热电池的工作寿命已达 60 min 以上，主要用

于军用电源。

⑥ 工作温度范围宽,可在 -70~70℃下正常工作。由于热电池工作时是靠内部电源来加热,因而受环境温度的影响小。

⑦ 机械强度高,使用简便。

10.3.2 热电池的特性参数

热电池在被激活后,电压迅速从 0 V 上升到峰值电压,随着内部烟火加热源热量的不断损失和活性材料的消耗,在一段时间后电压下降直至电池失效。如图 10.7 所示。

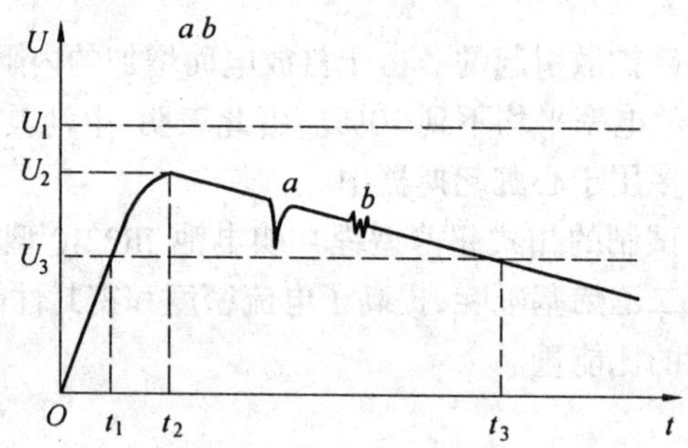

图 10.7　热电池典型输出电压示意图

表征热电池的性能,除了使用比功率、比能量、内阻等表征电池性能的常用指标外,还有以下几个特性参数。

(1) 激活时间

激活时间是指从施加激活电流信号开始到电池输出电压、电流达到规定的下限值所需要的时间,即图 10.8 中的 t_1。激活时间与电池输出电压的高低、输出电流的大小有密切关系,一般在 0.2~3 s 之间。

(2) 工作时间

工作时间是指在规定的负载和工作电压范围内,热电池维持正常放电所持续的时间,即图 10.7 中的 t_3,目前已有从数秒到 60 min 以上的各种型号的热电池。

(3) 上限电压

上限电压是指可使用的电部件正常工作的最高电压值,即图 10.7 中的 U_3。

(4) 下限电压

下限电压是指可使用的电部件正常工作的最低电压值,即图 10.7 中的 U_1。

(5) 峰值电压

峰值电压是指热电池被激活后,输出电压在上升过程中达到的最高电压值,即图 10.8 中的 V_2。

(6) 电压跳电

电压跳电是指电池在工作时间内,出现阶跃式的电压下降,这种突跳后的电压,可能恢复正常,也可能不恢复正常,是输出电压不稳定、加工质量控制不严的一种表现形式,即图

10.8中 a 处。

(7) 电噪声

电噪声是指电池在工作时间内,由于电池本身的原因,使工作电压出现不规则的快速波动,即图10.8中的 b 处。电噪声一般是由于放电过程中副反应所产生的合金(如 Li_2Ca 等)在热电池的工作温度下呈液体状态,从而造成电池内部瞬间短路而形成的。

10.3.3　热电池的结构和激活方式

1.热电池的结构

单体热电池结构有杯形和片形两种。

(1) 杯形电池结构

杯形电池结构如图10.8所示,它是把正极片、电解质片和负极片均装入镍制的杯中,这个金属镍杯同时也是正极端。电解质片是饱吸融盐 LiCl + KCl 的玻璃纤维布,杯底外面加一个加热片,即构成一个单体热电池。

(2) 片形电池结构

片形电池结构有两种形式:

① DEB二片结构。单体电池由一个DEB片和一个负极片组成。DEB片是去极剂(D)、电解质(E)和黏合剂(B)的复合片。它是由去极剂(正极活性物质)、电解质和硅土型黏合剂按一定比例混合压制而成的。该结构的加热片一般由 Fe - $KClO_4$ 材料构成。

② 三片结构。单体电池由正极片、负极片和隔离片(电解质)三片组成,其结构如图10.9所示。隔离片通常由电解质与氧化镁混合压制而成。

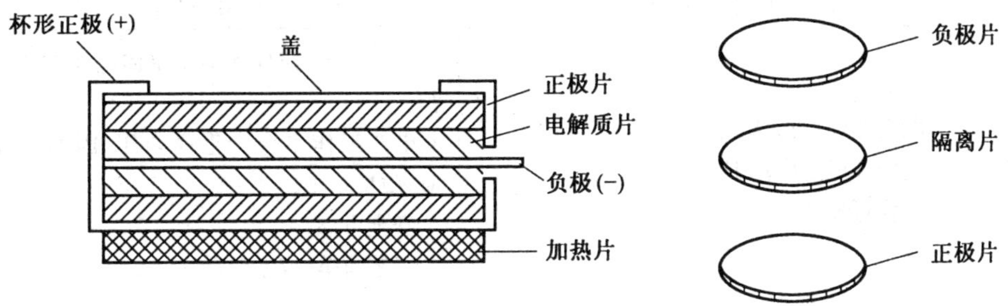

图10.8　杯形单体电池结构示意图　　图10.9　片形单体电池结构示意图

电池组由单体电池组合而成,在组合电池中,单体电池之间均夹有加热片,可使其快速激活,这是热电池特殊的地方。因此,一般热电池由正极片、负极片、隔离片、集电片、加热片、激活系统(点火头或撞针机构及火帽)、绝缘子、保温材料、壳体、电池盖等零部件组成。图10.10是热电池组的结构与组成示意图。

(3) 两种结构电池的比较

杯形结构热电池与片形结构热电池的性能比较如表10.4所示。热电池的制造工艺逐渐由杯形工艺向片形工艺过渡,目前使用的热电池多采用片形结构工艺。

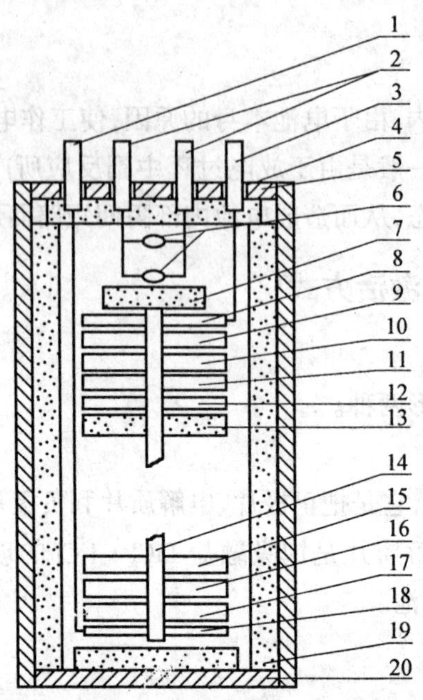

图 10.10　热电池组的结构与组成

1—输出正极；2—点火头极柱；3—输出负极；4—玻璃绝缘子；5—电池盖；6—双电点火头；7—引燃片；8、12、18—集流片；9、15—负极片；10、16—电解质片；11、17—正极片；13—加热片；14—引燃条；19—绝热层；20—电池壳体

表 10.4　杯形热电池与片形热电池比较

	杯形结构	片形结构
优点	电性能好，可大电流放电； 适应环境温度范围广； 工作可靠性高	结构简单，充分利用了单体电池的单元面积； 电池工作不会产生高内压，因而外壳较薄，质量较小； 安全可靠； 工艺简单，成本较低
缺点	电池零部件较多，结构复杂； 电池点火后内压大，对外壳强度要求高，增加电池质量	

2.激活方式

① 机械激活利用弹簧或爆炸驱动撞针结构所产生的机械力，使撞针撞击火帽发火，引燃电池内部的烟火源把电池激活。

② 电激活。利用电点火器点燃烟火药，再点燃引燃纸，激活电池。

10.3.4　工作原理

1.热电池的构成

热电池的负极活性物质通常选用钙、镁、锂、铝合金等负电性很高的金属材料。正极活性物质常选用铬酸盐（$CaCrO_4$、K_2CrO_4）、金属氧化物（V_2O_5、WO_3、CuO）及硫化物（CuS、FeS_2）等。电解质为 LiCl－KCl 的低共熔物或 NaCl－$AlCl_3$ 的低共熔物。

热电池工作时电解质处于熔融状态，那么熔融盐电解质的性质是怎样的呢？通常采用的 LiCl－KCl 电解质，相图如图 10.11 所示。由图可以看出，LiCl－KCl 为两组分系统，低共熔点 E 是 352～354℃，组成是摩尔分数为 58%～60%的 LiCl。换言之，当熔盐中含有摩尔分数为 58%～60%的 LiCl 时，最有利于电池激活。

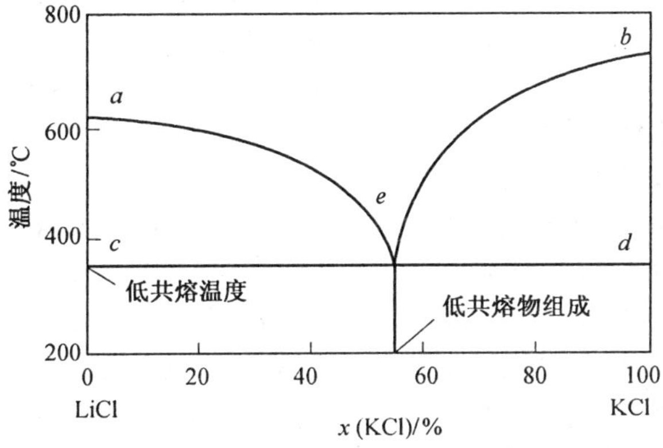

图 10.11　LiCl－KCl 三元相图

一些电极在 LiCl－KCl 融盐中的标准电极电势（以铂电极为参比电极）列于表 10.5 中，显然，其电极电势顺序与在水溶液中的相一致，钙、锂、镁的电势最负。

表 10.5　一些电极在 LiCl－KCl 低共熔物中的标准电极电势

电　极	450℃	500℃	含质量分数 10%K_2CrO_4 500℃
Ca/C^{2+}	－3.17	－3.17	—
Li/Li^+	－3.304	－3.304	—
Mg/Mg^{2+}	－2.580	－2.60	－2.19
Mn/Mn^{2+}	－1.849	—	—
Al/Al^{3+}	－1.762	－1.70	－1.20
Zn/Zn^{2+}	－1.566	－1.55	－0.91
Ca/Ca^{2+}	－1.316	—	—
Ni/NiO	－1.23	—	—
Cu/Cu_2O	－1.207	—	—
Fe/Fe^{2+}	－1.171	－1.22	－0.44
Pb/Pb^{2+}	－1.101	—	—
Sn/Sn^{2+}	－1.082	－1.09	－0.80
Cu/Cu^+	－0.957	－1.10	－0.47
Fe_2O_3	－0.88	—	—

续表 10.5

电　极	450℃	500℃	含质量分数 10% K_2CrO_4 500℃
Ni/Ni^{2+}	−0.795	—	−0.37
Ag/Ag^{+}	−0.743	−0.92	−0.45
V_2O_5	−0.4	−1.00	—
Pt/Pt^{2+}	−0.000	—	0.000
Br_2/Br^-	+0.177	0.000	—
Cl_2/Cl^-	+0.322	—	—

熔融电解质的电导率高。由于熔融盐在高温下离子运动速度快，没有溶剂化作用，其电导率要高出水溶液几十到几百倍。因而，热电池的内阻小，适合短时间内大功率放电。

熔融盐中电极反应的交换电流密度 j_0 大，远远大于水溶液中的交换电流密度 j_0。离子的扩散系数 D_i 也比水溶液中大得多。所以热电池中的电化学极化和浓差极化都很小。

2.热电池的类型及工作原理

热电池电化学体系很多，性能较好的电化学体系有

$Ca \mid LiCl-KCl \mid CaCrO_4$　　$Ca \mid LiCl-KCl \mid PbSO_4$

$Mg \mid LiCl-KCl \mid CaCrO_4$　　$Mg \mid LiCl-KCl \mid V_2O_5$

$Li(Al) \mid LiCl-KCl \mid FeS_2$　　$Li(Al) \mid LiCl-KCl \mid CaCrO_4$

$Li(Fe) \mid LiCl-KCl \mid FeS_2$　　$Li(Al) \mid NaAlCl_4 \mid CuCl_2$

热电池的反应原理都基本相似。下面主要介绍几种性能较佳的热电池的工作原理。

(1) $Ca \mid CaCrO_4$ 体系

$Ca \mid CaCrO_4$ 单体电池峰值电压约为 2.4 V(50～150 mA/cm² 范围内)，工作寿命可长达 60 min，比能量高，可达 150 W·h/kg(50～150 mA/cm² 范围内)，是导弹、火箭、核武器上的主要能源。

该体系的电池表达式为

$$Ca \mid LiCl-KCl \mid CaCrO_4-Ni(Fe)$$

负极反应

$$Ca + 2Li^+ \longrightarrow Ca^{2+} + 2Li \tag{10.22}$$

$$Ca + 2Li \longrightarrow Li_2Ca \tag{10.23}$$

$$Li_2Ca \longrightarrow Ca^{2+} + 2Li^+ + 4e^- \tag{10.24}$$

正极反应

$$2CrO_4^{2-} + 6e^- \longrightarrow Cr_2O_3 + 5O^{2-} \tag{10.25}$$

总反应

$$3Ca + 2CaCrO_4 + 6LiCl \longrightarrow 3CaCl_2 + Cr_2O_3 \cdot 2CaO + 3Li_2O \tag{10.26}$$

电池副反应

$$Ca + 2LiCl \longrightarrow 2Li + CaCl_2 \tag{10.27}$$

$$CaCl_2 + KCl \longrightarrow CaCl_2 \cdot KCl \tag{10.28}$$

① 负极材料。负极材料通常由钙箔制成。当电池工作时，由于熔融电解质中 Li^+ 浓度很高，Ca^{2+} 浓度很低，Ca 负极在实际反应过程中先进行化学反应生成 Li－Ca 合金，再由 Li－Ca 合金发生电化学反应。因此实际负极材料是 Li_2Ca 合金而不是金属钙。当反应过程中生成多余的 Li_2Ca 合金时，由于 Li_2Ca 合金的熔点较低，仅为 230℃，在电池工作温度下是可以流动的液体，因此会使电池产生电噪音，甚至造成电池内部瞬间短路。电池在放电过程中产生的另一副反应产物——复盐 $CaCl_2 \cdot KCl$ 具有 575℃的高熔点，并会沉积在热电池的钙阳极

上,它会使电解质熔点升高到 485℃,可缩短电池的使用寿命。此外钙阳极与 $CaCrO_4$ 往往发生难以预测的放热反应,从而引起电池的热失控而使电池提前结束寿命。

制备钙负极时,将浸在油中的钙箔取出,除油,在干燥气体保护下,除去钙表面的氧化膜,冲制成圆片,备用。

② 电解质材料。常用的电解质是 LiCl - KCl 低共熔盐。它在室温下是不导电的固体,熔融状态下是离子导体,并能起到隔开正负极的隔膜作用。

制备电解质材料时,将一定组成的 LiCl - KCl 在 740℃的温度下置于石英或陶瓷坩埚中进行熔化,然后把经过脱蜡处理并灼烧过的无碱玻璃布($w(Na_2O) \leqslant 2\%$)浸入熔化的电解质中,拉制成粘有电解质的玻璃带,在干燥气体中冷却后冲制成片,放入真空干燥箱中保存待用。

为了防止负极生成多余的 Li_2Ca 合金,造成电池内部短路和产生噪音,可采用分层制造电解质片,使熔点低的 LiCl 电解质在内层,熔点高的 KCl 电解质在外层。这样,当电池被激活时,大量的 Li 在内层不易生成多余的 Li_2Ca 合金。此外,在电解质中加入抑制生成 Li_2Ca 合金的添加剂,如加入质量分数为 2% ~ 10% 的 $Ca(OH)_2$,也可大大降低 Li_2Ca 的生成量。

③ 正极材料。在 Ca | $CaCrO_4$ 体系中,以 $CaCrO_4$ 等铬酸盐为正极活性物质的反应机理还不清楚。由于 $CaCrO_4$ 在熔盐中的溶解度很小,可能是 CrO_4^{2-} 间接还原,然后 $CaCrO_4$ 溶解,以补充 CrO_4^{2-} 的消耗。

以 Ca 为负极的热电池,正极材料除可选用 $CaCrO_4$ 外,还可选用 CuO、Fe_2O_3、V_2O_5、WO_3、K_2CrO_4 等,它们组成的热电池的性能各异,表 10.6 为 Ca 负极与不同的正极材料组成的热电池的性能比较。其中 Ca | CuO 热电池容量高,但电压较低;Ca | V_2O_5 热电池的电压高,但容量低;Ca | $CaCrO_4$ 热电池的工作电压和容量都是比较高的。

表 10.6　Ca 负极与不同的正极材料组成的热电池的性能比较(j 为 55 mA/cm²)

正极材料	杯形电池 550℃		片形电池 600℃	
	峰值电压/V	工作寿命/s	峰值电压/V	工作寿命/s
CuO	1.28	97	1.98	58
$CaCrO_4$	1.87	69	2.20	111
WO_3	1.93	18	2.22	67
Fe_2O_3	1.32	25	2.20	58
V_2O_5	2.22	11	2.80	44

(2) Mg | V_2O_5 体系

Mg | V_2O_5 片形热电池是 20 世纪 50 年代中期由美国海军武器实验室(NOL)和尤拉卡 - 威廉斯(Eurelca - Williams)公司首先研究成功的,是战斗武器常用的热电池之一。电池的表达式为

$$Mg \mid LiCl - KCl \mid V_2O_5$$

电池反应为

$$Mg + V_2O_5 + 2LiCl \longrightarrow V_2O_4 \cdot Li_2O + MgCl_2 \qquad (10.29)$$

$Mg - V_2O_5$ 单体热电池峰值电压约为 2.7 V(50 ~ 200 $mA \cdot cm^{-2}$范围内),工作寿命在 25 s

左右。

① 负极材料。为了改善镁电极的电性能，通常在负极材料镁粉中加入质量分数为20%左右的电解质。

② 电解质材料。电解质采用LiCl－KCl低共熔盐。制备时加入质量分数为10%左右的黏合剂SiO_2，将电解质与SiO_2混合均匀，经真空干燥处理16 h以上后密封保存。

③ 正极材料。V_2O_5正极在LiCl－KCl熔盐中可能发生的反应为

$$V_2O_5 + 6LiCl \longrightarrow 2VOCl_3 + 3Li_2O \tag{10.30}$$

$$V_2O_5 + 10LiCl \longrightarrow 2VCl\downarrow + 4Cl_2\uparrow + 5Li_2O \tag{10.31}$$

$$V_2O_5 + 2LiCl \longrightarrow V_2O_4 + Cl_2\uparrow + Li_2O \tag{10.32}$$

$$x Li_2O + y V_2O_4 \cdot z V_2O_5 \longrightarrow x Li_2 \cdot y V_2O_4 \cdot z V_2O_5 \tag{10.33}$$

V_2O_5的熔点为658℃，为了降低熔点，通常加入少量的电解质或黏合剂。

(3) 锂系热电池

20世纪70年代采用Li负极的热电池研究日益增多，与传统Ca、Mg负极热电池体系相比，锂系热电池的容量、比特性和工作时间等各项性能都取得突破性进展，具有容量高、寿命长、功率大、内阻小等特点，可广泛应用于国防科技和各类武器系统。Li负极避免了Ca负极的一些缺点，但是由于金属锂熔点低(182℃)，在热电池工作温度下是液态，容易造成电池内部短路。因此，采用锂合金或用镍毡吸附锂的方法作为负极材料。常用做负极的锂合金有LiAl(Li质量分数为20%)、LiSi、LiB等。可作为锂系热电池的正极材料有FeS_2、$CaCrO_4$、MnO_2、V_2O_5等，以Li合金为负极、FeS_2为正极组成的热电池的表达式，通常记为

$$Li(X) \mid LiCl-KCl \mid FeS_2$$

① 锂合金负极。20世纪70年代初，美国首先开始采用Li－Al合金作为热电池的负极，70年代末，Al－Si合金负极研制成功。20世纪80年代起国外积极开展新型负极材料LiSiMg、LiB合金的研制并投入使用，近年来热电池发展很快，锂合金负极热电池是人们研究的热点。

i.Li－Al合金负极。Li－Al合金的熔点高，且保持了锂的电化学特性。Li的电极电势很负，它在450℃温度下，在LiCl－KCl电解质中的电极电势为－3.4 V。Li－Al合金的电极电势为－3.11 V，所以组成的电池的工作电压很高。此外，Li－Al合金电极负极可以承受很大的工作电流，其电流密度可达1 A/cm^{2}左右，同时用Li合金作负极不会发生副反应，且内阻恒定，从而电池的能量较高，一般是Ca、Mg负极热电池的3～7倍。

锂在铝中的固溶相组成的α相在纯铝至含锂的摩尔分数为7%～9%范围内稳定存在，随着锂含量继续增加，β相开始形成，α－β二相区一直扩展到锂的摩尔分数为47%(锂的摩尔分数为20%)。当锂的摩尔分数超过47%(或摩尔分数为20%)时，便出现液相。因此，LiAl化合物中锂的质量分数为7%～47%。

Li－Al合金在LiI－KI－LiCl熔盐中的电势(相对于纯锂)随锂组分变化的曲线如图10.12所示。在α－β相稳定存在的二相区间内电势保持恒定，相对于纯锂电极大约为300

mV，当锂的摩尔分数大于 47%时，合金电势随锂的摩尔分数的增加迅速下降，趋于纯锂。

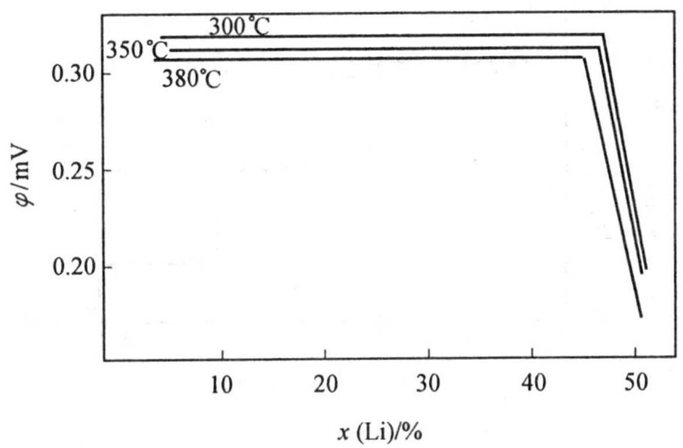

图 10.12　Li－Al 合金电势与温度、锂的摩尔分数的关系

锂的摩尔分数为 7%～47%的 Li－Al 合金仅有一个电压平台，电极反应为

$$Li_{0.9}Al \longrightarrow Li_{0.08}Al + 0.82Li^{+} + 0.82e^{-} \tag{10.34}$$

Li－Al 合金电极的制备方法主要有化成法、熔融冶炼法和电化学法。熔融冶炼法是将锂铝加热至其合金熔点 720℃以上，待合金形成后冷却、粉碎、球磨锂合金制得；电化学法制备通常采用在熔盐槽中库仑电沉积锂于以铝纤维压制成的基体上的方法。由于锂在锂铝合金中扩散缓慢，因此制备时电极要薄些，以便提高锂的利用率。同时合金电极中要含有一定量的电解质。例如，当电极厚度小于 0.3 cm 时，电解质的体积分数应为 20%；若电极较厚或电流密度较大时，电解质含量还要适当增加。

ii. Li－Si 合金。LiSi 相图表明在富锂区有五种不同化合物，表现出多个电势平台，如图 10.13 所示。每个区间都是一个二相区，在恒定温度下每个两相区都有一个电势平台。由于 $Li_{4.4}Si$ 稳定性差，不易在干燥间操作，因此不适合作热电池负极。在Ⅲ区中由于电极反应生成了硅，会引起内阻急剧增大，因而在该区的电极反应也应尽量避免，所以可用的电极反应区间为Ⅰ、Ⅱ。若采用 $Li_{3.25}Si$ 活性物质，在放电过程中随着 Li 的消耗，将形成 $Li_{2.33}Si$ 相，当 $Li_{3.25}Si$ 完全转化形成 $Li_{2.33}Si$ 相时，将达到电势平台Ⅱ，并随着 Li 的消耗直至完全形成 $Li_{1.71}Si$ 相，将达到第Ⅲ平台。

因此，Li－Si 合金可发生的电极反应为

$$Li_{3.25}Si \longrightarrow Li_{2.33}Si + 0.92Li^{+} + 0.92e^{-} \tag{10.35}$$

$$Li_{2.33}Si \longrightarrow Li_{1.71}Si + 0.62Li^{+} + 0.62e^{-} \tag{10.36}$$

Li－Si 合金制备一般采用熔融冶炼法，即将 Li、Si 按一定比例配置，加热升温至熔点以上，大致为 800℃，待合金形成后冷却、粉碎、球磨即可。

iii. LiSiMg 及 Li－B 合金。人们利用相图方法成功研制出三元锂合金 LiSiMg，其电势更负，相对纯锂约正 60 mV，比容量更大，电极反应为

$$Li_{3.25}Mg_2Si \longrightarrow Mg2Si + 3.25Li^{+} + 3.25e^{-} \tag{10.37}$$

Li－B 合金是新型锂合金负极，Li－B 结构为 Li_7B_6 骨架中嵌入金属锂，其熔点近乎

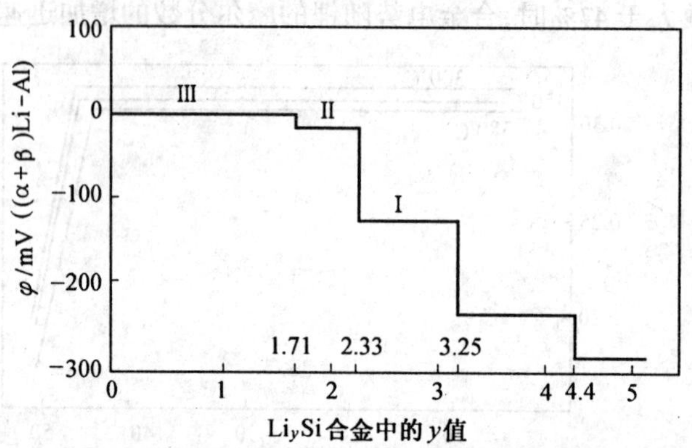

图 10.13 Li-Al 合金在 400℃时组分、电势关系

1 000℃。热电池工作时，Li-B 合金保持原来的形状和尺寸，不会由于熔融锂溢出而引起电池内部短路；另一方面，Li-B 合金在电极反应时实际上是骨架中游离锂参加反应，保持了纯锂电极特性。以 Li-B 合金作负极的热电池单体比功率、比能量达 1 200 W·h/kg、120 W·h/kg，整个组合可达 600 W·h/kg、60～80 W·h/kg，Li-B 合金常采用熔融冶炼制备，工艺比较复杂，一般通过冷压成型，制备过程需要在氦气气氛中进行。

各种锂合金性能比较示于表 10.7 中。

表 10.7 各种锂合金性能比较

锂合金	物质反应式	$x(Li)$/%	相对纯锂电势/V	理论比容量/$(A\cdot h\cdot g^{-1})$	合金特性	适用温度/℃	开路电压相对于 FeS_2/V
LiAl	$Li_{0.9}Al \longrightarrow Li_{0.08}Al$	18	0.3	0.662	α-β 固溶相	700	1.77
LiSi	$Li_{3.25}Si \longrightarrow Li_{2.33}Si$ $Li_{2.33}Si \longrightarrow Li_{1.71}Si$	44	0.158 0.288	0.815	固溶相	730	1.92
LiSiMg	$Li_{3.25}Mg_2Si \longrightarrow Mg_2Si$	22.7	0.06	0.878	固溶相		2.02
LiB	$Li_7B_6 + 21Li \longrightarrow Li_7B_6$	70	0.1	2.17	海绵状 Li_7B_6 中吸附游离锂	≥900	2.08

由表 10.7 可以看出，从 LiAl、LiSi、LiMgSi 到 LiB，合金电势逐步趋向纯锂，容量依次增大，特别是 LiB 合金比其他合金负极电极电势低 0.15 V 以上，理论容量高出 50%～100%，活性温度高出 200℃，特别适合于大功率、长寿命、高容量热电池使用。

② 正极材料。锂系热电池的正极材料，早期研究多集中在硫、氯等物质上，但硫在高温时易挥发，且腐蚀性极强，而氯是气体，难以处理，因此研究方向逐渐转向以金属硫化物、氯化物以及氧化物等为正极材料上。如 $FeCl_3$、$CuCl_2$、FeS_2、CuO、MnO_2、V_2O_5 等。现代热电池常用正极材料为 FeS_2。

一般认为，正极 FeS_2 发生的电化反应为

$$2FeS_2 + 3Li^+ + 3e^- \longrightarrow Li_3Fe_2S_4 \tag{10.38}$$

$$Li_3Fe_2S_4 + 0.47Li^+ + 0.47e^- \longrightarrow 1.58Li_{2.2}Fe_{0.8}S_2 + 0.84Fe_{0.875}S \quad (10.39)$$

$Li_{2+x}Fe_{1-x'}S_2$ 和 $Fe_{1-x'}S$ 生成 Li_2FeS_2，$x = 0.2 \sim 0$，$x' = 0.125 \sim 0$，即

$$Li_2FeS_2 + 2Li^+ + 2e^- \longrightarrow 2Li_2S + Fe \quad (10.40)$$

FeS_2 电极放电初期会出现明显的电压脉冲，有时脉冲高度可达 8 V 左右(平稳电压 28 V)，其原因可能是由于正极材料中含有氧化物等杂质或在电池加热过程中局部过热引起二硫化铁分解析出硫而引起的，这样大大限制了该电池组的实际应用。为解决这个问题，可在阴极材料中加入 $CaSi_2$ 等添加剂，使电池在刚被激活的一瞬间，LiCl－KCl 电解质熔化，正极中杂质与 $CaSi_2$ 首先发生氧化还原反应，促进放电初期的电压脉冲大大下降。另外提高 LiSi 合金质量及采用很纯的 FeS_2，对减小放电初期的电压脉冲有明显效果。

在 FeS_2 电极工作中存在的另外的一个问题是：当电极活性物质还没有耗尽，电池内部温度尚在电解质凝固点以上时就失去放电能力，提前结束寿命。大量实验事实表明，FeS_2 电极在反应过程中大量消耗 K^+，使得正极附近 K^+ 浓度增加，当 KCl 浓度超过饱和值时，将沉积出 KCl 固体，电解质提前凝固，引起电池早期失效，在高电流密度放电中这种现象更加明显。为了延长电池寿命，一般采取适当减小电池的放电电流密度，改变 LiCl－KCl 电解质的用量，在负极材料中适当添加 KCl 等方法。

FeS_2 电极的制备方法主要有热压法和灌粉法。热压法是把 FeS_2 与电解质粉末的混合物在温度高于 352℃下压入多孔集流器中。灌粉法是用机械振动方式把 FeS_2 与电解质粉末混合物充入多孔集流器中。

除 FeS_2 之外，V_2O_5、Fe_2O_3、$CaCrO_4$、MnO_2、LVO($4VO_2 + LiV_2O_5$)等材料也可作为锂系热电池的正极，LiAl 合金负极与不同的正极材料组成的热电池的放电曲线如图 10.14 所示。图中可见 FeS_2 作正极材料组成的热电池的放电曲线平坦，放电时间长，容量大，适用于体积大、长寿命、高容量的热电池。

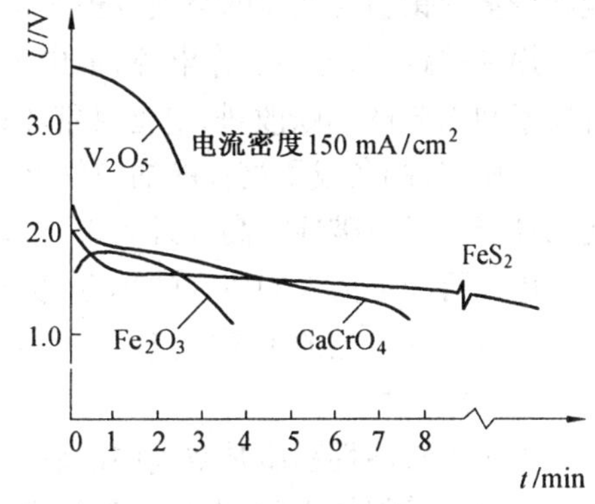

图 10.14　不同正极材料与 LiAl 合金组成的热电池的放电曲线

表 10.8 列出了不同电流密度下各种体系热电池的试验结果。由表中数据可以看出，Li 合金为负极的同体系热电池中，FeS_2 作正极的电池峰值电压低于 V_2O_5 为正极的电池峰值电压，而与 $CaCrO_4$ 为正极的电池峰值电压相差不多，但其电池内阻小，激活快，特别是在大电流密度下工作时间最长，而比能量也最大。

随着各类武器系统的飞速发展，目前许多国家对热电池的研制和生产都很重视，并朝着大功率、高容量、长寿命、简化生产工艺、扩大使用范围、缩短激活时间等方面发展。长寿命热电池组的寿命可望达到 1.5～2 h，功率为几千瓦级热电池组可能问世；稳态放电电流密度可能达到 8～10 A/cm^2，脉冲放电电流密度可能超过 50 A/cm^2，电池组的性能得到进一步提高，比功率大大超过目前水平。

表 10.8 不同电流密度下各种体系电池的性能对比

体系	峰值电压/V			达 75%峰值电压的工作时间/s			比能量/($W·h·kg^{-1}$)		
	50 mA/cm^2	90 mA/cm^2	150 mA/cm^2	50 A/cm^2	90 A/cm^2	150 mA/cm^2	50 mA/cm^2	90 mA/cm^2	150 mA/cm^2
Ca | LiCl - KCl | $CaCrO_4$	2.51	2.38	2.3	1 585	643	497	160.67	121.03	154.11
Li | LiCl - KCl | $CaCrO_4$	2.33	2.18	1.93	1 212	724	433	179.4	98.1	92
Mg | LiCl - KCl | $CaCrO_4$	1.62	1.44	1.18	546	318	146	40.1	41.5	25.6
LiAl | LiCl - KCl | FeS_2	2.34	2.04	1.94	1 254	1 517	871	102.1	183.7	191.6
LiAl | LiCl - KCl | V_2O_5	3.06	2.92	—	296	240	—	—	45.3	
Ca | LiCl - KCl | V_2O_5	—	2.91	—	—	159	—	30.7	83.5	

10.4 锌-空气电池

10.4.1 概述

锌-空气电池是以锌作负极、以空气中的氧或纯氧作正极活性物质的电池,电解液一般采用碱性或中性的电解质水溶液,既可以做成一次电池,也可以做成二次电池。

锌-空气电池早在 1879 年就由麦歇研制成功,初期的锌-空气电池以锌片作负极,以碳和少量的铂粉为载体的空气电极作正极,电解质采用氯化铵水溶液,并在第一次世界大战中应用到铁路、邮电系统作电源,但电池的放电电流密度很小,仅有 0.3 mA/cm^2。之后,随着技术和工艺的不断改进,电池性能不断提高,特别是 20 世纪 60 年代,各国大力开展燃料电池的研究,制备成了高性能的空气电极,人们将之应用到锌-空气电池中,使锌-空气电池的性能有了突破性提高。近年来,移动通讯的快速发展和可持续发展的环保要求,使锌-空气电池再次成为人们研究的热点,长寿命可充锌-空气电池的性能进一步提高。

锌-空气电池的主要特点:

(1) 容量大

由于正极活性物质是空气中的氧,又在电池之外,因此理论上讲正极的容量是无限的,只要空气电极保持正常,电池容量只决定于锌负极的容量。

(2) 能量高

由于采用空气电极正极,其理论比能量比一般金属氧化物正极的电池大得多。锌-空气电池的理论比能量为 1 350 W·h/kg,实际比能量已达 220 ~ 300 W·h/kg。

(3) 放电曲线十分平稳

因放电时阴极催化剂本身不起变化,加上锌电极电压稳定,故放电时电压变化很小,电池性能稳定,安全性好。

(4) 内阻小

电池内部可建立一个氧的储存腔,故大电流放电和脉冲放电性能相当好,与其他电池比较,它能在很大的工作电流范围内输出要求的容量。

(5) 价格便宜

由于锌－空气电池正极活性物质是空气,处处皆是,无需成本,而负极锌的储量大,易获得,因此锌－空气电池成本低廉。

鉴于锌－空气电池具备以上优点,其应用领域相当广泛。主要用于电动车辆动力电源、鱼雷、导弹、便携式通信机、江河航标灯、铁路信号灯、军用无线电发报机等。小电流长寿命工作扣式锌－空气电池适用于作手表、助听器、计算器等小功率电源。由于锌－空气电池可100%回收,用过的锌也可以再重新使用。整个使用过程不排放污染气体,因此可认为是零污染、节能的 21 世纪绿色能源。

但是由于锌－空气电池采用多孔气体电极,而阴极活性物质氧来源于周围的空气,使得电极工作时暴露于空气中,电池的这一固有的特性,使锌－空气电池存在以下几点不足:

① 电解液的碳酸化和“干涸和吸潮”。在空气中的氧进入电池的同时,空气中的二氧化碳也进入电池,溶于电解液中,使得电解液发生碳酸盐化,增加电池内阻,影响了电池的放电性能。另外,电池在工作时易受环境影响而发生电解液的“干涸和吸潮”,使电池的容量和寿命降低。

② 湿储存性能差。电池中的空气扩散到负极会加快负极的自放电。

③ 空气电极催化剂活性偏低。空气电极采用铂、铑、银等贵金属作催化剂,催化效果比较好,但成本很高,采用其他的催化剂,如炭黑、石墨与二氧化锰的混合物,锌－空气的成本降低了,但是催化剂活性偏低,影响电池的充、放电电流密度。

④ 锌枝晶的出现。二次锌－空气电池在充电过程中会产生锌枝晶,当锌枝晶生长到一定程度,它就会刺穿电池隔膜,使电池发生短路,从而影响电池的性能。

10.4.2　锌－空气电池工作原理

1.电池电动势

锌－空气电池的表达式为

$$(-)Zn \mid KOH \mid O_2(\text{空气})(+)$$

负极(锌电极)反应　$Zn - 2e^- \longrightarrow Zn^{2+}$

$$\frac{Zn^{2+} + 2OH^- \longrightarrow Zn(OH)_2 \longrightarrow ZnO + H_2O}{Zn + 2OH^- \longrightarrow ZnO + H_2O + 2e^-} \tag{10.41}$$

正极(空气电极)反应　$\frac{1}{2}O_2 + H_2O + 2e^- \longrightarrow 2OH^-$　(10.42)

电池总反应　$Zn + \frac{1}{2}O_2 \longrightarrow ZnO$　(10.43)

电池电动势

$$E = \varphi^\ominus(O_2/OH^-) - \varphi^\ominus(ZnO/Zn) + \frac{2.303RT}{nF}\lg p(O_2)^{1/2} =$$

$$0.401 - 1.245 + \frac{0.059}{2}\lg p(O_2)^{1/2} =$$

$$1.646 + \frac{0.059}{2}\lg p(O_2)^{1/2}$$

当正极活性物质为空气时,由于空气中 $p(O_2) = 2.1 \times 10^4$ Pa,所以

$$E = 1.646 + \frac{0.059}{2}\lg p(O_2)^{1/2} = 1.646 + 0.029\ 5\ \lg(0.21)^{\frac{1}{2}} = 1.636\ \text{V}$$

由于氧电极反应很难达到标准状态下的热力学平衡，其建立的稳定电势值要比平衡电势低 20 ~ 30 mV，因此碱性锌－空气电池的开路电势并不等于电动势，其值一般在 1.4 ~ 1.5 V。

2.正极反应

锌－空气电池正极活性物质是空气中的氧，它是以活性炭为载体进行反应的。在碱性介质中，在有银的活性炭等电极上，氧的还原反应过程一般分为二步，即

$$O_2 + H_2O + 2e^- \longrightarrow HO_2^- + OH^- \tag{10.44}$$

$$HO_2^- + H_2O + 2e^- \longrightarrow 3OH^- \tag{10.45}$$

或

$$HO_2^- \longrightarrow \frac{1}{2}O_2 + OH^- \tag{10.46}$$

氧的电化学还原总反应

$$O_2 + 2H_2O + 4e^- \longrightarrow 4OH^- \tag{10.47}$$

如果在反应过程中形成的 HO_2^- 没有分解，会在空气电极周围积累，使空气电极电势负移。HO_2^- 在电解液中向负极移动，从而使锌电极直接氧化，造成容量损失。

由于氧电极的可逆性很小，电化学极化较大，同时在碱液中氧的电极电势较大(约为 0.401 V)，使大多数金属都会被溶解或发生钝化。因此为了降低氧电极反应过程的电化学极化，人们对氧还原反应的电催化剂进行了广泛的研究，目前认为主要有以下几大类：贵金属及其合金、金属有机配和物、金属氧化物和碳。例如，铂、银、镍、铂合金、锰氧化物、Al_2O_3 和活性炭等都可作为氧电极的催化剂。催化活性和稳定性最好的电催化剂是贵金属，但其成本很高，其他类型的催化剂虽成本降低，但催化活性不高、开发高性能的廉价催化剂是制成高价比的实用化空气扩散电极的重要途经。

空气电极反应是在气、固、液三相界面上进行的，气体反应的消耗以及产物的疏散都需要通过扩散来实现。气体扩散电极具有加速输氧的功能，因此锌－空气电池一般都采用憎水型气体扩散电极。

10.4.3　锌－空气电池的结构与制造

1.空气电极的结构与制造

空气电极反应是在气、固、液三相界面上进行的，电极内部能否形成尽可能多的有效三相界面，将影响催化剂的利用率和电极的传质过程。因此，空气电极常选用憎水型气体扩散电极，这种电极是由防水透气层、多孔催化层和导电网组成，其结构示意图如图 10.15 所示。

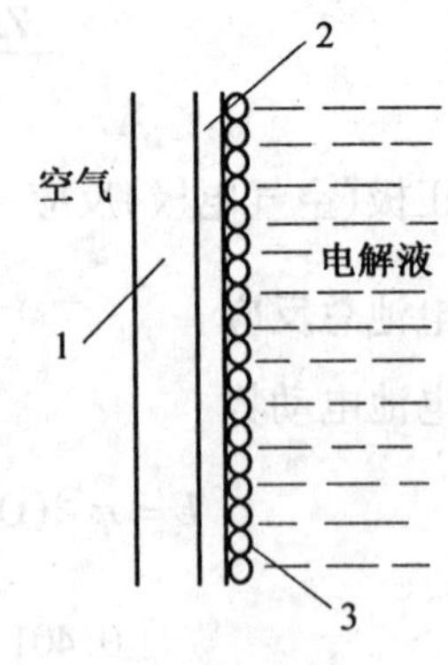

图 10.15　憎水型气体扩散电极示意图

1—防水透气层；2—催化层；3—导电网

防水透气层是由憎水物质聚四氟乙烯或聚乙烯所组成的多孔结构，由于透气层中微孔孔径较大，毛细力很小，再加上憎水物质的憎水性，因此，此层只允许气体不断进入电极内部，而碱液不会从透气层中渗漏出来。

多孔催化层是由碳、憎水物质和催化剂组成的。由于憎

水物质具有很强的憎水性，而碳和催化剂又是亲水物质，从而使多孔催化层中形成了大量的薄液膜层和三相界面，产生了两种结构的区域，一个是“干区”，由憎水物质及由它构成的气孔所组成；一个是“湿区”，由电解液及被润湿的催化剂团粒和碳所构成的微孔所构成。湿区中直径小的微孔被电解液充满，直径大的微孔被电解液润湿，“干区”和“湿区”的气孔和微孔相互犬牙交错形成互联的网状结构，而氧的还原反应则是在有薄液膜的微孔壁上进行。为了制成具有均匀微孔结构的空气电极，通常在催化层中加入适量的造孔剂，如 Na_2SO_4、NH_4HCO_3 等。

根据所选用的憎水剂不同，憎水型气体扩散电极主要有两种：聚四氟乙烯气体扩散电极和聚乙烯气体扩散电极。聚四氟乙烯气体扩散电极由于具有较高的电化学活性、比能量大、工作寿命长、能在大电流下工作而极化较小等特点而被广泛使用。

空气电极的制造过程如图 10.16 所示。

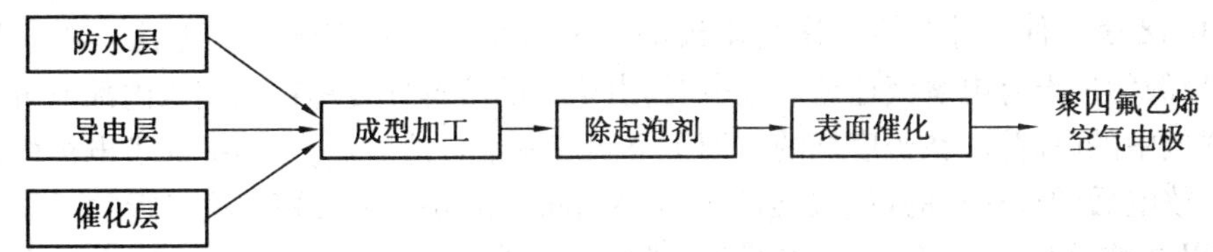

图 10.16　空气电极的制造过程

2.锌电极的结构及制造

理论上，锌空气电池的容量取决于锌电极，一次锌 - 空气电池的负极制备与锌 - 氧化银电池锌负极的制法相同。负极原料常采用蒸馏锌粉和电解锌粉。主要的成型方法有压成式、涂膏式、黏结式和电沉积式等。压成法是在汞齐化锌粉中加入适量的植物纤维素和聚四氟乙烯乳液，混合均匀，中间夹导电网，外包一层耐碱绵纸，放入模具中施加 20 MPa 的压力，即成锌电极。涂膏法是将锌粉、添加剂和黏结剂调制成膏状，涂在导电网上制成锌电极。烧结法则是将海绵状电解锌粉压制成型，在还原气氛中烧结而成。

对于二次可充锌 - 空气电池，由于充电时锌负极会出现锌枝晶和变形下沉等问题，使得电池无法像普通二次电池那样充电。为此，人们提出了多种解决方法，如采用第三极、循环活性物质及机械再充等，其中以改进锌电极结构的循环活性物质和机械再充的设计方法较为适用，下面简要介绍。

(1) 循环阳极活性物质

用泵将锌粉与电解液形成的浆液输入电池内部发生反应，反应所生成的产物则随浆液流出电池后，被送至电池外部的电解槽中，经还原处理后再送入电池。图 10.17 为循环阳极锌 - 空气二次电池流程图。由于充电在电池外部进行，从而可实现活性物质的快速还原同时避开了在充电时锌负极出现的锌枝晶问题；另外，电解液的流动降低了锌电极的极化，使得电池可以在较高的电流密度下工作。目前此种电池的比能量达 115 W·h/kg 左右，被推荐为电动车用电源。

(2) 机械再充式

将用过的锌电极取出，换入新的锌电极的充电方法称为机械再充法。机械再充式锌 - 空气二次电池消除了锌电极在原位充放电循环过程中发生的形变和锌枝晶问题。这种机械

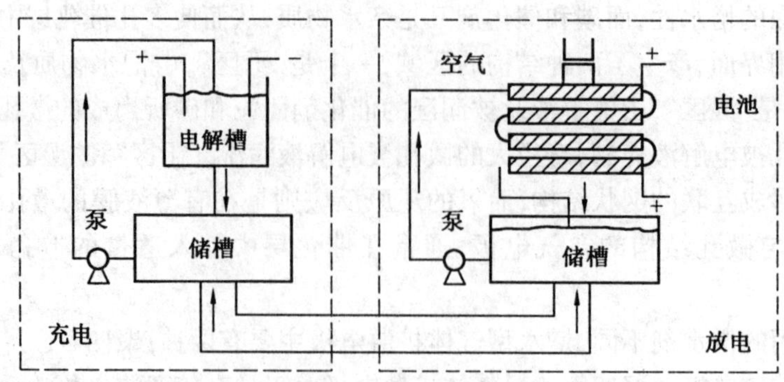

图 10.17 循环阳极锌－空气二次电池结构简图

更换锌电极的空气电池早在20世纪60年代就用于国防电子装备上。其缺点是活化后的寿命较短、间歇放电性能较差。

图10.18是一种以锌粒填充床为阳极的机械再充式锌－空气二次电池。在这种电池中，锌电极的四周设有电解液通道。放电时，由于锌的溶解导致锌粒填充床内部电解液的密度高于通道中的电解液，在密度低的作用下电解液发生自然对流，从而提高了电极内部的传质速度。放电后的锌粉粒的再生是通过流动床(fluidized bed)电沉积方法进行的。电沉积再生锌时，以高纯锌片作阴极，镍网作不溶性阳极，在质量分数为45%的KOH中加入35 g/L的ZnO作为电解液，控制电流密度在极限电流密度下(约150 mA/cm^2)进行，槽压3.8 V左右。在电流密度为100 mA/cm^{2}时，电沉积每千克锌的能耗为1.92 kW·h，总的能量效率为50%。

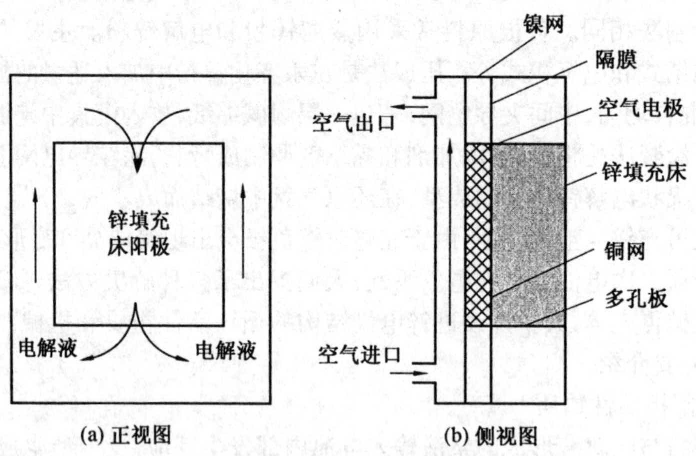

图 10.18 填充床阳极锌空气电池结构简图

由于这种结构的电池无须外加动力驱动电解液，从而使电池结构简化，降低了电池辅助系统的能耗，提高了能量效率。按此种方法设计成的电动汽车用55 kW锌－空气电池的比功率为132 W/kg，比能量达333 W·h/kg。

3.一次锌－空气电池的结构

一次锌－空气电池的类型很多，常用的结构有矩形、圆筒形和扣式。矩形结构的电池如图10.19所示。图中正极是聚四氟乙烯的空气电极，两片正极中间放入负极，负极是由锌粉压制而成。负极外包裹数层隔膜材料，隔膜材料可选用维尼龙纸、石棉纸和水化纤维素膜等。电解液采用相对密度为 1.33 的 KOH 溶液，由于电池反应不消耗碱，电液用量以保证导电和刚好淹没锌负极为宜。电池内部设有空气室，顶盖上设有小孔，以减缓电池内部压力。电池用塑料框架作外壳，将正负极镶嵌在框中或注塑固定。

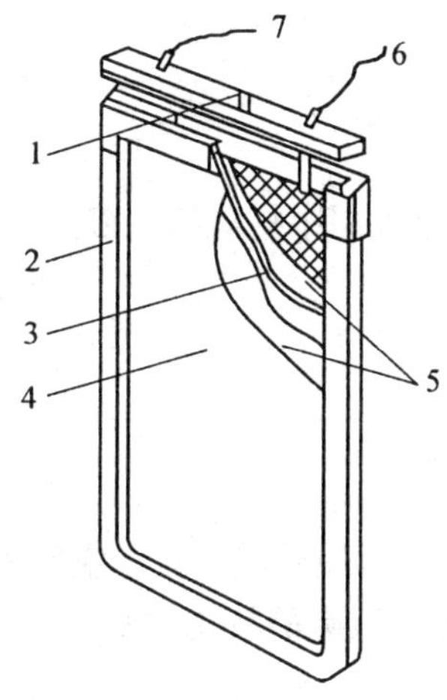

图 10.19　一次锌 - 空气电池结构
1—注液孔（透气孔）；2—外壳；3—负极；4—正极；5—隔膜；6—正极导线；7—负极导线

4. 锌 - 空气电池的性能

(1) 放电性能

锌 - 空气电池的开路电压为 1.45 V，工作电压为 0.9 ~ 1.30 V，每月自放电 0.2% ~ 1.0%，可在 -20 ~ 40℃的温度范围内使用。其实际比能量是目前已应用电池中最高的一种。表 10.9 是几种电池比能量，由图可以看出，锌 - 空气电池的质量比能量是铅酸、镉 - 镍等几种可充电池的 4 ~ 9 倍，是碱 - 锰干电池的 3 倍，其实际体积比能量也是最高的。

表 10.9　几种常用于便携式设备的电池比能量

电池种类	原电池			可充电池			
	碱锰电池	锌 - 空气电池	锂 - 锰电池	铅酸电池	镉 - 镍电池	氢 - 镍电池	锂离子电池
质量比容量/($W\cdot h\cdot kg^{-1}$)	125	340	320	35	35	50	90
体积比容量/($W\cdot h\cdot L^{-1}$)	330	1 050	700	79	80	160	200

由于阴极空气电极在放电过程中化学性质不变，极化性能比较稳定，加上锌电极电压稳定，因此，锌 - 空气电池的放电曲线十分平稳。图 10.20 是扣式锌 - 空气电池的放电曲线。

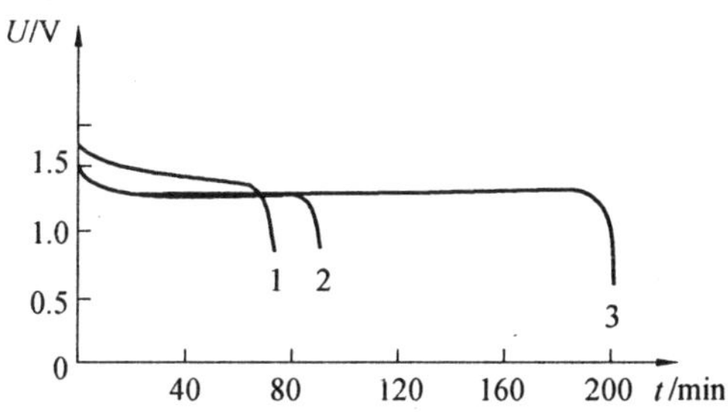

图 10.20　扣式锌 - 空气电池的放电曲线
1—11.6 mm × 5.4 mm 锌 - 银电池；2—11.6 mm × 5.4 mm 锌 - 汞电池；3—11.6 mm × 5.4 mm 锌 - 空气电池

(2) 储存性能

锌 - 空气电池在储存时用塑料袋密封，与空气和水气隔绝，一旦开始使用后，电池的湿储存性能下降，寿命降低，其主要原因是：

① 锌负极自放电。在储存过程中锌负极将发生以下自放电反应

$$Zn + 2OH^- \longrightarrow ZnO + H_2O + 2e^- \tag{10.48}$$

$$2H_2O + 2e^- \longrightarrow H_2 + 2OH^- \tag{10.49}$$

总反应

$$Zn + H_2O \longrightarrow ZnO + H_2 \tag{10.50}$$

当防水透气层中的氧溶入溶液后扩散到负极也会加速锌的自放电，即

$$Zn + 2OH^- \longrightarrow ZnO + H_2O + 2e^- \tag{10.51}$$

$$\frac{1}{2}O_2 + H_2O + 2e^- \longrightarrow 2OH^- \tag{10.52}$$

总反应

$$Zn + \frac{1}{2}O_2 \longrightarrow ZnO \tag{10.53}$$

② 电解质碳酸盐化。空气中的 CO_2 会与氧一同进入电池，通过防水透气层与电解液作用，使电解液碳酸盐化，即

$$CO_2 + KOH \longrightarrow KHCO_3 \tag{10.54}$$

$$CO_2 + 2KOH \longrightarrow K_2CO_3 + H_2O \tag{10.55}$$

被碳酸盐化的电解质表面水蒸气的分压增大，水的蒸发加快，当温度较低时，碳酸盐在防水透气层与催化层间结晶析出，破坏电极结构，缩短电池寿命。

③ 湿度的影响。湿度是影响电池寿命的重要因素。当气候干燥时，空气中相对湿度较低，若空气中水分低于 60%，将引起电池水分的损失，使电解液浓度增大，造成维持正常放电的电液不足，使电池失效。当气候潮湿、相对湿度大于 60%时，电池中水分增加，电液浓度降低，导电能力减小，并可能淹没空气电极的催化层，使电极的电化学活性降低，导致电池失效。